浙江省普通高校新形态教材项目
“互联网+”新形态立体化教学资源特色教材

机械工程基础

主　编　刘　元　林杨妙
副主编　郑金杰　丰崇友　王永隽
参　编　姜松涛　段晓茹　付金龙　刘松涛

中国轻工业出版社

图书在版编目（CIP）数据

机械工程基础/刘元，林杨妙主编. --北京：中国轻工业出版社，2025. 3. --（“互联网+”新形态立体化教学资源特色教材）. --ISBN 978-7-5184-4859-3

Ⅰ. TH

中国国家版本馆 CIP 数据核字第 2025WQ5698 号

责任编辑：李金慧

策划编辑：张文佳　　责任终审：李建华　　封面设计：锋尚设计

版式设计：致诚图文　　责任校对：刘小透　晋　洁　　责任监印：张　可

出版发行：中国轻工业出版社（北京鲁谷东街 5 号，邮编：100040）

印　　刷：三河市万龙印装有限公司

经　　销：各地新华书店

版　　次：2025 年 3 月第 1 版第 1 次印刷

开　　本：787×1092　1/16　印张：16. 75

字　　数：428 千字

书　　号：ISBN 978-7-5184-4859-3　定价：49. 80 元

邮购电话：010-85119873

发行电话：010-85119832　010-85119912

网　　址：http：//www. chlip. com. cn

Email：club@ chlip. com. cn

231403J2X101ZBW

前　言

本书根据高等职业教育的特点，以国家标准和行业标准为准，以职业岗位所需的基本知识、基本理论、基本技能为基础，融入生产领域的新理论、新技术、新材料、新工艺、新方法、新设备等，遵循“以应用为目的，以必需、够用为度”的原则而编写。

本书内容包含绪论和 5 个项目。 5 个项目分别是机械工程材料、构件受力及变形分析、常用机构的运动分析、机械传动装置、连接与轴系零部件，结合工程应用案例，将理论基础知识和实践能力培养有机结合，突出了实用性和综合性，形成了一个有机的整体，注重对学生基本技能的训练和综合能力的培养。同时本书融合课程思政元素，并配套了二维码数字资源，读者扫描书中二维码即可观看。

本书具有体系新颖、内容精炼等特点，适合作为高职高专、成人高校及技工院校机械类、机电类等相关专业的教材用书，也可供广大从事机械设计制造的工程技术人员及工厂技术管理人员参考。

本书由嘉兴南洋职业技术学院刘元、林杨妙担任主编，台州职业学院郑金杰、嘉兴职业技术学院丰崇友、绍兴职业技术学院王永隽担任副主编，嘉兴南洋职业技术学院姜松涛、段晓茹、付金龙，浙江内曼格机械制造有限公司高级工程师刘松涛参加编写。

本书在编写过程中参阅了国内外出版的相关教材和资料，学习、汲取了同行优秀的优秀成果等，编者在此对相关人员表示感谢。

限于编者的水平，书中存在的疏漏与不妥之处，敬请读者批评指正。

编者

目 录

绪论

1. 机械概述

机械是人类在长期生产和生活实践中创造出来的重要劳动工具。它用以减轻人的劳动强度，改善劳动条件，提高劳动生产率和产品质量，帮助人类创造更多的社会财富，丰富人类的物质文化生活。它是现代社会进行生产和服务的五大要素（即人、资金、能量、材料、机械）之一，任何现代产业和工程领域都需要应用机械。随着科学技术的飞速发展，机械化生产的水平已经成为衡量一个国家技术水平和现代化程度的重要标志之一。

1.1 机械的特征

机械是机器和机构的总称。机器的种类很多，在生产中，常见的机器有蒸汽机、汽车、内燃机、电动机、机床、工艺机器人等。在生活中，常用的机器有摩托车、洗衣机、电风扇等。它们的结构和用途各不相同，但却有共同的特征。

图 0-1 所示为单缸四冲程内燃机，它由气缸盖 1、排气阀 2、火花塞 3、进气阀 4、气缸 5、活塞 6、曲柄连杆 7、曲轴 8 等组成。当燃气推动活塞 6 作往复移动时，通过曲柄连杆 7 使曲轴 8 作连续转动，从而将燃气产生的热能转换为曲柄转动的机械能。曲轴、齿轮、正时链条、凸轮协作运动，按一定的运动规律按时开闭进气阀、排气阀，以吸入燃气

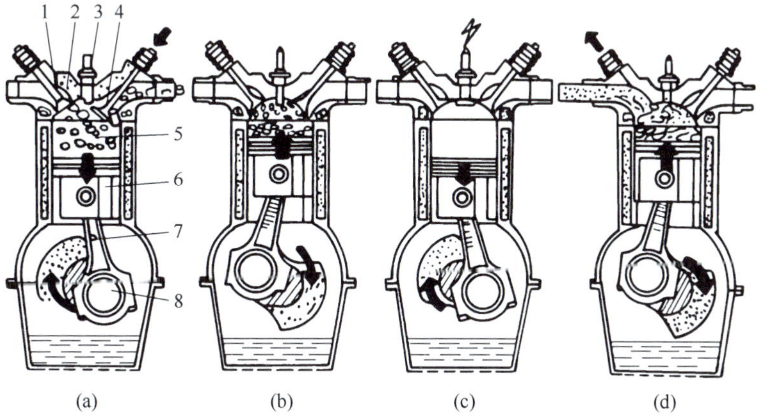

内燃机工作原理

1—气缸盖；2—排气阀；3—火花塞；4—进气阀；
5—气缸；6—活塞；7—曲柄连杆；8—曲轴。

图 0-1　单缸四冲程内燃机

和排出废气，从而驱使内燃机的曲轴连续转动。

图 0-2 所示为颚式破碎机，它由电动机、皮带轮、V 带、偏心轴、动颚板、静颚板、边护板、推力杆、调整块、机架等组成。当电动机通过 V 带驱动皮带轮转动时，偏心轴则绕轴线转动，使动颚板作平面运动，轧碎动颚板与静颚板之间的大块状物料，从而做有用的机械功。

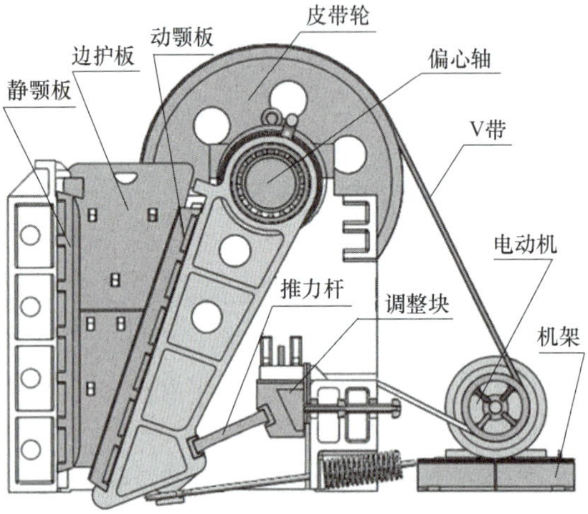

图 0-2 颚式破碎机

颚式破碎机动图

由以上两个实例可以看出，机器具有以下共同的特征：

① 它们都是人为的多个实物组合体。

② 组成机器的各部分之间具有确定的相对运动。

③ 能代替或减轻人的劳动，有效地完成机械功或转换机械能。

凡同时具有上述三个特征的实物组合体称为机器。机器通常由若干个机构所组成。在内燃机中，就有曲柄滑块机构、齿轮机构、凸轮机构等。最简单的机器只含有一个机构，如电动机和鼓风机。

仅具有前两个特征的称为机构，即具有确定的相对运动的各种实物的组合。

从运动的观点看，机器与机构并无差异，其区别仅在于机构只能用来传递运动和动力或改变运动形式，而机器却能完成有用的机械功或能量转换。机械的类型、用途及应用示例如表 0-1 所示。

表 0-1　机械的类型、用途及应用示例

类型	用途	应用示例
动力机械	主要实现其他能量与机械能之间的转换	电动机、内燃机、发电机、液压机等
加工机械	用来改变物料的结构形状、性质和状态	轧钢机、各类机床(车床、钻床、铣床)、包装机等
运输机械	用来改变物料、人员的空间位置	汽车、火车、飞机、轮船等
信息机械	用来获取、变换和传递各种信息	复印机、手机、传真机、摄像机等

1.2　机器与机构

(1) 机器

机器是指由若干金属和非金属实物组成的装置，它消耗能源，可以运转或做功，能代替人的劳动。

按照机器各部分结构功能的不同，一部完整的机器通常由动力部分、执行部分、传动部分、控制部分和支承及辅助部分组成。

① 动力部分（原动机）。将其他形式的能量转换为机械能，是整个机器的动力源，如图 0-1 中的内燃机、图 0-2 中的电动机。

② 执行部分。直接完成机器的预定工作任务，如颚式破碎机中的定颚和动颚。通常执行部分随机器的不同而不同，其外形、性能、结构和尺寸等主要取决于生产工艺要求和工艺动作。

③ 传动部分。它用来传递运动和动力，将原动机的运动和动力传递给执行部分，如颚式破碎机的皮带轮、传动轴等。

在传递运动方面，主要作用有以下两项。

a. 改变运动速度。在实际工作中，常存在着工作部分和原动机之间的速度不协调现象，这时可用传动装置来减速、增速或变速，如图 0-3 卷扬机的减速器。

b. 转换运动形式。原动机的输出运动一般是转动，而工作部分的运动形式根据工艺要求则是多种多样的。如图 0-2 颚式破碎机要求动颚作复杂的运动，要把电动机的转动转换为动颚的摆动，这里采用了连杆机构。

常用的传动部分有机械传动、电气传动、液压传动，其中机械传动应用最为广泛。机械传动通常由各种机构（如齿轮机构、连杆机构、凸轮机构等）和各种零件（如带-带轮、链-链轮、轴-轴承等）组成。

④ 控制部分。较复杂的机器还包括控制部分，如控制离合器、制动器、变速器等，能够使机器的原动机部分，传动机和工作机部分按一定的顺序和规律运动，完成给定的工作循环或完成预定动作或实现预定功能，如图 0-3 卷扬机的电控箱。

⑤ 支承及辅助部分。通常包括基础件、支承构件等，用来安装和支承其他组成部分，如卷扬机中的底座和支架等。

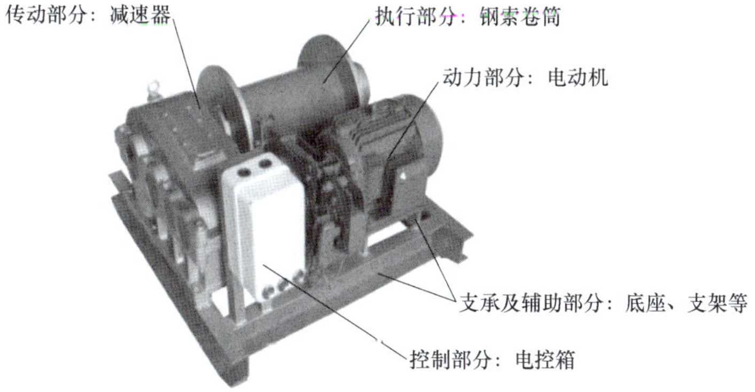

图 0-3　卷扬机的五个组成部分

（2）机构

机构是指具有确定相对运动的某些实物的组合，它主要用来传递运动和动力，改变运动形式或运动轨迹等。若机构中的各构件均在同一平面或相互平行的平面内运动，则该机构为平面机构；否则称为空间机构。工程上常见的机构大多是平面机构，所以本课程主要讨论平面机构。常用机构有连杆机构、带传动机构、链传动机构、齿轮传动机构和凸轮机构等。

课堂互动

请大家根据所讲知识，思考并讨论机器与机构之间有什么联系和区别。

联系：两者都是人为的实物组合，各个运动实体之间都具有确定的相对运动关系。

区别：机器能利用机械能做功或进行不同形式能量的转换，而单个机构往往不具备这一功能。例如，如图 0-4 所示的内燃机主要包括三个机构：带传动机构、曲柄连杆机构和凸轮机构。内燃机可以将燃料的内能转换为机械能，但其单个机构是无法完成能量转换的。

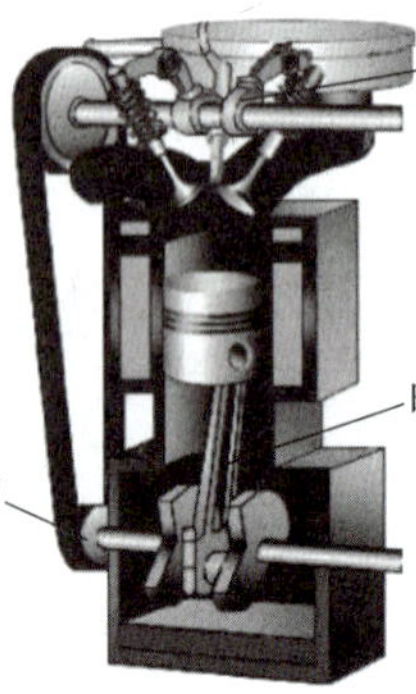

图 0-4　单缸内燃机机构图

1.3　构件与零件

（1）构件

构件是指组成机构的具有确定相对运动关系的基本运动单元。它可以是一个零件，也可以是若干个零件固定连接而成的装配体。

例如，内燃机的曲柄连杆机构包括曲柄、连杆和活塞等构件。

（2）零件

组成机器的不可拆卸的最小装配单元称为机械零件，简称零件。

经常用到的零件称为通用零件，如螺钉、螺母、轴、齿轮、弹簧等。在特定的机器中用到的零件称为专用零件，如汽轮机中的叶片、起重机的吊钩、内燃机中的曲轴、连杆、活塞等。

如图 0-5 所示，内燃机连杆是由连杆体、轴套、轴瓦、连杆盖、螺母、螺栓等零件装配而成。

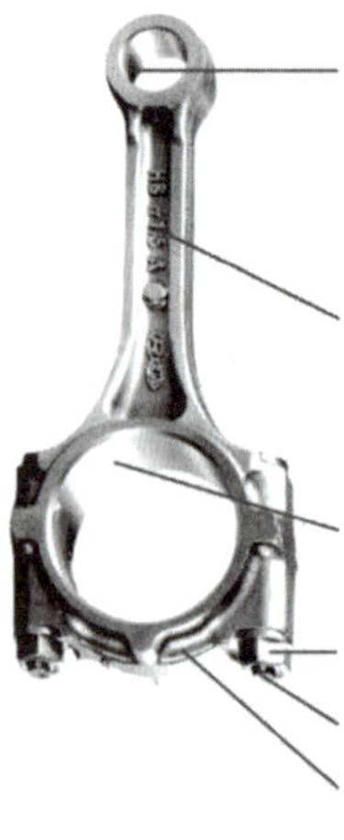

图 0-5　内燃机连杆的组成

2. 课程学习指导

2.1　课程内容

本课程将“工程材料”“工程力学”“机械原理”“机械设计”等课程的内容进行了有机整合，主要介绍机械工程材料、构件受力及变形分析、常用机构的运动分析、机械传动装置、连接与轴系零部件等内容。

2.2　课程的性质和学习目标

（1）专业知识与能力目标

① 了解常用机械工程材料的分类、性能和应用，钢的热处理知识，能够根据产品的工作要求合理选择零件的材料和钢的热处理方法。

② 初步掌握构件受力及变形的基本分析方法、强度计算方法及常用机构的运动分析方法，能够设计与分析简单的机械运动机构、构件、零件。

③ 熟悉常用通用零部件的工作原理、特点、应用及其结构和标准等基础知识，掌握通用零件的选用和设计的基本原理和方法，具备初步设计专用零部件的能力。

④ 掌握不同机械传动装置的工作特点和设计方法，能运用标准、手册、图册等技术资料，具有分析、设计和使用通用零件和简单机械传动装置的基本能力，具备初步的优化简单机械传动装置的能力。

⑤ 了解一般机械设备的工作原理，能够正确使用、装配和维护一般机械设备。

（2）思政与综合素质目标

① 增强责任感、使命感，培养工匠精神，树立德技并修的职业追求，将个人追求融入国家富强、民族振兴、人民幸福的伟大梦想之中。

② 提高分析问题和解决问题的科学思维能力，养成良好的学习习惯，培养一定的创新精神。

③ 具备良好的职业素养和职业道德、踏实严谨的工作作风。

2.3 课程的学习方法建议

本课程的理论性、系统性和实践性都很强，在学习过程中应注意以下几点。

① 阅读+讨论，理论联系实际，做到学以致用。

② 学会归纳和总结，促进知识转化，提高分析问题和解决问题的能力。

③“学中做”“做中学”，在实践中领悟知识、提升创新思维。

【思考与练习】

1. 不同的机器有哪些共同特征?
2. 什么是机器?什么是机构?
3. 机器与机构、构件与零件有哪些区别?
4. 一部完整的机器其基本组成部分有哪些?各部分的作用是什么?
5. 根据用途的不同，机械可分为哪些类型?
6. 机械零件按使用功能可分为哪两类?分别举例说明。
7. 什么是通用零件?什么是专用零件?试举例说明。

项目1 机械工程材料

【项目导读】

材料是人类生产和社会发展的重要物质基础，与人类文明密切相关。人们把材料、能源、信息并列称为现代技术和现代文明的三大支柱。材料广泛应用于机械、车辆、船舶、建筑、化工、能源、仪器仪表、航空航天等工程领域。其中，用于制造各类机械零件的材料和在机械制造过程中所应用的工艺材料称为机械工程材料，简称工程材料。本项目主要介绍工程材料的分类和性能，常用工程材料的特点及应用，钢的热处理方法和零件材料的选择方法等知识，为学习后续知识和工程实践建立必要的基础。

【知识目标】

- ◆ 掌握工程材料的分类
- ◆ 掌握金属材料的力学性能和工艺性能
- ◆ 了解非金属材料的性能及应用
- ◆ 掌握常用工程材料的特点及应用
- ◆ 了解零件的失效形式
- ◆ 掌握零件材料的选择方法
- ◆ 掌握钢的一般热处理方法

【技能目标】

- ◆ 能够合理选择零件的材料
- ◆ 能够初步分析和选择钢的热处理方法

【素质目标】

- ◆ 提高分析问题、解决问题的科学思维能力
- ◆ 培养投身制造强国、专注技能成才的职业追求

【任务导航】

1. 分析零件材料的性能——工程材料基础知识
2. 选择典型零件的材料——常用工程材料
3. 分析零件的热处理工艺——钢的热处理

任务 1　分析零件材料的性能——工程材料基础知识

任务描述

农用汽车刚出发不久，发动机就冒起了黑烟。打开了发动机气缸，发现第 3 缸连杆弯曲、缸套裂损，但缸盖完好无损，连杆孔间隙、连杆螺栓均正常。半年前对这台农用汽车大修时，更换了非原厂生产的连杆。经过分析，问题出在了连杆的材料上，由于材料的性能不佳，连杆在受到压力后产生弯曲，因此破坏了其正常运动轨迹，从而拱裂缸套。

由于材料不同，两个看起来一模一样的零件其性能往往差异很大。因此，在选择零件的材料时，必须正确分析其所需要具备的性能。如图 1-1 所示为几种典型金属零件，请同学们分析这些金属零件的材料所需具备的性能。

(a) 机床主轴　(b) 减速器齿轮　(c) 发动机缸体　(d) 汽车减振弹簧

图 1-1　几种典型金属零件

任务工单

任务工单 1.1——分析零件材料的性能

【任务目的】

① 掌握工程材料的分类。

② 掌握金属材料的力学性能和工艺性能。

③ 了解非金属材料的性能及应用。

【学生分组】

以 3~4 人为一组，选出组长并进行任务分工，将小组概况及分工填入表 1-1 中。

表 1-1 小组概况及分工

班　级		组　号		指导教师	
小组成员	姓　名	学　号	任务分工		
组　长					
组员					

【工作准备】

（1）获取信息

在任务实施前，需要掌握金属零件材料力学性能和工艺性能相关知识。请各组组长组织组员收集相关资料，回答下列问题。

引导问题 1：分析机床主轴所需具备的性能。

引导问题 2：分析减速器齿轮所需具备的性能。

引导问题 3：分析发动机缸体所需具备的性能。

引导问题 4：分析汽车减振弹簧所需具备的性能。

（2）制订计划

查阅相关资料，分析机床主轴、减速器齿轮、发动机缸体、汽车减振弹簧应具备的性能，并制订实施计划。

（3）进行决策

① 每位学生阐述自己的计划。

② 组员之间进行提问与答疑，制订本组的最佳实施计划。

③ 教师根据各组完成情况进行点评。

【工作实施】

按照本组制订的最佳工作计划进行实施。按实际实施过程，将实施内容、遇到的问题及解决办法等全部记录在表 1-2 中。

表 1-2 工作实施过程记录表

序号	实施步骤	实施内容	遇到的问题及解决办法
1			
2			
3			

【考核评价】

各组组长展示任务完成情况，并完成如表 1-3 所示的考核评价表。

表 1-3　　考核评价表

评价项目	评价标准	满分/分	实际得分/分	老师评语
技能操作	能正确分析机床主轴所需具备的性能	20		
	能正确分析减速器齿轮所需具备的性能	20		
	能正确分析发动机缸体所需具备的性能	20		
	能正确分析汽车减振弹簧所需具备的性能	20		
参与程度	认真参加活动,积极思考,主动与同学、指导老师进行交流,善于发现和解决问题	10		
合作意识	积极参与探讨,勇于接受任务,敢于承担责任	10		
总　分		100		
小组总结				

知识准备

1.1　工程材料概述

1.1.1　工程材料的分类

工程材料是指用于满足各类工程需要的材料，它的种类很多且性能各异，有多种分类方法。工程材料通常根据化学成分分为金属材料和非金属材料两大类。其中，金属材料可分为钢铁材料和非铁金属材料，非金属材料可分为无机非金属材料、高分子材料和复合材料，如表 1-4 所示。

表 1-4　　工程材料根据化学成分分类

类型		典型材料名称
金属材料	钢铁材料	铸铁、碳素钢、合金钢
	非铁金属材料	轻非铁金属、重非铁金属、稀有金属及稀土
非金属材料	无机非金属材料	陶瓷、水泥、玻璃、耐火材料
	高分子材料	塑料、橡胶、合成纤维、胶黏剂、涂料
	复合材料	纤维增强复合材料、颗粒增强复合材料、层叠复合材料

1.1.2　工程材料在机械中的应用

优质的机械产品是正确的工程材料、精巧的设计及合理的加工工艺三者结合的产物。机械的各个零件都是由工程材料制造的，工程材料的性能不但决定了机械的质量和使用寿命，还直接影响机械制造的生产成本，如材料采购成本、机械加工成本等。在众多工程材料中，金属材料来源丰富、性能优良，并且可通过不同的成分配制、采用不同的加工工艺改变组织和性能，在机械工程中应用最为广泛。因此，本书主要对金属材料的性能进行深入分析和介绍。

1.2 金属材料的性能

1.2.1 金属材料的力学性能

金属材料在加工和使用过程中都要承受不同形式外力的作用，当外力达到或超过某一限度时，材料就会发生变形，甚至断裂。材料的力学性能是指材料在各种载荷（外力）作用下表现出来的抵抗变形和破坏的能力以及接受变形的能力。由于载荷的形式不同，材料可表现出不同的力学性能，如强度、塑性、硬度、韧性和疲劳强度等。材料的力学性能是零件设计、材料选择及工艺评定的主要依据。

（1）强度

强度是指材料在外力作用下抵抗塑性变形或断裂的能力。由于所受载荷的形式不同，金属材料的强度可分为抗拉强度、抗压强度、抗弯强度和抗剪强度等，其中以拉伸试验所得到的强度指标应用最为广泛。按 GB/T 228—2021 的规定，把一定尺寸和形状的金属试样（图 1-2）装夹在试验机上，然后对试样逐渐施加拉伸载荷，直至把试样拉断为止，根据试样在拉伸过程中承受的载荷和产生的变形量之间的关系，可测出该金属的应力-应变曲线（图 1-3）。

金属材料的强度

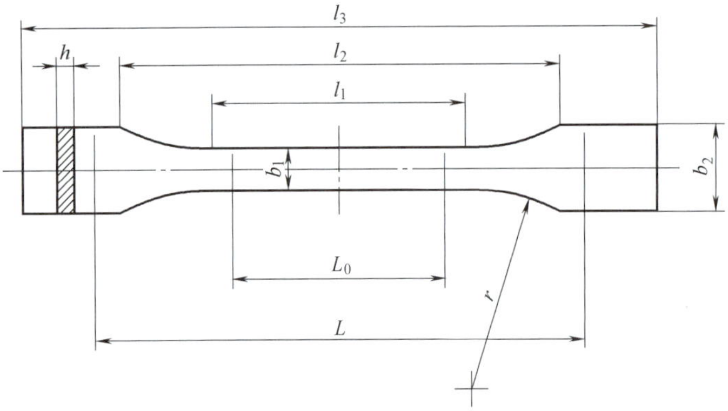

拉伸试验

图 1-2 拉伸试样

无论哪种固体材料，它的内部原子之间都存在相互平衡的原子结合力的相互作用。当工件材料受外力作用时，原来的平衡就会受到破坏，材料中任意一个小单元与其邻近的各小单元之间就产生了新的力，称为内力。在单位截面上的内力，称为应力。工程上用符号 R 表示材料的工程应力。在外力作用下引起的形状和尺寸的改变称为变形，包括弹性变形和塑性变形。

（2）塑性

塑性是指金属材料在外力作用下产生塑性变形而不被破坏的能力。金属材料的塑性可用断后伸长率 A 和断面收缩率 Z 来衡量。两者都可通过拉伸试验进行测算。

断后伸长率是指拉伸试样拉断后，拉伸试样的伸长量 ΔL 与原始标距 L_0 之比的百分

率，用符号 A 表示，其计算公式为

$$A=\frac{\Delta L}{L_0}=\frac{L_u-L_0}{L_0}\times 100\% \qquad (1-1)$$

式中　A——断后伸长率，无单位；

ΔL——拉伸试样的伸长量，mm；

L_u——拉伸试样拉断后的标距，mm；

L_0——拉伸试样的原始标距，mm。

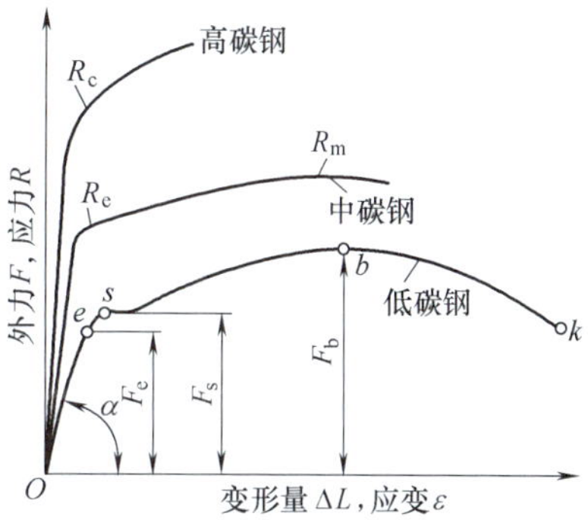

图 1-3　低碳钢应力-应变曲线

材料断后伸长率的大小与试样原始标距 L_0 和原始截面积 S_0 密切相关。在 S_0 相同的情况下，L_0 越长则 A 越小；反之亦然。这里必须指出，同金属材料的试样长度不同，测得的伸长率是不同的。一般把 $A>5\%$ 的材料称为塑性材料，$A<5\%$ 的材料称为脆性材料。铸铁是典型的脆性材料，而低碳钢是钢铁材料中塑性最好的材料。

断面收缩率是指拉伸试样拉断后，缩颈处横截面面积的最大缩减量与原始横截面面积之比的百分率，用符号 Z 表示，其计算公式为

$$Z=\frac{S_0-S_u}{S_0}\times 100\% \qquad (1-2)$$

式中　Z——断面收缩率，无单位；

S_0——拉伸试样原始横截面面积，mm^2；

S_u——拉伸试样缩颈处的最小横截面面积，mm^2。

金属材料的断后伸长率 A 和断面收缩率 Z 越大，表示该金属材料的塑性越好，适宜用轧制、锻造等使工件或毛坯产生塑性变形的加工方法进行加工。

断面收缩率不受试样标距长度的影响，能更可靠地反映材料的塑性。对必须承受强烈变形的材料，塑性指标具有重要的意义。塑性优良的材料冷压成型性好。另外，重要的受力零件也要求具有一定的塑性，以防止超载时发生断裂。

（3）硬度

硬度是指金属材料抵抗外部硬物压入或刻划的能力，它是衡量金属材料软硬程度的指标，硬度越高，金属材料表面越不容易产生压痕或划痕。

金属材料三种硬度试验方法的原理、测定方法和应用范围如表 1-5 所示。

表 1-5　　金属材料三种硬度试验方法的原理、测定方法和应用范围

类别	试验原理简图	测试方法	应用范围
布氏硬度（HBW）	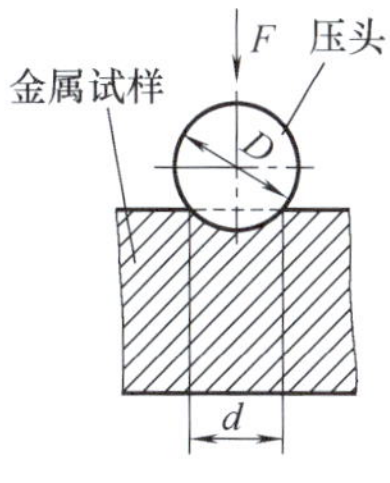	采用直径为 D 的碳化钨合金球作为压头，以规定的压力 F 压入材料表面并保持规定的时间，测量圆形压痕的直径 d，利用公式求出硬度值，或从专门编制的硬度表中查出对应的硬度值	适用于测定各种经过退火及调质处理的钢材、非铁合金及铸铁等硬度较低的工件，不适合测定太薄的工件

续表

类别	试验原理简图	测试方法	应用范围
洛氏硬度(HR)	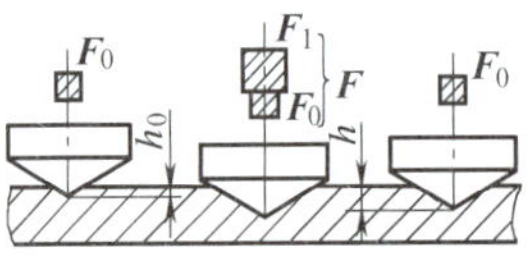	采用一定形状和尺寸的金刚石圆锥或碳化钨合金球作为压头,以规定的压力压入材料表面,根据压痕的深度计算材料的硬度。洛氏硬度分为三种标度:HRA、HRB、HRC,分别适用于不同硬度的材料	在布氏硬度试验不适用的场合使用,例如当 HB>450 或试样尺寸过小时
维氏硬度(HV)	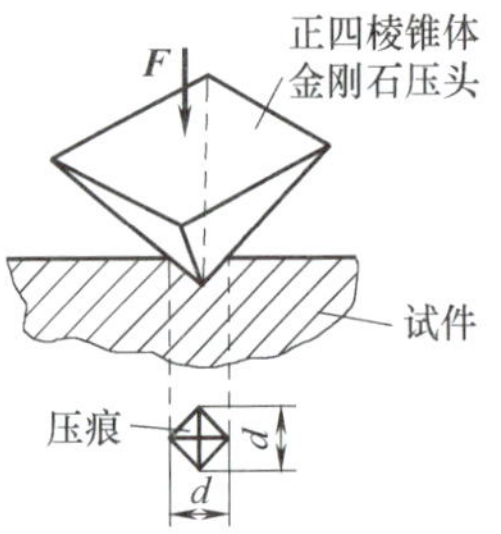	采用顶部两相对面具有规定角度的正四棱锥体金刚石作为压头,以规定压力 F 压入材料表面并保持规定的时间,测量试样试件表面压痕对角线长度 d,然后按公式计算硬度值	由于压痕较小,适用于测定较薄工件、工具表面或带镀层的工件

（4）韧性

韧性是指金属材料在塑性变形和断裂过程中吸收能量的能力。韧性越好，金属材料的抗冲击能力越强，发生断裂的可能性越小。韧性是金属材料的一项重要力学性能，许多机器的金属零件在工作过程中需要承受冲击载荷的作用，如发动机的活塞、锻床的锻锤等，为了保证它们正常工作，在选择金属材料时必须考虑其韧性。

金属材料的韧性通常由冲击吸收能量来衡量。冲击吸收能量可以通过一次摆锤冲击试验来测定，试验的原理如图 1-4 所示。

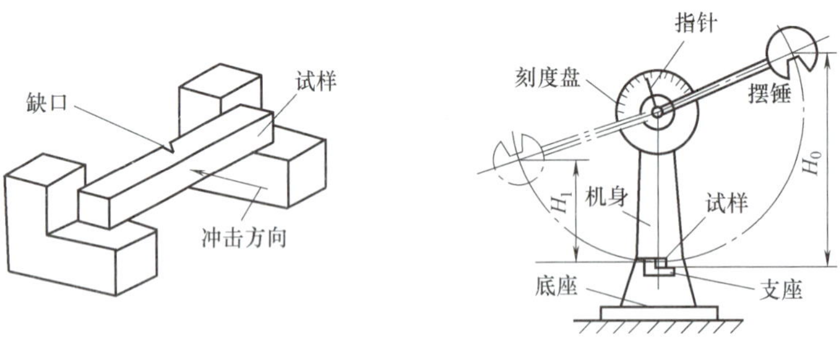

(a) 试样　　(b) 摆锤冲击示意图

一次摆锤冲击试验

图 1-4　一次摆锤冲击试验原理简图

试验前，按照国家标准在金属材料试样上加工出一定形状的缺口（V 形缺口或 U 形缺口），并将缺口背对摆锤冲击方向。试验时，将摆锤抬起至一定高度 H_0，然后释放，由于重力的作用摆锤自由下落，冲断金属材料试样后继续摆动，记录最终的摆动高度 H_1。

摆锤损失的重力势能等于金属材料试样断裂过程中吸收的能量，即冲击吸收能量，用符号 *KV* 或 *KU* 表示，单位为 J。

试验中测定的冲击吸收能量不能直接用于工程计算，只能作为判断材料韧性的定性指标。冲击吸收能量越大，表示金属材料的韧性越好。

（5）疲劳强度

许多机械零件是在交变应力下工作的，如机床主轴、连杆、齿轮、弹簧、各种滚动轴承等。交变应力，是指零件所受应力的大小和方向随时间做周期性变化。例如，受力发生弯曲的轴，在转动时材料要反复受到拉应力和压应力，属于对称交变应力循环。零件在交变应力作用下，当交变应力值远低于材料的屈服强度时，经长时间运行后也会发生破坏，材料在这种应力作用下发生的断裂现象称为疲劳断裂。

疲劳断裂往往突然发生，无论是塑性材料还是脆性材料，断裂时都不产生明显的塑性变形，具有很大的危险性，常常会造成事故。

金属材料的疲劳破坏过程，首先是在其薄弱部位，如在有应力集中或缺陷（划伤、夹渣、显微裂纹等）处产生微细裂纹。这种裂纹是疲劳源，并且一般会出现在零件表面上，形成裂纹扩展区。当裂纹扩展区达到某一临界尺寸时，零件甚至会在低于弹性极限的应力下突然脆断。最后的脆断区称为最终破断区。图 1-5（a）所示为典型疲劳断口（汽车后轴），而图 1-5（b）所示为典型断口三个区域的示意图。

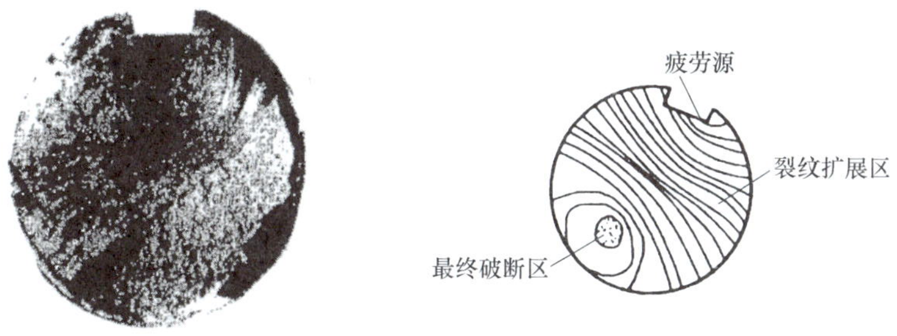

(a) 汽车后轴的断口　　(b) 断口的示意图

车轴材料疲劳性能测试

图 1-5　疲劳断口的特征

材料抵抗疲劳破坏的能力由疲劳试验获得。被测材料承受的交变应力与材料断裂前的应力循环次数之间的关系曲线可以用如图 1-6 所示的材料的疲劳曲线描述。按 GB/T 10623—2008 的规定，材料疲劳强度用 *S* 表示，*N* 表示交变应力循环次数，对称应力循环时的疲劳极限用 σ_{-1} 表示。由于无数次应力循环难以实现，规定钢铁材料经受 10^7 次循环，非铁金属经受 10^8 次循环时的应力值确定为 σ_N。一般认为，产生疲劳破坏的原因是材料的某些缺除如夹杂物、气孔等所致。在交变应力下，缺陷处首先形成微小裂纹，裂纹逐步扩展，导致零件的受力截面减小，以致突然产生破坏。零件表面的机械加工刀痕和构件截面突然变化部位都会产生应力集中。交变应力下，应力集中容易处于产生显微裂纹处，这也是产生疲劳破坏的主要原因。在机械零件的断裂中，80% 以上都属于疲劳断裂。为了防止或减少零件的疲劳破坏，除应合理设计结构，防止应力集中外，还要尽量减小零件表面粗糙度值，采取表面硬化处理等措施来提高材料的抗疲劳能力。

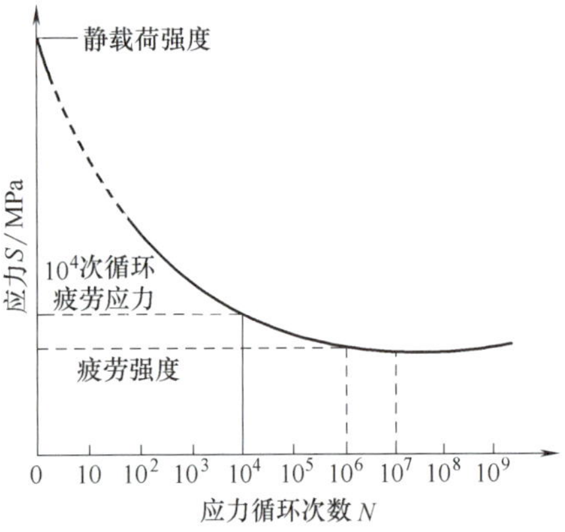

图 1-6 疲劳曲线图

1.2.2 金属材料的工艺性能

(1) 铸造性

铸造性是指铸造成形过程中获得外形准确、内部健全铸件的能力，反映了金属材料熔化浇注成为铸件的难易程度。衡量金属材料铸造性能的指标有流动性、收缩性和偏析倾向等。

流动性指熔融材料的流动能力，主要受化学成分和浇注温度的影响，流动性好的材料容易充满铸型腔，从而获得外形完整、尺寸精确、轮廓清晰的铸件。收缩性指铸件在冷却凝固过程中其体积和尺寸减小的现象，铸件收缩不仅影响其尺寸，还会使铸件产生缩孔、疏松、内应力、变形和开裂等缺陷。偏析是指铸件内部化学成分和显微组织的不均匀现象，偏析严重的铸件，其各部分的力学性能会有很大差异，从而会降低产品质量。

在金属材料中，铸铁与青铜的铸造性较好。

(2) 压力加工性

压力加工性是指使金属材料在外力作用下产生塑性变形，以获得具有一定形状、尺寸和力学性能的制品或零件的加工方法。常用的压力加工方法有轧制、挤压、冷拔、锻造和冷冲压等。

金属材料在压力加工过程中成型的难易程度称为金属材料的压力加工性，它主要与金属材料的塑性有关。塑性越好，金属材料的压力加工性就越好。同时，压力加工性还与金属材料的成分及加工条件有关。例如，碳钢在加热到一定温度时才容易锻造成型，而铝合金在室温条件下就很容易锻造成型。

(3) 焊接性

焊接性一般用材料的焊接性来衡量，也就是在一定的焊接工艺条件下，获得优质焊接接头的难易程度。评价焊接性的指标有两个：一是焊接接头产生缺陷的倾向性，二是焊接接头的使用可靠性。在机械工业中，焊接的主要对象是钢材。含碳量是焊接性好坏的主要影响因素。低碳钢和碳质量分数低于 0.18%的合金钢有较好的焊接性能，碳质量分数大于 0.45%的碳素钢和碳质量分数大于 0.35%的合金钢的焊接性能较差。碳质量分数和合金元素质量分数越高，焊接性能越差。

低碳钢的焊接性好，各种焊接方法都可获得优良的焊接接头。中、高碳钢随碳质量分数的增加，焊接性会变差，通常需要采取焊前预热和焊后热处理等措施。

(4) 切削加工性

切削加工性是指对金属材料进行切削加工的难易程度。衡量切削加工性的因素有刀具的使用寿命、零件的表面质量和切削工作时间等。金属材料的切削加工性主要受金属材料的化学成分、组织、硬度、塑性、韧性和导热性等的影响。通常情况下，零件可以通过热处理来提高金属材料的切削加工性。

切削加工是工程中应用最为广泛的零件加工方法。常用的切削加工方法有车削、铣削、磨削和钻削等。

任务实施

（1）分析

请同学们按照“任务工单 1.1”要求，分析金属零件材料的性能，然后填写任务工单。

分析金属零件材料的性能时，主要分析其在一定工作条件下应具备的力学性能和工艺性能。其中，金属材料的力学性能主要包括强度、塑性、硬度、韧性和疲劳强度等，它们反映了金属材料在不同性质外力作用下所表现出来的抵抗能力；金属材料的工艺性能主要包括铸造性、压力加工性、焊接性和切削加工性等，它们反映了金属材料的加工难易程度。

（2）实施

全班学生每 3~4 人一组，组员合作分析任务中零件应具备的性能，并做好记录。这些金属零件应具备的性能示例如表 1-6 所示。

表 1-6　几种典型金属零件的工作条件及应具备的性能示例

零件名称	工作条件	所需具备的性能
机床主轴	受交变弯曲和扭转复合应力作用，但载荷和转速不高，冲击载荷也不大	1. 高的强度、刚度和一定的韧性，即良好的综合力学性能 2. 高的疲劳强度 3. 高的耐磨性 4. 良好的锻造性及切削加工性
减速器齿轮	转速中等，传递转矩较大，齿根部位承受较大的交变弯曲应力	1. 高的弯曲疲劳强度 2. 高的接触疲劳强度、硬度和耐磨性 3. 齿轮心部要有足够的强度和韧性 4. 良好的锻造性及切削加工性
发动机缸体	承受拉、压、弯、扭等不同形式的载荷，同时还因气缸壁面与高温燃气直接接触而承受很大的热负荷	1. 高的强度和刚度 2. 较高的耐磨性和耐蚀性 3. 良好的铸造性及切削加工性
汽车减振弹簧	承受较大的交变应力和冲击载荷	1. 高的强度和弹性极限 2. 高的疲劳强度 3. 良好的耐蚀性 4. 良好的压力加工性

课程思政

新材料发展助力“中国制造”，推动科技创新抢占制高点

新材料产业作为制造业发展的基础，关乎“中国制造”的品质，特别是前沿新材料领域，往往能够成为催生新生产业发展的重点领域。我国新材料产业已形成了全球门类最全、规模最大的产业体系，建成了涵盖金属、高分子、陶瓷等结构与功能材料的研发和生产体系，并具备了庞大的材料生产能力。我国有色金属、稀土金属、水泥、玻璃、化学纤维、先进储能材料、光伏材料等百余种材料的产量已位居世界第一位。

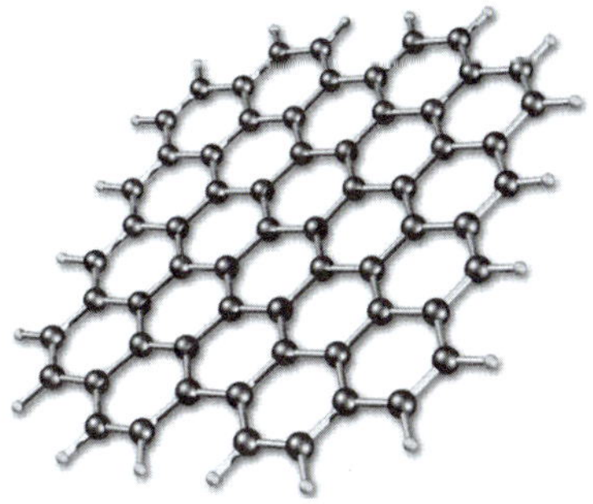

任务 2　选择典型零件的材料——常用工程材料

任务描述

小李准备买辆自行车骑行上班。他在网上选购时发现自行车车身材料有许多种，有钢的、铝合金的、钛合金的，不同车身材料的自行车价格差异很大。

与自行车一样，在机械工程中同类零件的材料往往差异很大，这是因为它们的工作条件和性能要求不同。如图 1-7 所示为几种典型机器上的金属零件，它们的工作条件和主要性能要求如表 1-7 所示。请同学们为这些零件选择合适的材料。

(a) 低速内燃机曲轴　　(b) 载重汽车变速齿轮　　(c) 机床减速器箱盖

图 1-7　几种典型机器上的金属零件

表 1-7　几种金属零件的工作条件和主要性能要求

零件名称	工作条件	主要性能要求
低速内燃机曲轴	1. 受气缸中周期性变化的气体压力，曲柄连杆机构的惯性力、扭转、弯曲应力、扭转振动和冲击力等的作用 2. 曲轴轴颈与轴承间有较大的滑动摩擦	1. 较高的综合力学性能 2. 轴颈处有较高的硬度及耐磨性 3. 较好的铸造性和切削加工性
载重汽车变速齿轮	1. 传递转矩时齿根部承受较大的交变弯曲应力 2. 啮合时齿面承受较大的接触压应力并受到强烈的摩擦和磨损 3. 换挡、启动、制动或啮合不均匀时承受一定的冲击力	1. 高的屈服强度和弯曲疲劳强度 2. 高的齿心强度和韧性 3. 高的齿面接触疲劳强度和高的硬度及耐磨性，较好的切削加工性
机床减速器箱盖	减速器运转平稳，箱盖所受载荷不大	1. 高的强度和刚度 2. 良好的耐蚀性 3. 较好的铸造性

任务工单

任务工单 1.2——选择典型零件的材料

【任务目的】

① 掌握常用工程材料的分类、特点及应用。
② 了解零件的失效形式。
③ 掌握零件材料的选择方法。

【学生分组】

以 3~4 人为一组，选出组长并进行任务分工，将小组概况及分工填入表 1-8 中。

表 1-8　小组概况及分工

班　级		组　号		指导教师	
小组成员	姓　名	学　号	任务分工		
组　长					
组员					

【工作准备】

（1）获取信息

在任务实施前，需要掌握金属材料性能的相关知识。请各组组长组织组员收集相关资料，回答下列问题。

引导问题 1：低速内燃机曲轴一般选用什么材料？并说明其主要性能特点。

引导问题 2：载重汽车变速齿轮一般选用什么材料？并说明其主要性能特点。

引导问题 3：机床减速器箱盖一般选用什么材料？并说明其主要性能特点。

（2）制订计划

查阅相关资料，学习零件的选材要求，分析零件的工作条件和失效形式、零件受力的性质和大小等，提出可以满足零件工作条件的性能指标，并制订实施计划。

（3）进行决策

① 每位学生阐述自己的计划。
② 组员之间进行提问与答疑，制订本组的最佳实施计划。
③ 教师根据各组完成情况进行点评。

【工作实施】

按照本组制订的最佳工作计划进行实施。按实际实施过程，将实施内容、遇到的问题及解决办法等全部记录在表 1-9 中。

表 1-9　　工作实施过程记录表

序号	实施步骤	实施内容	遇到的问题及解决办法
1			
2			
3			

【考核评价】

各组组长展示任务完成情况，并完成如表 1-10 所示的考核评价表。

表 1-10　　考核评价表

评价项目	评价标准	满分/分	实际得分/分	老师评语
技能操作	能正确选择低速内燃机曲轴的材料	30		
	能正确选择载重汽车变速齿轮的材料	30		
	能正确选择机床减速器箱盖的材料	20		
参与程度	认真参加活动，积极思考，主动与同学、指导老师进行交流，善于发现和解决问题	10		
合作意识	积极参与探讨，勇于接受任务，敢于承担责任	10		
总　分		100		
小组总结				

知识准备

2.1　钢铁材料

钢铁材料冶炼简便、价格低廉，并具有良好的力学性能和工艺性能，因此在工业中占有重要位置。

2.1.1　钢铁材料的分类与组织

钢铁材料主要由铁和碳两种基本元素构成，故钢铁又称为铁碳合金。含碳量的高低对钢铁材料的性能有着极大的影响。除了含有铁、碳元素之外，钢铁材料中还有少量的锰、硅、硫、磷等元素，其中硫和磷是有害元素，需要严格控制其含量。

习惯上常说的钢铁是钢和铁的总称，其中，铁包括纯铁和铸铁。通常情况下，将含碳量小于 0.0218%（质量分数，下同）的铁碳合金称为纯铁；含碳量为 0.0218%~2.11%的铁碳合金称为钢；含碳量大于 2. 11%的铁碳合金称为铸铁，工业中常用铸铁的含碳量不超过 4. 3%。钢铁根据含碳量进行的分类如表 1-11 所示。

表 1-11 钢铁根据含碳量进行的分类

名称	纯铁	钢	铸铁
含碳量	<0. 0218%	0. 0218%~2. 11%	2. 11%~4. 3%

钢铁材料的性能与其内部组织有重要的关系。铁碳合金在液态时，内部的铁和碳可以无限互溶；在冷却为固态的过程中，根据含碳量的不同，碳可以与铁形成固溶体或化合物，或形成由固溶体和化合物组成的机械混合物。这三种不同结合形式的铁、碳原子形成了不同的铁碳合金基本组织，主要有铁素体、奥氏体、渗碳体、珠光体和莱氏体等，它们各自的特点如表 1-12 所示。

表 1-12 铁碳合金基本组织的特点

组织名称	符号	组织特征	结晶结构	碳的最大溶解度	力学性能
铁素体	F	碳溶于 α-Fe 中形成的间隙固溶体	体心立方晶格结构	w_C=0. 0218%	塑性、韧性很高，强度、硬度较低
奥氏体	A	碳溶于 γ-Fe 中形成的间隙固溶体	面心立方晶格结构	w_C=2. 11%	硬度较低，塑性较高
渗碳体	Fe_3C	铁与碳形成的金属化合物	复杂结构的间隙化合物	w_C=6. 69%	硬度高，脆性大，塑性和韧性极小
珠光体	P	铁素体和渗碳体组成的机械混合物	—	—	力学性能介于铁素体和渗碳体之间
莱氏体	Ld	奥氏体与渗碳体组成的机械混合物	—	—	硬度很高，塑性、韧性极差

2. 1. 2 工业用钢

工业生产中，为了保证韧性和塑性，钢的含碳量一般不超过 1. 7%。

（1）钢的分类

钢的分类方法很多，通常根据化学成分、冶金质量和应用范围进行分类。

① 根据化学成分分类。根据化学成分中是否含有合金元素，钢可分为碳素钢和合金钢。其中，根据含碳量的不同，碳素钢可分为低碳钢（w_C<0. 25%）、中碳钢（0. 25%≤w_C≤0. 60%）和高碳钢（w_C>60%）；根据合金元素含量的不同，合金钢可分为低合金钢（合金元素总量<0. 50%）、中合金钢（5. 0%≤合金元素总量≤10. 0%）和高合金钢（合金元素总量>10. 0%）。

② 根据冶金质量分类。根据冶金质量（即杂质元素含量）的不同，钢可分为普通钢（w_S<0. 055%，w_P≤0. 045%）、优质钢（w_S<0. 040%，w_P≤0. 040%）和高级优质钢（w_S<0. 030%，w_P≤0. 035%）

③ 根据应用范围进行分类。根据应用范围的不同，钢可分为结构钢、工具钢、特殊功能钢和专业用钢等。

（2）钢的牌号

《钢铁产品牌号表示方法》（GB/T 221—2008）中规定了各种钢的牌号。钢的牌号通常由大写的汉语拼音、化学元素符号和阿拉伯数字等组成。如表 1-13 所示为部分钢的牌号及其含义。

表 1-13　部分钢的牌号及其含义

类别		牌号示例	含义说明
碳素钢	碳素结构钢	Q235AF Q345D	“Q”是“屈”字拼音的首字母，后面的数字表示屈服强度，单位为 MPa；字母 A、B、C、D 表示钢的质量等级；F，b，Z，TZ 为脱氧方式表示符号，分别表示沸腾钢、半镇静钢、镇静钢、特殊镇静钢。例如，Q235AF 表示屈服强度为 235MPa、A 级质量的沸腾碳素结构钢
	优质碳素结构钢	45 65Mn	两位数字表示钢的平均含碳量，以万分数计；含锰量较高时，加符号 Mn。例如，45 钢表示含碳量为 0.45% 的优质碳素结构钢
	碳素工具钢	T8 T11A	“T”是“碳”字拼音的首字母，后面的数字表示钢中碳的平均含量，以千分数计；若为高级优质碳素钢，在钢号后面加 A。例如，T11A 表示平均含碳量为 1.1%的高级优质碳素工具钢
合金钢	合金结构钢 合金弹簧钢	30CrMnSi 60Si2Mn	前面两位数字表示钢的平均含碳量，以万分数计；元素符号表示所含的合金元素，其平均含量小于 1.5%时一般不标出，当平均含量依次为 1.5%～2.49%，2.5%～3.49%，3.5%～4.49%时，在元素符号的后面相应地写成 2、3、4、…若为高级和特级合金钢，在钢号后面相应地加上 A 和 E。例如，30CrMnSi 表示平均含碳量为 0.30%，铬、锰、硅的平均含量均小于 1.5%的优质合金结构钢
	合金工具钢	8MnSi	前面的数字表示钢的平均含碳量，以千分数计。若平均含碳量大于 1.0%，则一般不标出；合金元素平均含量的表示方法与合金结构钢相同。例如，8MnSi 表示平均含碳量为 0.8%，含铬量 0.3%～0.6%，锰、硅含量均小于 1.5%的合金工具钢
	高速钢	W18Cr4V	一般不标出含碳量，只标出合金元素的含量，以百分数计。例如，W18Cr4V 表示平均含钨量为 18%，含铬量为 4%，含钒量低于 1%的高速钢
	轴承钢	GCr15	“G”表示轴承钢，后面字母表示所含合金元素的种类，其含量用位于其后的数字表示，以千分数计。例如，GCr15 表示平均含铬量为 1.5%的轴承钢
	不锈钢 耐热钢	06Cr18Ni9 20Cr13 015Cr19Ni11	前面的数字表示含碳量的最佳控制值，只规定其上限（以万分数或十万分数计）。其中，当含碳量上限大于 0.10%时，以其上限值的 4/5 表示（以十万分数计）；当含碳量上限不大于 0.10%时，以上限值的 3/4 表示（以十万分数计）；当含碳量上限不大于 0.07%时，以 3 位阿拉伯数字表示（以十万分数计）；合金元素含量表示方法与高速钢相同。例如，06Cr18Ni9 表示含碳量上限为 0.08%，含铬量为 18%，含镍量为 9%的镍铬不锈钢；015Cr19Ni11 表示含碳量上限为 0.03%，最佳控制值为 0.015%，含铬量为 19%，含镍量为 11%的超低碳不锈钢

(3)碳素钢

工业用钢中，碳素钢的用量非常大。常用的碳素钢有碳素结构钢、优质碳素结构钢、碳素工具钢和铸造碳钢等，如表 1-14 所示。

表 1-14　常用的碳素钢

类别	牌号示例	性能特点	应用范围
碳素结构钢	Q235	塑性好，强度较低，能保证一定的力学性能，容易冶炼，工艺性能良好	用于建造建筑、桥梁、船舶等领域的结构件，或者加工螺钉、螺母等力学性能要求不是很高的机械零部件
优质碳素结构钢	45	热加工及切削加工性良好，焊接性较差，强度、塑性等综合力学性能良好	用于制造受力较大的零件，如齿轮和轴等
碳素工具钢	T8	工艺性能好，热处理后可以获得很高的硬度，温度不高时耐磨性良好；但热硬性、淬透性较差	用于制造形状简单、尺寸小、切削速度低、工作温度不高的工具，如模具冲头、剪刀等
铸造碳钢	ZG200-400	具有较高的强度、塑性和韧性	用于制造受力大且承受冲击载荷的零部件，如轧钢机底座、水压机底座、火车车轮及车钩等

(4)合金钢

为改善钢的力学性能，通常在炼钢时加入某些合金元素，如 Mn、Si、Cr、Ni、Mo、W、V 等，由此获得的钢称为合金钢。与碳钢相比，合金钢往往具有某些方面的特殊性能或具有良好的综合力学性能。常用的合金钢如表 1-15 所示。

合金钢

表 1-15　常用的合金钢

类别		牌号示例	性能特点	应用范围
合金结构钢	低合金钢	Q295	含碳量为 0.12%~0.20%，磷、硫含量不大于 0.45%，合金元素总量不大于 3%，主要添加元素为硅、锰及少量的钛、钒、铌、铜及稀土元素等；具有较好的塑性、韧性和焊接性，且冶炼较简单	广泛用于制造各种机器零件和工程构件，如车辆大梁、房屋钢架和输油管道等
	合金渗碳钢	20CrMnTi	含碳量一般为 0.10%~0.25%，加入的合金元素主要有锰、铬、镍、钼、钒、钛、硼等；经表面渗碳和淬火处理后，具有较高的表面硬度和耐磨性，同时心部具有良好的强度和韧性，抗冲击载荷能力强	适用于制造各类受冲击载荷作用的零部件，如变速齿轮、活塞销和轴类零件等
	合金调质钢	38CrMoAl	含碳量一般为 0.25%~0.50%，经调质热处理后，具有较高的强度和韧性；若调质后再进行淬火，可进一步提高钢件表面的耐磨性	适用于制造汽车、拖拉机、机床等机器上的重要零件，如齿轮、连杆和轴类零件等

续表

类别		牌号示例	性能特点	应用范围
合金工具钢	刃具钢	9SiCr	具有高硬度、高耐磨性、高红硬性（红硬性是指钢在高温下保持高硬度的能力）及一定的韧性和塑性	适用于制造各类低速切削的薄刃刀具，如板牙、丝锥和铰刀等
	模具钢	Cr12MoV 5CrNiMo	分为冷作模具用钢、热作模具用钢和塑料模具用钢三类，其性能特点与应用范围有关	适用于制造各种锻造、冲压和压铸等模具
	量具钢	Cr2	含碳量通常高达 0.90%~1.50%，并含有铬、钨、锰等碳化物组成元素	适用于制造精度要求较高的量具，如样板和量规等
合金弹簧钢		60Si2Mn	具有很高的抗拉强度、弹性极限及疲劳强度，一定的淬透性和良好的表面质量	适用于制造各类弹簧及弹性零件
高速钢		W6Mo5Cr4V2 W9Mo3Cr4V	含有钨、钼、铬、钒等合金元素，在高速切削产生的高温下（约 500℃）仍能保持较高的硬度（HRC 不低于 60）	通用型高速钢适用于制造普通刀具，如钻头、锯条、滚刀和拉刀等；特殊用途高速钢适用于制造难加工金属（如钛合金和高温合金等）的切削刀具
轴承钢		GCr15	具有高而均匀的硬度和耐磨性，以及较高的弹性极限和良好的尺寸稳定性	适用于制造各类滚动轴承的滚珠、滚柱及轴承内外圈等
不锈钢		06Cr19Ni10	主要的合金元素为 Cr，其含量一般不低于 10.5%；具有良好的耐蚀性、抛光性和耐热性	适用于制造耐腐蚀零部件，如化工设备、容器、餐具等

2.1.3 铸铁

铸铁是指平均含碳量大于 2.11%，且含有硅、锰、磷、硫等合金元素的铁碳合金。其中，工业用铸铁的含碳量一般为 2.5%~3.5%。铸铁的塑性及韧性虽然不及钢，但生产成本低廉，且具有优良的铸造性、切削加工性、耐磨性和吸振性，因而在工业生产中应用十分广泛。

铸铁的种类很多，根据碳存在形式的不同，铸铁可分为白口铸铁、灰口铸铁和麻口铸铁。

白口铸铁：碳主要以渗碳体的形式存在，断口呈银白色，由于具有很高的脆性和硬度，难以进行切削加工，因此很少直接用来制造机械零件。

灰口铸铁：碳主要以片状石墨的形式存在，断口呈暗灰色，具有一定的力学性能和切削加工性，在工业中应用最为普遍。

麻口铸铁：一部分碳以石墨的形式存在，另一部分碳以渗碳体的形式存在，断口呈灰白相间的麻点状，在工业中应用很少。

根据内部石墨形态的不同，铸铁可分为灰铸铁、球墨铸铁、可锻铸铁和蠕墨铸铁。此外，在普通铸铁中加入一些合金元素可得到合金铸铁。合金铸铁具有较高的力学性能或某些特殊性能。根据使用性能的不同，合金铸铁可分为耐磨铸铁、耐热铸铁和耐蚀铸铁等。

常用的铸铁如表 1-16 所示。

表 1-16　　常用的铸铁

类别	牌号示例	牌号组成	性能特点	应用范围
灰铸铁	HT200	牌号组成：HT+最低抗拉强度。例如，HT200 代表抗拉强度不低于 200MPa 的灰铸铁	碳主要以片状石墨的形式存在，断口呈暗灰色；抗拉强度低且韧性差，但减振性、耐磨性和抗压性好	工业生产中应用最广泛的铸铁材料，常用于制造需要承受较大压力的零部件，如机床床身、机座和轴承座等
可锻铸铁	KTH300-06 KTB350-12	牌号组成：KT+代表类别的字母（H，Z，B）+最低抗拉强度+最小断后伸长率（以百分数计）。例如，KTH300-06 表示抗拉强度不低于 300MPa，断后伸长率不低于 6%的黑心可锻铸铁	碳主要以团絮状石墨的形式存在，故塑性和韧性比灰铸铁好，但并不能用于锻造	常用于制造形状复杂、承受冲击和振动载荷的零件，如拖拉机后桥外壳、管接头和低压阀门等
球墨铸铁	QT400-18 QT800-2	牌号组成：QT+最低抗拉强度+断后伸长率。例如，QT400-18 表示抗拉强度不低于 400MPa，断后伸长率不低于 18%的球墨铸铁	碳主要以球状石墨的形式存在，具有很高的强度和良好的塑性、韧性，综合力学性能接近于钢，铸造性好	常用于制造受力复杂，强度、韧性和耐磨性要求高的零件，如发动机上的曲轴和连杆、机床主轴，以及各种齿轮等
蠕墨铸铁	RuT300	牌号组成：RuT+最低抗拉强度。例如，RuT300 表示抗拉强度不低于 300MPa 的蠕墨铸铁	碳主要以蠕虫状石墨的形式存在，强度接近球墨铸铁，有一定韧性和较高的耐磨性，铸造性和导热性良好	常用于制造内燃机气缸、气缸盖和液压阀等零件
合金铸铁	—	—	含有一定量的合金元素，具有某种特殊性能，如耐磨性、耐热性和耐蚀性	常用于制造有耐热、耐腐蚀等特殊要求的零件，如气缸套、阀门和容器等

根据所学知识，为图 1-8 所示的零件选择合适的铸铁材料。其中，轴承座需承受来自轴承的压力；汽车变速箱体结构复杂，工作时承受动载荷的冲击；发动机曲轴要求具有较高的强度，能承受较大的冲击载荷，且表面应具有良好的耐磨性。

(a) 轴承座　　(b) 汽车变速箱体　　(c) 发动机曲轴

图 1-8　铸铁材料制造的零件

2.2 非铁金属材料及合金

除钢铁材料之外的金属材料统称为非铁金属材料。非铁金属材料具有钢铁材料所不具备的特殊物理、化学及力学性能，在机械工程中的应用也非常广泛。如图 1-9 所示，汽车轮毂、轴瓦和飞机机身等产品使用的材料分别为铝合金、铜合金和钛合金。

(a) 汽车轮毂　　(b) 轴瓦　　(c) 飞机机身

图 1-9　非铁金属材料制造的产品

2.2.1　铝及铝合金

（1）纯铝

纯铝呈银白色，密度较小（$\rho=2.7\mathrm{g/cm^3}$），熔点为 660℃。在常温及潮湿环境中，纯铝的表面容易形成一层致密的氧化膜，因此具有较好的耐蚀性。纯铝的导热性和导电性良好，是仅次于金、银、铜的优良导体；塑性很高，能通过压力加工方法制成各种型材、板材，因此广泛用于制造各种导线、电容器和包装材料等。由于纯铝的强度很低，因此不宜直接作为结构零部件。

纯铝中含有铁、硅、铜、锌等杂质，根据纯度分为工业纯铝（$99.00\%\leqslant w_{Al}\leqslant 99.85\%$）和高纯铝（$w_{Al}\geqslant 99.85\%$）。纯铝的牌号用“1×××”四位字符表示。其中，第一位数字 1 表示纯铝；第二位为英文大写字母，表示原始纯铝（A）或原始纯铝的改型（B~Y，C、I、L、N、O、P、Q、Z 除外）；最后两位数字表示铝的最低百分含量，即铝的最低百分含量小数点后面的两位数字。例如，牌号 1A90 表示纯度为 99.90%的原始高纯铝。

（2）铝合金

人们在长期的生产实践和科学实验中，通过往纯铝中添加适量的合金元素来提高铝的强度和硬度等力学性能，从而得到了各种系列的铝合金。铝合金质量轻、强度高，具有很高的比强度，其力学性能超过许多合金钢。因此，铝合金是较为理想的结构材料，在工程中应用十分广泛。

铝合金中的合金元素主要有铜、锰、硅、镁、锌等，根据合金元素和工艺特点的不同，铝合金可分为变形铝合金和铸造铝合金两大类。

铝合金

① 变形铝合金。变形铝合金具有良好的塑性，可通过冲压、弯

曲、挤压等加工方法制成所需零件。变形铝合金的牌号用2×××～8×××系列表示，如3A21、2A12等。其中，牌号的第一位数字是按照主要合金元素（铜、锰、硅、镁、镁+硅、锌及其他元素）的顺序来表示变形铝合金的组别；第二位字母表示原始合金（A）或原始合金的改型情况（B～Y，C、I、L、N、O、P、Q、Z除外）；最后两位数字用来区分同一组中不同的铝合金。例如，牌号3A21表示主要合金元素为锰的变形铝合金。

根据性能特点和应用范围的不同，变形铝合金可分为防锈铝合金、硬铝合金、超硬铝合金和锻造铝合金等。常用的变形铝合金如表1-17所示。

表1-17 常用的变形铝合金

类别	牌号示例	性能特点	应用范围
防锈铝合金	3A21 5A02	塑性高、强度高、耐蚀性良好	适用于制造船舶零部件、航空燃料箱、输油管道等
硬铝合金	2A12	强度高、耐热性良好、耐蚀性差	适用于制造门窗、飞机蒙皮等
超硬铝合金	7A04	极高的强度(可达600MPa),热处理强化效果明显,退火后具有良好的塑性	适用于制造飞机大梁、起落架、机翼接头等
锻造铝合金	2A50 2A70	良好的热塑性和锻造性,可进行热处理强化	适用于制造飞机和发动机中形状较复杂的零部件

② 铸造铝合金。铸造铝合金具有良好的铸造性、耐蚀性和耐热性，可用于铸造形状复杂的零件毛坯。根据所含合金元素的不同，铸造铝合金可分为铝硅系、铝铜系、铝镁系和铝锌系等。常用的铸造铝合金如表1-18所示。

表1-18 常用的铸造铝合金

类别	牌号示例	性能特点	应用范围
铝硅系(Al-Si)	ZL101	铸造性和耐磨性良好、热胀系数小,使用量最大	适用于制造结构件,如发动机壳体、气缸体等
铝铜系(Al-Cu)	ZL201	强度高、铸造性良好	适用于制造承受大载荷和形状不复杂的砂型铸件
铝镁系(Al-Mg)	ZL301	耐蚀性、综合力学性能良好	适用于制造雷达底座、飞机起落架、螺旋桨等
铝锌系(Al-Zn)	ZL401	强度较高、尺寸稳定	适用于制造模型、发动机零部件、设备支架等

知识点拨

铸造铝合金代号用ZL×××系列表示。其中，“ZL”是铸铝的拼音首字母，其后为三位数字。第一位数字表示合金类别：1代表Al-Si合金；2代表Al-Cu合金；3代表Al-Mg合金；4代表Al-Zn合金。第二、三位数字是合金的顺序号。例如，ZL202表示2号Al-Cu铸造铝合金。

2.2.2 铜及铜合金

（1）纯铜

铜是人类较早认识并使用的金属材料之一，我国早在六千年前就开始使用铜制品。在空气中纯铜的表面容易形成一层紫色的氧化膜而呈紫红色，所以纯铜又称紫铜。纯铜的密度为 8.96g/cm^3，比钢略大，导电性和导热性良好。纯铜的强度和硬度不高，但塑性、耐蚀性和焊接性良好，适合进行各种压力加工，常用来制造电线、电缆、散热片等。

工业纯铜分为 T1、T2、T3 和 T4 四种，数字越大，纯度越低，杂质含量越高。

铜合金

（2）铜合金

通过向纯铜中加入锌、铅、锡、铝、铍等元素即可得到各种性能优良的铜合金。根据适用制造方法的不同，铜合金可分为加工铜合金和铸造铜合金。其中，加工铜合金可分为加工高铜合金、加工黄铜、加工青铜和加工白铜等。常用的加工铜合金如表 1-19 所示。

表 1-19　常用的加工铜合金

类别		牌号示例	性能说明	应用举例
加工高铜合金	铍铜	TBe2 TBe1.7	主要合金元素为铍，具有较高的弹性极限和良好的导电性，常用于制造精密弹簧和电接触元件等	弹簧、电接触铜片
加工黄铜	普通黄铜	H62 H70	只有锌一种合金元素，具有良好的耐蚀性，常用于制造子弹、阀门、空调连接管等	子弹、铜管
	特殊黄铜	HPb60-2	除含锌元素外，还含有铅、锡、铝等合金元素，耐蚀性、耐磨性、切削加工性均较好，常用于制造钟表内部精密零件和螺旋桨等	钟表精密零件、螺旋桨
加工青铜	锡青铜	QSn4-3	主要合金元素为锡，具有良好的铸造性、减摩性及力学性能，常用于制造滑动轴承、管件、阀件、蜗轮、齿轮等	滑动轴承、阀件
	铝青铜	QA15 QA19-4	主要合金元素为铝，具有较高的强度、耐磨性和耐蚀性，常用于制造高载荷齿轮、轴套等	高载荷齿轮、轴套
	硅青铜	QSi3-1	主要合金元素为硅，具有较高的弹性、耐蚀性，铸造性和冷热压力加工性好，常用于制造导向衬套、蜗轮、齿轮等	导向衬套、蜗轮
加工白铜	普通白铜	B23	合金元素主要为镍，有较好的强度和塑性，冷热压力加工性、耐蚀性好，常用于制造仪器零件、医疗器械和工艺品等	工艺品、纪念币
	特殊白铜	BMn3-12	除含镍元素之外，还含有其他合金元素，添加的合金元素不同，性能和应用范围差别很大，如含锰量较高的白铜可用于制造热电偶丝、测量仪元件等	电偶丝、测量仪元件

2.2.3　粉末冶金材料

粉末冶金材料是一种用金属粉末或金属粉末与非金属粉末的混合物作原料，经成型和烧结制成材料或制品的加工方法。用粉末冶金法制成的材料称为粉末冶金材料。

粉末冶金法可以生产出多种具有特殊性能的金属材料，如硬质合金、减摩材料、结构材料、磁性材料等，也可以直接制造零件，是一种无切削或少切削的高效制造方法。

粉末冶金材料

（1）硬质合金

硬质合金是以一种或几种难熔的碳化物粉末（如 WC、TiC、TaC 等）为主要成分，同时加入具有黏结作用的钴粉末，采用粉末冶金法制得的一种粉末冶金材料。硬质合金具有硬度高、热硬性和耐磨性好等特点，它在 900℃时仍能保持很高的硬度，是一种较为理想的刀具材料。如图 1-10 所示为各种硬质合金刀具。由于韧性和抗弯强度较低，硬质合金不适合用于制造整体刀具，因此通常将其制成一定规格的刀片，再固定到其他材料的刀柄上，如图 1-10(a）所示。切削工具用硬质合金的基本成分和应用范围如表 1-20 所示。

(a) 车刀　　(b) 铣刀　　(c) 钻头

图 1-10　硬质合金刀具

表 1-20　切削工具用硬质合金的基本成分和应用范围

类别	分组号	基本成分	应用范围
P	01、10、20、30、40	以 TiC、WC 为基，以 Co(Ni+Mo、Ni+Co)作黏结剂的合金或涂层合金	长切屑材料的加工，如钢、铸钢、长切屑可锻铸铁等的加工
M	01、10、20、30、40	以 WC 为基，以 Co 作黏结剂，添加少量 TiC(TaC、NbC)的合金或涂层合金	通用合金，用于不锈钢、铸钢、锰钢、可锻铸铁、合金钢、合金铸铁等的加工
K	01、10、20、30、40	以 WC 为基，以 Co 作黏结剂，或添加少量 TaC、NbC 的合金或涂层合金	短切屑材料的加工，如铸铁、冷硬铸件、短切屑可锻铸铁、灰铸铁等的加工
N	01、10、20、30	以 WC 为基，以 Co 作黏结剂，或添加少量 TaC、NbC 或 CrC 的合金或涂层合金	有色金属材料、非金属材料的加工，如铝、镁、塑料、木材等的加工
S	01、10、20、30	以 WC 为基，以 Co 作黏结剂，或添加少量 TaC、NbC 或 TiC 的合金或涂层合金	耐热和优质合金材料的加工，如耐热钢，含镍、钴、钛等的合金材料的加工
H	01、10、20、30	以 WC 为基，以 Co 作黏结剂，或添加少量 TaC、NbC 或 TiC 的合金或涂层合金	硬切削材料的加工，如淬硬钢、冷硬铸铁等材料的加工

（2）减摩材料

减摩材料是指具有低摩擦因数和高耐磨性的粉末冶金制品，分为铁基减摩材料和铜基减摩材料。减摩材料具有优良的自润滑性能，能在缺油甚至无油润滑的条件下工作，主要用于制造滑动轴承。

头脑风暴

随着全球能源紧缺和环境污染问题的日益严重，人们更加注重汽车的节能环保。据统计，汽车行驶时60%的燃料消耗于汽车自重，汽车质量每减轻10%，油耗可降低6%~8%。因此，汽车的轻量化设计具有重要的意义。其中，采用轻质材料是一条重要途径，因为构成汽车的2万多个零部件中，约有86%是由金属材料制造的，而钢铁材料又占了其中的80%。请大家讨论一下，为减轻汽车的质量，汽车中哪些零件可用非铁金属材料制造。

2.3 零件材料的选择

2.3.1 零件的失效

机械零件都具有一定的设计功能，可在载荷、温度、介质等作用下保持一定几何形状和尺寸，实现规定的机械运动，传递动力等。机械零件在使用过程中若失去原有的设计功能而无法正常工作即称为失效。

机械零件的失效形式多种多样，根据零件的工作条件及失效特点可分为过量变形失效、断裂失效和表面损伤失效三大类。

（1）过量变形失效

过量变形失效是指零件在工作过程中产生过量变形，而导致整个机械设备无法正常工作，或者虽能正常工作但工作质量严重下降的现象，它主要包括过量弹性变形失效和过量塑性变形失效两种。例如，车床主轴发生过量弹性弯曲变形，使车床工作时振动加剧、轴和轴承配合不良、零件的加工质量严重下降，这属于过量弹性变形失效；精密机床的丝杠发生过量塑性变形，严重降低机床精度，这属于过量塑性变形失效。

（2）断裂失效

断裂失效是指零件在工作过程中完全断裂而导致整个机器无法工作的现象。断裂失效的主要形式有韧性断裂失效、低应力脆性断裂失效、疲劳断裂失效、蠕变断裂失效和应力腐蚀断裂失效等。

韧性断裂失效：零件在产生较大塑性变形后的断裂。这是一种有先兆的断裂，易防范，危险性较小。

低应力脆性断裂失效：在工作应力远低于屈服强度的条件下，零件不产生明显塑性变形而出现的脆性断裂。低应力脆性断裂常发生在有尖锐缺口或裂纹的高强度低韧性材料中，当这些材料处在低温环境中或受到冲击载荷时，低应力脆性断裂更容易发生。

疲劳断裂失效：在交变载荷作用下零件产生的断裂，这是断裂失效的主要形式。疲劳断裂主要发生在零件的应力集中区域，如刀痕、尖角、横截面突变位置等处。

蠕变断裂失效：在高温下长期负载工作的零件产生一定缓慢变形后的断裂。陶瓷、耐热铁基和镍基合金的蠕变抗力较高，塑料的蠕变抗力差，某些塑料甚至在室温下也会发生蠕变。

应力腐蚀断裂失效：零件在拉应力和特定的化学介质联合作用下所产生的低应力脆性断裂。应力腐蚀断裂失效常发生在较小的拉应力和腐蚀性较弱的介质中，往往被人们所忽视而引起灾难性事故。

（3）表面损伤失效

表面损伤失效是指零件因表面损伤而造成机械设备失去精度或无法正常工作的现象，主要包括磨损失效、接触疲劳失效和腐蚀失效等。

① 磨损失效。磨损失效是由于零件之间的相对摩动产生的磨损，导致零件几何尺寸和形状改变的失效。磨损主要有粘着磨损、磨粒磨损和疲劳磨损三种形式。粘着磨损是由于两个表面在摩擦力作用下发生塑性变形，使表面金属黏附在对磨件的金属上。磨粒磨损是由于硬质颗粒或异物在表面滑动或滚动时造成的磨损。疲劳磨损是在交变应力作用下，表面产生裂纹并扩展，最终导致材料剥落。

② 接触疲劳失效。接触疲劳失效是两个接触物体相对滚动或滑动或两者复合作用的摩擦状态在接触区形成的交变应力超过其疲劳强度的情况下在表层及次表层引发的裂纹并逐步扩展，最后因部分材料断裂剥落的表面损伤导致的失效。接触疲劳失效常见的形式有接触疲劳剥落，它通常伴随着疲劳裂纹，从接触表面以下最大交变切应力处产生，然后扩展到表面形成不同的剥落形状。

③ 腐蚀失效。腐蚀失效是弹簧表面的周围介质的作用下产生的腐蚀而改变材料表面的性质会导致弹簧丧失其功能而失效。腐蚀可以是化学腐蚀、电化学腐蚀和微生物腐蚀等。化学腐蚀是由于介质（如酸、碱、盐等）直接与金属表面反应，导致金属表面发生化学变化。电化学腐蚀是由于金属表面与介质形成电池，产生电化学反应，导致金属表面发生氧化还原反应。微生物腐蚀是由于微生物在金属表面繁殖，产生腐蚀产物，导致金属表面发生腐蚀。

知识点拨

零件的失效情况很复杂，往往是多方面因素共同作用的结果，因此必须全面考虑设计、选材、加工、使用等方面的问题，找到对零件失效起决定作用的主要原因，采取相对应的措施来预防，以延长零件的使用寿命。

2.3.2 失效原因

机械产品失效的原因很多，错综复杂，主要有设计、材料、加工、装配、使用等方面的问题。

（1）设计失误引起的失效

设计上导致失效的最常见原因是零件结构外形不合理，如在零件受力较大的部位存在尖角、槽口，过渡圆角过小等，在这些地方易产生较大的应力集中，从而成为失效源。

设计上引起失效的另一原因是对零件的工作条件估算不当或应力计算错误，从而使零件因过载而失效。再有设计时选材错误，或材料的失效抗力指标规定不妥、要求不当，也会导致零件失效。

（2）材料引起的失效

适合的材料是零件工作的基础。由材料而引起失效的原因，一是材料品种选择不当；二是材料质量不合格，缺陷（如气孔、疏松、夹杂物、杂质元素含量等）超过了国家标准，在零件加工前进行材料质量检查即可避免这些问题。

（3）加工引起的失效

材料的生产一般要经过冶炼、铸造、锻造、轧制、焊接、热处理、机械加工等几个阶段，在这些工艺过程中所造成的缺陷往往会导致早期失效。如冶炼后含有较多的氧、氢、氮，并形成非金属夹杂物，这不仅会使材料变脆，甚至还会成为疲劳源，导致产品的早期失效。冷加工中常出现的表面粗糙、较深的刀痕、磨削裂纹等缺陷，热加工中容易产生的过热、过烧和带状组织等缺陷，热处理中工序的遗漏、淬火冷却速度不够、表面脱碳、淬火变形和开裂等都是造成零件失效的重要原因。

（4）安装使用不当引起的失效

工件安装时配合过紧、过松、对中不好、固定不紧、维护不良、不按工艺规程操作、过载使用等，均可导致零件在使用过程中失效。

以上只讨论了导致零件失效的四个主要方面，而实际的情况是非常复杂的，还存在其他方面的原因。此外，失效往往不只是单一原因造成的，而可能是多种原因共同作用的结果。在这种情况下，必须逐一考查设计、选材、加工和安装使用等各个方面的问题，排除各种可能性，找出真正的原因。

2.3.3 机械零件的材料选择原则

零件材料的选择是否合理直接影响产品的质量、寿命和生产成本。因此，掌握各种工程材料的特性，正确选择和使用工程材料是从事相关工作必不可少的技能。

（1）零件材料选择的一般原则

零件材料选择的依据是零件的使用性能和失效分析结果，其一般原则是：首先保证使用性能，同时兼顾工艺性能和经济性。

（2）零件材料选择的步骤

① 分析零件的工作条件，包括零件的受力情况（如载荷类型、载荷形式、载荷分布及大小等）、零件的工作环境（如介质、工作温度）。

② 进行失效分析，判别零件的主要失效形式，从而确定零件主要使用性能的指标，如刚度和弹性指标、硬度和强度指标、塑性和冲击韧性指标等。

③ 确定材料的性能指标后，可在相关设计手册中查阅材料的性能数据，选定材料牌号并决定热处理和其他强化方法。

（3）零件材料选择的注意事项

① 选择零件材料时，应注意材料的尺寸效应。一般情况下，零件的横截面越大，实际力学性能越低。

② 采用不同的加工工艺及热处理工艺，材料所获得的力学性能不同，应注意尽可能发挥材料的潜力。

③ 对关键零件批量生产前要进行试验，以确定材料的选择、热处理的方法是否合理，是否利于冷、热加工，经试验确认全部符合要求后再进行批量生产。

2.3.4　典型选材及工艺分析

下面对齿轮类零件和轴类零件选材及工艺分析进行举例说明。

（1）齿轮类零件

在机床、汽车、拖拉机中，速度的调节和功率的传递主要靠齿轮，因此齿轮在机床、汽车和拖拉机中是一种十分重要、广泛使用的零件。

齿轮工作时的一般受力情况如下：①齿部承受很大的交变弯曲应力；②换挡、起动或啮合不均匀时承受冲击力；③齿面相互滚动、滑动，并承受接触压应力。

所以，齿轮的损坏形式主要是齿的折断和齿面的剥落及过度磨损。据此，要求齿轮材料具有以下主要性能：①高的弯曲疲劳强度和接触疲劳强度；②齿面有高的硬度和耐磨性；③齿轮心部有足够高的强度和韧性。此外，还要求其有较好的热处理工艺性，如变形小，并要求变形有一定的规律等。

下面以机床中齿轮为例进行分析。

机床中的齿轮担负着传递动力、改变运动速度和运动方向的任务。机床中的齿轮大部分是 7 级精度，只有在分度传动机构中才要求较高的精度。

与矿床机械、动力机械中的齿轮相比，机床齿轮的工作条件属于运转平稳、负荷不大、条件较好的一类。实践证明，一般机床齿轮选用中碳钢制造，并经高频感应淬火，所得到的硬度、耐磨性、强度及韧性能满足要求，而且高频感应淬火具有变形小、生产效率高等优点。

以机床中齿轮为例加以分析。

① 高频感应淬火齿轮的选材。高频感应淬火齿轮通常用 w_C 在 0.40%~0.50%的碳素钢（40 钢、45 钢等）或低合金钢（40Cr、45Mn2、40MnB 等）制造。大批量生产时，一般要求精选含碳量以保证质量。45 钢限制 w_C 在 0.42%~0.47%，40Cr 钢限制 w_C 在 0.37%~0.42%。经高频感应淬火并低温回火后，淬硬层应为中碳回火马氏体，而心部则为毛坯热处理（正火或调质）后的组织。

② 高频感应淬火齿轮的工艺路线。下料→锻造→正火→粗加工→调质→精加工→高频感应淬火及回火→（推孔）→精磨。

③ 热处理工序的作用。正火处理对锻造成的毛坯是必需的热处理工序，它可以使同批坯料具有相同的硬度，便于切削加工，并使组织均匀，消除锻造应力。对于一般齿轮，正火处理也可作为高频感应淬火前的最后热处理工序。

调质处理可以使齿轮具有较高的综合力学性能，提高齿轮心部的强度和韧性，使齿轮能承受较大的弯曲应力和冲击载荷。调质后的齿轮由于组织为回火索氏体，在淬火时变形更小。

高频感应淬火及低温回火是赋予齿轮表面性能的关键工序，高频感应淬火提高了齿轮表面硬度和耐磨性，并使齿轮表面有压应力存在而增强了其抗疲劳破坏的能力。为了消除淬火应力，高频感应淬火后应进行低温回火，这对防止研磨裂纹的产生和提高抗冲击能力极为有利。

（2）轴类零件

在机床、汽车、拖拉机等的制造工业中，轴类零件是另一类用量很大，且占有相当重要地位的结构件。轴类零件的主要作用是支承传动零件并传递运动和动力，它们在工作时受多种应力的作用，因此从选材角度看，材料应具有较高的综合力学性能。局部承受摩擦的部分如机床主轴的花键、曲轴轴颈等处，要求有一定的硬度，以提高其抗磨损性能。还需根据其应力状态和载荷种类考虑材料的淬透性和抗疲劳性能。实践证明，受交变应力的轴类零件、连杆螺栓等结构件，其损坏不少是由于疲劳裂纹引起的。

下面以机床主轴为例进行分析。

主轴是机床中的主要零件之一，其质量的好坏直接影响机床的精度和寿命。因此必须根据主轴的工作条件和性能要求，选择用钢和制定合理的冷热加工工艺。

在选用机床主轴的材料和热处理工艺时，必须考虑以下几点。

① 受力的大小。不同类型的机床，工作条件有很大的差别，如高速机床和精密机床主轴的工作条件与重型机床主轴的工作条件相比，无论在弯曲疲劳还是在扭转疲劳特性方面差别都很大。

② 轴承类型。如在滑动轴承上工作时，轴颈需要有高的耐磨性。

③ 主轴的形状及其可能引起的热处理缺陷。结构形状复杂的主轴在热处理时易变形甚至开裂，因此在选材上应给予重视。

该主轴的工作条件如下：承受交变的弯曲应力与扭转应力，有时受到冲击载荷的作用；主轴大端内锥孔和外圆锥面，经常与卡盘、顶尖有相对摩擦；花键部分经常有磕碰与相对滑动。总之，该主轴在滚动轴承中转动，承受中等载荷，转速中等，有装配精度要求，且受到一定的冲击载荷作用。

由此确定热处理技术条件如下：①整体调质后硬度 HBW 应为 200~230，金相组织为回火索氏体；②内锥孔和外圆锥面处硬度 HRC 为 45~50，表面 3~5mm 内金相组织为回火托氏体和少量的回火马氏体；③花键部分的硬度 HRC 为 48~53，金相组织也为回火托氏体和少量的回火马氏体。

① 选择用钢。

属于中速、中负载、在滚动轴承中工作的机床，其主轴可以选用 45 钢制造。过去此主轴曾采用 45 钢经正火处理后使用，后来为了提高其强度和韧性，在粗车后，又增加了调质工序。而且调质状态的疲劳强度比正火态的高，这对提高主轴的抗疲劳性能也是很重要的。45 钢正火和调质后的力学性能比较见表 1-21。

表 1-21　　45 钢正火和调质后的力学性能比较

热处理	R_m/MPa	δ_{-1}/MPa
调质	682	338
正火	600	260

注：R_m 为抗拉强度；δ_{-1} 为疲劳强度。

② 主轴的工艺路线。

下料→锻造→正火→粗加工（外圆留余 4~5mm）→调质→半精车外圆（留余 2.5~3.5mm），钻中心孔，精车外圆（留余 0.6~0.7mm，锥孔留余 0.6~0.7mm），铣键槽→局部淬火（锥孔及外锥体）→车定刀槽，粗磨外圆（留余 0.4~0.5mm），滚铣花键→花键淬火→精磨。

③ 热处理工序的作用。

正火处理是为了得到合适的硬度（HBW170~230），以便于机械加工，同时改善锻造组织，为调质处理做准备。

调质处理是为了使主轴得到高的综合力学性能和疲劳强度。调质后的硬度 HBW 为 200~230，组织为回火索氏体。为了更好地发挥调质效果，应将调质安排在粗加工后进行。

内锥孔和外圆锥面部分经盐浴局部淬火和回火后得到所要求的硬度，以保证装配精度和不易磨损。

④ 热处理工艺。

淬火时由于主轴各部分的直径不同，应注意变形问题。调质后的变形虽然可以通过校直来修正，但校直时的附加应力对主轴精加工后的尺寸稳定性是不利的。为了减小变形，应注意淬火操作方法。可采用预冷淬火和控制水中冷却时间的方法来减小变形。花键部分可用高频感应淬火以减小变形和达到硬度要求。经淬火后的内锥孔和外圆锥面部分需在 260~300℃ 回火，花键部分需在 240~260℃ 回火，以消除淬火应力并达到规定的硬度值。也有用球墨铸铁制造机床主轴的，如某厂用球墨铸铁代替 45 钢制造 X62WT 万能铣床主轴，试用结果表明，球墨铸铁的主轴淬火后的硬度 HRC 为 52~58，且变形量比 45 钢小。

任务实施

（1）分析

零件的材料对零件的性能有着极为重要的影响，它的选择是零件设计的重要环节。在对零件进行选材时，首先需要综合分析零件的工作条件和失效形式、零件受力的性质和大小等，提出可以满足零件工作条件的性能指标，然后选取满足这些性能指标的金属材料。

（2）实施

请同学们按照“任务工单 1.2”要求，为低速内燃机曲轴、载重汽车变速齿轮、机床减速器箱盖选择合适的材料，然后填写任务工单。

全班学生每 3~4 人一组，组员合作为任务中所述零件选择合适的材料，并做好记录。这些零件的选材分析示例如下。

低速内燃机曲轴的选材：为了防止疲劳断裂，低速内燃机曲轴的材料应具有较高的综合力学性能。常用的材料有 45 钢和 QT600-3 球墨铸铁，以及 40Cr、35CrMo、45Mn2 等合金调质钢。为了减小轴颈磨损，曲轴轴颈部位应进行表面淬火。

载重汽车变速齿轮的选材：为了防止齿面磨损或出现接触疲劳剥落，齿根部位出现疲劳断裂等，载重汽车变速齿轮的材料应具有较高的屈服强度、弯曲疲劳强度、接触疲劳强度和足够的韧性。常用的材料有 20Cr、20CrMnTi、20CrMo、20CrMnMO 等合金渗碳钢。为了提高齿面的接触疲劳强度、硬度和耐磨性，齿轮应进行渗碳或氮碳共渗、喷丸等表面强化处理。

机床减速器箱盖的选材：为了防止变形和锈蚀，机床减速器箱盖的材料应具有足够的强度、刚度和良好的耐蚀性。为了便于加工，减速器壳体的材料还需要有较好的铸造性。常用的材料有 Q195、Q215、Q235 等普通低碳钢和 ZL101 铸造铝合金等。

课程思政

绿色生活

在价值观念上，牢固树立生态文明理念；在生活方式上，倡导简约适度、绿色低碳的生活方式；在生产方式上，以绿色低碳技术创新和应用为重点，推动新能源和节能环保产业发展壮大，推动经济社会发展全面绿色转型，形成人与自然和谐发展的现代化建设新格局。

任务3 分析零件的热处理工艺——钢的热处理

任务描述

履带板是工程机械的底盘零件之一，它在工作中要承受很大的压应力和冲击荷载，其表面会受到石块等硬物的磨损。如图1-11所示为履带式推土机及其履带板。履带板的材料为40SiMn2，其加工工艺为：热轧成型→下料→切削加工→调质热处理成品，请同学们分析履带板需要具备的性能和采用的热处理工艺。

(a) 履带式推土机　　(b) 履带板

图1-11　履带式推土机及其履带板

任务工单

任务工单 1.3——分析零件的热处理工艺

【任务目的】

① 掌握热处理的概念、工艺过程及分类。
② 熟悉钢发生组织转变的温度。
③ 掌握钢的整体热处理方法和表面热处理方法。

【学生分组】

以 3~4 人为一组，选出组长并进行任务分工，将小组概况及分工填入表 1-22 中。

表 1-22　小组概况及分工

班　级		组　号		指导教师	
小组成员	姓　名	学　号	任务分工		
组　长					
组员					

【工作准备】

（1）获取信息

在任务实施前，需要掌握金属热处理相关知识。请各组组长组织组员收集相关资料，回答下列问题。

引导问题 1：淬火的概念是什么？有哪些作用？

引导问题 2：回火有哪几种？分别有什么作用？

引导问题 3：整体热处理方法有哪些？

（2）制订计划

查阅相关资料，了解履带板需要具备的性能，并制订实施计划。

（3）进行决策

① 每位学生阐述自己的计划。
② 组员之间进行提问与答疑，制订本组的最佳实施计划。
③ 教师根据各组完成情况进行点评。

【工作实施】

按照本组制订的最佳工作计划进行实施。按实际实施过程，将实施内容、遇到的问题及解决办法等全部记录在表 1-23 中。

表 1-23　工作实施过程记录表

序号	实施步骤	实施内容	遇到的问题及解决办法
1			
2			
3			

【考核评价】

各组组长展示任务完成情况，并完成如表 1-24 所示的考核评价表。

表 1-24　考核评价表

评价项目	评价标准	满分/分	实际得分/分	老师评语
技能操作	能正确分析履带板所需具备的性能	30		
	能正确分析履带板的热处理工艺	50		
参与程度	认真参加活动，积极思考，主动与同学、指导老师进行交流，善于发现和解决问题	10		
合作意识	积极参与探讨，勇于接受任务，敢于承担责任	10		
总　分		100		
小组总结				

知识准备

3.1　铁碳合金及其相图

钢铁材料是现代工业生产中应用最广泛的金属材料，其基本组元是铁和碳两种元素，故称为铁碳合金。不同成分的铁碳合金，在不同的温度下，具有不同的组织，因而表现出不同的性能。学习和掌握铁碳合金相图，对于了解钢铁材料的性能，采取正确的热加工工艺具有十分重要的意义。

（1）铁碳合金的基本组织和性能

在铁碳合金中，铁和碳的结合方式为：在液态时，铁和碳可以无限互溶；在固态时，碳可溶解在铁中形成固溶体，或与铁形成化合物。此外，还可以形成由固溶体和化合物组成的混合物。固态下出现的基本组织如下。

① 铁素体。碳溶于 α-Fe 中形成的间隙固溶体称为铁素体，用符号 F 表示。铁素体保持 α-Fe 的体心立方晶格。

铁素体溶解碳的能力很小，在 727℃时可达到最大溶碳量 $w_C=0.0218\%$。由于铁素体溶碳量很低，因此，其性能与纯铁相似，强度、硬度不高，塑性、韧性很好。

② 奥氏体。碳溶于 γ-Fe 中形成的间隙固溶体称为奥氏体，用符号 A 表示。奥氏体保

持 γ-Fe 的面心立方晶格。

奥氏体溶解碳的能力较大，在 1148℃时可达最大溶碳量 w_C = 2.11%。随着温度的下降，溶解度逐渐减小，在 727℃时溶碳量 w_C = 0.77%；奥氏体的存在温度较高（727℃～1394℃），是铁碳合金一个重要的高温相。奥氏体的力学性能与其溶碳量及晶粒的大小有关，奥氏体的硬度 HBW 较低（170～200），塑性较好（A = 40%～50%），因此，在生产中，常将钢材加热到奥氏体状态进行塑性变形加工。

③ 渗碳体。铁与碳形成的金属化合物称为渗碳体，化学分子式为 Fe_3C。渗碳体中 w_C = 6.69%，是一种具有复杂晶格结构的化合物。

渗碳体硬度很高，脆性很大，几乎没有塑性。它是碳钢的主要强化相，其形状、大小、数量和分布对钢的力学性能有很大影响。

④ 珠光体。由铁素体和渗碳体组成的机械混合物称为珠光体，用符号 P 表示。珠光体中平均溶碳量 w_C = 0.77%，存在于 727℃以下。力学性能介于铁素体和渗碳体之间。强度较好，硬度约为 180HBW。

⑤ 莱氏体。由奥氏体和渗碳体组成的机械混合物称为莱氏体，用符号 Ld 表示，莱氏体中平均溶碳量 w_C = 4.3%，存在于 1148～727℃温度范围内的莱氏体，称为高温莱氏体。温度低于 727℃时，莱氏体由珠光体和渗碳体组成，称为低温莱氏体，用符号 Ld′表示。莱氏体的性能与渗碳体相似，硬度很高，塑性、韧性极差。

（2）铁碳合金相图分析

① 特性点及意义。图 1-12 所示为简化了的铁碳合金相图，表 1-25 为铁碳合金相图中的主要特性点的温度、成分及含义。

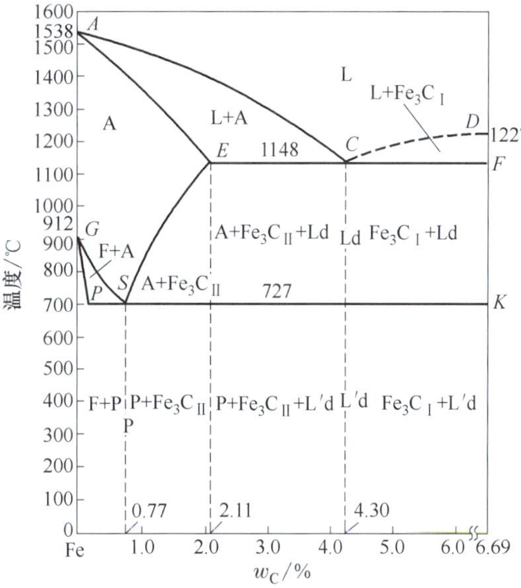

图 1-12 简化了的铁碳合金相图

表 1-25 $Fe-Fe_3C$ 合金相图的特性点

特性点	温度℃	w_C/%	含义
A	1538	0	纯铁的熔点
C	1148	4.3	共晶点
D	1227	6.69	渗碳体的熔点
E	1148	2.11	碳在 γ-Fe 中的最大溶解度点
G	912	0	纯铁的同素异构转变点
S	727	0.77	共析点

② $Fe-Fe_3C$ 相图中的特性线。*ACD* 线为液相线，当液态合金冷却到 *AC* 线温度时，开始结晶出奥氏体；液态合金冷却到 *CD* 线时，开始结晶出渗碳体，称为一次渗碳体，用 Fe_3C_I 表示。

AECF 线为固相线，在此线以下，合金完成结晶，全部变为固体状态。*AE* 线为奥氏体结晶终了线，*ECF* 线是共晶线，是一条水平恒温线。液态合金冷却到共晶线温度（1148℃）时，将发生共晶转变而生成莱氏体。

w_C = 2. 11%～6. 69%的铁碳合金结晶时均会发生共晶转变。

ES 线是碳在奥氏体中的溶解度线，通常称为 A_{cm} 线。碳在奥氏体中的最大溶解度是 *E* 点（w_C = 2. 11%），随着温度的降低，碳在奥氏体中的溶解度减小，将由奥氏体中析出二次渗碳体，用 Fe_3C_{II} 表示，以区别直接从液相中结晶出来的 Fe_3C_I。

GS 线是奥氏体冷却时开始向铁素体转变的温度线，通常称为 A_3 线。

PSK 线称为共析线，通常称为 A_1 线。奥氏体冷却到共析线温度（727℃）时，将发生共析转变生成珠光体。

w_C>0. 0218%的铁碳合金均会发生共析转变。

表 1-26 列出了 Fe-Fe_3C 相图的主要特性线及其含义。

表 1-26　Fe-Fe_3C 相图中的主要特性线及其含义

特性线	名称	含义
ACD 线	液相线	合金温度在此线以上时处于液态
AECF 线	固相线	合金在此线温度结晶终了，处于固态
ECF 线	共晶线	液态合金在此线上发生共晶转变
PSK 线	共析线（A_1 线）	奥氏体在此线上发生共析转变
GS 线	A_3 线	奥氏体转变为铁素体的开始线
ES 线	A_{cm} 线	碳在奥氏体中的溶解度曲线

③ 铁碳合金的分类。根据铁碳合金的成分和室温组织不同，可将铁碳合金分为工业纯铁、钢和白口铸铁三大类。

a. 工业纯铁：碳的质量分数小于 0. 0218%的铁碳合金。它是电器、电动机及电工仪表上用的磁性材料。

b. 钢：碳的质量分数为 0. 0218%～2. 11%的铁碳合金。按室温组织不同又分为以下三种。

共析钢：碳的质量分数为 0. 77%，室温组织为珠光体。

亚共析钢：碳的质量分数为 0. 0218%～0. 77%，室温组织为珠光体+铁素体。

过共析钢：碳的质量分数为 0. 77%～2. 11%，室温组织为珠光体+渗碳体。

c. 白口铸铁：碳的质量分数为 2. 11%～6. 69%的铁碳合金。按室温组织不同又分为以下三种。

共晶白口铸铁：碳的质量分数为 4. 3%，室温组织为低温莱氏体。

亚共晶白口铸铁：碳的质量分数为 2. 11%～4. 3%，室温组织为低温莱氏体+珠光体+渗碳体。

过共晶白口铸铁：碳的质虽分数为 4. 3%～6. 69%，室温组织为低温莱氏体+渗碳体。

（3）碳的质量分数及杂质对铁碳合金性能的影响

① 碳的质量分数与平衡组织间的关系。任何成分的铁碳合金室温时均由铁素体和渗碳体两相组成。随着碳的质量分数的增加，铁素体的相对量减少，渗碳体的相对量增多，

同时渗碳体的形状和分布也有所不同，因而形成不同的组织。室温时，随着碳的质量分数的增加，铁碳合金组织变化如下：

$$F+P \rightarrow P \rightarrow P+Fe_3C_{II} \rightarrow P+Fe_3C_{II}+Ld' \rightarrow Ld' \rightarrow Fe_3C_{I}+Ld'$$

② 碳的质量分数与力学性能的关系。在铁碳合金中，渗碳体一般认为是一种强化相，所以合金中渗碳体的最越多，分布越均匀，材料的硬度、强度就越高，但塑性、韧性越差。图 1-13 所示为铁碳合金中碳的质量分数对碳钢力学性能的影响。从图中可以看出，当 w_C<0.9%时，随着碳的质量分数的增加，钢的强度和硬度直线上升，而塑性、韧性却不断降低；而当 w_C>0.9%后，网状渗碳体的存在不仅使钢的塑性、韧性进一步降低，而且强度也明显下降。为了保证工业上使用的钢具有足够的强度，并且有一定的塑性和韧性，钢中碳的质量分数一般都不超过 1.4%。

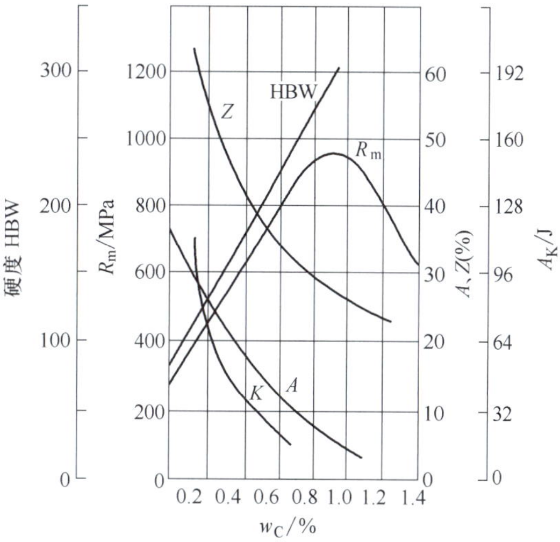

图 1-13　碳的质量分数对碳钢力学性能的影响

对于 w_C>2.11%的白口铸铁，由于组织中含有大量的渗碳体，材质特别硬脆，既难以切削加工，又不能通过塑性加工的方法成型，因此在机械制造中应用较少。

③ 杂质对铁碳合金力学性能的影响。

铁碳合金除含碳外，一般还含有锰、硅、磷、硫等元素，硅、锰是有益元素，可改善铁碳合金的性能，提高其强度和硬度。

磷和硫为有害元素。硫与铁会形成化合物 FeS，而 FeS 与 Fe 形成低熔点的共晶体（熔点为 985℃），分布在奥氏体晶界上，当进行热压力加工时钢就会沿晶界碎裂，这种现象称为钢的热脆性。锰能消除硫的热脆性。磷会降低钢的塑性和韧性，尤其在低温时影响更大，这种现象称为冷脆性。所以钢中要严格控制硫、磷的含量。

（4） $Fe-Fe_3C$ 相图的应用

① 作为选用钢铁材料的依据。$Fe-Fe_3C$ 相图较直观地反映了铁碳合金的组织随成分和温度变化的规律，这就为钢铁材料的选用提供了依据。如一般机械零件和建筑结构件等，都需要强度较高、塑性及韧性好、焊接性好的材料，故应选用碳含量较低的钢材（w_C<0.25%）；各种机器零件需要强度、塑性、韧性等综合性能较好的材料，应选用碳含量适中的钢（w_C=0.3%~0.5%）；各种工具、刃具、量具、模具要求硬度高、耐磨性好的材料，则可选用碳含量较高的钢（w_C=0.85%~1.3%）。白口铸铁硬度高，脆性大，不能锻造和切削加工，但铸造性能好，耐磨性高，适于制造不受冲击、要求耐磨、形状复杂的工件，如拉丝模、球磨机的磨球等。

② 在铸造生产上的应用。根据 $Fe-Fe_3C$ 相图的液相线，可以找出不同成分的铁碳合

金的熔点，从而确定合金的熔化浇注温度（温度一般在液相线以上 50～100℃）。从 Fe-Fe_3C 相图中还可以看出，靠近共晶成分的铁碳合金不仅熔点低，而且结晶温度区间也较小，故具有良好的铸造性，因此生产上总是将铸铁的成分选在共晶成分附近。

③ 在锻压工艺方面的应用。根据 Fe-Fe_3C 相图可以选择钢材的锻造或热轧温度范围。通常锻、轧温度选在单相奥氏体区内，这是因为钢处于奥氏体状态时，强度较低，塑性较好，便于成型加工。因此，钢材的热轧、锻造时要将钢加热到单相奥氏体区。

④在热处理方面的应用。Fe-Fe_3C 相图对于制定热处理工艺有着特别重要的意义。各种热处理工艺的加热温度都是依据 Fe-Fe_3C 相图选定的。

3.2 钢的热处理原理

3.2.1 热处理的作用

采用适当的方式对固态金属材料进行加热、保温和冷却，以获得所需组织结构和性能的工艺称为热处理。与铸造、压力加工、焊接和切削工等工艺相比，热处理不改变工件的形状和尺寸，只改变其内部组织和性能。

热处理不仅可以消除金属材料内部组织结构上的某些缺陷，改善其加工工艺性能，还可进一步提高金属材料的硬度、强度等力学性能，充分发挥金属材料的潜力，降低生产成本。因此，热处理在工业生产中具有极为广泛的应用，重要的金属零部件以及各种刀具、模具、量具等在制造过程中几乎都要进行适当的热处理。

3.2.2 钢在加热时的组织转变

热处理的工艺方法很多，但基本上所有热处理的工艺过程都需要经过加热、保温和冷却三个阶段。热处理的工艺过程可由如图 1-14 所示的热处理工艺曲线来表示。金属材料的种类和热处理的目的不同，加热过程、保温过程、冷却过程时间加热温度不同，但一般都应加热到相变温度以上，以获得高温组织；保温可使金属材料内的显微组织完全转变；冷却可使高温组织转化为其他组织，从而获得不同的性能。

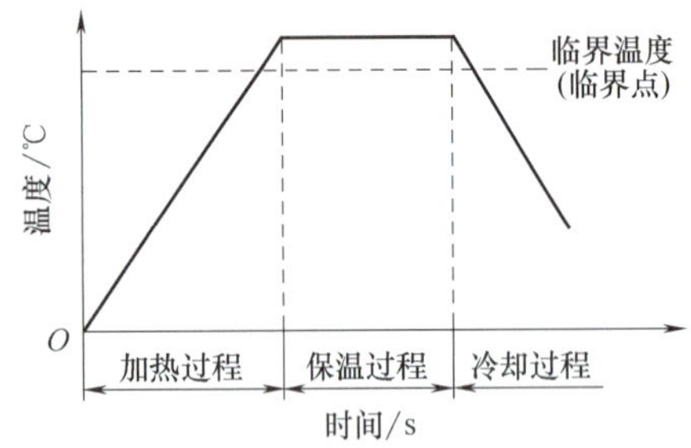

图 1-14 热处理工艺曲线

3.2.3 钢在冷却时的组织转变

钢的内部组织发生转变时的温度称为临界温度。通常情况下，钢在加热和冷却阶段都会发生组织转变，如图 1-15 所示的曲线表示钢在加热和冷却时组织转变的临界温度。其中，共析钢加热到 A_1 以上温度时，全部转变为奥氏体，而亚共析钢必须加热到 A_3 以上温度、过共析钢必须加热到 A_{cm} 以上温度才能获得单相奥氏体。

通常将钢在加热时的实际临界温度加标字母“c”，如 A_{c1}、A_{c3}、A_{ccm} 等；将冷却时的实际临界温度加标字母“r”，如 A_{r1}、A_{r3}、A_{rcm} 等。如图 1-15 所示，钢的各个实际临界温度的含义分别为：A_{c1}——加热时，珠光体向奥氏体转变的温度；A_{c3}——亚共析钢加热时，铁素体向奥氏体转变的终了温度；A_{ccm}——过共析钢加热时，二次渗碳体向奥氏体融入的终了温度；A_{r1}——冷却时，奥氏体向珠光体转变的温度；A_{r3}——亚共析钢冷却时，奥氏体向铁素体转变的起始温度；A_{rcm}——过共析钢冷却时，二次渗碳体由奥氏体析出的起始温度。

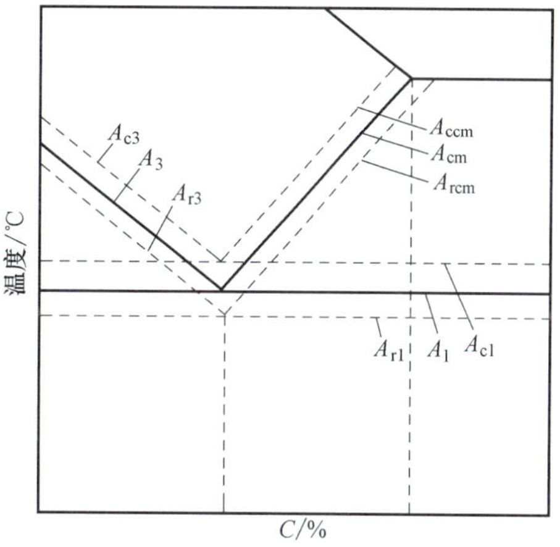

图 1-15　钢在加热和冷却时组织转变的临界温度

3.2.4　热处理的分类

热处理的种类很多，根据目的和工艺方法的不同，热处理可分为整体热处理和表面热处理两大类。

热处理
- 整体热处理——退火、正火、淬火、回火、调质处理、时效处理等
- 表面热处理
  - 表面淬火——火焰加热、感应加热等
  - 化学热处理——渗碳、渗氮、碳氮共渗等

根据工序的位置不同，热处理可分为预备热处理和最终热处理。其中，预备热处理是在零件加工过程中进行的，目的在于改善铸造锻造或焊接毛坯件的内部组织消除内部应力，为后续机械加工或进一步热处理做准备；最终热处理是在零件完成机械加工后进行的，目的在于获得零件所需的力学性能。

钢的热处理工艺

3.3　钢的整体热处理

钢的整体热处理是指对钢件整体进行加热，经保温后以一定方法冷却，从而改变钢件的内部组织和整体力学性能的热处理工艺方法。钢的整体热处理包括退火、正火、淬火、回火、调质处理和时效处理等。

3.3.1　钢的退火与正火

（1）退火目的及工艺

退火是指将钢件加热到适当的温度，保温一段时间后缓慢冷却（一般为随炉冷却）以使钢件内部组织均匀化，从而获得预期力学性能的热处理工艺。

退火

① 目的。对钢件进行退火的目的主要有：降低材料的强度和硬度，提高塑性，为后续机械加工做准备；减少材料内部组织的不均匀性，细化晶粒，消除内部应力；为下一步热处理做好组织准备。

② 分类及应用。不同材料成分的钢件在退火时所需的加热温度和冷却方式各不相同，因此退火通常可分为完全退火、等温退火、球化退火、均匀化退火和去应力退火，它们各自的工艺曲线如图 1-16 所示，各自的工艺方法、特点和应用范围如表 1-27 所示。

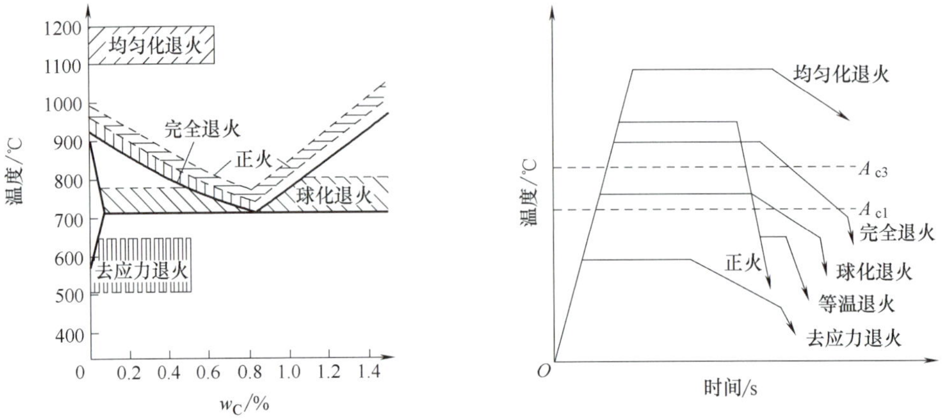

(a) 加热工艺　　(b) 工艺曲线

图 1-16　各种退火方法的工艺曲线

表 1-27　各种退火方法的工艺方法、特点和应用范围

类别	工艺流程	特点	应用范围
完全退火	将钢件加热到 A_{c3} 以上 30~50℃，保温一段时间后，随炉冷却或将钢件埋入沙、石灰中，待冷却至 500℃时取出空冷	降低钢件硬度，使钢件组织均匀化，充分消除内应力，为后续机械加工做好组织准备	适用于亚共析钢和合金钢的铸件锻件和焊件等
等温退火	将钢件加热到 A_{c3}（或 A_{c1}）以上 30~50℃，保温一段时间后，先快速冷却到 A_{c1} 以下的某一温度保温，待奥氏体转变为珠光体后取出空冷	细化钢件组织和降低硬度，获得的组织比完全退火更均匀	适用于中碳合金钢和低碳合金钢
球化退火	将钢件加热到 A_{c1} 以上 10~30℃，保温一段时间后，随炉冷却至 600℃后取出空冷	使钢件中碳化物球状化，以改善切削加工性，减小后续火时工件的变形和开裂	适用于碳素工具钢、合金工具及轴承钢等，为后续火准备合适的组织
均匀化退火	钢件加热到 A_{c3} 以上 150~200℃，保温 10~15h 后缓慢冷却	消除钢件内部化学成分的偏析，使组织均匀	适用于合金钢的大型铸件或锻件
去应力退火	钢件加热到 A_{c1} 以下 100~200℃，保温一段时间后，随炉冷却至 250℃左右后取出空冷	用于消除上一步工序中加工产生的残余应力，以减小变形，发生组织改变但不发生相变	主要用于锻造、铸造等毛坯去应力处理，为后续冷热加工做准备

（2）正火目的及工艺

正火是指将钢件加热到 A_{c3}（对于亚共析钢）或 A_{cm}（对于过共析钢）以上 30~50℃，保温一段时间后在空气中冷却，以得到珠光体组织的热处理工艺。由于正火比退火的加热温度略高、冷却速度快，因此正火后钢件的强度和硬度较高。

正火

对钢件进行正火主要有以下几个方面的目的和应用：提高低碳钢、低碳合金钢的硬度，改善切削加工性；细化晶粒，消除组织缺陷，为下一步热处理做好组织准备；提高强度、硬度和韧性，对于力学性能要求不高的机械零部件可作为最终热处理。

知识点拨

退火和正火一般作为预先热处理，其作用都是消除前面工序所造成的组织缺陷及内应力，为后续的切削加工及热处理做好组织准备，但两者之间也存在区别。其中，冷却速度：正火>退火；晶粒大小：正火<退火；珠光体含量：正火>退火；强度及硬度：正火>退火。

（3）退火和正火的选用

生产上退火和正火工艺的选择应当根据钢种，冷、热加工工艺，零件的使用性能及经济性综合考虑。

碳质量分数 $w_C<0.25\%$ 的低碳钢，通常采用正火代替退火。因为较快的冷却速度可以防止低碳钢沿晶界析出游离的三次渗碳体，从而提高冲压件的冷变形性能，用正火可以提高钢的硬度，改善低碳钢的可加工性。$w_C=0.25\%\sim0.5\%$ 的中碳钢也可用正火代替退火，虽然接近上限碳含量的中碳钢正火后硬度偏高，但尚能进行切削加工，而且正火成本低、生产率高。$w_C=0.5\%\sim0.75\%$ 的钢，因含碳质量分数较高，正火后的硬度显著高于退火的情况，难以进行切削加工，故一般采用完全退火，降低硬度，改善可加工性。$w_C=0.75\%$ 以上的高碳钢或工具钢一般均采用球化退火作为预备热处理。如有网状二次渗碳体存在，则应先进行正火将其消除。随着钢中碳和合金元素的增多，过冷奥氏体稳定性提高，等温转变图右移。因此，一些中碳钢及中碳合金钢正火后硬度偏高，不利于切削加工，应当采用完全退火。尤其是含较多合金元素的钢，过冷奥氏体特别稳定，甚至在缓慢冷却的条件下也能得到马氏体和贝氏体组织，因此应当采用高温回火来消除应力，降低硬度，改善可加工性。

从经济性原则考虑，由于正火比退火生产周期短、操作简便、工艺成本低，因此，在钢的使用性能和工艺性能能满足要求的条件下，应尽可能用正火代替退火。

3.3.2　钢的淬火与回火

（1）钢的淬火

淬火是指将钢件加热到 A_{c3}（对于亚共析钢）或 A_{c1}（对于过共析钢）以上 30~50℃，经过保温一段时间后，在某种介质中快速冷却，以大幅提高材料硬度的热处理工艺。淬火可提高钢件的力学性能，是强化钢件最主要的热处理工艺，通常和回火配合使用，并作为钢件的最终热处理工艺。

① 淬火介质。钢件进行淬火时所使用的冷却介质称为淬火介质。按照冷却能力从高到低的顺序，常用的淬火介质包括水及水溶液、各种矿物油、硝盐浴、碱浴及空气等。通常情况下，对钢件进行淬火时，在较高温度区间内需要快速冷却以获得较高的硬度，在较低的温度区间内应缓慢冷却以防止钢件开裂和变形。在实际淬火过程中，可对各种淬火介质进行组合使用，以使钢件获得预期的性能。

淬火

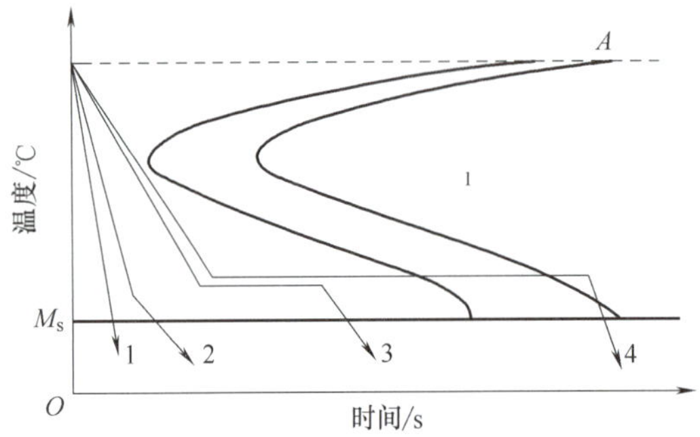

1—单介质淬火法；2—双介质淬火法；
3—分级淬火法；4—等温淬火法。

图 1-17　各种淬火方法的冷却曲线

② 分类及应用。淬火时，冷却方式和冷却速度直接影响淬火的效果冷却速度过快，钢件容易发生开裂和变形；冷却速度过慢，钢件无法达到所要求的性能。根据冷却方式的不同，淬火可分为单介质淬火、双介质淬火、分级淬火和等温淬火等。它们的冷却曲线如图 1-17 所示，其中 M_s 为马氏体转变的起始温度，它们的工艺流程、特点和应用范围如表 1-28 所示。

表 1-28　各种淬火方法的工艺流程、特点和应用范围

类别	工艺流程	特点	应用范围
单介质淬火	将加热保温后的钢件直接放入一种介质中连续冷却。一般非合金钢采用水作为淬火介质，碳钢采用油作为淬火介质	操作简单、易于实现机械化；但在水中冷却时，容易造成钢件变形和开裂；在油中冷却时，难以达到所要求的硬度或硬度分布不均匀	适用于形状简单、尺寸较小的钢件
双介质淬火	先将加热保温后的钢件放入冷却能力强的介质中冷却，在钢件内部组织向马氏体转变前将其取出，再放入冷却能力较弱的介质中冷却，如水+油、油+空气等	能综合两种淬火介质的优点，高温时快速冷却可以获得较高的组织硬度，低温时缓慢冷却可以减小钢件的变形和开裂；但钢件在第一种介质中的冷却时间难以掌握，操作技术要求较高	适用于形状复杂的高碳钢零件或大型合金钢零件
分级淬火	将加热保温后的钢件先放入接近马氏体转变温度的介质中冷却，如硝盐浴、碱浴，短时间停留后取出空冷	能够减小钢件内部应力，显著减小变形和开裂	适用于形状复杂、横截面尺寸小、精度要求高的非合金钢零件及碳素钢零件
等温淬火	将加热保温后的钢件快速冷却至贝氏体转变所要的温度区间（260~400℃），然后等温保持，以获得贝氏体组织	能够有效提高钢件强度和硬度，并使其具有良好的韧性和耐磨性；但生产周期长、效率低	适用于各种形状复杂、尺寸精度要求高，并要求具有良好综合力学性能的重要零件

（2）钢的回火

回火是指将淬火后的钢件重新加热到 A_1（相变温度）以下某个温度，保湿一段时间后冷却至室温的热处理工艺。回火通常作为钢件的最终热处理工艺，在工业生产中应用广泛。

回火

① 目的。钢件经淬火后，其内存在马氏体、贝氏体及残余奥氏体等不稳定组织，随着时间的推移很容易发生组织转变，一般需要马上进行回火。

回火通常具有以下目的：提高组织稳定性，避免钢件在使用过程中发生组织转变，从而造成开裂和变形；消除内部应力，以稳定钢件几何尺寸并改善切削加工性；适当降低钢件的硬度和强度，提高韧性和塑性，以获得良好的综合力学性能。

② 分类及应用。回火的保温温度越高，获得的钢件硬度、强度越低，塑性和韧性越高。根据保温温度范围的不同，回火可分为低温回火、中温回火和高温回火。它们各自的工艺特点和应用范围如表 1-29 所示。

表 1-29　各种回火方法的工艺特点和应用范围

类别	保温温度/℃	工艺特点	应用范围
低温回火	150~250	获得的组织为回火马氏体，硬度 HRC 为 58~64；能够减小钢件淬火时产生的内应力，降低钢件的脆性，获得较高的硬度和耐磨性，并保持一定的韧性	适用于处理各种要求高硬度、高耐磨性的工件，如各种刀具、量具、模具、滚动轴承等
中温回火	350~500	获得的组织为回火托氏体，硬度 HRC 为 30~50；能够使钢件具有较高的弹性和一定的韧性	适用于处理各种弹性零件和热锻模具，如弹簧等
高温回火	500~650	获得的组织为回火索氏体，硬度 HRC 为 25~35；能够使钢件具有较高的强度、良好的塑性和韧性，提高钢件的综合力学性能	适用于各种重要的受力零部件，如传动轴、连杆、齿轮、丝杠等

（3）淬火加热缺陷及其防止

① 氧化和脱碳及其防止措施。淬火加热时，钢件与周围加热介质相互作用往往会产生氧化和脱碳等缺陷。氧化使工件尺寸减小，表面粗糙度增大，并严重影响淬火冷却速度，进而使淬火工件出现软点或硬度不足等新的缺陷。工件表面脱碳会降低淬火后钢的表面硬度、耐磨性，并显著降低其疲劳强度。因此，淬火加热时，在获得均匀化奥氏体的同时，必须注意防止氧化和脱碳现象。在空气介质炉中加热时，防止氧化和脱碳最简单的方法是在炉子升温加热时向炉内加入无水分的木炭，以改变炉内气氛，减少氧化和脱碳。此外，采用盐炉加热、用铸铁屑覆盖工件表面，或是在工件表面热涂硼酸等方法都可有效地防止或减少工件的氧化和脱碳。采用真空加热或可控气氛加热，是防止氧化和脱碳的根本办法。

② 过热和过烧及其防止措施。工件在淬火加热时，由于温度过高或者时间过长造成奥氏体晶粒粗大的缺陷叫作过热。由于过热不仅在淬火后得到粗大的马氏体组织，而且易于引起淬火裂纹，因此，淬火过热的工件强度和韧性降低，易于产生脆性断裂。轻微的过热可用延长回火时间来补救。严重的过热则需进行一次细化晶粒退火，然后再重新淬火。淬火加热温度太高，使奥氏体晶界出现局部熔化或者发生氧化的现象叫作过烧。过烧是严重的加热缺陷，工件一旦过烧就无法补救，只能报废。为了防止过热和过烧，淬火加热温度不宜过高。

③ 淬火应力的控制和淬火变形、开裂的防止措施。工件在淬火过程中会发生形状和尺寸的变化，有时甚至要产生淬火裂纹。工件的变形或开裂是由淬火过程中在工件内产生的内应力造成的。淬火内应力主要有热应力和组织应力两种。工件最终变形或开裂是这两种应力综合作用的结果。

工件加热或冷却时由于内外温差导致热胀冷缩不一致而产生的内应力叫作热应力。工件淬火冷至室温时，由热应力引起的残留应力为表面受压应力，心部受拉应力，一般的变形趋势呈腰鼓形，如图 1-18（b）所示。立方体各面凸起，棱角变圆；长圆柱体长度缩短，直径变粗；扁平圆板高度增大，直径缩小。热应力是由快速冷却时工件截面温差造成的。因此，冷却速度越大，截面温差越大，则热应力越大。在相同淬火冷却介质条件下，工件加热温度越高、截面尺寸越大、钢材热导率和线胀系数越大，工件内外温差越大，则热应力越大。

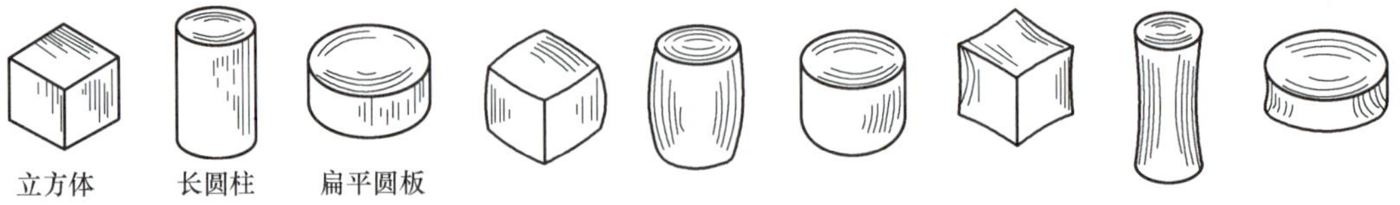

(a) 原始形状　(b) 热应力作用　(c) 组织应力作用

图 1-18　简单形状工件在热力学和组织应力作用下的变形趋势

工件在冷却过程中，由于内外温差造成组织转变不同时，引起内外比体积的不同变化而产生的内应力叫作组织应力。钢淬火时由奥氏体转变为马氏体将造成显著的体积膨胀。组织应力引起的残留应力与热应力正好相反，表面为拉应力，心部为压应力，组织应力引起的变形情况恰好也与热应力相反，表现为工件沿最大尺寸方向伸长，力图使平面内凹，棱角突出，如图 1-18（c）所示。组织应力的大小与钢的化学成分、冶金质量、钢件结构尺寸、钢的导热性及在马氏体温度范围的冷却速度和钢的淬透性等因素有关。

为了减小淬火应力，防止淬火变形和开裂，首先要提出合理的要求，设计工件时要注意结构形状的对称性，并要制定出合理的热处理工艺；其次要严格执行热处理工艺规范，并在容易变形的工艺环节采取必要的预防措施。在热处理方面必须注意下述问题。

a. 控制加热速度，尽可能做到加热均匀，减小加热时的热应力。对于大截面、高合金钢、形状复杂、变形要求高的工件，一般都应经过预热，或限制加热速度。

b. 合理选择加热温度。在保证淬透的前提下，一般应尽量选择低一些的淬火温度，以减小冷却时的热应力。但也存在适当提高淬火温度防止变形开裂的情况，特别是对于高碳合金钢工件，可以通过对加热温度的调整来改变钢的 *M*s 点（马氏体开始转变温度），从而达到使工件变形最小的目的。

c. 正确选择淬火冷却介质和淬火方法。尽可能选用冷却能力较小的淬火冷却介质，并采用分级淬火、等温淬火、预冷淬火和双液淬火等淬火方法。

（4）淬火软点及其防止措施

工件淬火后表面硬度不均，个别地方出现低于技术要求的硬度值，称为淬火软点。产生淬火软点的主要原因大致如下。

① 原始组织过于粗大及不均匀，如有严重的组织偏析、大块碳化物或大块自由铁素体。

② 淬火冷却介质被污染，如水中有油珠悬浮。

③ 局部冷却速度太低。当工件表面附有气泡、渣子，工件之间互相接触或在淬火冷却介质中不能适当运动时，会使工件在淬火冷却时局部区域达不到临界冷却速度，发生珠光体型组织转变。

④ 局部脱碳或氧化。局部脱碳或氧化后，该部位含碳量降低，淬火后得到硬度不高的低碳马氏体或非马氏体组织。

⑤ 淬火加热工艺不当。例如亚共析碳素钢加热温度偏低、保温时间过短，势必造成先共析铁素体溶解不充分或奥氏体成分没有均匀化，就使得淬火组织不可能得到均匀一致

的马氏体。

要防止淬火软点的出现，必须针对产生原因采取相应措施。如加大冷却速度，将工件表面清洗干净，防止工件氧化和脱碳，严格执行加热、保温和冷却等工艺规范，要彻底消除组织与成分的不均匀性。对已产生软点的工件，在一般情况下，除由局部脱碳形成的以外，一般均可返修，方法是正火及重新加热淬火，这时采用的淬火加热温度要比正常淬火加热温度高些，并要提高淬火冷却介质的冷却能力。

3.4　钢的表面热处理

表面热处理是指仅对钢件的表面进行加热，以改变其表层组织结构和力学性能的热处理工艺。工业技术的飞速发展，对机械零件提出了各种各样的要求。如图 1-19 所示为汽车传动轴和传动齿轮，一方面要求轴面和齿轮硬度高、耐磨性好；另一方面要求能够承受很大的冲击载荷和传递很大的转矩。这类零件的表面和心部性能要求不同，仅采用一种材料并经过一种热处理是很难实现的。表面热处理则可以很好地满足零件的这种“表里不一”的性能要求。

图 1-19　汽车传动轴和传动齿轮

根据工艺方法和原理的不同，表面热处理可分为表面淬火和化学热处理两大类。

3.4.1　钢的表面淬火

仅对钢件表面进行淬火而不改变组成成分的热处理工艺称为表面淬火。表面淬火需要对钢件表面进行快速加热，并在表层热量未传到心部之前进行快速冷却，从而使表层获得很高的硬度和耐磨性，同时心部保持良好的韧性和塑性。根据加热方式的不同，表面淬火可分为感应加热表面淬火、火焰加热表面淬火、电接触加热表面淬火和激光热处理等。其中，感应加热表面淬火（图 1-20）和火焰加热表面淬火（图 1-21）在工程中的应用较为广泛。

3.4.2　钢的化学热处理

将钢件置于一定的介质中，通过加热、保温和冷却使介质中的一种或几种元素渗入钢件表层，以改变钢件表层的化学成分和组织，从而使钢件表层和心部具有不同的性能，这种热处理工艺称为化学热处理。与前面介绍的热处理工艺方法不同，化学热处理是通过改变钢件表面的化学组成成分来改变其组织和性能的。

化学热处理

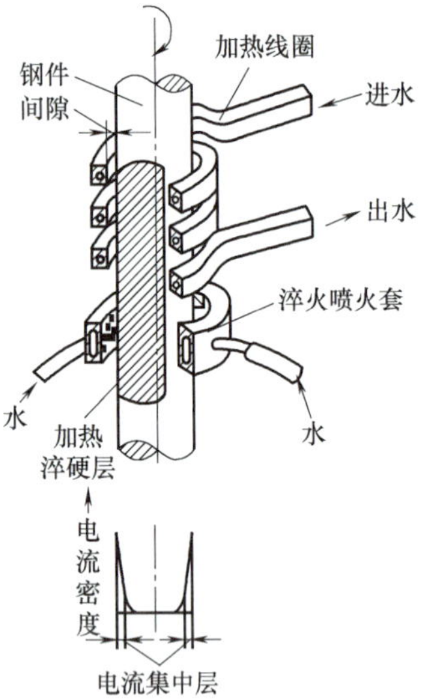

图 1-20　感应加热表面淬火示意图

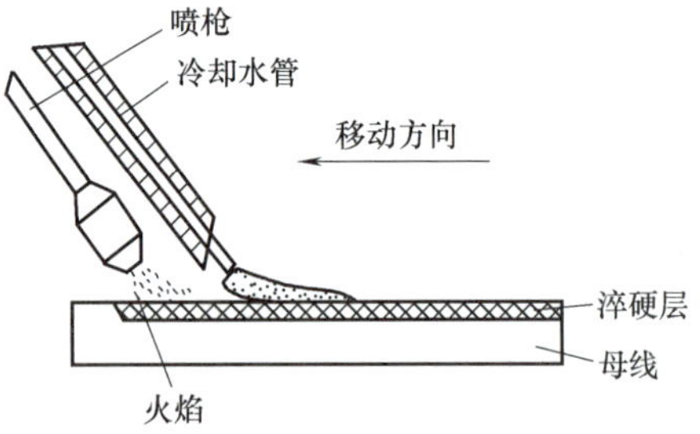

图 1-21　火焰加热表面淬火示意图

化学热处理的过程包括介质分解成活性原子、工件表面吸收活性原子和活性原子在内部扩散三个基本阶段。根据所用介质化学成分的不同，常用的化学热处理可分为渗碳、渗氮和碳氮共渗。

（1）渗碳

渗碳是指向低碳钢或低合金钢工件表面渗入碳原子，以提高表层含碳量，使钢件表面具有更高的硬度和更好的耐磨性，而心部仍保持良好韧性的表面热处理工艺。根据使用的渗碳剂不同，渗碳可分为气体渗碳、固体渗碳和液体渗碳等。其中，气体渗碳工艺在工业中应用最为广泛，如图 1-22 所示。渗碳适用于承受很大的磨损，且需承受冲击载荷和交变载荷的低碳钢、低合金钢工件，如汽车变速箱中的变速齿轮、机床的传动齿轮和主轴等。

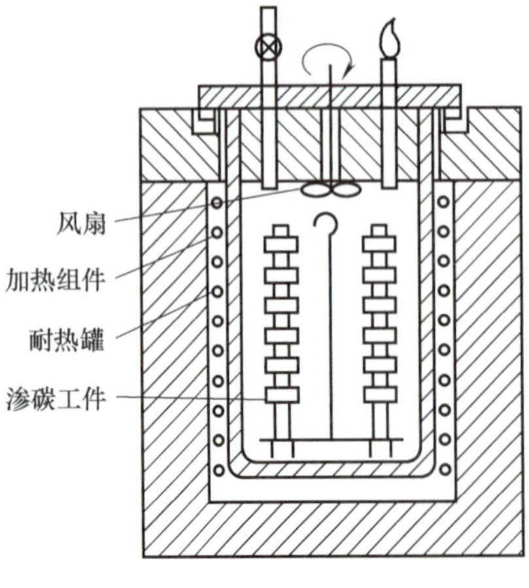

图 1-22　气体渗碳

零件渗碳后一般需要经过淬火+低温回火处理，才能达到提高表面硬度和耐磨性的目的。例如，汽车变速箱齿轮的加工工艺路线为：下料→锻造→正火→切削加工齿形→渗碳→预冷淬火→低温回火→磨削精加工→检验。

（2）渗氮

渗氮又称氮化，是指将氮原子渗入钢件表面以提高其硬度、耐磨性、疲劳强度和耐蚀性的一种化学热处理方法。渗氮通常用于处理耐磨性和精度要求都很高，或要求耐热、耐腐蚀的耐磨件，如发动机气缸、机床丝杠、汽轮机阀门等。

（3）碳氮共渗

碳氮共渗俗称氰化，是指在一定温度条件下将碳和氮同时渗入钢件表面的化学热处理方法。碳氮共渗既具有渗碳的淬硬深度，又能获得渗氮的高硬度，因此能有效提高零件的硬度、耐磨性和疲劳强度。

任务实施

（1）分析

请同学们按照“任务工单 1.3”要求，分析履带板需要具备的性能和采用的热处理工艺，然后填写任务工单。

为使金属零件具有所需要的性能，除了合理选择材料和加工方法外，热处理工艺往往是必不可少的，采用不同的热处理工艺，可使零件获得不同的金相组织，从而具有不同的性能。在金属材料中，钢的金相组织最为复杂，因此其热处理工艺种类繁多，在编写钢制零件的热处理工艺时，需要明确零件的性能指标，了解钢在加热和冷却时金相组织的转变规律，采取合理的加热、保温和冷却方式才能使零件达到要求的性能指标。

（2）实施

全班学生每 3~4 人一组，组员合作分析履带板需要具备的性能和采用的热处理工艺并做好记录。履带板的工作条件及需要具备的性能如表 1-30 所示。

表 1-30　履带板的工作条件及需要具备的性能

零件名称	工作条件	需要具备的性能
履带板	承受很大的压应力、冲击载荷和磨损	1. 高的强度和硬度 2. 良好的韧性 3. 高的耐磨性

履带板的热处理工艺采用调质处理，分为淬火和回火两个阶段，如图 1-23 所示

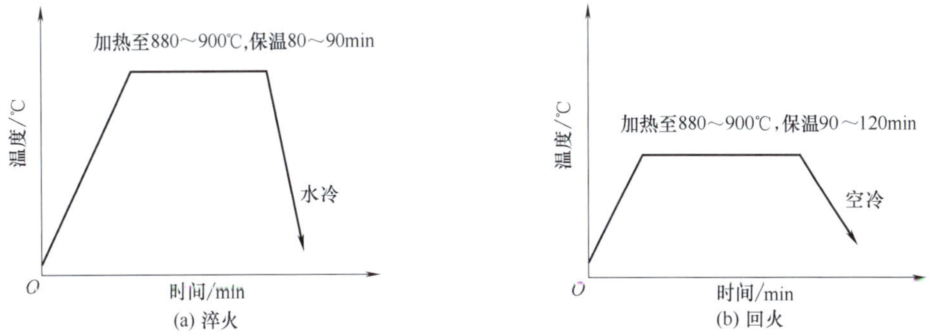

图 1-23　履带板的热处理工艺曲线

淬火：首先将履带板加热至 A 温度以上（880~900℃），然后保温 80~90min，最后采用水冷的方式使履带板的温度迅速降低，可大幅提升履带板的强度、硬度。

回火：履带板在淬火完成很短时间之后，要进行高温回火。首先将带板加热至 A 之下来一温度（400~450℃），保温 90~120min，然后从加热炉中取出，放置在空气中缓慢

冷却，这样可使履带板的内部组织更为稳定，从而获得更高的强度和韧性。

课程思政

"焊"卫匠心的大国工匠

孙景南成为电焊工的那一刻并未想到，自己成就梦想的30多年，经历了轨道交通行业的奋进，更见证了国家发展的时代巨变。

"尊敬的总书记，我叫孙景南，是来自中车浦镇公司的一名电焊工……"

3月5日，十四届全国人大二次会议江苏代表团审议现场，留着利落短发、身着工作服的女电焊工孙景南在与习近平总书记交流环节最后发言，这位来自中车南京浦镇车辆有限公司的工人代表，讲述起自己的职业经历时不无感慨。

孙景南说："我1990年职高毕业后，从传统的铁路客车到地铁、高铁动车组，从国外技术引进到大范围自主研发，30多年间，见证了我国轨道交通从'追赶者'到'领跑者'的奋进历程。"

【思考与练习】

一、填空题

1. 常用的硬度试验方法有__________、__________和维氏硬度三种。铁碳合金的基本相为__________、__________、__________。

2. 金属材料的力学性能主要包括强度、__________、硬度、韧性和疲劳强度等；工艺性能主要包括铸造性、压力加工性、焊接性、__________等。

3. 塑性是指金属材料在外力作用下产生__________而不被破坏的能力；金属材料的__________和断面收缩率越大，表示该金属材料的塑性越好。

4. 通常情况下，将含碳量小于0.0218%的铁碳合金称为__________；含碳量在0.0218%~2.11%的铁碳合金称为__________；碳含量大于2.11%的铁碳合金称为__________。

5. 根据应用范围的不同，钢可分为结构钢、__________、特殊功能钢和__________。

6. 45钢的平均含碳量为__________，T8钢的平均碳含量为__________。

7. 根据内部石墨形态的不同，铸铁可分为__________、球墨铸铁、__________和蠕墨铸铁。

8. 由于纯铝的__________很低，因此不宜直接作为结构零部件。

9. 铝合金可分为__________和铸造铝合金。

10. 热处理是指采用适当的方式对固态金属材料进行加热、保温及__________，以获得所需__________和性能的工艺过程。

11. 钢的__________发生转变时的温度称为临界温度。

二、选择题

1. 选择金属材料的原则，首先应满足（　　）。

A. 零件使用性能要求　B. 零件工艺性能要求　C. 材料经济性　D. 加工成本

2. 金属的晶粒大小对金属力学性能有重要的影响，下列细化晶粒的方法中不正确的是（　　）。

A. 变质处理　B. 附加振动　C. 减小过冷度　D. 降低浇注速度

3. 金属材料在静载荷作用下抵抗变形和断裂的能力称为（　　）。
A. 塑性　B. 强度　C. 弹性　D. 韧性
4. 通常用（　　）描述晶体中的原子排列规律和几何形状。
A. 晶体结构　B. 晶格　C. 晶胞　D. 晶格常数
5. 钢中杂质元素使钢产生冷脆的是（　　）。
A. 硫　B. 磷　C. 锰　D. 硅
6. 金属材料在载荷作用下抵抗变形和断裂的能力称为（　　）。
A. 塑性　B. 强度　C. 硬度　D. 韧性
7. （　　）是改善钢切削加工性的重要途径。
A. 铸造　B. 焊接　C. 热处理　D. 锻造
8. 大批量制造小件薄壁有色金属铸件宜采用的铸造方法是（　　）。
A. 砂型铸造　B. 金属型铸造　C. 压力铸造　D. 熔模铸造
9. 合金钢的可焊性可依据（　　）大小来估计。
A. 钢含碳量　B. 钢的合金元素含量　C. 钢的碳当量　D. 钢的杂质元素含量
10. 灰铸铁 HT200 中的 200 表示（　　）。
A. 屈服点　B. 抗拉强度　C. 疲劳强度　D. 硬度
11. 下列材料适合加工发动机曲轴和减速箱齿轮的是（　　）。
A. 可锻铸铁　B. 球墨铸铁　C. 灰铸铁　D. 高速钢
12. 碳素工具钢、合金量具钢、轴承钢等主要采用（　　）。
A. 完全退火　B. 等温退火　C. 球化退火　D. 去应力退火
13. 用 T10 钢制刀具其预备热处理为（　　）。
A. 球化退火　B. 调质　C. 淬火加低温回火　D. 表面淬火

三、判断题

1. 所有金属材料在进行拉伸试验时都会出现明显的屈服现象。（　　）
2. 布氏硬度测量法不适合测量较薄的金属材料工件。（　　）
3. 金属材料的切削加工性主要受金属材料的化学成分、组织、硬度、塑性、韧性和导热性等的影响。（　　）
4. GCr15 表示平均铬含量为 1.5%的合金轴承钢。（　　）
5. 退火与正火的作用大致相同，但退火的加热温度较高、冷却速度较快，获得的强度和硬度更高。（　　）

四、简答题

1. 指出下列钢号属于哪一类钢（或名称）。
Q235；15；T8；20CrMnTi；40Cr；65Mn；GCr15；W18Cr4V；1Cr18Ni9Ti；ZGMn13-1。
2. 金属材料的力学性和工艺性能有哪些？
3. 下列零件宜采用哪些材料为妥？
空调支架、汽车变速箱齿轮、车床主轴、弹簧、车床床身、滑动轴承轴瓦、手工锯条、麻花钻、滚动轴承、锻造模具。
4. 常用铸铁有哪几种？它们的主要区别点在哪里？
5. 常用的非铁金属材料及合金有哪些？
6. 零件的失效形式有哪些？

项目2
构件受力及变形分析

【项目导读】

机械工作时，其组成部分都要受到外力的作用，如自行车车架要承受人的重力、汽车传动轴要受到力偶的作用等。为保证机械安全、可靠地工作，任何一个构件都必须具有足够的承载能力，因此，对构件进行受力及变形分析是设计和使用机械基本、重要的工作之一．本项目主要介绍构件静力学分析的有关概念、公理和方法，不同受力条件下构件变形的规律及其应用，为学习后续有关知识、解决工程问题打基础。

【知识目标】

- ◆ 掌握静力学有关的概念和公理
- ◆ 掌握静力学分析的基本方法
- ◆ 了解平面任意力系平衡方程的原理及应用
- ◆ 掌握构件基本变形的概念和特点
- ◆ 掌握构件不同变形形式的应力分析方法及分布规律

【技能目标】

- ◆ 能够对典型构件进行受力分析、力系的简化、研究构件在力系作用下的平衡条件
- ◆ 能够对简单构件进行内力、应力分析，并能进行强度计算

【素质目标】

- ◆ 提高严谨细致的逻辑推理能力和原理分析能力
- ◆ 培养追求真理、实事求是、勇于探究与实践的科学精神

【任务导航】

1. 分析简易起重装置杆件的受力——静力分析
2. 校核汽车铆接拉杆的拉伸强度——变形分析

任务 1　分析简易起重装置杆件的受力——静力分析

任务描述

我们身边有许许多多的物体处于静止状态，如放在桌上的书本、挂在墙上的钟表、天花板上的吊扇、停在路边的自行车等；也有许多物体处于匀速直线运动状态，如商场里电动扶梯上站立着的人、机场航站楼里行李输送带上的行李、生产线上的产品输送带等，它们都在各种力的作用下处于某种平衡状态。

处于平衡状态的物体的受力必须满足平衡条件，利用这些条件可以解决机械工程中的实际问题。如图 2-1 所示为某工厂使用的简易起重装置，它正在垂直匀速提升一箱重力为 100kN 的物料。设滑轮是光滑的，且不计滑轮、绳子和杆的质量，请同学们分析此时杆 *AB* 和杆 *AC* 的受力情况。

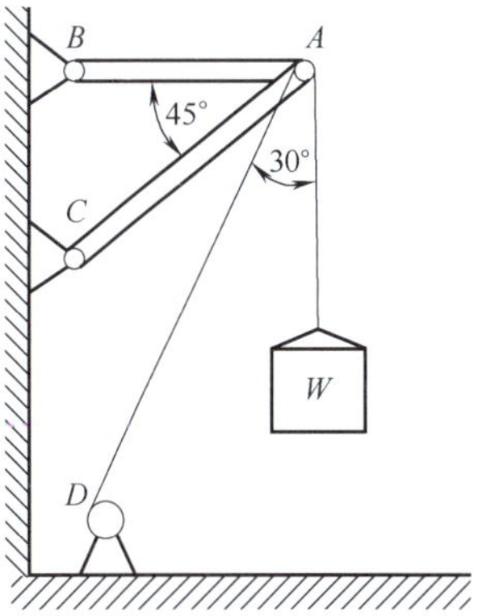

图 2-1　简易起重装置简图

任务工单

任务工单 2.1——分析简易起重装置杆件的受力

【任务目的】

① 掌握静力学有关的概念和公理。

② 掌握静力学分析的基本方法。

③ 了解平面任意力系平衡方程的原理及应用。

【学生分组】

以3~4人为一组，选出组长并进行任务分工，将小组概况及分工填入表2-1中。

表2-1　小组概况及分工

班　级		组　号		指导教师	
小组成员	姓　名	学　号	任务分工		
组　长					
组员					

【工作准备】

（1）获取信息

在任务实施前，需要掌握构件静力学分析的相关知识。请各组组长组织组员收集相关资料，回答下列问题。

引导问题1：机械运动、平衡力刚体的概念是什么？它们有哪些特点？

引导问题2：静力学公理有哪些？请简单描述一下，并分别举例说明其特点及应用。

引导问题3：常见的约束类型有哪些？分别举例说明其特点及应用。

引导问题4：简述画受力图及利用平衡方程求解未知力的步骤。

（2）制订计划

查阅相关资料，了解构件受力分析的过程及方法，并制订实施计划。

（3）进行决策

① 每位学生阐述自己的计划。

② 组员之间进行提问与答疑，制订本组的最佳实施计划。

③ 教师根据各组完成情况进行点评。

【工作实施】

按照本组制订的最佳工作计划进行实施。按实际实施过程，将实施内容、遇到的问题及解决办法等全部记录在表2-2中。

【考核评价】

各组组长展示任务完成情况，并完成如表2-3所示的考核评价表。

表 2-2　　工作实施过程记录表

序号	实施步骤	实施内容	遇到的问题及解决办法
1			
2			
3			

表 2-3　　考核评价表

评价项目	评价标准	满分/分	实际得分/分	老师评语
技能操作	能正确选取分析对象	20		
	能正确画出分析对象的受力图	20		
	能正确建立和解算平衡方程	20		
	能正确分析构件的受力情况	20		
参与程度	认真参加活动,积极思考,主动与同学、指导老师进行交流,善于发现和解决问题	10		
合作意识	积极参与探讨,勇于接受任务,敢于承担责任	10		
总　分		100		
小组总结				

知识准备

1.1　静力学的基本概念

静力学研究物体在力系的作用下处于平衡的条件。力系，是指作用在物体上的一群力；平衡，是指物体相对于惯性参考系（在工程中习惯上将地面作为惯性参考系）保持静止或作匀速直线运动。例如，房屋结构、桥梁、作匀速直线飞行的飞机等，都处于平衡状态。平衡是物体运动的一种特殊形式。静力学主要研究三方面的问题：物体的受力分析、力系的简化、物体在力系作用下的平衡条件。

1.1.1　刚体的概念

刚体是静力学所研究的主要对象。所谓刚体，就是在力的作用下，其内部任意两点之间的距离始终保持不变的物体，即刚体是不发生变形的物体。显然，任何物体在力的作用下，都会发生或多或少的变形。但是，有许多物体，如机器和工程结构的构件，在受力后所产生的变形很小，在研究力对物体作用下的平衡问题时，其影响极小，可以忽略不计。这样就可以把物体视为不变形的刚体，使问题的研究得以简化，所以说刚体是一个经过简化和抽象后的理想模型。在理论力学中，由于静力学所研究的对象仅限于刚体，因而又称为刚体静力学。

1.1.2 力的概念

人类对力的认识是在生活和生产的实践中产生的。经过长期实践，从感性到理性，逐步建立起了力的概念。力是物体之间的相互机械作用，这种作用对物体产生两种效应，即使物体的机械运动状态发生变化，或者使物体发生变形。对于不变形的刚体而言，力只改变其机械运动状态。

力使物体的运动状态发生改变的效应称为力的外效应或运动效应，属于静力学与运动学、动力学研究的内容；而力使物体发生变形的效应称为力的内效应或变形效应，属于材料力学的研究范围。

力对物体的作用效应取决于力的三个因素：大小、方向、作用点，通常称为力的三要素。力是有方向的量，可以用矢量表示，如图 2-2 所示。力可以表示为一个有方向带箭头的线段，线段的长度表示力的大小，线段所在的方位和箭头表示力的作用方向，线段的起点或终点表示力的作用点。

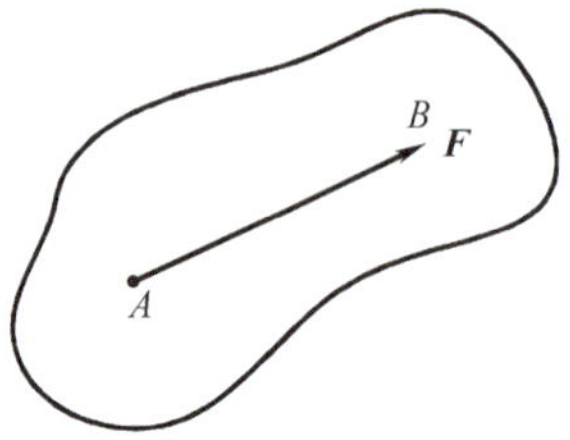

图 2-2　力的表示方法

在国际单位制（SI 制）中，力的单位是牛［顿］或者千牛［顿］，符号为牛（N）或千牛（kN）。在工程单位制中，力的常用单位是千克力或吨力，符号为千克力（kgf）或吨力（tf）。两者的换算关系为 1kgf = 9. 8N。

1.1.3 静力学公理

公理一　二力平衡公理

二力平衡的条件

静力学公理是人们在长期的生活和生产实践中积累并总结出来的为人们所公认的客观真理。它经过了实践的检验，符合客观实际，是研究力系简化和平衡条件的理论基础。

公理一　二力平衡公理

作用在刚体上的两个力，使刚体处于平衡的必要和充分条件是：这两个力大小相等、方向相反，且共线，如图 2-3 所示，即

$$F_1 = -F_2 \tag{2-1}$$

这是最简单的力系平衡条件。但是，应当指出，对于刚体来说，这个条件是充分和必要的，而对于变形体来说，此二力的平衡条件只是必要条件而非充分条件。软绳受两个等值、反向、共线的拉力时可以平衡［图 2-4（a）］，但如受到两个等值、反向、共线的压力时就不能平衡了［图 2-4（b）］。

工程上常遇到只受两个力作用而平衡的构件，称为二力构件。根据公理一，二力构件上的两力必大小相等、方向相反，且共线。

图 2-3　二力平衡的条件

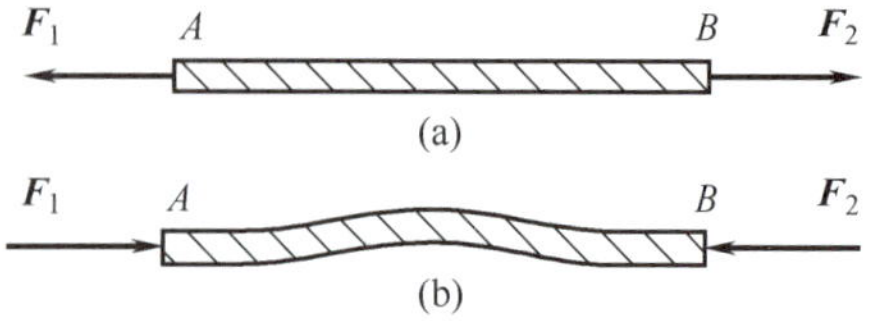

图 2-4　作用于变形体上的二力

公理二 力的平行四边形法则

作用在物体上同一点的两个力，可以合成为一个合力。合力的作用点也在该点，合力的大小和方向由这两个力为边所构成的平行四边形的对角线所确定，如图 2-5 所示。这种合成方法称为力的平行四边形法则，用矢量加法表示为

公理二 力的平行四边形法则

$$F=F_1+F_2 \tag{2-2}$$

合力 F 与两力 F_1、F_2 的共同作用等效。如果求合力 F 的大小和方向，可以不必作出整个平行四边形，而是将两力 F_1、F_2 的首尾相联构成开口的力三角形，而合力 F 就是力三角形的封闭边，如图 2-6 所示。这种求合力的方法又称为力的三角形法则。

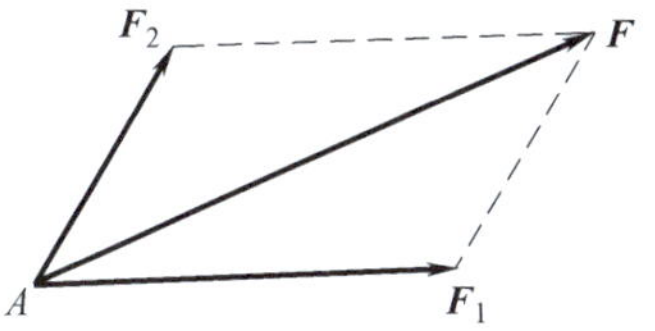

图 2-5 力的平行四边形法则

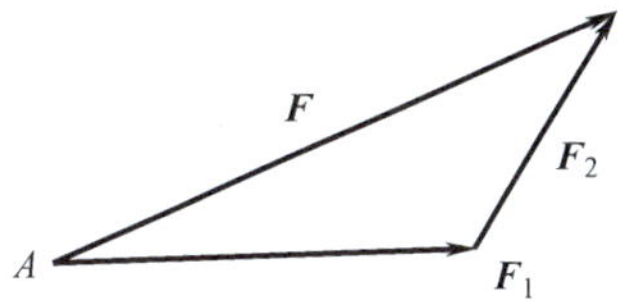

图 2-6 力的三角形法则

力的平行四边形法则

公理三 加减平衡力系公理

在作用于刚体的任意力系上，加上或减去任意的平衡力系，不改变原力系对刚体的作用效应。显而易见，这个公理是研究力系的等效替换的重要依据。由此可以得出两个推论。

推论一 力的可传性

作用于刚体上某点的力，可以沿其作用线移至刚体上的任意一点，而不改变它对刚体的作用。

证明：设力 F 作用于刚体上的 A 点，如图 2-7（a）所示。在力的作用线上任取一点 B，加上一对等值、反向、并沿同一直线相互平衡的力 F_1 和 F_2，并使 $F=F_2=-F_1$。根据公理三，加减平衡力系，并不影响原力 F 对刚体的作用，由公理二可知，力 F 和 F_1 平衡，除去后只剩下一个力 F_2。所以力 F_2 与原来的力 F 等效。但是，这个力的作用点由 A 点沿作用线移到了 B 点，如图 2-7（b）所示。

所以，作用在刚体上的力的三要素是：大小、方向和作用线。力的作用点就不再是决定力的作用的主要因素。力矢量可以从它的作用线上的任一点画出，因而作用在刚体上的力是滑动矢量。以人们在车后推车和车前拉车为例可知，这两个力的作用是一样的。

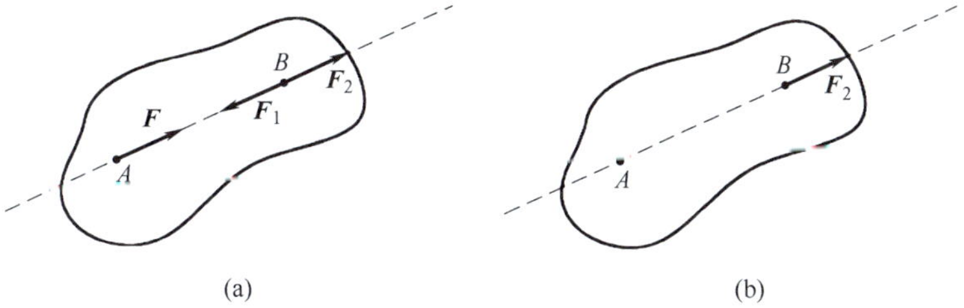

图 2-7 力的可传性示意图

推论二 三力平衡汇交定理

作用于刚体上的三个互相平衡的力，若其中两个力的作用线汇交于一点，则此三力必

汇交于一点，且三力共面。

证明：如图2-8（a）所示，刚体上作用有三个互相平衡的力 F_1、F_2、F_3。将力 F_1、F_2 沿作用线移至两力的交点 D，合成为力 F，则刚体只受两个力作用，根据二力平衡条件，力 F_3、F 共线，所以 F_3 必与 F_1、F_2 共面，且通过力 F_1 和 F_2 的交点，如图2-8（b）所示。

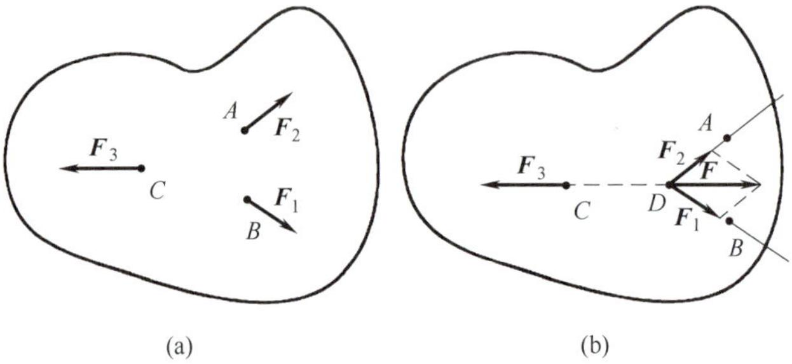

图2-8　三力平衡交汇

公理四　作用与反作用定律

两物体间相互作用存在作用力和反作用力，两个力的大小相等、方向相反且沿同一直线，分别作用在两个相互作用的物体上。

这个公理概括了自然界中物体相互作用的关系，表明一切力都是成对出现的，有作用力必有反作用力，它们共同出现，共同消失。

但必须注意的是，虽然作用力和反作用力大小相等、方向相反且沿同一直线，但决不能认为这两个力相互平衡。因为这两个力并不作用在同一刚体上，而是作用于两个相互作用的不同物体上，所以这两个力并不组成平衡力系。

公理五　刚化原理

变形体在某一力系作用下处于平衡状态，则将此变形体刚化为刚体时，其平衡状态保持不变。

公理五为把变形体抽象为刚体提供了条件，从而可将刚体静力学的理论应用于变形体。但是，此时应注意考虑变形体的物理条件。如图2-4中所示的软绳，在拉力作用下软绳平衡，如果将软绳刚化为刚体，平衡仍然保持不变；在压力作用下软绳则不能保持平衡，此时软绳就不能刚化为刚体。

1.2　约束与受力分析

1.2.1　约束和约束反力

如果物体可以在空间作任意的运动，则该物体称为自由体，如飞行的飞机和炮弹等。如果物体受到周围其他物体的限制，不能在某些方向作运动，这些物体就称为非自由体，如火车受到轨道的限制只能沿轨道行驶；在轴承上的转子不能离开轴承，只能绕轴转动等。对非自由体的运动起限制作用的周围物体称为约束。约束对非自由体的作用，实际上就是力，这种力称为约束反力，简称反力。因为约束反力是限制物体运动的，所以约束反力的作用点应在约束和非自由体的接触之处，方向必与该约束所能阻碍的运动方向相反。这是确定约束反力方向和作用线的基本准则。至于约束反力的大小，一般是未知的，可以通过与物体上受到的其他力组成平衡力系，由平衡方程求出。

除了约束反力外，作用在非自由体上的力还有重力、气体压力、电磁力等，这些力并不取决于物体上的其他力，称为主动力。约束反力多由主动力所引起，由于其取决于主动力，故又称为被动力。

对受约束的非自由体进行受力分析时，主要的工作就是分析约束反力。实际工程中的约束多种多样。下面介绍几种常见的典型约束及其约束反力的特点。

（1）柔性约束（柔索）

由柔软的绳索、皮带或链条等构成的约束，在不考虑其自重、变形时可以简化为柔索约束。如图 2-9 所示，软绳只能限制物体沿绳的中心线离开软绳的运动，而不能限制物体在其他方向的运动，所以柔索约束对物体的约束反力为柔索的拉力，即沿着柔索背离物体。一般用 F_T 表示。

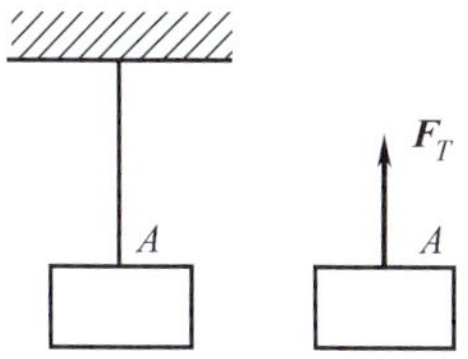

图 2-9　柔索约束

图 2-10（a）所示是链条或皮带的传动，对轮 1 和轮 2 的约束反力如图 2-10（b）所示。

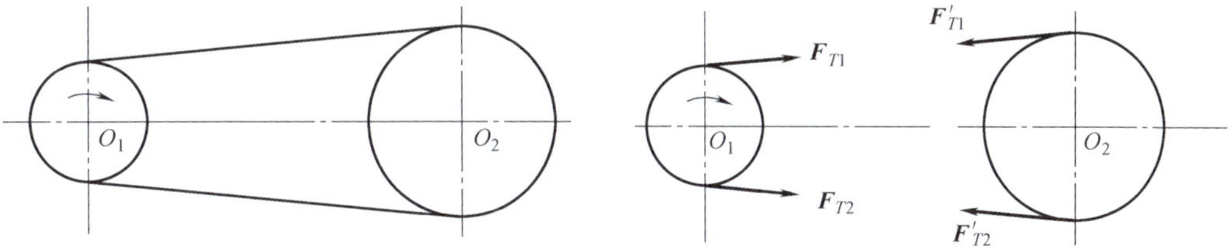

(a)　　(b)

图 2-10　链条或皮带构成的柔索约束

（2）光滑接触面约束

如果物体的接触面摩擦很小，可以忽略不计，就认为接触面是光滑的，则不论接触面的形状如何，都不能限制物体沿接触面的公切线方向运动，而只能限制物体沿着接触面的公法线方向并趋向接触面的运动，所以光滑接触面的约束反力必通过接触点且沿接触面的公法线方向并指向物体。一般用 F_N 表示，如图 2-11（a）、（b）中所示的力 F_N、F_{NA} 和 F_{NB}。

光滑接触面约束是一种常见的约束，在工程中有很多。例如，如图 2-12（a）所示的啮合齿轮的齿面约束、图 2-12（b）所示的凸轮曲面对顶杆的约束等。

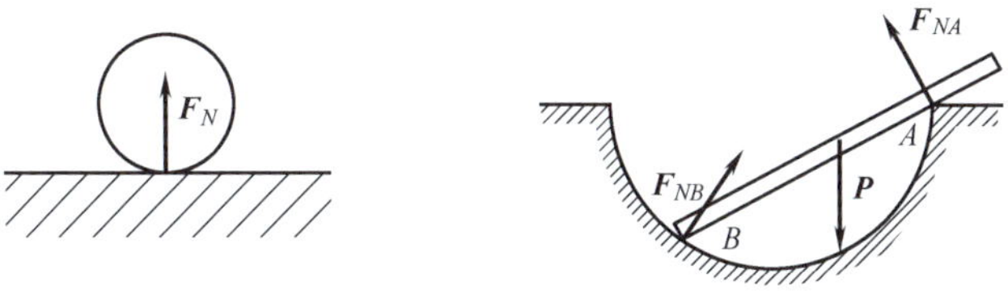

(a)　　(b)

图 2-11　光滑接触面的约束反力

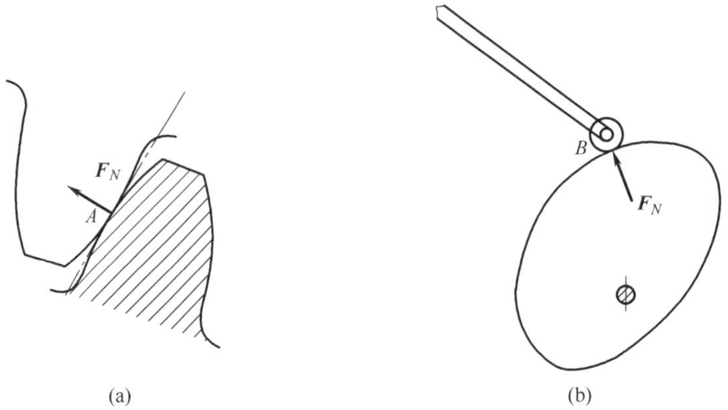

图 2-12　光滑齿面和曲面约束

① 光滑铰链约束。光滑铰链约束包括圆柱形铰链、固定铰链支座和向心轴承。

圆柱形铰链：如果在两个物体的连接处钻上圆孔，再用圆柱形的销钉串起来，就构成了圆柱形铰链，简称铰链，如图2-13（a）所示。此时物体可以绕铰链的中心转动，但销钉限制了物体沿径向的运动。由于在不同的主动力作用下，销钉与孔的接触点位置不同，在忽略摩擦力的情况下，铰链对物体的约束反力必通过铰链的中心，但其方向不能确定，要取决于物体所受的主动力状态。所以，通常用两个经过铰链中心且大小未知的正交分力 F_{Ax}、F_{Ay} 来表示，分力的指向暂可任意假定，其的简图和约束反力如图 2-13（b）、（c）所示。

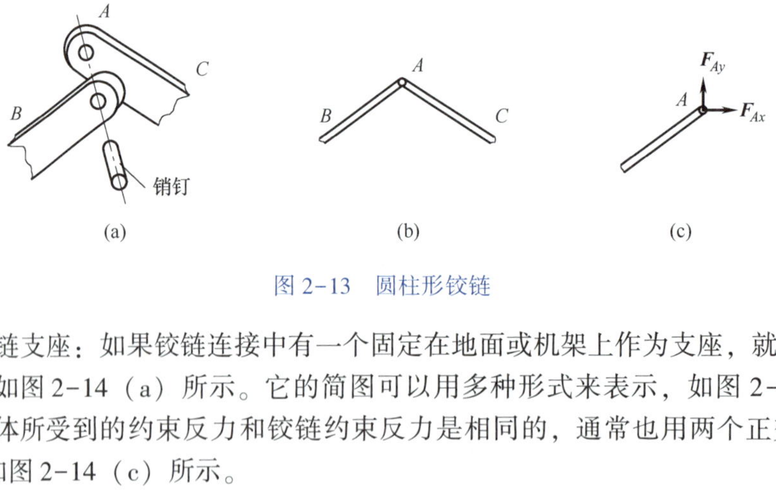

图 2-13　圆柱形铰链

固定铰链支座：如果铰链连接中有一个固定在地面或机架上作为支座，就构成了固定铰链支座，如图2-14（a）所示。它的简图可以用多种形式来表示，如图 2-14（b）所示，但是物体所受到的约束反力和铰链约束反力是相同的，通常也用两个正交分力 F_{Ax}、F_{Ay} 表示，如图2-14（c）所示。

向心轴承：向心轴承是工程中常见的约束形式，如图2-15（a）所示。如果忽略摩擦，则轴与轴承的接触面是两个光滑圆柱面的接触，轴可在孔内任意转动，也可以沿着孔的中心线移动，但其沿径向向外的移动会受到轴承的阻碍，所以轴承对轴的约束反力作用在接触点上，并通过轴的中心，但方向无法预先确定与铰链约束反力相同。通常仍用两个通过轴心的两个正交分力 F_{Ax}、F_{Ay} 表示，其计算简图如图 2-15（b）、（c）所示。

上述的圆柱形铰链、固定铰链支座和向心轴承三种约束，尽管具体结构各不相同，但

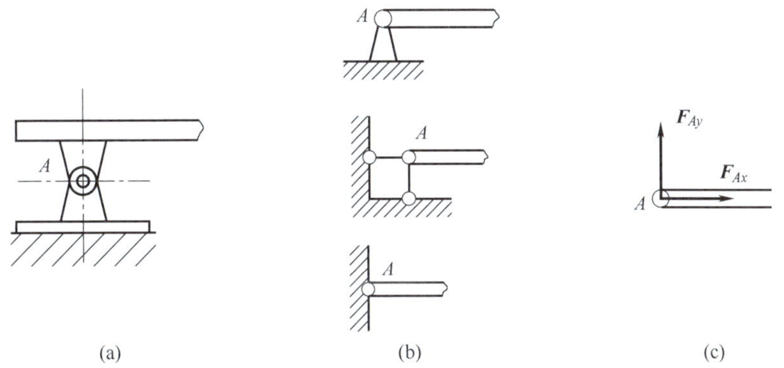

图 2-14　固定铰链支座

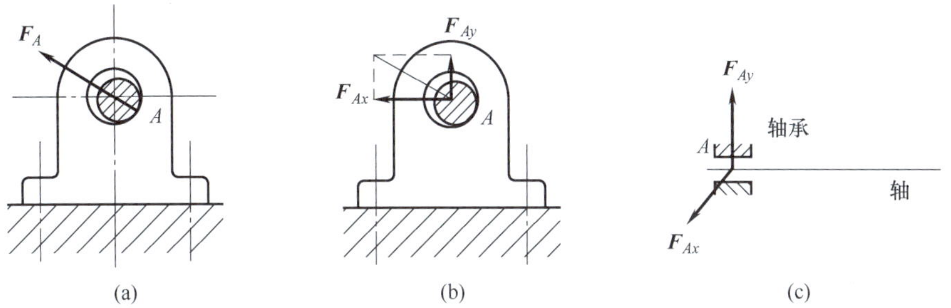

图 2-15　向心轴承

构成约束的性质是相同的，都可表示为光滑铰链。

② 滚动支座。如果图 2-16（a）中的支座可以沿光滑接触面移动，则在支座的下面增加一排圆柱形的滚子，这就形成了滚动支座约束，又称为辊轴约束。滚动支座约束的简图可以用图 2-16（b）中的多种形式表示。显然，滚动支座约束反力通过辊轴的中心，且垂直于光滑的接触面，一般用 F_{NA} 表示，如图 2-16（c）表示。

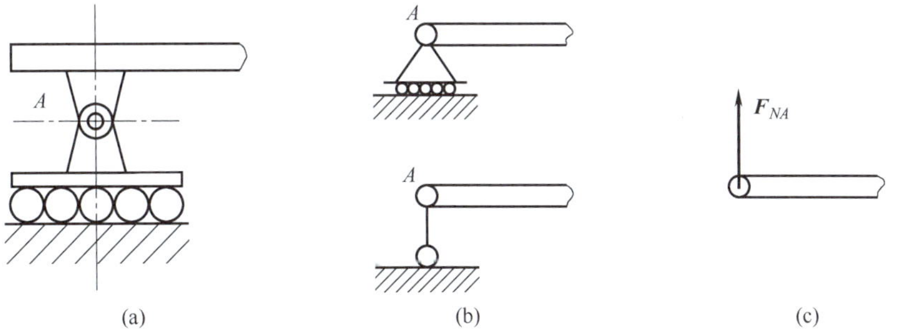

图 2-16　滚动支座

③ 固定端约束。固定端约束能限制物体沿任何方向的移动，也能限制物体在约束处的转动。所以，固定端 A 处的约束反力可用两个正交的分力 F_{Ax}、F_{Ay} 和力矩为 M_A 的力偶表示，如图 2-17 所示。

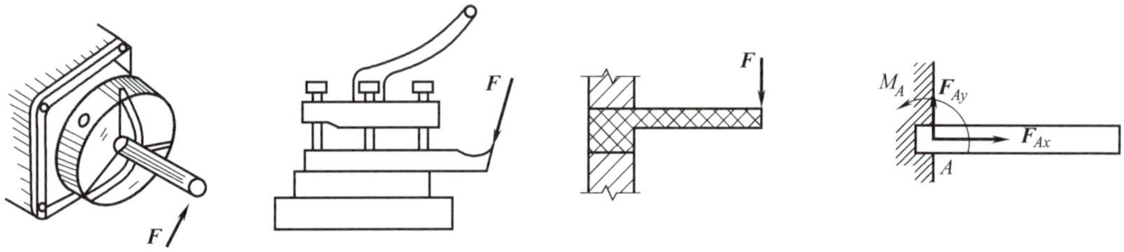

图 2-17　固定端约束

1.2.2　物体的受力分析和受力图

在工程实际中，常常需要对结构系统中的某一物体或几个物体进行力学计算。首先要确定研究对象，然后对它进行受力分析，即分析研究物体受哪些力的作用，并确定每个力的大小、方向和作用点。

研究对象：我们把所研究的物体称为研究对象。它可以是一个物体，也可以是几个物体的组合或整个系统。

为了清楚地表示物体的受力情况，需要把所研究的物体从与它相联系的周围物体中分离出来，单独画出该物体的轮廓简图，使之成为分离体。

分离体：解除约束后的自由物体。

受力图：在分离体上画出它所受的全部主动力和约束反力，就称为该物体的受力图。

内力与外力：如果所取的分离体是由某几个物体组成的物体系统时，通常将系统外物体对物体系统的作用力称为外力，而系统内物体间相互作用的力称为内力。

注意：画受力图时一定要分清内力与外力，内力总是以等值、共线、反向的形式存在，故物体系统内力的总和为零。因此，取物体系统为研究对象画受力图时，只画外力，而不画内力。

画受力图是解平衡问题的关键，画受力图的一般步骤为：

① 根据题意确定研究对象，并画出研究对象的分离体简图。

② 在分离体上画出全部已知的主动力。

③ 在分离体上解除约束的地方画出相应的约束反力。

【例 2-1】 在图 2-18（a）所示的结构中，各构件的自重忽略不计，在构件 *AB* 上作用一力偶矩为 *M* 的力偶。画出支座 *A* 和 *C* 处的约束反力。

解：（1）取 *AB* 杆为研究对象。

（2）画受力图。作用于 *AB* 杆的是一个主动力偶，*A*、*C* 两点的约束反力也必然组成一个力偶才能与主动力偶平衡。由于 *BC* 杆是二力杆，F_C 必沿 *B*、*C* 两点的连线，如图 2-18（c）所示，而 F_A 应与 F_C 平行，且有 $F_A=F_C$，如图 2-18（b）所示。

【例 2-2】 如图 2-19（a）所示三铰拱，由曲杆 *AC*、*BC* 通过铰链连接而成。在 *D* 点作用有主动力 *P*，试分别画出曲杆 *AC*、*BC* 的受力图。

解：（1）先取 *BC* 为分离体，分析它的受力。曲杆 *BC* 只在 *B*、*C* 两点受到铰链的约束，并处于平衡。因此根据二力平衡条件，*B*、*C* 两点上的约束反力的作用线必沿 *BC* 连

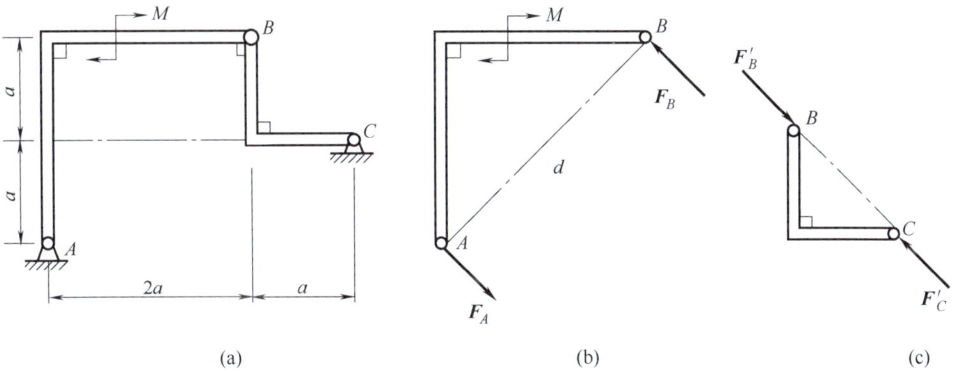

图 2-18　曲连杆机构受力分析

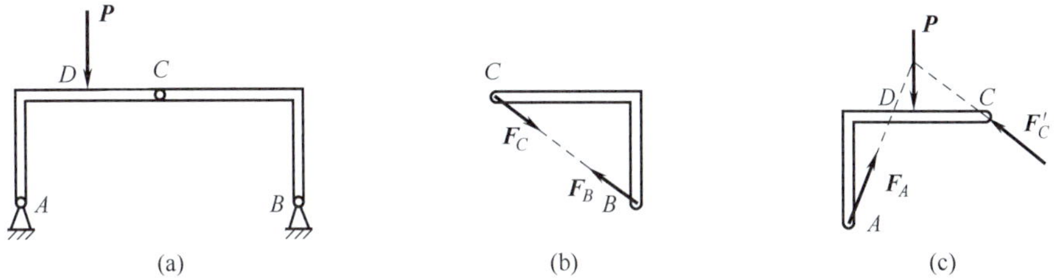

图 2-19　三铰拱受力分析

线，即 $F_B=-F_C$，由经验判断，曲杆 BC 受压，其受力如图 2-19（b）所示。

仅在两点受力作用而处于平衡的构件，称为二力构件或二力杆，它所受的两个力必定沿两力作用点的连线，且等值、反向，一般此两力的指向不能预先判定，可先任意假定构件受拉力或压力。若根据平衡方程求得的力为正值，说明原先假定力的指向正确，反之则相反。这种构件在工程上经常会遇到。

（2）再分析曲杆 AC 的受力。C 点处的铰链对 AC 的约束反力 F'_C 可以由作用力与反作用力定律得到 $F'_C=-F_C$。另外在 AC 上作用有主动力 P，则 A 点处铰链的约束反力 F_A 可以通过三力平衡原理来确定其作用方向，如图 2-19（c）所示。

【例 2-3】 如图 2-20（a）所示的平面构架。由杆 AD、BE、CF 铰接而成，A 为固定铰链，D 为滚动支座，F 点处用软绳系有重物，自重为 P，各杆及滑轮的重量不计，试画

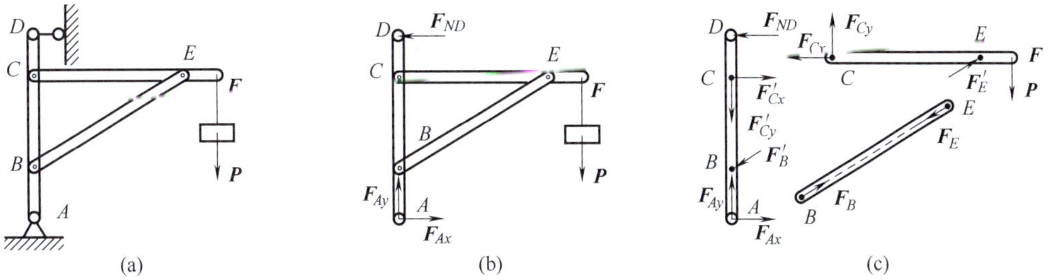

图 2-20　平面构架受力分析

出整体及各杆的受力图。

解：(1) 取整体为分离体，则平面构架受到重力 P，固定铰链 A 对构架的约束反力 F_{Ax} 和 F_{Ay}，滚动支座 D 的反力 F_{ND} 的作用，如图 2-20（b）所示。

(2) 取 BE 为研究对象，BE 为二力杆，故二力 F_B、F_E 的作用线沿 BE 的连线，设 BE 杆受压，则 F_B、F_E 的方向如图 2-20（c）所示。

(3) 取 CF 为研究对象，受到软绳的约束反力 P，二力杆 BE 的约束反力 F'_E以及铰 C 的约束反力 F_{Cx} 和 F_{Cy}，如图 2-20（c）所示。

(4) 取 AC 为研究对象，A 点受到固定铰链的约束反力 F_{Ax} 和 F_{Ay}，滚动支座 D 的反力 F_{ND}，再根据作用力与反作用力定律，分析铰 B、C 对杆 AC 的约束反力 F'_B、F'_{Cx}和 F'_{Cy}，如图 2-20（c）所示。

1.3 力矩和力偶

1.3.1 平面力对点之矩

力不仅可以改变物体的移动状态，而且还能改变物体的转动状态。力使物体绕某点转动的力学效应称为力对该点之矩，简称为力矩。

以扳手旋转螺母为例，如图 2-21（a）所示，设螺母能绕点 O 转动。由经验可知，螺母能否旋动，不仅取决于作用在扳手上的力 F 的大小，而且还与点 O 到 F 的作用线的垂直距离 d 有关。因此，用 F 与 d 的乘积作为力 F 使螺母绕点 O 转动效应的量度，其中距离 d 称为 F 对 O 点的力臂，点 O 称为矩心。由于转动有逆时针和顺时针两个转向，故一般用正负号表示转动方向。因此在平面问题中，力对点之矩定义如下：

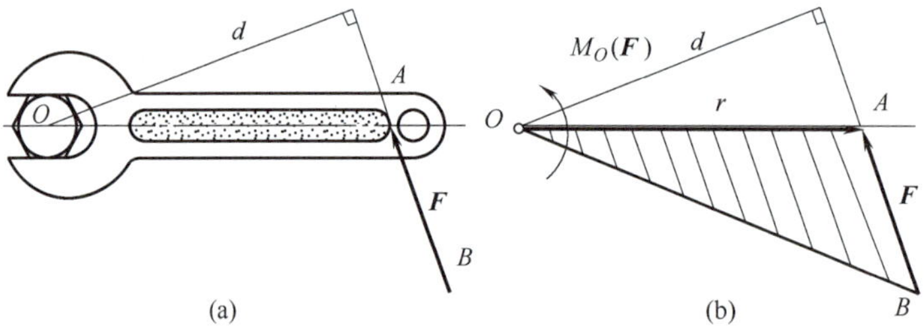

图 2-21　用扳手拧螺母

力对点之矩是一个代数量，它的绝对值等于力的大小与力臂的乘积，它的正负号通常规定：力使物体绕矩心逆时针转向时为正，反之为负。

力对点之矩以符号 $M_O(F)$ 表示，记为

$$M_O(F)=\pm Fd \tag{2-3}$$

由图 2-21（b）可见，力 F 对 O 点之矩的大小也可以用△OAB 的面积的两倍来表示，即

$$M_O(F)=\pm 2A_{\triangle OAB} \tag{2-4}$$

其中，$A_{\triangle OAB}$ 为△OAB 的面积。

显然，当力的作用线过矩心时，则它对矩心的力矩等于零；当力沿其作用线移动时，

力之矩对点保持不变。在表示力矩时，必须标明矩心。力矩的单位常用牛顿·米（N·m）或千牛顿·米（kN·m）。

合力矩定理：在计算力系的合力矩时，常用到所谓的合力矩定理，即平面汇交力系的合力对其平面内任一点之矩等于所有各分力对同一点之矩的代数和，即

$$M_O(F_R) = \sum_{i=1}^{n} M_O(F_i) \tag{2-5}$$

按力系等效概念，上式易于理解，且式（2-5）应适用于任何有合力存在的力系。

当力矩的力臂不易求出时，常将力分解为两个易确定力臂的分力（通常是正交分解），然后用合力矩定理计算力矩。如图2-22所示，已知力 F，作用点 A（x，y）及其夹角 α。欲求力 F 对坐标原点之矩，可通过其分力 F_x 与 F_y 对 O 点之矩而得到，即

$$M_O(F) = M_O(F_x) + M_O(F_y) = xF\sin\alpha - yF\cos\alpha$$

或

$$M_O(F) = xF_y - yF_x \tag{2-6}$$

上式为平面内力矩的解析表达式。其中，x、y 为力作用点的坐标；F_x、F_y 为力 F 在 x、y 轴的投影。计算时应注意用它们的代数量代入。

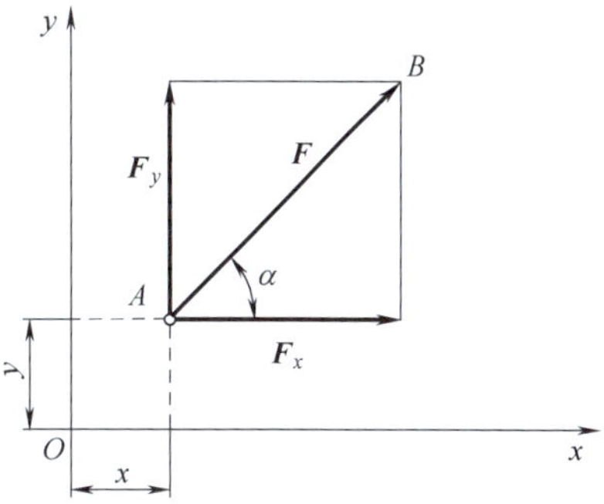

图2-22 力 F 的力矩

若将式（2-6）代入式（2-5），即可得合力 F_R 对坐标原点之矩的解析表达式，即

$$M_O(\boldsymbol{F}_R) = \sum_{i=1}^{n} (x_i F_{yi} - y_i F_{xi}) \tag{2-7}$$

【例2-4】 试计算图2-23（a）中力 F 对 A 点之矩。

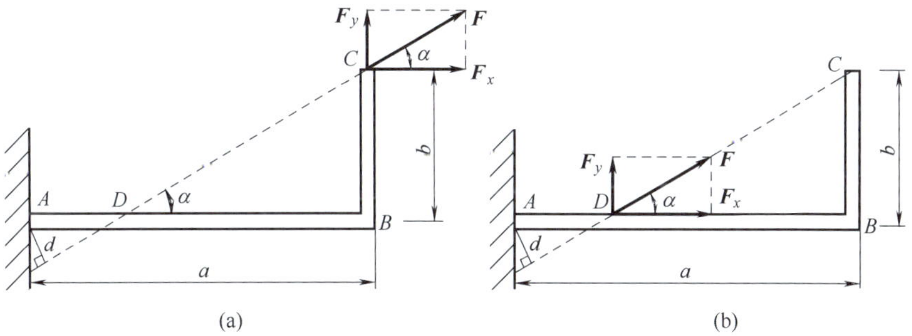

图2-23 求力 F 对 A 点之矩

解：可以用三种方法计算力 F 对 A 点之矩 $M_A(F)$。

（1）由力矩的定义计算。

先求力臂 d。由图中几何关系有

$$d = AD\sin\alpha = (AB - DB)\sin\alpha = (AB - BC\cot\alpha)\sin\alpha = (a - b\cot\alpha)\sin\alpha = a\sin\alpha - b\cos\alpha$$

所以

$$M_A(\boldsymbol{F}) = Fd = F(a\sin\alpha - b\cos\alpha)$$

（2）根据合力矩定理计算。

将力 F 在 C 点分解为两个正交的分力 F_x 和 F_y，如图2-23（a）所示，则

$$F_x = F\cos\alpha, \quad F_y = F\sin\alpha$$

由合力矩定理可得

$$M_A(\boldsymbol{F}) = M_A(\boldsymbol{F}_x) + M_A(\boldsymbol{F}_y) = -F_x b + F_y a = F(a\sin\alpha - b\cos\alpha)$$

（3）先将力 F 移至 D 点，再将 F 分解为两个正交的分力 F_x、F_y，如图 2-23（b）所示，其中 F_x 通过矩心 A，力矩为零，由合力矩定理得

$$M_A(\boldsymbol{F}) = 0 + M_A(\boldsymbol{F}_y) = F_y \cdot AD = F\sin\alpha(a - b\cot\alpha) = F(a\sin\alpha - b\cos\alpha)$$

综上可见，计算力矩常用下述两种方法：

① 直接计算力臂，由定义求力矩。

② 应用合力矩定理求力矩。此时应注意：a. 将一个力恰当地分解为两个相互垂直的分力，利用分力取矩，并注意取矩方向；b. 刚体上的力可沿其作用线移动，故力可在作用线上任一点分解，而具体选择哪一点，其原则是使分解后的两个分力取矩比较方便。

1.3.2 平面力偶

静力学中的基本力学量，除了前面一直在讨论的力，还有力偶。力偶可以理解为一个特殊的力系，该力系既无合力又不平衡，对物体作用时，外效应中仅有转动效应而无平移效应。力偶没有作用点，单个力不能平衡力偶。因此，力偶是一个完全不同于力的又一个基本力学量。

（1）力偶与力偶矩

在日常生活和工程实际中，我们往往同时施加两个等值、反向而不共线的平行力来使物体转动。例如，汽车司机用双手转动方向盘［图 2-24（a）］、工人用扳手和丝锥攻螺纹［图 2-24（b）］、用两个手指拧动水龙头［图 2-24（c）］等。等值反向平行力的矢量和显然等于零，但是由于它们不共线而不能相互平衡，它们能使物体改变转动状态。这种由两个大小相等、方向相反且不共线的平行力组成的力系，称为力偶，如图 2-24 所示，记作（F，F'）。力偶的两力之间的垂直距离 d 称为力偶臂，力偶所在的平面称为力偶的作用面。

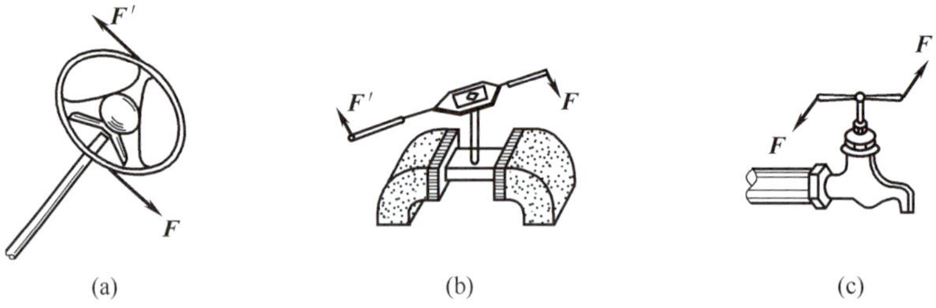

图 2-24　方向盘、丝锥、水龙头受力示意图

力偶不能简化为一个力，即力偶不能用一个力等效替代，因此力偶无合力，也不能被一个力平衡。因此，力和力偶是静力学的两个基本要素。力偶对物体的作用效果是使物体转动。力偶对物体的转动效应可以用力偶矩来度量，即用力偶的两个力对其作用面内某点之矩的代数和来度量。如图 2-24 所示，力偶对 O 点之矩 M_o（F，F'）为

$$M_O(\boldsymbol{F}, \boldsymbol{F}') = M_A(\boldsymbol{F}_x) + M_A(\boldsymbol{F}_y) = Fx - F(x+d) = -Fd$$

矩心 O 是任选的，可见力偶的作用效应决定于力的大小、力偶臂的长短以及力偶的

转向，与矩心的位置无关。因此在平面问题中，将力偶中力的大小与力偶臂的乘积并冠以正负号称为力偶矩，记为 M（F，F'）或简记为 M。

$$M=M(\boldsymbol{F},\boldsymbol{F}')=\pm Fd \tag{2-8}$$

于是可得结论：力偶矩是一个代数量，其绝对值等于力的大小与力偶臂的乘积，正负号表示力偶的转向，通常规定以逆时针转向为正，反之为负。力偶矩的单位与力矩相同，也是 N · m 或 kN · m。从几何上看，力偶矩在数值上等于 $\triangle ABC$ 面积的两倍，如图 2-25 所示。

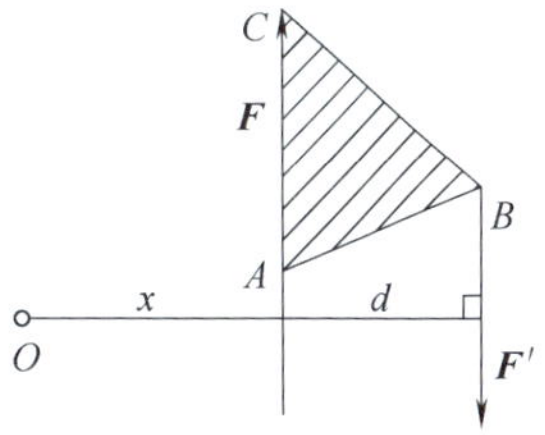

图 2-25　力偶矩

（2）力偶的等效定理

由于力偶对物体只能产生转动效应，而该转动效应是用力偶矩来度量的。因此可得如下的力偶等效定理。

定理：作用在刚体上同一平面内的两个力偶，如果力偶矩相等，则两力偶彼此等效。

由这一定理可得关于平面力偶性质的两个推论：

① 力偶可在其作用面内任意移转，而不改变它对刚体的作用效果。换句话说，力偶对刚体的作用与它在作用面内的位置无关，如图 2-26（a）、（b）所示。

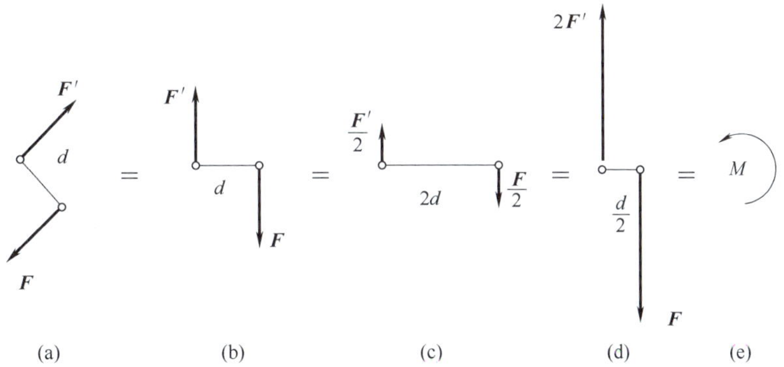

图 2-26　力偶移转和力偶臂长度变化与力偶矩

② 只要保持力偶矩的大小和力偶的转向不变，可以同时改变力偶中力的大小和力偶臂的长短时，而不改变力偶对刚体的作用，如图 2-26（c）、（d）所示。

由此可见，力偶中力的大小和力偶臂的长短都不是力偶的特征量，力偶矩才是力偶作用效果的唯一度量。因此，常用图 2-26（e）所示的符号表示力偶，其中 M 表示力偶矩的大小，带箭头的圆弧表示力偶的转向。

由作用在物体同一平面内的若干力偶组成的力系称为平面力偶系。平面力偶系也是一种基本力系。

（3）平面力偶系的合成

设在刚体的同一平面内作用有两个力偶 M_1 和 M_2，$M_1=F_1d_1$，$M_2=F_2d_2$，如图 2-27（a）所示，求它们的合成结果。根据上述力偶的性质，在力偶作用面内任取一线段 $AB=d$，将这两个力偶都等效地变换为以 d 为力偶臂的新力偶（F_3，F_3'）和（F_4，F_4'），经变换后力偶中的力可由 $F_3d=F_1d_1=M_1$、$F_4d=F_2d_2=M_2$ 算出。然后移转各力偶，使它们的力

偶臂都与 AB 重合，则原平面力偶系变换为作用于点 A、B 的两个共线力系，如图 2-27（b）所示。将这两个共线力系分别合成（设 $F_3>F_4$），得

$$F=F_3-F_4, F'=F_3'-F_4'$$

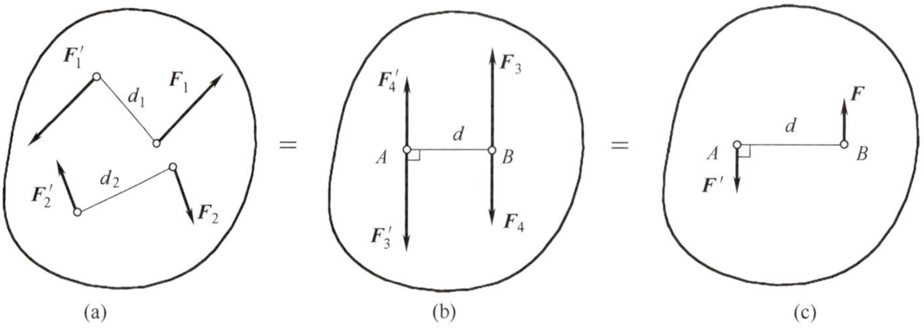

图 2-27　同平面中两力偶的合成

可见，力 F 与 F' 等值、反向、作用线平行而不共线，构成了与原力偶系等效的合力偶（F，F'），如图 2-27（c）所示。以 M 表示此合力偶的矩，得

$$M=Fd=(F_3-F_4)d=F_3d-F_4d=M_1+M_2$$

如果有两个以上的平面力偶，可以按照上述方法合成，即平面力偶系可以合成为一个合力偶，合力偶矩等于力偶系中各个力偶矩的代数和，可写为

$$M = M_1 + M_2 + \cdots + M_N = \sum_{i=1}^{n} M_i \qquad (2-9)$$

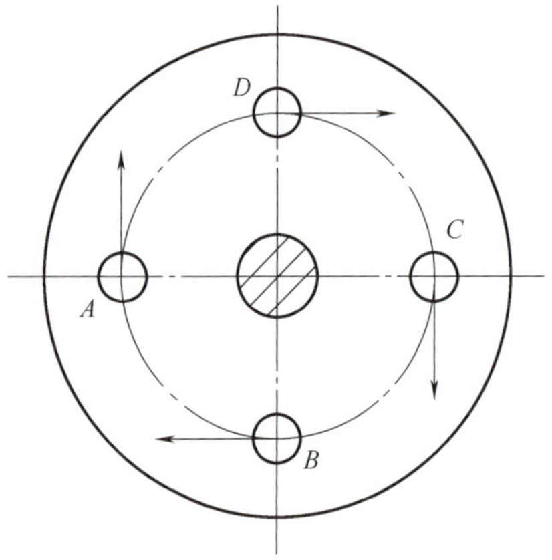

图 2-28　联轴器

【例 2-5】　法兰盘上 4 个螺栓 A、B、C、D 的孔心均匀地分布在同一圆周上，如图 2-28 所示。孔所在圆的直径 $d=150$mm，设 4 个螺栓作用力大小均为 8.33N，试求法兰盘受到螺栓作用的力偶矩。

解：4 个螺栓的受力均匀，$F_A=F_B=F_C=F_D$，组成两个力偶

解得　$M=M_1+M_2=2F_A\times d=2\times8.33\text{N}\times150\times10^{-3}\text{m}=2.449\text{N}\cdot\text{m}$

1.4　平面力系

各力的作用线分布在同一平面内，不交汇于一点，且又不相互平行的力系称为平面任意力系，简称平面力系。研究平面力系的简化及其平衡条件问题，对于分析构件的受力和解决工程中相关的实际问题都有非常重要的意义。

1.4.1　力的平移定理

如图 2-29（a）所示，在刚体的 A 点作用着一个力 F，B 点为刚体上的任一指定点。

现在讨论如何将作用于 A 点的力 F 平行移动到 B 点，而不改变其原来的作用效果。

我们可在 B 点加上大小相等、方向相反且与力 F 平行的两个力 $\boldsymbol{F}'$ 和 $\boldsymbol{F}''$，并使 $F=\boldsymbol{F}'=\boldsymbol{F}''$，如图 2-29（b）所示。显然 $\boldsymbol{F}''$ 和 F 组成一力偶，称为附加力偶，其力偶臂为 d。于是作用于 A 点的力 F 可以用由作用于 B 点的力 $\boldsymbol{F}'$ 及附加力偶 $M(\boldsymbol{F}', \boldsymbol{F}'')$ 来替代，如图 2-29（c）所示。

其中附加力偶矩为 $M=\pm Fd=M_O(\boldsymbol{F})$。

由此可知：作用于刚体上的力均可以从原来的作用位置平行移至刚体内任一指定点。欲不改变该力对于刚体的作用效应，则必须在该力与指定点所决定的平面内附加一力偶，其力偶矩等于原力对于指定点之矩。这就是力的平移定理。

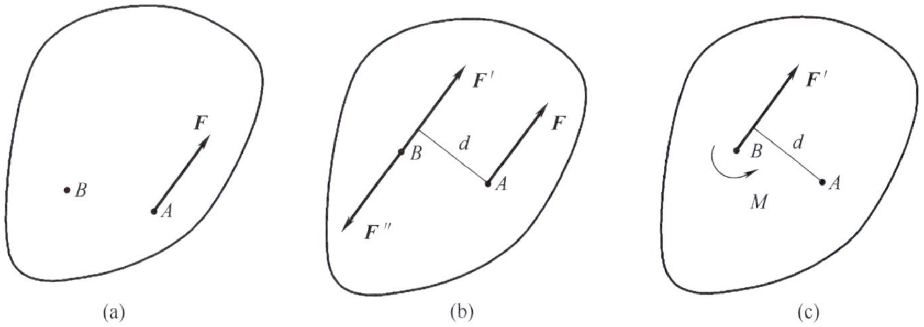

图 2-29　平行移动作用于刚体的力

另外，我们也可以利用上述定理的逆步骤，将作用于刚体上的力偶矩为 M 的力偶（$\boldsymbol{F}'$，$\boldsymbol{F}''$）与作用于同一平面内的 B 点的力 $\boldsymbol{F}'$ 合成为一个作用于 A 点的力 F。

力的平移定理既是力系向一点简化的理论基础，同时也可直接用来分析和解决工程实际中的力学问题。例如图 2-30（a）中厂房柱子受偏心载荷 F 的作用，为观察 F 的作用效应，可将力 F 平移至柱的轴线上成为 $\boldsymbol{F}'$ 与矩为 M 的力偶，如图 2-30（b）所示，轴向力 $\boldsymbol{F}'$ 使柱子压缩，而矩为 M 的力偶将使柱弯曲。

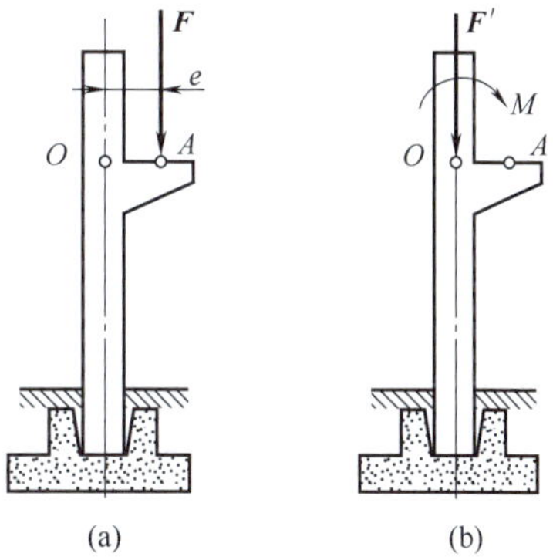

图 2-30　柱子受力示意

1.4.2　平面任意力系向已知点的简化

如图 2-31（a）所示，设刚体上受一平面任意力系 F_1、F_2、…、F_n 的作用，各力的作用点分别为 A_1、A_2、…、A_n。在力系所在的平面内任选一点 O，称为简化中心。

应用力的平移定理，将各力平移至简化中心 O 点，同时加入相应的附加力偶。这样原力系就等效变换成为作用在 O 点的平面汇交力系 F_1'、F_2'、…、F_n' 和作用于汇交力系所在平面内的力偶矩为 M_1、M_2、…、M_n 的附加平面力偶系，如图 2-31（b）所示。

这样，平面任意力系被分解成了两个力系：平面汇交力系和平面力偶系，然后再分别合成这两个力系。

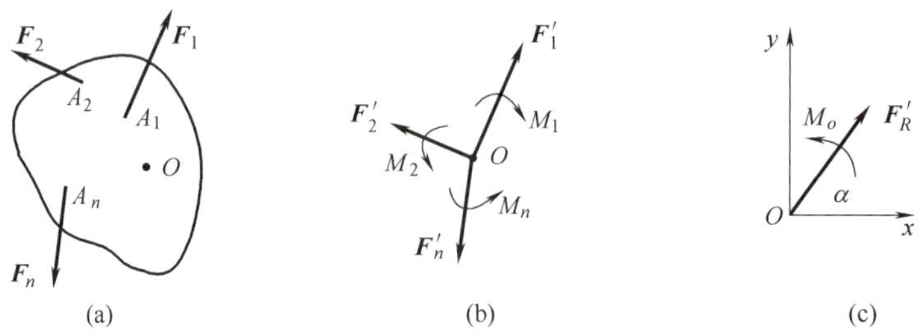

图 2-31　将力系向 O 点简化

（1）主矢

图 2-31（c）中，平面汇交力系 $\boldsymbol{F}_1'$、$\boldsymbol{F}_2'$、…、$\boldsymbol{F}_n'$可合成为一作用于简化中心 O 的力 $\boldsymbol{F}_R'$，其大小和方向等于汇交力系的矢量和，即

$$\boldsymbol{F}_R' = \boldsymbol{F}_1' + \boldsymbol{F}_2' + \cdots + \boldsymbol{F}_N' = \sum \boldsymbol{F}'$$

而平面汇交力系中各力的大小和方向分别与原力系中对应的各力相同，即

$$\boldsymbol{F}_1' = \boldsymbol{F}_1, \boldsymbol{F}_2' = \boldsymbol{F}_2, \cdots, \boldsymbol{F}' = \boldsymbol{F}_n$$

所以

$$\boldsymbol{F}_R' = \sum \boldsymbol{F}' = \sum \boldsymbol{F}$$

我们将平面任意力系中各力的矢量和称为该力系的主矢，以 $\boldsymbol{F}_R'$表示。

$$\boldsymbol{F}_R' = \sum \boldsymbol{F} \tag{2-10}$$

由于原力系中各力的大小和方向是一定的，所以它们的矢量和也是一定的，因而当简化中心不同时，原力系的矢量和不会改变，即力系的主矢与简化中心的位置无关。

（2）主矩

图 2-31（c）中，平面附加力偶系可合成为一力偶，其力偶矩等于各附加力偶的力偶矩的代数和，用 M_O 表示，即

$$M_O = M_1 + M_2 + \cdots + M_N = \sum M$$

而各附加力偶的力偶矩分别等于原力系中各力对简化中心 O 点的矩，即

$$M_1 = \sum M_O(\boldsymbol{F}_1), M_2 = \sum M_O(\boldsymbol{F}_2), \cdots, M_n = \sum M_O(\boldsymbol{F}_n)$$

所以　$$M_O = \sum M_O(\boldsymbol{F}_1) + \sum M_O(\boldsymbol{F}_2) + \cdots + \sum M_O(\boldsymbol{F}_N) = \sum M_O(\boldsymbol{F})$$

我们将原力系中各力对简化中心的矩的代数和称为该力系对简化中心 O 的主矩，以 M_O 表示。

$$M_O = \sum M_O(\boldsymbol{F}) \tag{2-11}$$

当简化中心的位置改变时，原力系中各力对简化中心的矩是不同的，对不同的简化中心的矩的代数和一般也不相等，所以力系对简化中心的主矩一般与简化中心的位置有关。所以，说到主矩时一般必须指出是力系对哪一点的主矩。我们把平面任意力系通过力的平移定理，得到的一个力系的主矢 $\boldsymbol{F}_R'$及对简化中心的主矩 M_O 的过程，称为平面任意力系向一点简化。

综上所述：平面任意力系向作用面内任意一点简化的结果一般可以得到一个力和一个力偶。该力作用于简化中心，它的矢量等于原力系中各力的矢量和，即等于原力系的主矢；该力偶的矩等于原力系中各力对简化中心的矩的代数和，即等于原力系对简化中心的主矩。

（3）主矢和主矩的解析表达式

为了用解析法计算力系主矢的大小和方向，可以通过 O 点选取直角坐标系 Oxy，如图 2-31（c）所示，则有

$$\left.\begin{aligned}F'_{Rx}=F_{x1}+F_{x2}+\cdots+F_{xn}=\sum F_x\\F'_{Ry}=F_{y1}+F_{y2}+\cdots+F_{yn}=\sum F_y\end{aligned}\right\}\tag{2-12}$$

上式中 F'_{Rx} 和 F'_{Ry} 以及 F_{x1}、F_{x2}、$\cdots F_{xn}$ 和 F_{y1}、F_{y2}、$\cdots F_{yn}$ 分别为主矢以及原力系中各力 F_1、F_2、$\cdots F_n$ 在 x 轴和 y 轴上的投影。

所以，主矢的大小和方向可分别由以下两式确定

$$F'_R=\sqrt{F'^2_{Rx}+F'^2_{Ry}}=\sqrt{(\sum F_x)^2+(\sum F_y)^2}\tag{2-13}$$

$$\alpha=\arctan\frac{F'_{Rx}}{F'_{Ry}}=\arctan\frac{\sum F_x}{\sum F_y}\tag{2-14}$$

式中 α 为主矢与 x 轴间的夹角。

1.4.3 简化结果分析

由上节可知，平面任意力系向一点简化后，一般来说可以得到一个力和一个力偶，但这并不是平面任意力系简化的最后结果，所以还有必要根据力系的主矢和主矩这两个量可能出现的几种情况作进一步的分析讨论。

① 当主矢 $\boldsymbol{F}'_R\neq0$，主矩 $M_O\neq0$ 时，如上节所述，此时原力系简化为作用线通过简化中心 O 的一力和一力偶，如图 2-32（a）所示。由力的平移定理的逆过程可知，原力系最后可以简化为一个合力。为求此合力，可将力偶矩为 M_O 的力偶用一对力（$\boldsymbol{F}_R$、$\boldsymbol{F}'_R$）表示，并令 $\boldsymbol{F}_R=\boldsymbol{F}''_R=\boldsymbol{F}'_R$，如图 2-32（b）所示。再根据加减平衡力系公理，即可将一力 $\boldsymbol{F}'_R$ 和一力偶 M_O 最终合成为一个力 $\boldsymbol{F}_R$，如图 2-32（c）所示。

该力 $\boldsymbol{F}_R$ 就是原力系的合力，合力的大小和方向与原力系的主矢 $\boldsymbol{F}'_R$ 相同；合力作用线到点 O 的距离 d，可由下式计算

$$d=\frac{|M_O|}{\boldsymbol{F}'_R}\tag{2-15}$$

而合力的作用线在简化中心 O 的哪一侧，需由主矢和主矩的方向确定；或可按如下方法判断：若 M_O 为正值，即为逆时针转向，则从简化中心 O 沿主矢的箭头指向看过去，合力 $\boldsymbol{F}_R$ 应在主矢的右侧，如图 2-32 所示；若 M_O 为负值，则合力 $\boldsymbol{F}_R$ 应在主矢的左侧。

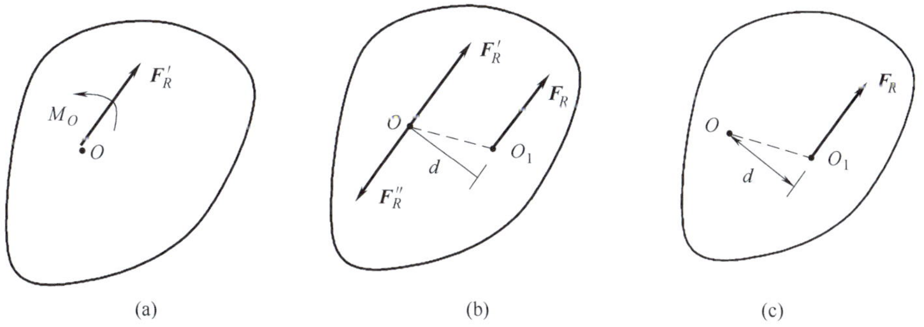

图 2-32 平面任意力系的进一步简化

② 当主矢 $\boldsymbol{F}_R' \neq 0$，主矩 $M_O=0$ 时，此时原力系与一力等效。这个力就是原力系的合力。该合力的大小和方向与原力系的主矢相同，作用线通过简化中心 O。

③ 当主矢 $\boldsymbol{F}_R'=0$，主矩 $M_O \neq 0$ 时，此时原力系只与一个力偶等效。这个力偶的力偶矩等于原力系对简化中心的主矩，即等于原力系中各力对简化中心的矩的代数和。只有在这种情况下，主矩才与简化中心的位置无关，因为力偶对任一点的矩恒等于力偶矩，而与矩心的位置无关，也就是说，原力系无论向哪一点简化都是一个力偶矩保持不变的力偶。

④ 当主矢 $\boldsymbol{F}_R'=0$，主矩 $M_O=0$ 时，则原力系为一平衡力系，即

$$\begin{cases} \boldsymbol{F}_R'=0 \\ M_O=0 \end{cases} \tag{2-16}$$

所以，平面任意力系平衡的必要和充分条件是：其主矢和对简化中心的主矩同时为零。

由上可知，平面任意力系简化的最后结果有三种可能性，即可能为一个力、可能为一个力偶或者可能平衡。

综上所述，求解平面任意力系合成的步骤可总结为：

① 任选一简化中心。

② 计算力系的主矢和对简化中心的主矩。

③ 对简化结果进行分析而得到最终的合成结果。

合力矩定理：当平面任意力系合成为一个合力时，如图 2-32 所示，合力 $\boldsymbol{F}_R$ 对点 O 的矩为

$$M_O(\boldsymbol{F}_R)=F_R d=M_O$$

由力系对 O 点的主矩的定义

$$M_O=\sum M_O(\boldsymbol{F})$$

所以

$$M_O=(\boldsymbol{F}_R)=\sum M_O(\boldsymbol{F}) \tag{2-17}$$

上式表明：若平面任意力系可简化为一个合力时，则其合力对该力系作用面内任一点的矩等于力系中各力对同一点的矩的代数和。这就是平面任意力系的合力矩定理。该定理无论在理论推导方面，还是在实际应用方面都具有非常重要的意义。

【例 2-6】 重力坝受力情况如图 2-33 所示。设 $W_1=450\text{kN}$，$W_2=200\text{kN}$，$F_1=$

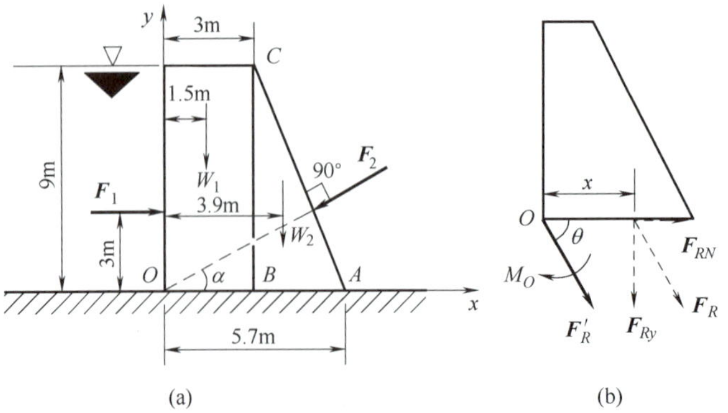

图 2-33 重力坝受力情况

300kN，$F_2=70$kN。求力系的合力的大小和方向，以及合力与基线 OA 的交点到点 O 的距离。

解：该重力坝受到一平面任意力系的作用，可先将力系向一已知点简化，然后再定出合力作用线的位置。

（1）选取 O 为简化中心，计算力系的主矢和主矩。

因为

$$\alpha=\arctan\frac{AB}{BC}=16.7°$$

所以主矢在 x、y 轴上的投影为：

$$F'_{Rx}=\sum F_x=F_1-F_2\cos\alpha=300-70\cos16.7°=232.9\ (\text{kN})$$

$$F'_{Ry}=\sum F_y=-W_1-W_2-F_2\sin\alpha=-450-200-70\sin16.7°=-670\ (\text{kN})$$

由式（2-13）可得主矢的大小：

$$F'_R=\sqrt{(\sum F_x)^2+(\sum F_y)^2}=\sqrt{232.9^2+(-670)^2}=709.45(\text{kN})$$

由式（2-14）可知主矢的方向：

$$\theta=\arctan\frac{\sum F_x}{\sum F_y}=\arctan\frac{232.9}{-670}=\arctan(-0.35)$$

因为 F'_{Rx} 为正、F'_{Ry} 为负，所以可以判断主矢应在第四象限，且：

$$\theta=-70.83°$$

即主矢与轴的夹角为-70.83°。

由式（2-11）可求得对简化中心 O 的主矩为

$$M_O=\sum M_O(\boldsymbol{F})=-3F_1-1.5W_1-3.9W_2=-2355\ (\text{kN}\cdot\text{m})$$

其向 O 点的简化结果如图 2-33（b）所示。由于主矢和主矩均不等于零，故力系可进一步简化为一合力，合力 $\boldsymbol{F}_R$ 的大小和方向与主矢 $\boldsymbol{F}'_R$ 相同。下面确定其作用线位置。

（2）求合力 $\boldsymbol{F}_R$ 与基线 OA 的交点到点 O 的距离 x，如图 2-33（b）所示。

由合力矩定理：

$$M_O=M_O(\boldsymbol{F}_\text{R})=M_O(\boldsymbol{F}_{Rx})+M_O(\boldsymbol{F}_{\text{R}y})$$

因为

$$M_O=(\boldsymbol{F}_{Rx})=0$$

所以

$$M_O=M_O(\boldsymbol{F}_{Ry})=\boldsymbol{F}_{\text{R}y}\cdot x$$

解得

$$x=\frac{M_O}{\boldsymbol{F}_{Ry}}=3.5\ (\text{m})$$

1.4.4 平面任意力系的平衡条件和平衡方程

在平面任意力系简化结果分析的基础之上，我们就可得到平面任意力系的平衡方程。由平面任意力系的主矢和主矩的解析计算式可知

$$\begin{cases}\sqrt{(\sum F_x)^2+(\sum F_y)^2}=0\\ \sum M_O(\boldsymbol{F})=0\end{cases} \tag{2-18}$$

由上式可知

$$\begin{cases}\sum F_x = 0 \\ \sum F_y = 0 \\ \sum M_O(\boldsymbol{F}) = 0\end{cases} \tag{2-19}$$

上式即为平面任意力系的平衡方程。它有两个投影方程和一个力矩方程，且其相互独立，我们称其为平面任意力系的一力矩式平衡方程，它是平衡方程的基本形式。根据这三个方程可求解三个未知量。

我们在建立上述方程时，所选的两个投影轴是互相垂直的，大家可以考虑这是不是必须的。事实上，选取相互垂直的坐标轴只是为了计算上的方便，同平面汇交力系的问题一样，在应用时可任意选取两个相交的投影轴，且矩心也是可以任选的。

实际上，平面任意力系的平衡方程除了上述的基本形式外，还有更便于我们应用的另外两种形式：

二力矩式：

$$\begin{aligned}&\sum F_x = 0 (\text{或} \sum F_y = 0)\\ &\sum M_A(F) = 0\\ &\sum M_B(F) = 0\end{aligned} \tag{2-20}$$

其中包含两个力矩方程和一个投影方程，但其限制条件是：两矩心 A、B 的连线不能垂直于投影轴 x（或 y）。

这是因为若 A、B 连线与投影轴 x 垂直，则即使力系满足上述三个方程，也不能保证该力系为平衡力系。如图 2-34 所示，若力系简化结果为一通过 A、B 矩心的力 F，很明显上述二力矩式方程均可满足，但事实上该力系不平衡。

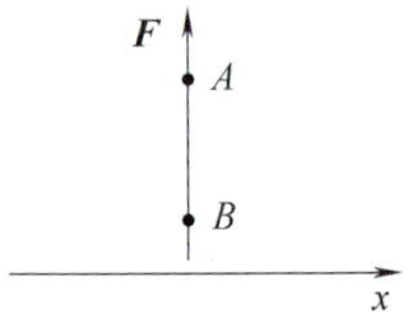

图 2-34　力系简化结果

另外，如果已知一平面任意力系为一平衡力系，是不是就可以不受上述条件的限制呢？我们说在这种情况下，方程中的两个力矩方程就不是相互独立的，实际上是一个方程。所以，只有在 A、B 连线不垂直于投影轴 x 时，满足上述三个方程才是平面任意力系平衡的充要条件。

三力矩式：

$$\begin{cases}\sum M_A(\boldsymbol{F}) = 0 \\ \sum M_B(\boldsymbol{F}) = 0 \\ \sum M_C(\boldsymbol{F}) = 0\end{cases} \tag{2-21}$$

以上三个方程均为力矩形式，其限制条件为：A、B、C 三个矩心的连线不共线。原因可参考关于对二力矩式方程限制条件的解释自行思考。

利用上述式（2-19）、式（2-20）、式（2-21）三种形式的平衡方程均可解决平面任意力系的平衡问题，在使用时可根据具体问题的条件来选择。同时，选择适当的投影轴和矩心位置等，亦可使解题过程得以简化。例如，应尽可能让投影轴与未知力的方向垂直；将较多未知力的交点选为矩心等。这样，所列出的平衡方程中的未知量就会较少，从而可简化对联立方程的求解。

对于受平面任意力系作用的单个刚体的平衡问题，只能写出三个独立的平衡方程来求解三个未知量。对于任何形式的第四个方程都不是独立的，而是前三个方程的线性组合，但可利用这个方程对计算结果的正确性进行校核。

【例 2-7】 图 2-35 所示 AB 梁自重不计，已知其所受外力：$P=80\text{N}$，$M=50\text{N}\cdot\text{m}$，$q=20\text{N/m}$，且 $l=1\text{m}$，$\alpha=30°$。试求支座 A、B 的约束反力。

解：选梁 AB 为研究对象。它所受的主动力有：均布载荷 q、力 P 和矩为 M 的力偶；约束反力有：固定铰支座 A 的约束反力应通过点 A，但方向不定，故可用两个分力 $\boldsymbol{F}_{Ax}$ 和 $\boldsymbol{F}_{Ay}$ 表示；可动铰支座 B 处的约束反力 $\boldsymbol{F}_B$ 方向铅直向上。

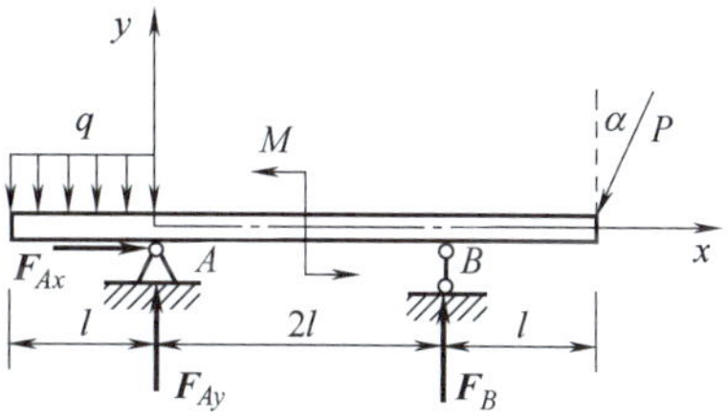

图 2-35　AB 梁受力图

取图示坐标系，应用平面力系平衡方程

$$\sum F_x=0,\ F_{Ax}=P\sin\alpha=0 \quad ①$$

$$\sum F_y=0,\ F_{Ax}+F_B-ql-P\cos\alpha=0 \quad ②$$

$$\sum M_A(\boldsymbol{F})=0,\ ql\cdot\frac{l}{2}+M+F_B\cdot 2l-P\cos\alpha\cdot 3l=0 \quad ③$$

联立求解方程可得

$$F_{Ax}=40\text{N}$$

$$F_{Ay}=15.4\text{N}$$

$$F_B=73.9\text{N}$$

由上例可知，选取适当的坐标轴和矩心可减少方程中未知量的数目。

在上例中若用二力矩式方程求解上述问题，可自行思考力矩式方程同投影式方程相比有何优越性。

任务实施

（1）分析

如图 2-1 所示，简易起重装置由杆 AB、杆 AC、滑轮和绞车 D 等组成，A、B、C 三处均为铰链链接，物料用绳子挂在铰链 A 处的滑轮上，绳子的另一端接在绞车 D 上。分析 AB 杆和 AC 杆的受力情况时，应首先对其进行受力分析，画出受力图，然后利用已知力和平衡条件列平衡方程，最后根据受力图和计算结果确定所受力的大小和方向。

（2）实施

全班学生 3~4 人一组，组员合作分析简易起重装置杆件的受力，并做好记录。

① 选择研究对象。

选取铰链中心 A 点为研究对象，将 A 点单独分离出来。

② 画受力分析图。

如图 2-36 所示为简易起重装置的受力分析图。

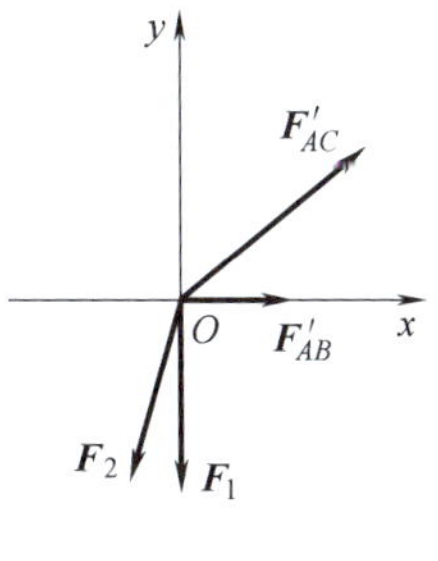

图 2-36　受力分析图

③ 列平衡方程求解。

物料垂直匀速提升时铰链 A 处于平衡状态，其所受力的大小可用平面汇交力系的平衡方程计算。以 A 点为原点建立直角坐标系，可列出平衡方程

$$\begin{cases}\sum F_x=0\\ \sum F_y=0\end{cases}\Rightarrow\begin{cases}F'_{AB}+F'_{AC}\cos45°-F_2\sin30°=0\\ F'_{AC}\sin45°-F_1-F_2\cos30°=0\end{cases}$$

由于滑轮是光滑的，且不计滑轮、绳子和杆的质量，因此 $F_1=F_2=50\text{kN}$，将其代入平衡方程可得 $F'_{AC}=131.9\text{kN}$，$F'_{AB}=-68.3\text{kN}$。F'_{AB}为负值，说明该力实际方向与图 2-36 中所示方向相反，杆 *AB* 实际上所受的约束力为拉力。

因此，杆 *AB* 受拉力作用，其大小为 68.3kN；杆 *AC* 受压力作用，其大小为 131.9kN。

（3）评价

请指导老师按照学生的实际表现情况进行评价，并将评价结果填入任务工单中的考核评价表。学生结合自身表现和指导老师的评价，对本次任务进行总结。

课程思政

周培源：我国近代力学和理论物理奠基人之一

周培源（1902—1993 年），江苏宜兴人，流体力学家、理论物理学家、教育家和社会活动家。1924 年毕业于清华学校。1926 年获美国芝加哥大学学士、硕士学位。1928 年获美国加州理工学院理学博士学位。我国近代力学事业的奠基人之一，主要从事流体力学中的湍流理论和广义相对论中的引力论的研究，并取得突出成果。20 世纪 30 年代在美国参加爱因斯坦领导的广义相对论讨论班，研究并初步证实了广义相对论引力论中“坐标有关”的重要论点。为发展中国现代科学教育事业、开展国际学术交流与促进世界和平等做出了杰出贡献。

周培源一生主要从事科研和教学工作，他在物理学的湍流和相对论这两个高难度领域中有着突出的贡献。他一贯重视基础理论，认为“忽视理科教育和基础理论研究是无知和短视的行为”。他从事高等教育工作 60 余年，培养了几代知名的力学家和物理学家，被称为“桃李满园的一代宗师”。

任务 2　校核汽车铆接拉杆的拉伸强度——变形分析

任务描述

为保证机械正常工作，其构件必须具有可靠的承载能力。而机械的某些关键构件，如飞机的机翼和起落架、汽车的传动轴、桥式起重机的主梁等，如果产生过量变形或发生破坏，还可能会造成严重的事故。由于构件的承载能力是有限度的，它与材料的力学性能有关，因此机械设计时通常会对构件进行强度校核，以确保其在设计能力范围内不会失效。

如图 2-37 所示为汽车铆接拉杆及其受力图。它由 4 个直径相同的铆钉连接 2 块钢板而成。已知 $F=80\text{kN}$，$b=80\text{mm}$，$d=16\text{mm}$，$t=10\text{mm}$，$[\tau]=100\text{MPa}$，$[\sigma_{bs}]=160\text{MPa}$，$[\sigma]=150\text{MPa}$，钢板与铆钉的材料相同，请同学们校核该铆接拉杆的拉伸强度。

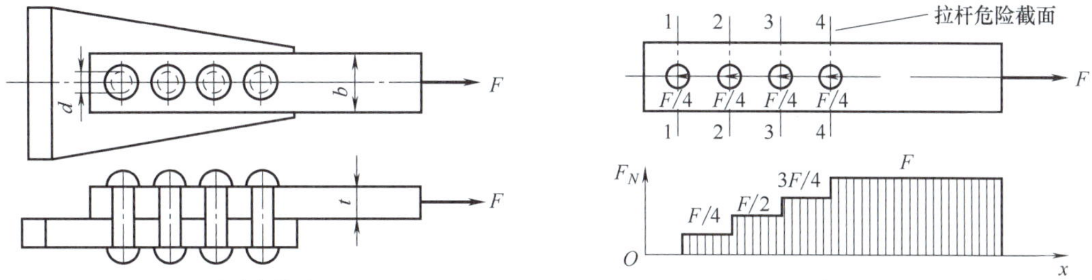

(a) 汽车铆接拉杆　　(b) 铆接拉杆受力图

图 2-37　汽车铆接拉杆及其受力图

任务工单

任务工单 2.2——校核汽车铆接拉杆的拉伸强度

【任务目的】

① 学握构件几种基本变形的概念和特点。

② 掌握构件不同变形形式的应力分析方法及分布规律。

③ 能够对简单构件进行强度校核。

【学生分组】

以 3~4 人为一组，选出组长并进行任务分工，将小组概况及分工填入表 2-4 中。

表 2-4　小组概况及分工

班　级		组　号		指导教师	
小组成员	姓　名	学　号	任务分工		
组　长					
组员					

【工作准备】

（1）获取信息

在任务实施前，需要掌握构件变形分析的相关知识。请各组组长组织组员收集相关资料，回答下列问题。

引导问题 1：构件有哪些方面的承载能力，有哪些变形形式？请举例说明构件的变形形式。

引导问题 2：请简述内力、轴力和应力的概念，分析它们之间的区别。

引导问题 3：分别举例说明轴向拉伸与压缩、剪切与挤压、圆轴扭转和直梁弯曲的变形特点。

引导问题 4：简述轴向拉伸与压缩、剪切与挤压、圆轴扭转和直梁弯曲的应力计算方法和强度条件。

（2）制订计划

查阅相关资料，了解构件变形分析的过程及方法，并制订实施计划。

（3）进行决策

① 每位学生阐述自己的计划。

② 组员之间进行提问与答疑，制订本组的最佳实施计划。

③ 教师根据各组完成情况进行点评。

【工作实施】

按照本组制订的最佳工作计划进行实施。按实际实施过程，将实施内容、遇到的问题及解决办法等全部记录在表 2-5 中。

表 2-5　工作实施过程记录表

序号	实施步骤	实施内容	遇到的问题及解决办法
1			
2			
3			

【考核评价】

各组组长展示任务完成情况，并完成如表 2-6 所示的考核评价表。

表 2-6　考核评价表

评价项目	评价标准	满分/分	实际得分/分	老师评语
技能操作	能正确分析铆接拉杆接头的受力	20		
	能正确校核铆钉的剪切强度	20		
	能正确校核铆钉的挤压强度	20		
	能正确校核拉杆的拉伸强度	20		
参与程度	认真参加活动，积极思考，主动与同学、指导老师进行交流，善于发现和解决问题	10		
合作意识	积极参与探讨，勇于接受任务，敢于承担责任	10		
总　分		100		
小组总结				

知识准备

2.1　材料力学概述

2.1.1　材料力学的任务

材料力学是研究构件（主要为杆件）的强度、刚度和稳定性的学科，主要为合理地选择构件的材料，确定构件截面尺寸和形状，提供必要的理论基础、计算方法及试验技术。结构物和机械都要受到各种外力的作用，为保证每个构件在荷载作用下能够正常工作，要求构件具有以下性能：

足够的强度：指的是构件承受荷载或抵抗破坏的能力。

足够的刚度：指的是构件抵抗变形的能力，正常工作时，变形不能超出其允许值。

足够的稳定性：指的是构件在工作时能够保持其原有状态下的平衡，不会突然改变其原有的工作性质。

研究构件的强度、刚度和稳定性的问题，就要涉及材料的力学性能，而材料的力学性能是由实验来测定的。另一方面，实际问题往往很复杂，要通过实验来验证理论上的分析，因此，实验在材料力学中占有重要的地位。

2.1.2　材料力学的基本假设

在研究构件的强度、刚度和稳定性时，要根据其主要性质作出一些假设，使其成为一种理想的力学模型，这样可以简化问题，并可得出一般性的理论结果。材料力学有如下几个基本假设：

连续性假设：认为材料是在整个体积空间内，处处密实无空隙，各点均为连续的。

均匀性假设：认为从物体内任意一点处取出的体积单元，其力学性能都能代表整个物体的力学性能，即各处的力学性能完全相同。

各向同性假设：认为材料沿各个方向的力学性能都是相同的。

小变形假设：认为构件的变形量远小于其外形尺寸。

上述假设是材料力学理论分析的一般基础，在后面的章节除特别说明，它们都是研究问题的前提。

2.1.3　杆件变形的基本形式

对于长度远大于横向尺寸的构件称为杆件，它是一种最基本的构件，也是材料力学研究的重点。杆件所受外力各种各样，而变形一般也比较复杂，归纳起来，杆件变形可分为下列四种基本形式：

轴向拉伸（压缩）：当直杆受到一对大小相等、方向相反、作用线与杆件轴线重合的外力作用时，杆件的主要变形为伸长或缩短，如图2-38（a）所示。

剪切：当直杆受到一对大小相等、方向相反、作用线与杆件轴线垂直且相距很近的外

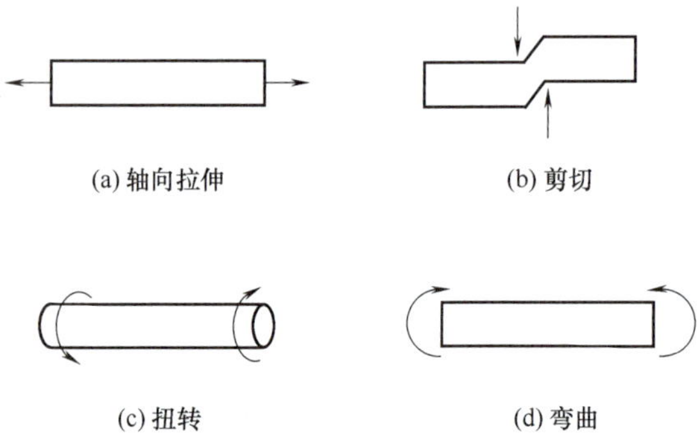

图 2-38 杆件变形的基本形式

力作用时，杆件的主要变形为相邻横截面沿外力作用方向发生相对错动，如图 2-38（b）所示。

扭转：当直杆受到一对大小相等、转向相反、作用面与杆件轴线垂直的力偶作用时，杆件的主要变形为其任意两个横截面将绕轴线发生相对转动，如图 2-38（c）所示。

弯曲：当直杆受到一对大小相等、转向相反、作用面与杆件纵向对称面重合的力偶时，杆件的主要变形为其任意两个横截面将绕垂直于纵向对称面的轴相对转动，如图 2-38（d）所示。

2.2 轴向拉伸与压缩

在工程中以拉伸（压缩）为主要变形的构件，称为拉（压）杆，若杆件所承受的外力或外力合力作用线与杆轴线重合，称为轴向拉伸（压缩）。

2.2.1 拉（压）杆的内力

如图 2-39（a）所示的拉杆，在外力 F 作用下保持平衡的同时，杆件要发生伸长变形，因而在杆件的任一截面之间存在着相互作用力，通常称为内力。我们可以用截面法来求拉（压）杆任一横截面上的内力。

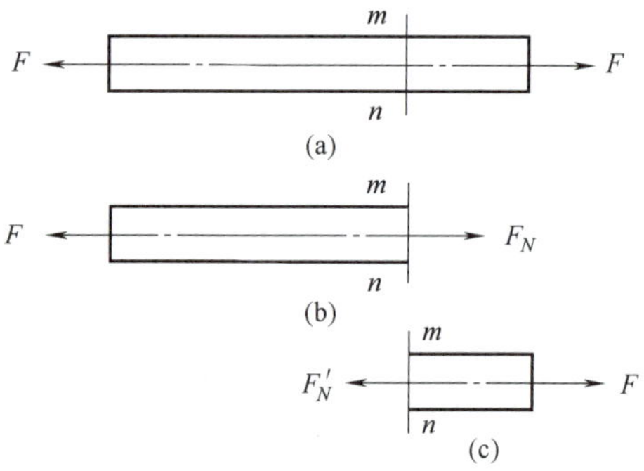

图 2-39 拉（压）杆的内力计算

为了求得图 2-39（a）所示拉杆上任一横截面上的内力，可假想地用平面 $m-n$ 将杆截分为左、右两部分。截开处一部分对另一部分的作用，分别以内力 F_N 和 F'_N代替。这是一对大小相等、方向相反的作用力与反作用力［图 2-39（b）、（c）］。因杆件整体平衡，故截开后的每一部分也都保持平衡。若取左段作为研究对象，则由该分离体的平衡条件可建立沿轴向的平衡方程

$$\sum F_x = 0$$

得

$$F_N = F$$

若取右段作为分离体，同样可得

$$F'_N = F$$

内力 F_N 和 F'_N的作用线必然沿杆件的轴线方向，并与横截面垂直，通常称为轴力，实质上是横截面上分布内力的合力。通常规定：轴力 F_N 使杆件受拉为正，受压为负。

上述求解拉（压）杆轴力的方法称为截面法，截面法的基本步骤是：

切：假想一个平面，在需要求内力的截面处将杆件分成两部分。
取：取其中任意一部分为研究对象，弃去另一部分。
代：用该截面的内力来代替弃去部分对留下部分的作用力。
平：利用静力学中的平衡条件，列平衡方程并计算内力。

2.2.2 轴力图

为了清楚地看到轴力沿杆长的变化规律，可以用图线的方式表示轴力的大小与横截面位置的关系，这样的图线称为轴力图。用平行于轴线的坐标表示横截面的位置，垂直于杆轴线的坐标表示横截面上轴力的数值，以此表示轴力与横截面位置的关系。

作轴力图时应注意以下几点：

① 轴力图的位置应和杆件的位置相对应。轴力的大小，按比例画在坐标上，并在图上标出代表点数值。

② 习惯上将正值（拉力）的轴力画在坐标的正向；负值（压力）的轴力画在坐标的负向。

【例 2-8】 一直杆受外力作用如图 2-40 所示，求此杆各段的轴力，并作轴力图。

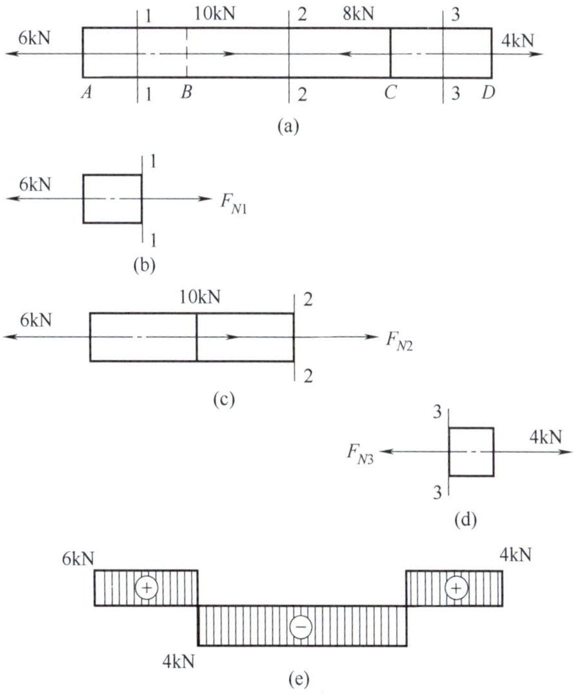

图 2-40 轴力的计算与轴力图的绘制

解：根据外力的变化情况，各段内轴力各不相同，应分段计算。

（1）AB 段。用截面 1-1 假想将杆截开，取左段研究，设截面上的轴力为正方向，受力如图 2-40（b）所示。列平衡方程式

$$\sum F_x = 0: \ F_{N1} - 6 = 0$$

所以 $F_{N1} = 6\text{kN}$（拉力）；

（2）BC 段。取 2-2 截面左段研究，F_{N2} 设为正向，受力如图 2-40（c）所示，列平衡方程式

$$\sum F_x = 0：F_{N2} + 10 - 6 = 0$$

所以 $F_{N2} = -4\text{kN}$（拉力）；

（3）CD 段。取 3-3 截面右段研究，F_{N3} 设为正，受力如图 2-40（d）所示，列平衡方程式

$$\sum F_x = 0：4 - F_{N3} = 0$$

所以 $F_{N3} = 4\text{kN}$（拉力）；

根据上述结果，可绘制轴力图，如图 2-40（e）所示。

2.2.3 轴向拉（压）杆截面上的应力

（1）应力的概念

杆件横截面上单位面积的内力称为应力。其中，作用方向垂直于横截面的应力称为正应力，用 σ 表示；作用方向相切于横截面的应力称为切应力，用 τ 表示。

应力的单位是帕斯卡，简称为帕，符号为“Pa”。

$$1\text{Pa} = 1\text{N/m}^2 \quad (1\text{ 帕} = 1\text{ 牛/米}^2)$$

$$1\text{GPa} = 10^3\text{MPa} = 10^9\text{Pa}$$

（2）横截面上的正应力

为了确定拉（压）杆横截面上的应力，必须先了解横截面上分布内力的变化规律。这通常是根据实验观察得到拉（压）杆变形时的表面现象，对杆件内部的变形规律作出假设，再利用变形与分布内力间的物性关系，得到分布内力在横截面上的分布规律。

取一等直杆［图 2-41（a）］，在其侧面作垂直于轴线的两条相邻直线 AB 和 CD，然后在试样两端施加轴向外力 F，使杆件发生伸长变形，可以观察到 AB 和 CD 分别移动到 ab 和 cd［图 2-41（b）］。

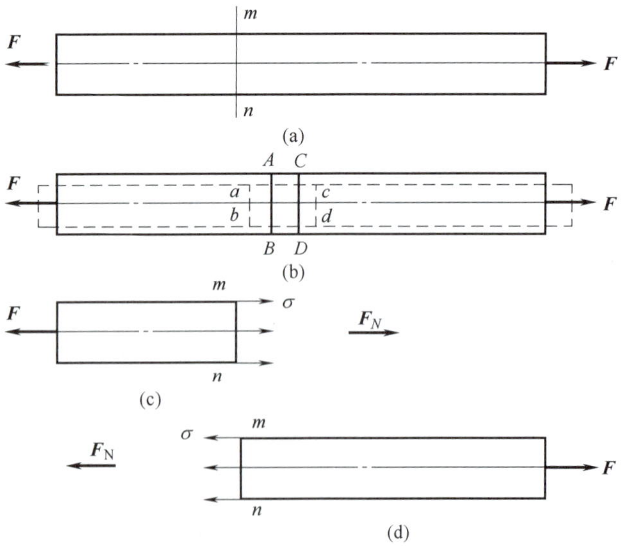

图 2-41　截面上正应力的分析

根据实验现象，可作设想：受轴向拉伸的杆件，变形后横截面仍保持为平面，两平面仅仅相对位移了一段距离，称为平面假设。根据这个假设，可以推论拉杆在其任意两个横截面之间纵向线段的伸长变形是均匀的。根据材料均匀性假设，变形相同，则截面上每点受力相同，即轴力在横截面上分布集度相同［图2-41（c）（d）］，结论为：轴向拉压等截面直杆，横截面上正应力均匀分布，表达为

$$\sigma = \frac{F_N}{A} \quad 或 \quad \int_A = \sigma dA = F_N \tag{2-22}$$

正应力的符号规定：拉应力为正，压应力为负。

【例2-9】 一阶梯杆如图2-42所示，AB段横截面面积为$A_1=10\text{mm}^2$，BC段横截面面积为$A_2=180\text{mm}^2$，试求各段杆横截面上的正应力。

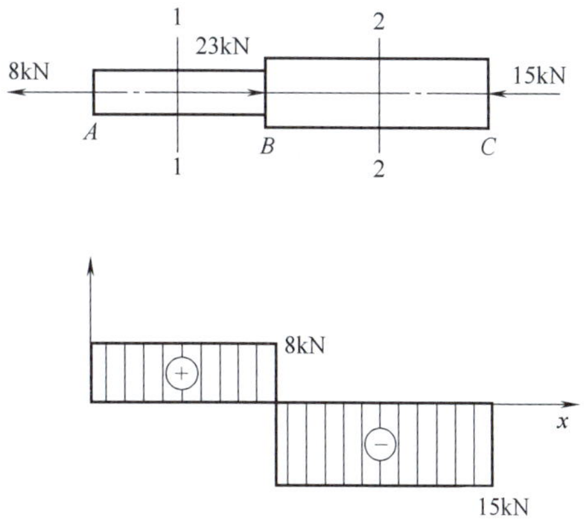

图2-42 阶梯轴分析

解：（1）计算各段内轴力。由截面法，求出各段杆的轴力为

AB段：$F_{N1}=8\text{kN}$（拉力）；

BC段：$F_{N2}=-15\text{kN}$（压力）。

（2）确定应力。根据公式，各段杆的正应力为

$$AB段（拉应力）：\sigma_1=\frac{F_{N1}}{A_1}=\frac{8\times10^3}{100\times10^{-6}}=80\ (\text{MPa})$$

$$BC段（压应力）：\sigma_2=\frac{F_{N2}}{A_2}=\frac{-15\times10^3}{180\times10^{-6}}=-83.3\ (\text{MPa})$$

（3）斜截面上的应力

为了后面分析拉（压）杆受力破坏的原因，还必须知道斜截面上的应力情况。仍以拉杆为例，用截面法求与横截面成α角的n-n斜截面上的内力（图2-43）。规定从横截面按逆时针转到斜截面的α角为正，反之为负。

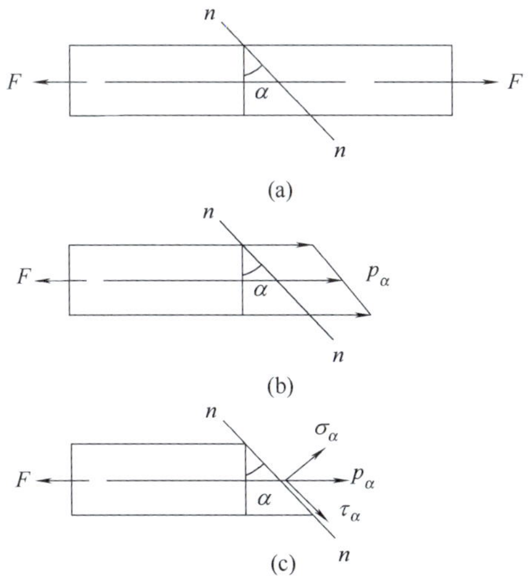

图2-43 斜截面上的应力分析

利用截面法，得到α斜截面上的内力为$F_\alpha=F_N$，由横截面上正应力为均匀分布的推理过程，可以得到α斜截面上的应力同样处处相等。该应力称为总应力，用p_α来表示

$$p_\alpha=\frac{F_\alpha}{A_\alpha}$$

式中A_α表示α斜截面的面积，$A_\alpha=\dfrac{A}{\cos\alpha}$，则

$$p_\alpha=\frac{F_N}{A}\cos\alpha=\sigma\cos\alpha$$

式中 σ 为横截面上的正应力。

总应力 p_α 一般用它的两个分量来表示，即沿 α 斜截面的法线和切线方向将 p_α 分解为 σ_α 和 τ_α（图 2-43）。σ_α 是 α 斜截面上的正应力，τ_α 是 α 斜截面上的切应力。切应力的符号规定如下：绕截面内侧任一点有顺时针转动趋势为正，反之为负。σ_α 和 τ_α 表示为

$$\begin{cases}\sigma_\alpha=\sigma\cos^2\alpha\\ \tau_\alpha=\dfrac{1}{2}\sigma\sin2\alpha\end{cases}\tag{2-23}$$

由上式可得出如下结论：

① 杆件横截面上只有正应力，斜截面上既有正应力，也有切应力；与轴线平行的纵截面上既没有正应力，也没有切应力。

② 横截面上的正应力最大，$\sigma_{\max}=\sigma$。

③ 最大的切应力发生在 $\alpha=45°$ 的斜截面上，$\tau_{\max}=\dfrac{\sigma}{2}$。

这也是我们经常可以在工程实际中看到与构件轴线成夹角为 45°左右的裂痕的原因。

（4）应力集中的概念

轴向拉压杆件，在截面形状和尺寸发生突变处，例如油槽、肩轴、螺栓孔等处，会引起局部应力骤然增大的现象，称为应力集中。应力集中对杆件的工作不利，故设计时应尽可能使杆外形平缓光滑，尽可能避免出现带尖角的槽孔等，以降低因截面尺寸剧变而引起的应力集中。在设计时，从以下三方面考虑应力集中对构件强度的影响。

① 在设计脆性材料构件时，应考虑应力集中的影响。

② 在设计塑性材料的静强度问题时，通常可以不考虑应力集中的影响。

③ 设计在交变应力作用下的构件时，制造构件的材料无论是塑性材料或脆性材料，都必须考虑应力集中的影响。

2.2.4 拉（压）杆的变形

轴向拉伸或压缩杆件的主要变形为轴向伸长或缩短，同时横向尺寸缩短或伸长。规定伸长变形为正，缩短变形为负，则在轴向外力作用下，拉（压）杆轴向变形和横向变形恒为异号。

（1）轴向变形与胡克定律

如图 2-44 所示，设拉杆的原长为 l，杆两端作用轴向拉力 F 作用下，杆件长度变为 l_1，伸长了 $\Delta l=l_1-l_2$，杆件横截面上的正应力为

$$\sigma=\frac{F}{A}=\frac{F_N}{A}$$

纵向线应变为

$$\varepsilon=\frac{\Delta l}{l_0}\tag{2-24}$$

实验表明，当横截面上的正应力不超过材料的一定值时，不仅变形是弹性的，而且伸长量与轴力 F_N 和杆长 l_0 成正比，与横截面面积成反比，即

$$\Delta l\propto\frac{F_Nl_0}{A}$$

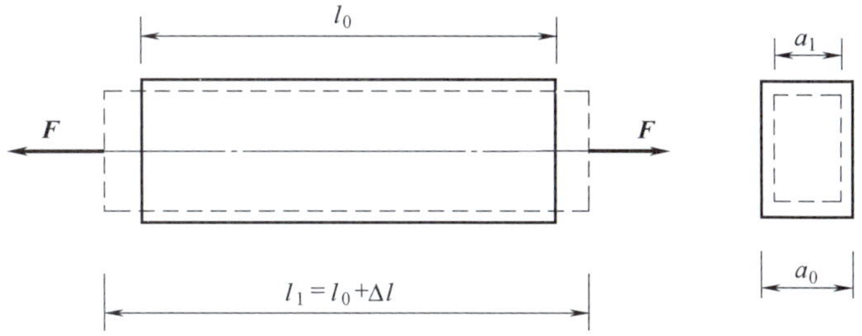

图 2-44　轴向拉力

引入比例常数 E，则 Δl 可表示为

$$\Delta l=\frac{F_N l_0}{EA} \tag{2-25}$$

式中，E 称为材料的弹性模量，其单位为 Pa，各种材料的弹性模量在设计手册中均可以查到。EA 称为杆的拉伸（压缩）刚度。式（2-25）称为胡克定律，胡克定律的另一种表达式为

$$\sigma=E\cdot\varepsilon \tag{2-26}$$

（2）横向变形、泊松比

横截面为正方形的等截面直杆，在轴向外力 F 作用下，边长由 a 变为 a_1，$\Delta a=a_1-a_0$，则横向线应变为

$$\varepsilon'=-\frac{\Delta a}{a_0} \tag{2-27}$$

实验结果表明，当正应力不超过材料的一定值时，横向应变 ε' 与轴向应变 ε 之比的绝对值是一个常数，即

$$\nu=\left|\frac{\varepsilon'}{\varepsilon}\right|$$

式中，ν 称为横向变形因数或泊松比，考虑到杆件轴向正应变和横向正应变的正负号恒相反，故有

$$\varepsilon'=-\nu\varepsilon \tag{2-28}$$

弹性模量 E 和泊松比 ν 都是材料的弹性常数。

（3）拉压杆的位移

等直杆在轴向外力作用下，发生变形，会引起杆上某点处在空间位置的改变，即产生了位移。位移与变形密切相关，一根轴向拉压杆的位移可以直接用变形来度量。变形和位移是两个不同的概念，但是它们在数值上有密切的联系。位移在数值上取决于杆件的变形量和杆件受到的外部约束或杆件之间的相互约束。

【例 2-10】　阶梯形直杆受力如图 2-45（a）所示，试求整个杆的总变形量。已知其横截面面积分别为：$A_{CD}=300\text{mm}^2$，$A_{AC}=500\text{mm}^2$，弹性模量 $E=200\text{GPa}$。

解：（1）作轴力图，利用截面法，得

$$F_{CD}=F_{BC}=-10\text{kN}\quad（压应力）$$

$$F_{AB}=20\text{kN}\quad（拉应力）$$

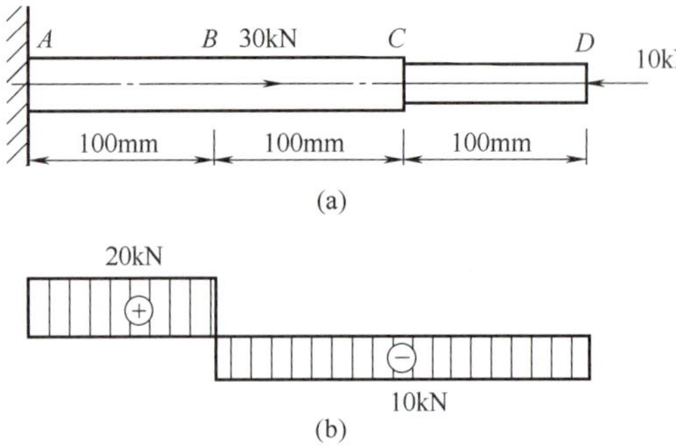

图 2-45 ［例 2-10］图

轴力图如图 2-45（b）所示。

（2）计算各段杆的变形，由式（2-25），得

$$\Delta l_{AB}=\frac{F_{AB}l_{AB}}{EA_{AB}}=\frac{20\times10^3\times0.1}{200\times10^9\times500\times10^{-6}}=2\times10^{-5}(\mathrm{m})$$

$$\Delta l_{BC}=\frac{F_{BC}l_{BC}}{EA_{BC}}=\frac{-10\times10^3\times0.1}{200\times10^9\times500\times10^{-6}}=-1\times10^{-5}(\mathrm{m})$$

$$\Delta l_{CD}=\frac{F_{CD}l_{CD}}{EA_{CD}}=\frac{-10\times10^3\times0.1}{200\times10^9\times300\times10^{-6}}=-1.67\times10^{-5}(\mathrm{m})$$

（3）杆的总变形量，杆的总变形等于各段变形之代数和：

$$\Delta l=\Delta l_{AB}+\Delta l_{BC}+\Delta l_{CD}=-0.0067\mathrm{mm}$$

2.2.5 强度计算

工程中，材料因强度不足而失效时的最大应力称为极限应力。对于塑性材料，当工作应力达到屈服极限时，构件将出现显著的塑性变形，因此它的极限应力是其屈服极限 σ_S；对于脆性材料，当工作应力达到强度极限时，构件将发生断裂破坏，因此它的极限应力是其强度极限 σ_b。

为保证构件在工作中有足够的强度，不能用极限应力作为工作应力的限值，为确保安全，在强度计算中，把极限应力 σ_u 除以一个大于 1 的因数，得到的应力值作为工作应力的最大容许值，称为许用应力，以［σ］表示，即

$$[\sigma]=\frac{\sigma_u}{n} \tag{2-29}$$

式中 n——安全因数。

为确保拉（压）杆能够安全工作，须使杆件内最大工作应力不超过许用应力，即

$$\sigma_{\max}\leqslant[\sigma] \tag{2-30}$$

式（2-30）称为拉（压）杆的强度条件。对于等直杆，上式可表示为

$$\sigma_{\max}=\frac{F_{N,\max}}{A}\leqslant[\sigma] \tag{2-31}$$

应用强度条件可进行以下三类强度问题的计算。

（1）强度校核

已知拉（压）杆的受力、横截面尺寸和材料的许用应力，可检验构件能否满足强度条件，能否安全工作。

（2）截面选择

已知拉（压）杆的受力及材料的许用应力，可根据强度条件确定横截面的面积或尺寸，即

$$A\geqslant\frac{F_{N,\max}}{[\sigma]} \tag{2-32}$$

（3）确定容许载荷

已知拉（压）杆的截面尺寸及材料的许用应力，根据强度条件可计算杆件所能承受

的最大轴力，再根据此轴力确定容许荷载，即

$$F_{N,\max} \leqslant A[\sigma] \tag{2-33}$$

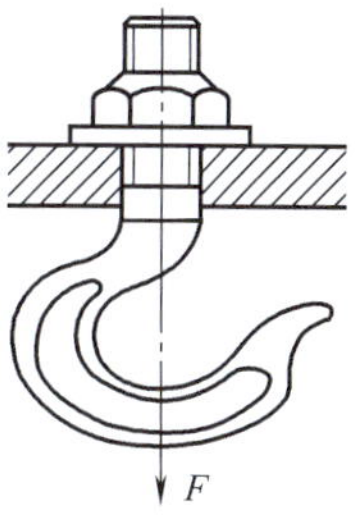

图 2-46 ［例 2-11］图

【例 2-11】 起重吊钩的上端借螺母固定，如图 2-46 所示，若吊钩螺栓内径 $d=50\text{mm}$，$F=150\text{kN}$，材料许用应力 $[\sigma]=150\text{MPa}$。试校核螺栓部分的强度。

解：计算螺栓内径处的面积

$$A=\frac{\pi d^2}{4}=\frac{\pi\times(50\times10^{-3})^2\text{m}^2}{4}=1962.5\text{mm}^2$$

$$\sigma=\frac{F_N}{A}=\frac{150\times10^3\text{N}}{1962.5\text{mm}^2}=76.4\text{MPa}<[\sigma]=150\text{MPa}$$

吊钩螺栓部分安全。

【例 2-12】 三角架如图 2-47 所示，已知 AC 杆横截面面积为 $A_1=6\text{cm}^2$，$[\sigma_1]=160\text{MPa}$；BC 杆横截面面积为 $A_2=10\text{cm}^2$，$[\sigma_2]=7\text{MPa}$。试求此三角架能承受的容许荷载 $[F]$。

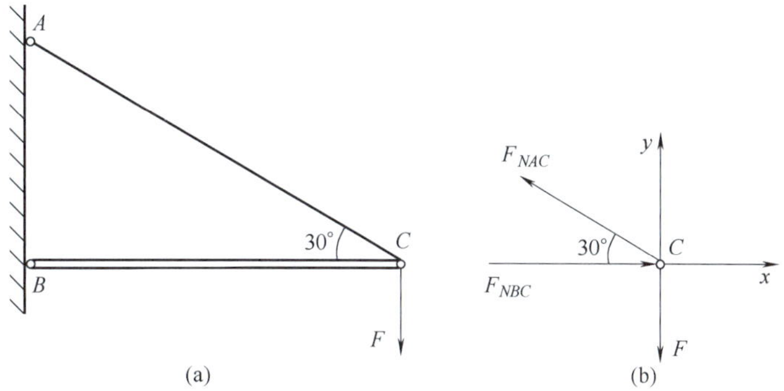

图 2-47 ［例 2-12］图

解：（1）先由 AC 杆的最大内力求出容许荷载 $[F]_1$。

$$F_{NAC} \leqslant A_1[\sigma_1]=6\times10^{-4}\times160\times10^6=96\ (\text{kN})$$

取 C 点为研究对象，分析受力，如图 2-47（b）所示。由静力平衡，得

$$\sum F_Y=0,\ F_{NAC}\sin30°-[F]_1=0$$

得 $[F]_1=48\text{kN}$

（2）再由 BC 杆的最大内力求出容许荷载 $[F]_2$。

$$F_{NBC} \leqslant A_2[\sigma_2]=100\times10^{-4}\times7\times10^6=70\ (\text{kN})$$

由静力平衡，得

$$\sum F_X=0,\ F_{NBC}-F_{NAC}\cos30°=0$$

$$\sum F_Y=0,\ F_{NAC}\sin30°-[F]_2=0$$

得 $[F]_2=40.4\text{kN}$

（3）比较 $[F]_1$ 和 $[F]_2$。

因为 $[F]_2=40.4\text{kN}<[F]_1=48\text{kN}$，取小者，所以此三脚架所能承受的容许载荷 $[F]=40.4\text{kN}$。

2.3 扭转

图 2-48 表示一等直圆杆在两端受一对大小相等、方向相反、作用面垂直于轴线的力偶作用，它的各横截面绕轴线作相对转动。这种变形形式称为扭转。任意两横截面绕轴线转动的相对角位移，称为扭转角。图 2-48 中的 φ_{AB} 就是右端面相对于左端面的扭转角。同时，杆表面上的纵向线均将变成螺旋线，纵向线的倾斜角 γ 称为剪切角或切应变。

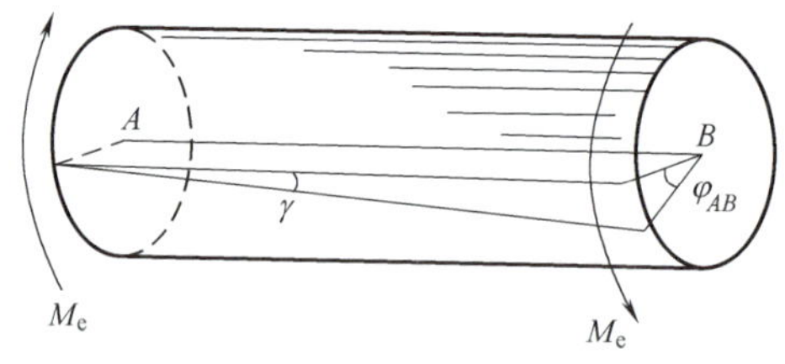

图 2-48　扭转变形

在工程实际中，有很多以扭转变形为主的杆件。如图 2-49 所示的汽车转向轴，驾驶员操纵方向盘将力偶作用于转向轴 *AB* 的上端，转向轴的下端 *B* 则受到来自转向器的阻抗力偶的作用，使转向轴 *AB* 发生扭转。又如图 2-50 中的传动轴，轮 *C* 上作用着主动力偶矩，使轴转动；轮 *D* 输出功率，受到阻力偶矩的作用，轴 *CD* 也将发生扭转。

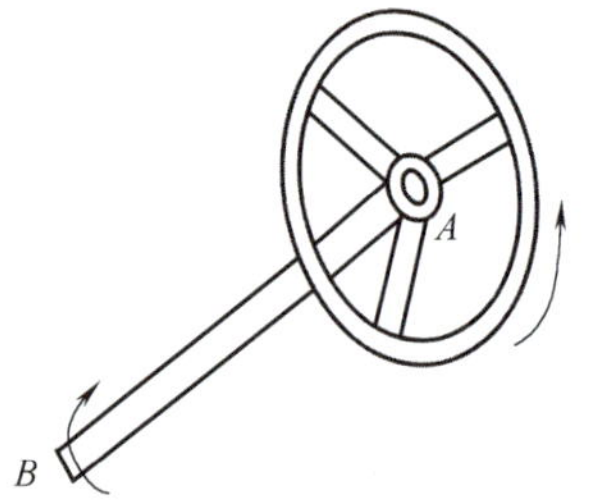

图 2-49　汽车转向轴

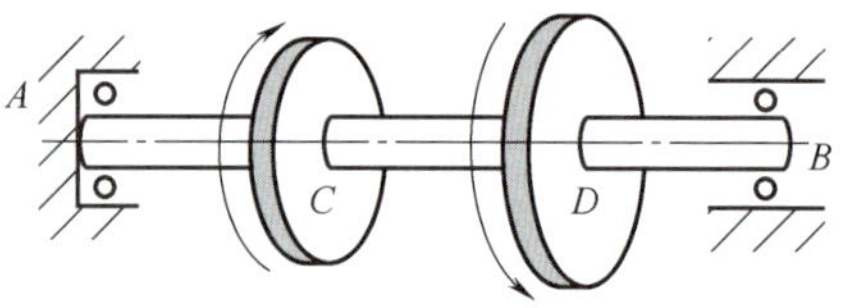

图 2-50　传动轴

图 2-51 所示的房屋雨篷，由雨篷梁和雨篷板组成［图 2-51（a）］。雨篷梁承受由雨篷板传给的均布力矩，而雨篷梁嵌固的两端产生大小相等、方向相反的力矩［图 2-51（b）］来保持平衡，雨篷梁处于受扭状态。

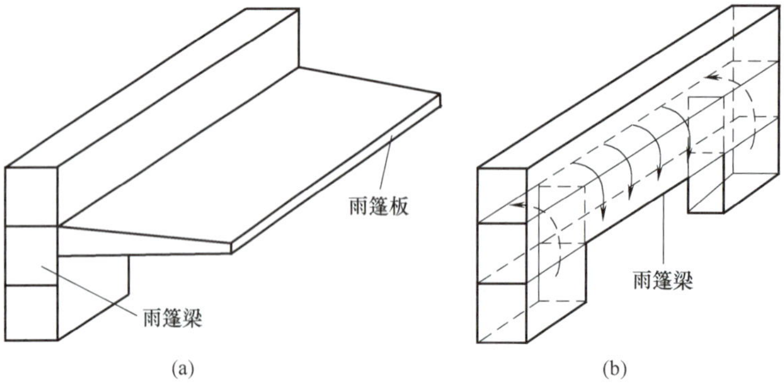

图 2-51　雨篷示意图

2.3.1 外力偶矩的计算、扭矩及扭矩图

（1）外力偶矩的计算

作用在杆件上的外力偶矩，一般通过横向力及其到轴线的距离来计算。而对于机械中常用的传动轴（图 2-52），其外力偶矩一般不直接给出，通常只知道它所传递的功率和它的转速。下面给出外力偶矩、功率和转速之间的关系为

$$M_e = 9550\frac{N_K}{n} \qquad (2-34)$$

式中 M_e——作用在轴上的外力偶矩，N·m；

N_K——轴传递的功率，kW；

n——轴的转速，r/min。

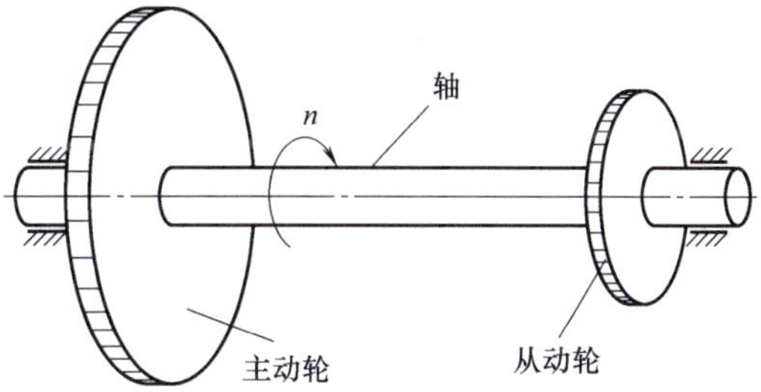

图 2-52 常用的传动轴

（2）扭矩

研究圆截面杆受扭时横截面上的内力，所用的方法仍为截面法。例如，设一等直圆杆如图 2-53（a）所示，外力偶矩为 M_e，求任意横截面 $m-m$ 上的内力。假设在 $m-m$ 截面将杆 AB 截开，取左段为研究对象［图 2-53（b）］，根据分离体的平衡条件，可得 $m—m$ 截面上的内力必然为一个位于横截面平面内的力偶，该力偶用 M_t 表示，则有

$$M_t = M_e$$

M_t 称为 $m-m$ 截面上的扭矩。取右段研究可得相同结果。扭矩的正、负规定：自截面的外法线向截面看，逆时针转向为正，顺时针转向为负。扭矩的单位是 N·m 或 kN·m。

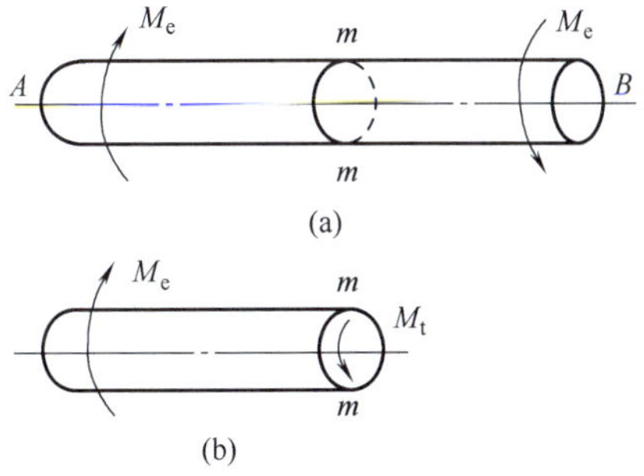

图 2-53 圆杆扭转

（3）扭矩图

通常情况下，杆件各横截面上的扭矩是不同的，为清楚表示各截面上的扭矩沿轴线变化的规律，可以仿照作轴力图的方法，沿轴线方向的横坐标表示横截面的位置，垂直于轴线方向的纵坐标表示相应横截面的扭矩，将计算结果按比例绘在图上，正值扭矩画在横坐标轴上方，负值画在下方，即为扭矩图。

【例 2-13】 传动轴如图 2-54（a）所示，已知转速 $n=300$r/min，主动轮 A 输入功率 $N_{KA}=400$kW，三个从动轮输出的功率分别为：$N_{KB}=N_{KC}=120$kW，$N_{KD}=160$kW，试作轴的扭矩图。

解：（1）计算外力偶矩。

由式（2-34），可得

$$M_A = 9.55 \times 400/300 = 12.73\ (\text{kN}\cdot\text{m})$$

$$M_B = M_C = 9.55 \times 120/300 = 3.82\ (\text{kN}\cdot\text{m})$$

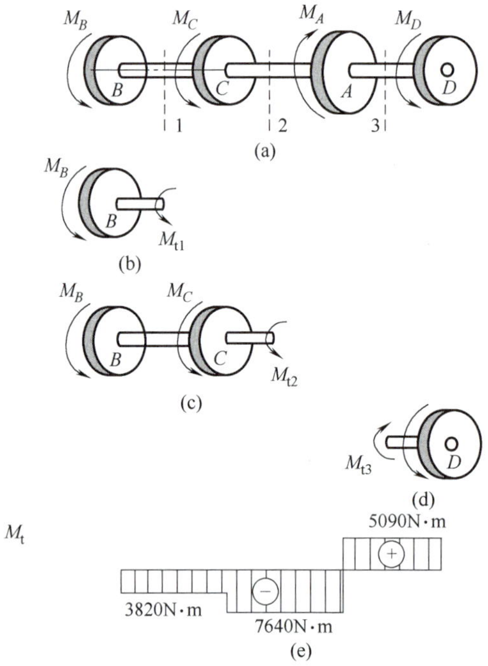

图 2-54 ［例 2-13］图

$$M_D = 9.55 \times 16/300 = 5.09\ (\mathrm{kN \cdot m})$$

（2）用截面法求截面扭矩。

BC 段：沿截面 1-1 将轴截开，取左段为研究对象，沿正向假设截面扭矩为 M_{t1}，如图 2-54（b）所示。由平衡方程可知有

$$\sum M = M_{t1} + M_B = 0$$

得到：$M_{t1} = -3.82\mathrm{kN \cdot m}$

同理可得到：$M_{t2} = -7.64\mathrm{kN \cdot m}$

$M_{t3} = 5.09\mathrm{kN \cdot m}$

（3）作扭矩图。

扭矩图如图 2-54（e）所示，由图可知，该轴的最大扭矩 $|M_t|_{max} = 7.64\mathrm{kN \cdot m}$，作用在 *CA* 段上。

2.4 构件连接的实用计算——剪切与挤压

构件之间需要彼此连接起来，就钢结构和机械中的连接而言，其连接方式有螺栓连接、销钉连接、键连接、铆钉连接、焊接等，如图 2-55 所示。这些连接件，同时受剪切作用和挤压作用。下面主要介绍剪切和挤压的实用计算。

2.4.1 剪切的实用计算

铆钉受剪切面上的内力，可用截面法求得。铆钉的受力如图 2-56（a）所示。在外力作用下，铆钉沿 *m-m* 截面（剪切面）将发生相对错动，利用截面法，从 *m-m* 截面截开，

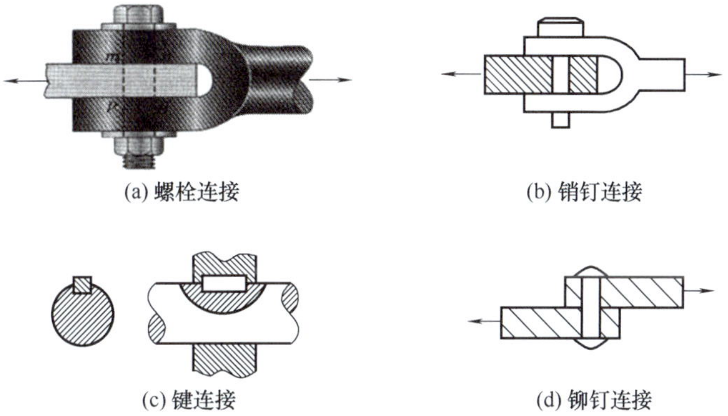

图 2-55　构件连接方式

则剪切面上的切向内力，如图 2-56（b）所示，称为受剪切面上的剪力，用 F_Q 表示，由平衡方程可知

$$F_Q=F$$

在剪切面上，假设切应力均匀分布，得到名义切应力，即

$$\tau=\frac{F_Q}{A} \tag{2-35}$$

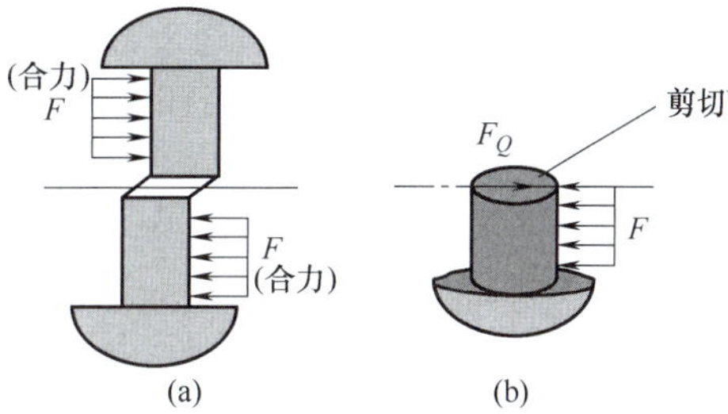

图 2-56　铆钉受力图

式中　A——剪切面面积。

为确保构件不发生剪切破坏，由式（2-35）计算的工作切应力应当不超过材料的许用切应力［τ］。剪切强度条件为

$$\tau=\frac{F_Q}{A}\leqslant[\tau]=\frac{\tau_b}{n_\tau} \tag{2-36}$$

式中 τ_b 为材料的剪切强度；n_τ 是大于 1 的剪切安全系数，它为构件抵抗剪切破坏提供了必要的安全储备。而对于剪板、冲孔等，则要求需要时应保证工件被剪断，故应满足剪断条件

$$\tau=\frac{F_Q}{A}>\tau_b \tag{2-37}$$

【例 2-14】　冲压加工如图 2-57 所示。冲头材料的容许正应力为［σ］= 500MPa，被冲剪钢板的剪切强度 τ_b = 320MPa，冲压力 F = 400kN。试确定在 F 作用下所能冲出的最小圆孔直径 d 及最大钢板厚度 t。

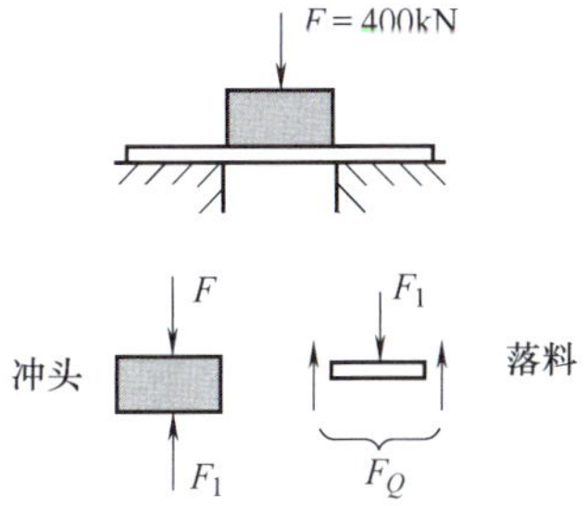

图 2-57　［例 2-14］图

解：冲头和被冲剪下来的钢板（落料）受力如图 2-57 所示。冲头受压，落料受剪。

（1）考虑冲头强度。

设冲头直径为 d。轴力 $F_N=F$；虽然冲孔直径越小，冲头压应力越大，但应满足拉（压）强度条件，故有

$$\sigma=\frac{4F}{\pi d^2}\leqslant[\sigma]$$

得　$d \geqslant \sqrt{\dfrac{4F}{\pi[\sigma]}} = \sqrt{\dfrac{4\times400\times10^3}{3.14\times500}} = 32\ (\text{mm})$

（2）考虑板的剪切。

沿剪切面将板截开，取落料部分研究。受力如图 2-57 所示，可知剪力 $F_Q=F$，由剪断条件（2-37）式知应有

$$\tau=\frac{F_Q}{A}=\frac{F}{\pi dt}>\tau_b$$

得　$t<\dfrac{F}{\pi d\tau_b}=\dfrac{400\times10^3}{3.14\times32\times320}=12.4\ (\text{mm})$

故最小冲孔直径为 $d=32\text{mm}$，且此时可冲剪的最大板厚为 $t=12\text{mm}$。

2.4.2 挤压的实用计算

连接件与被连接件在互相传递力时，接触表面是相互压紧的，接触表面上的压力称为挤压力，用 F_{bs} 表示，相应的应力称为挤压应力，用 σ_{bs} 表示。实际上，挤压应力在连接件上分布很复杂。如图 2-58（a）所示，螺栓与钢板在挤压面上相互作用挤压力，挤压力 $F_{bs}=F$，实际的挤压面是半圆柱面，但在实用计算中用其直径平面［图 2-58（b）中的阴影部分］来代替，面积用 A_{bs} 表示，称为计算挤压面面积。挤压力除以计算挤压面面积，得到名义挤压应力，即

$$\sigma_{bs}=\frac{F_{bs}}{A_{bs}}=\frac{F_{bs}}{td} \tag{2-38}$$

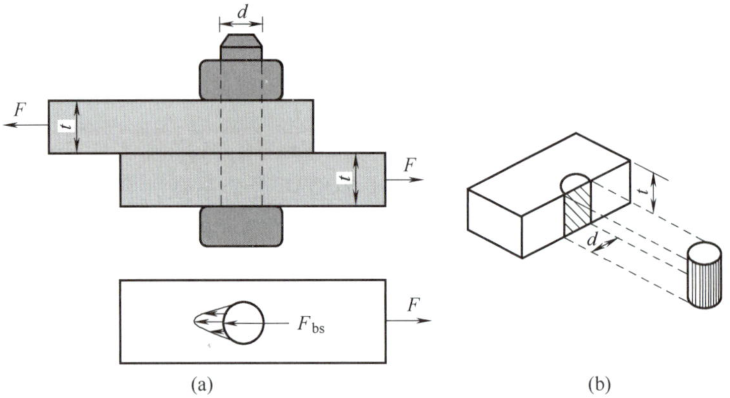

图 2-58　挤压应力

式中　t——钢板厚度；

d——螺栓孔的直径。

螺栓连接的挤压强度条件为

$$\sigma_{bs}=\frac{F_{bs}}{A_{bs}}\leqslant[\sigma_{bs}] \tag{2-39}$$

式中　$[\sigma_{bs}]$——材料的容许挤压应力。

以上为螺栓的挤压实用计算方法，对于铆钉连接和销钉连接也完全适用；对于键连接和榫齿连接，其挤压面为平面，挤压面面积按实际挤压面计算。

【例2-15】　图2-59（a）所示销钉连接，$t=10\text{mm}$，作用于被连接件上的拉力$F=20\text{kN}$，销钉材料的许用剪应力$[\tau]=40\text{MPa}$，许用挤压应力$[\sigma_{bs}]=160\text{MPa}$，试确定销钉的直径$d$。

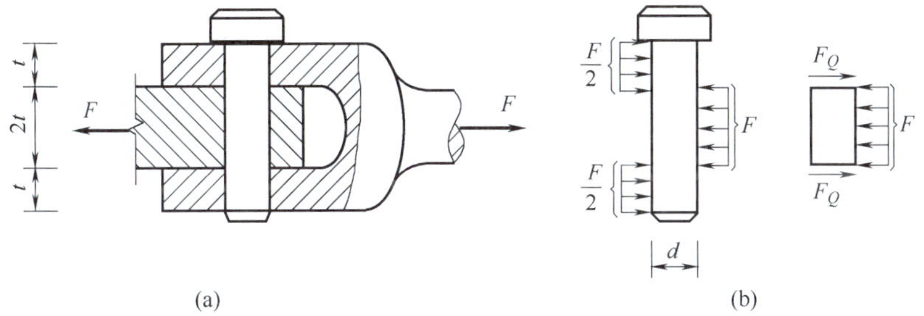

图2-59　［例2-15］图

解：销钉的受力情况如图2-59（b）所示，属于双剪。

（1）确定销钉的直径d。

由$\tau=\dfrac{F_Q}{A}\leqslant[\tau]$，可得

$$\frac{F/2}{\pi d^2/4}\leqslant[\tau]$$

$$\text{则 } d\geqslant\sqrt{\frac{2F}{\pi[\tau]}}=\sqrt{\frac{2\times20\times10^3}{3.14\times40}}=17.85\ (\text{mm})$$

取$d=18\text{mm}$。

（2）对销钉进行挤压强度校核。

$$\sigma_{bs}=\frac{F_{bs}}{A_{bs}}=\frac{F}{dt}=\frac{20\times10^3}{18\times10}=111.11(\text{MPa})<160\text{MPa}$$

满足强度要求，故选定的销钉直径为18mm。

2.5　平面弯曲内力

在进行结构设计时，结构的各个构件应具有一定的强度、刚度和稳定性，要解决强度、刚度和稳定性问题，就必须先确定构件的内力。内力计算是工程力学的重要基础知识，也是进行结构设计的重要环节。本章将讨论构件的内力计算问题。

2.5.1　平面弯曲的概念

（1）梁平面弯曲的概念

等直杆在其包含杆轴线的纵向平面内，若受到垂直于杆轴线的横向载荷的作用，杆件发生变形，轴线由直线变成曲线，这种变形称为弯曲。以弯曲为主要变形的杆件统称为梁。在各类工程结构中，经常用梁来承受荷载。例如，如图2-60（a）和图2-60（b），分别为桥梁和阳台挑梁。图2-60（c）和图2-60（d）分别为桥梁和阳台挑梁的受力及变形简图。

工程中常用的梁，横截面通常采用对称形状，如矩形、工字形、T形以及圆形等，如

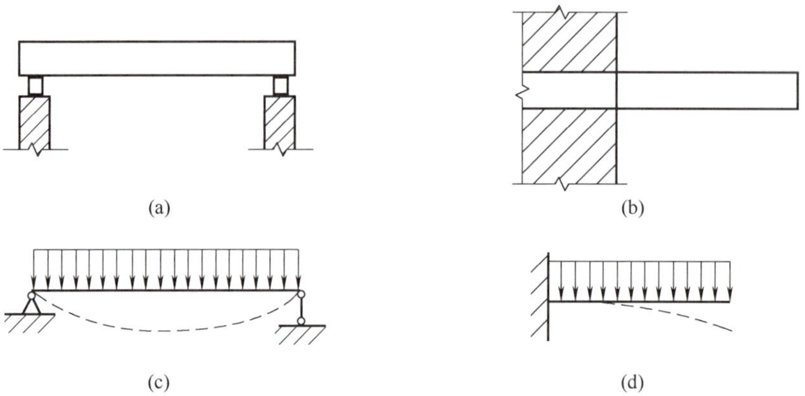

图 2-60　横梁受力与变形

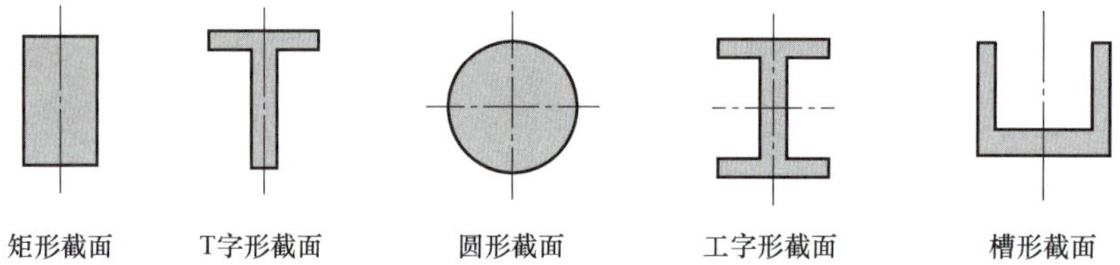

图 2-61　工程中常用梁的横截面

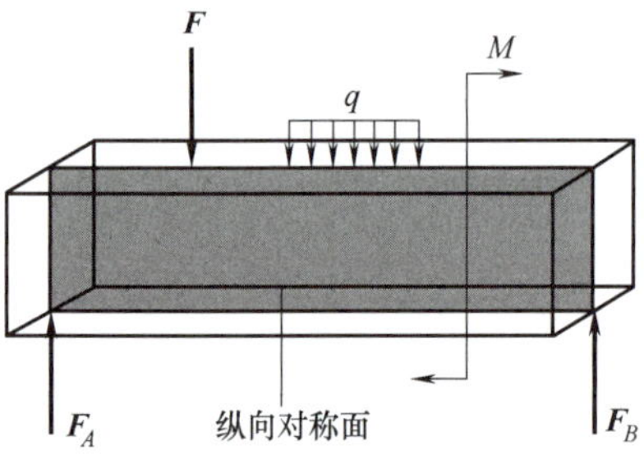

图 2-62　梁的纵向对称面

图 2-61 所示。横截面一般具有一对称轴，因此梁就有一个过轴线的纵向对称面，如图 2-62 所示。当所有荷载都作用在此纵向对称面内时，梁的轴线也将在此对称面内弯曲，这种在变形后梁的轴线所在平面与外力作用面重合的弯曲称为平面弯曲。平面弯曲是工程中最基本也是最常见的弯曲问题。

（2）单跨静定梁的类型

梁的约束反力能用静力平衡条件完全确定的梁称为静定梁。根据约束情况的不同，单跨静定梁可分为简支梁［图 2-63（a）］、悬臂梁［图 2-63（b）］和外伸梁［图 2-63（c）］三种形式。

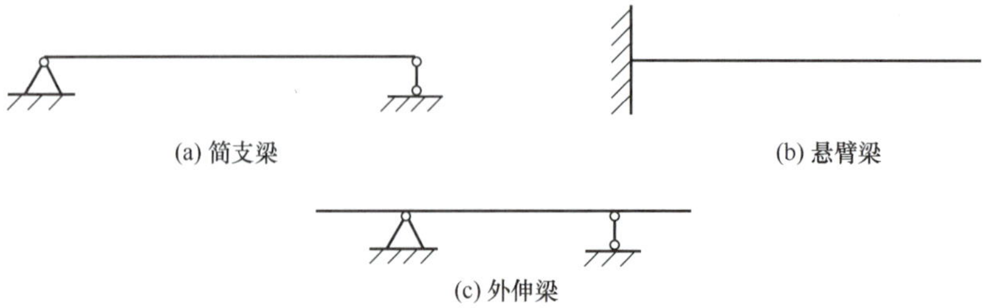

图 2-63　单跨静定梁的三种形式

2.5.2　剪力和弯矩

当作用在梁上的全部荷载均为已知时，利用截面法可以求出其任一横截面上的内力。图 2-64（a）所示简支梁在外力作用下处于平衡状态，由整个梁的平衡条件，可求得支座反力为 $F_A=\frac{Fb}{l}$ 和 $F_B=\frac{Fa}{l}$。

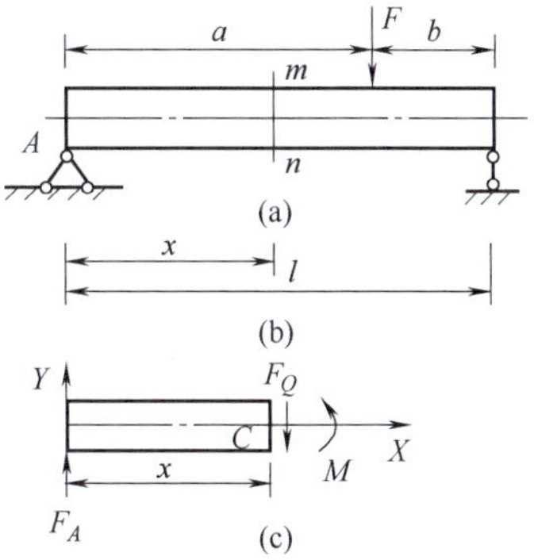

图 2-64　简支梁的剪力与弯矩

要求出距 A 端为 x 处横截面 $m-n$ 上的内力，可以按截面法在横截面 $m-n$ 处假想地将梁截开，因整个梁处于平衡状态，则被截出的一段梁也应处于平衡状态。若取左段梁作为分离体来研究，则右段梁对左段梁的作用以截开面上的内力来代替，因分离体保持平衡，在横截面 $m-n$ 上，必然存在与截面相切的内力 F_Q 和绕横截面形心 C 转动的力偶 M，如图 2-64（b）（c）所示。根据分离体的平衡条件，有

$$\sum F_Y=0,\ F_A=F_Q=0$$
$$\sum M_C=0,\ M-F_Ax=0$$

得　$F_Q=F_A$，$M=F_Ax$

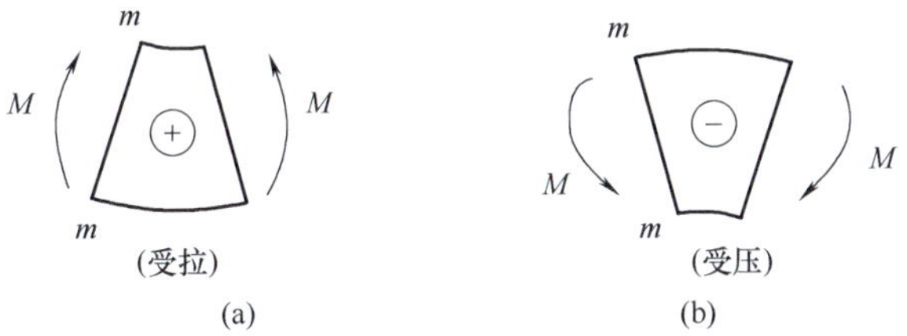

图 2-65　剪力与弯矩的正负号

F_Q 称为横截面上的剪力，M 称为横截面上的弯矩。为计算方便，通常对剪力和弯矩的正负号作如下规定：剪力 F_Q 对其所在横截面一侧分离体上所有点的力矩若为顺时针，剪力 F_Q 为正，反之为负；在图 2-65（a）所示的变形情况下，当微段的弯曲为向下凸即该微段的下侧受拉时，横截面上的弯矩为正号，反之为负号，如图 2-65（b）所示。根据此规定，在图 2-65（b）中的剪力 F_Q 和弯矩 M 均为正值。

【例 2-16】　一外伸梁，受荷载如图 2-66 所示，试求截面 C、截面 $B_{左}$ 和截面 $B_{右}$ 上的剪力和弯矩。

解：（1）计算约束反力。

$$F_{Ay}=4.5\text{kN},\ F_{By}=1.5\text{kN}$$

（2）求指定截面上的剪力和弯矩。

截面 C：根据 C 截面左侧梁上的平衡条件，如图 2-66（b）所示，有

$\sum F_Y=0$，$F_{Ay}-F-F_{QC}=0$　$F_{QC}=F-F_{Ay}$

$\sum M_C=0$，$F_{Ay}\times 2-F\times 1-M=0$　$M=F_{Ay}\times 2-F\times 1$

代入数据得

$F_{QC}=2.5\text{kN}$ 和 $M_c=7\text{kN}\cdot\text{m}$

截面 $B_{左}$：根据 $B_{左}$ 截面右侧梁的平衡条件，如图 2-66（c）所示，有

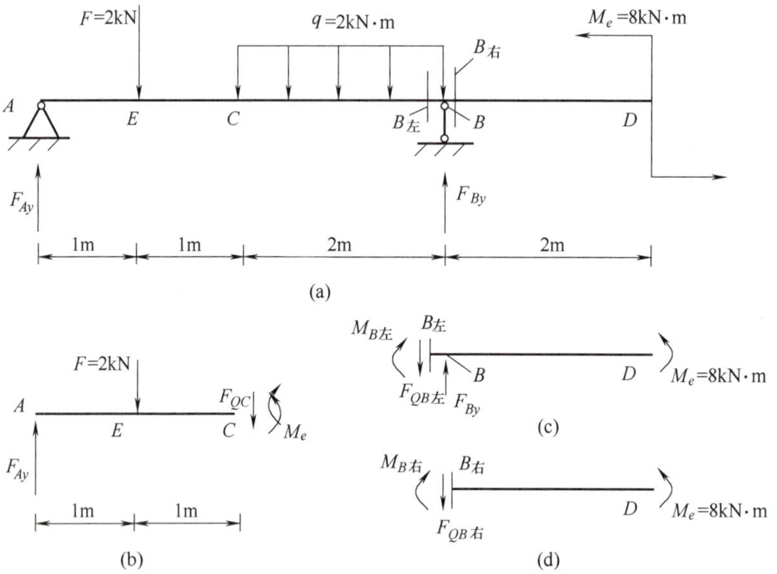

图 2-66 ［例 2-16］图

$\sum F_Y=0$，$F_{By}-F_{QB_左}=0$　$F_{QB_左}=F_{By}$

$\sum F_{B_左}=0$，$M_e-M_{B_左}=0$，$M_{B_左}=M_e$

代入数据得　$F_{QB_左}=1.5\text{kN}$ 和 $M_{B_左}=8\text{kN}\cdot\text{m}$

同理，可得　$F_{QB_右}=0$ 和 $M_{B_右}=8\text{kN}\cdot\text{m}$

注意：在集中力作用截面处，应分左、右截面计算剪力；在集中力偶作用截面处也应分左、右截面计算弯矩。

由上面的计算过程，可总结出剪力与弯矩计算的规律，应用该规律，可不必列出平衡方程，而直接根据横截面左边或右边梁的外力求该截面上的剪力和弯矩：

梁上任一截面上剪力，其数值等于该截面任一侧（左侧或右侧）梁上所有横向外力的代数和。

梁上任一截面上弯矩，其数值等于该截面任一侧（左侧或右侧）梁上所有外力对截面形心的力矩的代数和。

此规律常称为简便法。

2.5.3 剪力图和弯矩图

在一般情况下，梁横截面上的剪力和弯矩是随截面的位置而变化的。若沿梁轴线方向选取坐标 x 表示横截面的位置，则各横截面上的剪力和弯矩都可以表示为坐标 x 的函数，即：$F_Q=F_Q(x)$ 和 $M=M(x)$，以上两式分别称为梁的剪力方程和弯矩方程。

为能清楚表明各横截面上剪力和弯矩随截面位置而变化的情况，可仿照轴力图和扭矩图的作法，以梁横截面沿梁轴线的位置为横坐标，以垂直于梁轴线方向的剪力或弯矩为纵坐标，绘制表示 $F_Q(x)$ 或 $M(x)$ 的图线，分别称为剪力图或弯矩图。

在根据剪力和弯矩的正负绘图时应注意：①正号的剪力画在横坐标轴的上侧，负号的剪力画在横坐标轴的下侧；②对于建筑等专业，正弯矩画在横坐标轴下侧，负弯矩画在横坐标轴上侧，也就是把弯矩画在梁受拉的一侧，即 M 轴向下为正。③对于机械、船舶等专业，正弯矩画在横坐标轴上侧，负弯矩画在横坐标轴下侧，即 M 轴向上为正。

【例 2-17】 如图 2-67 所示，悬臂梁受集中力 F 作用，试列出该梁的剪力方程和弯矩方程，并作出剪力图和弯矩图。

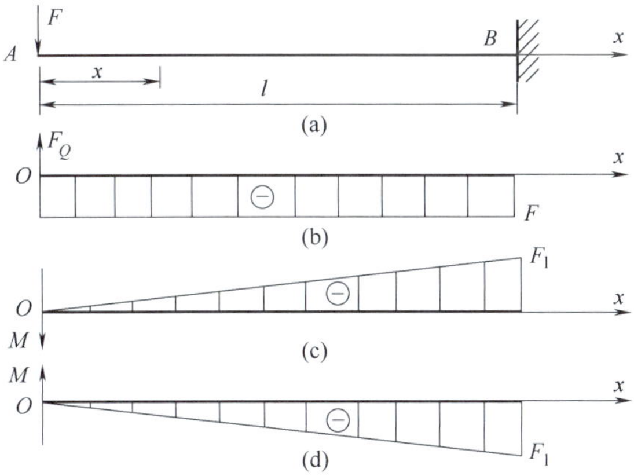

图 2-67 ［例 2-17］图

解：（1）列剪力方程和弯矩方程。

以梁左端 A 点为 x 轴坐标原点，则剪力方程和弯矩方程分别为

$$F_Q(x)=-F \quad (0<x<l) \qquad ①$$

$$M(x)=-Fx \quad (0<x<l) \qquad ②$$

（2）作剪力图和弯矩图。

式①表明，梁各横截面上的剪力均相同，所以剪力图是一条平行于 x 轴的直线，且位于 x 轴下方，如图 2-67（b）所示。

式②表明，$M(x)$ 为 x 的线性函数，所以弯矩图是一条倾斜直线，只需确定梁上两点弯矩值，例如，$x=0$，$M(0)=0$ 和 $x=l$，$M(l)=Fl$，便可绘出弯矩图。若 M 轴向下为正，弯矩图如图 2-67（c）所示；若 M 轴向上为正，弯矩图则如图 2-67（d）所示。

由剪力图和弯矩图可知，剪力在全梁各截面都相等，在梁右端的固定端截面上，弯矩的绝对值最大，所以有 $|F_Q|_{max}=F$ 和 $|M|_{max}=Fl$，绘图时应将剪力图、弯矩图与计算简图的相应位置对齐，注明控制点值及正负号。

【例 2-18】 如图 2-68（a）所示，简支梁受均布荷载作用，试列出该梁的剪力方程和弯矩方程，并作出剪力图和弯矩图。

解：（1）求约束反力，由对称关系，可得

$$F_{Ay}=F_{By}=\frac{1}{2}ql$$

（2）列剪力方程和弯矩方程，以梁左端 A 点为坐标原点，则有

$$F_Q(x)=F_{Ay}-qx=\frac{1}{2}ql-qx \quad (0<x<l) \qquad ①$$

$$M(x)=F_{Ay}x-\frac{1}{2}qx^2=\frac{1}{2}qlx-\frac{1}{2}ql^2 \quad (0\leqslant x<l) \qquad ②$$

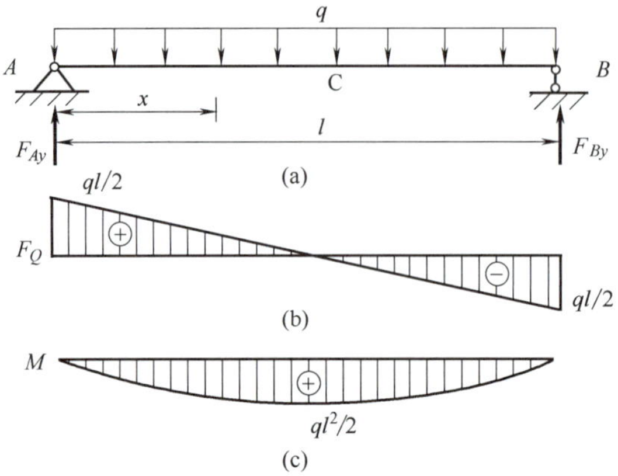

图 2-68 ［例 2-18］图

（3）作剪应力图和弯矩图。

由式①知，剪力图是一条倾斜直线，只需确定两点即可，$F_Q(0)=\dfrac{ql}{2}$ 和 $F_Q(l)=-\dfrac{ql}{2}$，即可绘出剪力图，如图 2-68（b）所示。

由式②知，弯矩图为一条二次抛物线，要绘出此曲线，至少需确定曲线上的三个点，有 $M(0)=0$ 和 $M(l)=0$，因外荷载对称于梁的中点，故抛物线的顶点必在跨中，该横截面上的弯矩 $M\left(\dfrac{l}{2}\right)=\dfrac{ql^2}{8}$，据此可以绘出弯矩图。若 M 轴向下为正，弯矩图如图 2-68（c）所示；M 轴向上为正的弯矩图，读者可自行绘制。

由剪力图和弯矩图可以看出，最大剪力发生在梁端，其值为 $F_{Q,\max}=\dfrac{1}{2}ql$，而最大弯矩发生在跨中，它的数值为 $M_{\max}=\dfrac{1}{8}ql^2$，而在此截面上的剪力 $F_Q=0$。

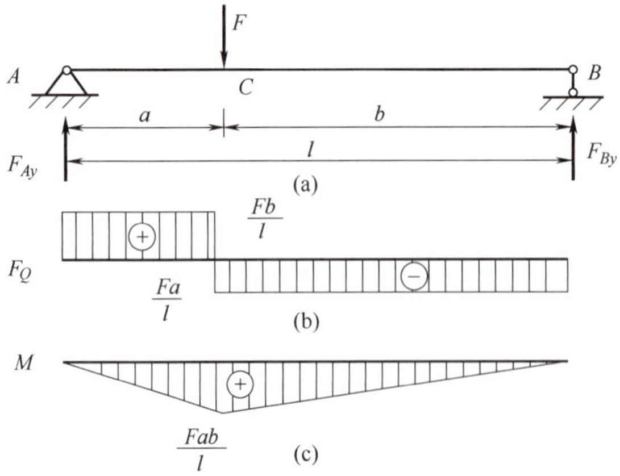

图 2-69 ［例 2-19］图

【例 2-19】 如图 2-69（a）所示，简支梁受集中力作用，试列出该梁的剪力方程和弯矩方程，并作出剪力图和弯矩图。

解：（1）求约束反力，由梁整体平衡 $\sum M_A=0$ 和 $\sum M_B=0$，得

$$F_{Ay}=\frac{Fb}{l},\ F_{By}=\frac{Fa}{l}$$

（2）列剪力方程和弯矩方程，梁在 C 处有集中力作用，故 AC 段和 CB 段的剪力方程和弯矩方程不相同，必须分段列出，

对于 AC 段：

$$F_Q(x)=F_{Ay}=\frac{Fb}{l}\quad (0<x<a) \qquad ①$$

$$M(x)=F_{Ay}x=\frac{Fb}{l}\quad(0\leqslant x\leqslant a)\qquad ②$$

对于 CB 段：

$$F_Q(x)=F_{Ay}-F=\frac{Fb}{l}-F=\frac{Fa}{l}(a<x<l)\qquad ③$$

$$M(x)=F_{Ay}x-F(x-a)=\frac{Fa}{l}(l-x)\quad(0\leqslant x\leqslant l)\qquad ④$$

（3）作剪力图和弯矩图。

由式①、③知，两段梁的剪力图均为平行于 x 轴的直线，由式②、④知，两段梁的弯矩图都是倾斜直线。据方程绘出的剪力图如图 2-69（b）所示；若 M 轴向下为正，弯矩图如图 2-69（c）所示；M 轴向上为正的弯矩图，读者可自行绘制。

从剪力图中可见，在集中力作用点 C 稍左的截面上 $F_{QC左}=\frac{Fb}{l}$；C 点稍右的截面上 $F_{QC左}=\frac{-Fa}{l}$。可见，剪力图在集中力作用截面处发生突变，其突变值为该集中力的大小 F；而弯矩图在截面 C 处发生转折。

【例 2-20】 如图 2-70（a）所示，简支梁受集中力偶作用，试列出该梁的剪力方程和弯矩方程，并作出剪力图和弯矩图。

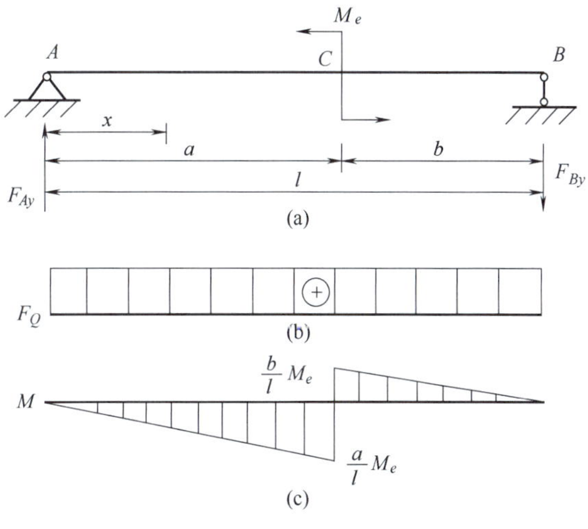

图 2-70　［例 2-20］图

解：（1）求约束反力，由平衡方程得

$$F_{Ay}=\frac{M_e}{l},\ F_{By}=\frac{M_e}{l}$$

（2）列剪力方程和弯矩方程，因在梁的 C 截面有集中力偶 M_e 作用，分两段列弯矩方程，有

对于 AB 段：

$$F_Q(x)=\frac{M_e}{l}\quad(0<x<l)$$

对于 AC 段：

$$M(x)=F_{Ay}x=\frac{M_e}{l}x\quad(0\leqslant x\leqslant a)$$

对于 CB 段：

$$M(x)=F_{AY}x-M_e=\frac{M_e}{l}x-M_e\quad(a<x<l)$$

根据上述方程，绘出剪力图如图 2-70（b）所示；若 M 轴向下为正，弯矩图如图 2-70（c）所示；M 轴向上为正的弯矩图，读者可自行绘制。

由弯矩图看出，在集中力偶 M_e 的作用点 C 处，弯矩图发生突变，突变值为该集中力偶 M_e。

2.5.4 剪力、弯矩与荷载集度之间的关系及其应用

从【例 2-19】可见，将剪力函数 $F_Q(x)$ 对 x 求导数，得到 $\frac{dF_Q(x)}{dx}=-q$，q 为均布荷载的集度值；将弯矩函数 $M(x)$ 对 x 求导数，则得到 $\frac{dM(x)}{dx}=F_Q(x)$。实际上，上述关系在直梁中是普遍存在的。

如图 2-71（a）所示，梁上作用有任意分布荷载，荷载集度为 $q(x)$，并规定向上为正。现以梁左端为坐标原点，用坐标为 x 和 $x+dx$ 处的两个横截面，由梁中截取微段 dx。微段上的分布荷载 $q(x)$ 可视为均匀分布，左截面上内力为 $M(x)$ 和 $F_Q(x)$，右截面上则为 $M(x)+dM(x)$ 和 $F_Q(x)+dF_Q(x)$，假设内力均为正值，如图 2-71（b）所示。由微段的平衡条件，有

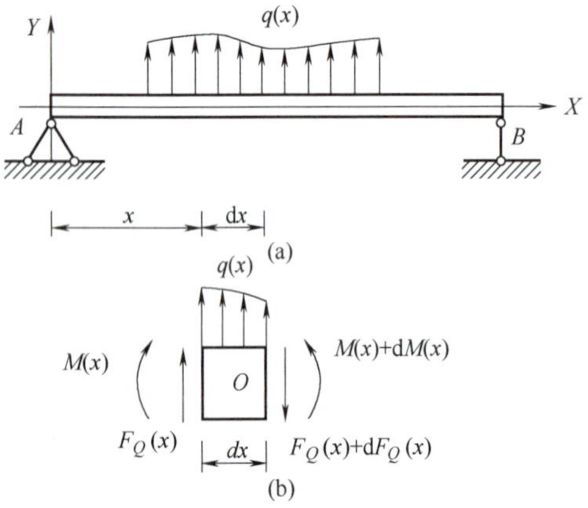

图 2-71 分布荷载集度、剪力与弯矩

$$\sum F_Y=0, F_Q(x)+q(x)dx-[F_Q(x)+dF_Q(x)]=0$$

可得

$$\frac{dF_Q(x)}{dx}=q(x) \qquad ①$$

而对右截面形心 O，有

$$\sum M_O(F_i)=0,\ [M(x)+dM(x)]-M(x)-F_Q(x)dx-q(x)dx\frac{dx}{2}=0$$

略去二阶无穷小，得

$$\frac{dM(x)}{dx}=F_Q(x) \qquad ②$$

由式①和式②又可得

$$\frac{d^2M(x)}{dx^2}=q(x) \qquad ③$$

以上三式就是剪力 $F_Q(x)$、弯矩 $M(x)$ 和荷载集度 $q(x)$ 间的微分关系式。

应用这些关系以及有关剪力图和弯矩图的规律，可以检验所作内力图的正确性，也可直接作梁的剪力图和弯矩图。现将有关剪力、弯矩与荷载之间的关系以及剪力图和弯矩图的一些特征，整理汇总为表 2-7，以供参考。请读者注意，下面的内容及例题中，凡涉及弯矩图的，我们均以 M 轴向下为正，不再累述！

下面举例来说明上述关系的应用。

【例 2-21】 一简支梁如图 2-72 所示，试用剪力、弯矩和荷载集度间的微分关系作此梁的剪力图和弯矩图。

解：（1）求约束反力，得

$$F_{Ay}=60kN,\ F_{By}=20kN$$

表 2-7　　梁的剪力图、弯矩图与荷载之间的关系

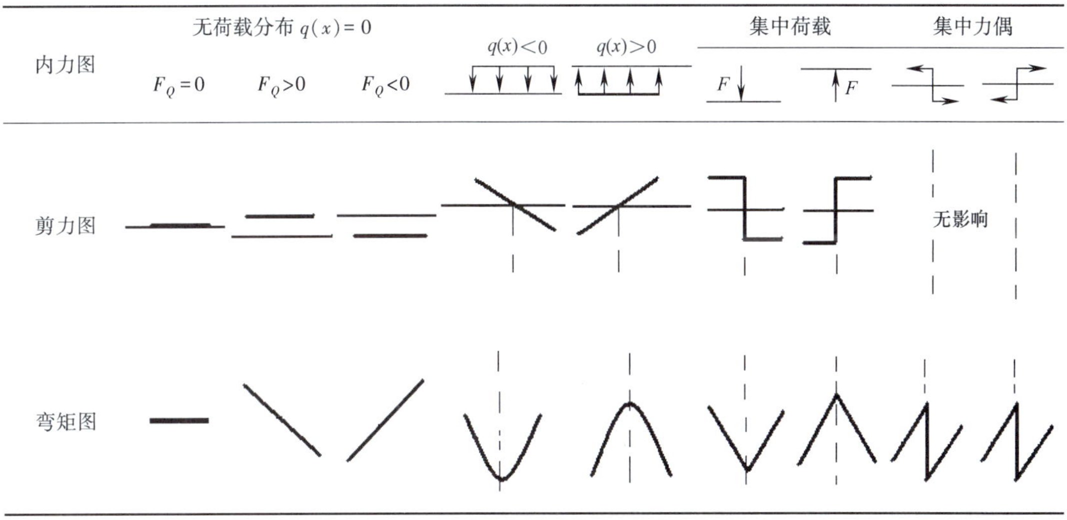

（2）作剪力图，各控制点处的剪力值可由简便法计算

$$F_{QA右}\ F_{QC左}=60\text{kN}$$

$$F_{QC右}\ F_{QD左}=60\text{kN}$$

$$F_{QB左}=-20\text{kN}$$

作剪力图如图 2-72（b）所示，从图中确定 $F_Q=0$ 的截面位置。

（3）作弯矩图，各控制点处的弯矩值可由简便法计算

$$M_A=M_{D右}=M_B=0$$

$$M_C=60\text{kN}\cdot\text{m}$$

$$M_{D左}=80\text{kN}\cdot\text{m}$$

在 $F_Q=0$ 截面弯矩有极值

$$M_E=10\text{kN}\cdot\text{m}$$

画出弯矩图如图 2-72（c）所示。

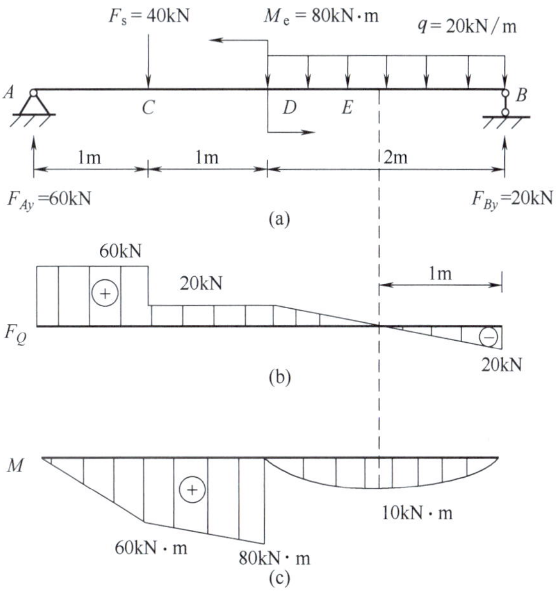

图 2-72　［例 2-21］图

任务实施

（1）准备

铆接拉杆的拉伸强度校核包括三个方面：铆钉的剪切强度校核、铆钉或拉杆的挤压强度校核和拉杆的拉伸强度校核。在对其进行校核之前，需要理解应力分析的有关概念，掌握构件受力变形的规律和强度校核的分析计算方法。

（2）实施

全班学生每 3~4 人一组，组员合作校核汽车铆接拉杆的拉伸强度，并做好记录。

① 分析铆接拉杆接头的受力。

4 个铆钉的直径和材料均相同，外力作用线通过铆钉群剪切面的形心，通常认为各铆钉剪切面上的剪力 F_Q 均为外力的 1/4，即 $F_Q=F/4$。

② 校核铆钉拉杆的拉伸强度。

校核铆钉的挤压强度：每个铆钉受力为 $F_Q=F/4$，剪切面积为 $A=\pi d^2/4$，则

$$\tau=\frac{F_Q}{A}=\frac{F/4}{\pi d^2/4}=\frac{F}{\pi d^2}=\frac{80\times10^3}{\pi\times16^2}=99.5(\text{MPa})<[\tau]=100\text{MPa}$$

因此铆钉的剪切强度满足要求。

校核铆钉的挤压强度：每个铆钉受到的挤压力为 $F_{bs}=F/4$，挤压面积为 $Abs=\mathrm{d}t$，则

$$\sigma_{bs}=\frac{F_{bs}}{A_{bs}}=\frac{F/4}{\mathrm{d}t}=\frac{F}{4\mathrm{d}t}=\frac{80\times10^3}{\pi\times16\times10}=125(\text{MPa})<[\sigma_{\text{bs}}]=160\text{MPa}$$

因此铆钉的挤压强度足够。由于拉杆的材料与铆钉的材料相同，因此拉杆的挤压强度也足够。

③ 校核拉杆的拉伸强度。

由于拉杆上板的宽度比下板小，因此只需校核上板的拉伸强度。现取上板为研究对象，受力简图如图 2-37（b）所示，应用截面法求得各横截面的拉力分别为

$$F_{N1}=F/4,F_{N2}=F/2,F_{N3}=3F/4,F_{N4}=F$$

由于各段横截面的面积相等，因此面 4-4 为危险截面，则

$$\sigma_{\max}=\frac{F_{N4}}{A}=\frac{F}{(b-d)t}=\frac{80\times10^3}{(80-16)\times10}=125(\text{MPa})<[\sigma]=150\text{MPa}$$

因此拉杆上板的拉伸强度足够。综上所述，该铆接拉杆的拉伸强度足够。

（3）评价

请指导老师按照学生的实际表现情况进行评价，并将评价结果填入任务工单中的考核评价表。学生结合自身表现和指导老师的评价，对本次任务进行总结。

课程思政

在力学基础理论研究中贡献中国智慧——俞茂宏

强度理论作为研究材料在复杂应力作用下屈服和破坏规律的理论，是各种工程结构强度计算和设计必需的基础。一直以来，学术界普遍认为，作为经典力学的分支，强度理论已发展得较为成熟，想要得出统一的强度理论是徒劳的。1959 年，西安交通大学年仅 25 岁的助教俞茂宏在参与学校塑性力学教材编写时，发现“材料强度实验中得出的某些结果与当时权威的强度理论无法匹配”，从此开启了他单枪匹马，向国际强度理论发起挑战的征程。

“当年，我教授材料力学，如果自己对强度理论理解得不深入，就上不好课。”回首往事，俞茂宏说。本着对学术与学生负责的态度，1961 年，俞茂宏在论文《各向同性屈服函数的一般性质》中第一次提出“双剪”概念，并推导出双剪屈服准则。但那时，双剪屈服准则是只能适用于金属类材料的强度理论。1985 年，俞茂宏又首次提出适用于岩土材料的双剪理论。

1991 年，第 6 届国际材料力学性能会议在日本京都召开，俞茂宏正式发表统一强度理论。至今，由他发展建立的双剪理论及统一强度理论不仅可以解释塑性材料的屈服破坏，也可以解释材料的拉断破坏、剪切破坏、压缩破坏，以及各种二轴、三轴破坏，适用于金属、混凝土和岩土等各类材料。

力学基础理论的突破大大拓宽了工程设计的边界。据统计，应用双剪理论及统一强度理论能将结构极限承载力最大提高 33%。在三峡船闸高边坡的塑性区研究、上海世博会地下变电站工程分析等国家重点工程项目设计中，都能找到这一理论的强力支撑。困扰强度理论研究领域百年的世界难题终于被破解！

【思考与练习】

1. 如图 2-73 所示，画出各图中物体 A、ABC 或杆件 AB、BC 的受力图，各接触面均为光滑面。

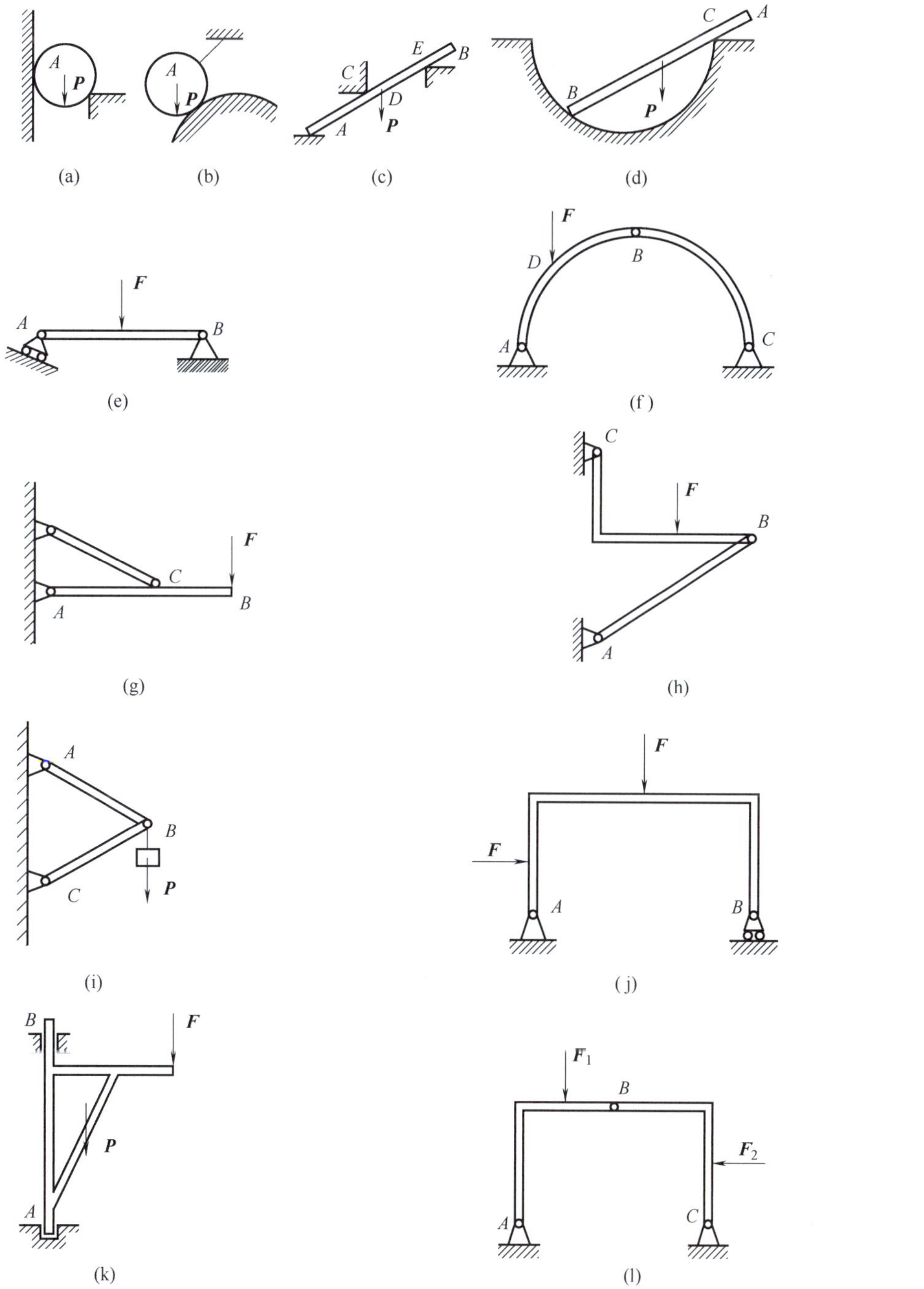

图 2-73　题 1 各物体简图

2. 试计算图 2-74 中力 F 对于点 O 之矩。

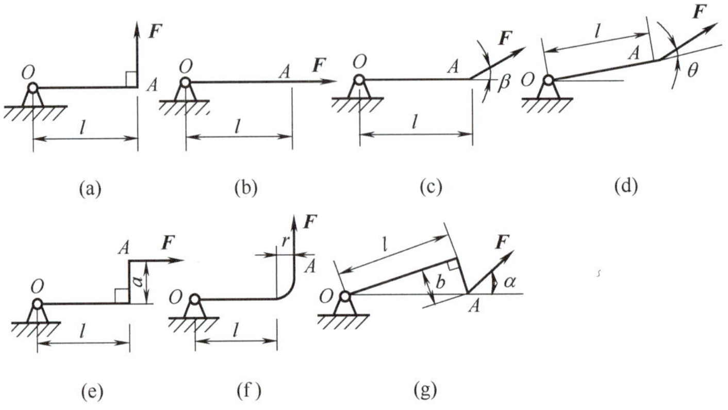

图 2-74　习题 2 图

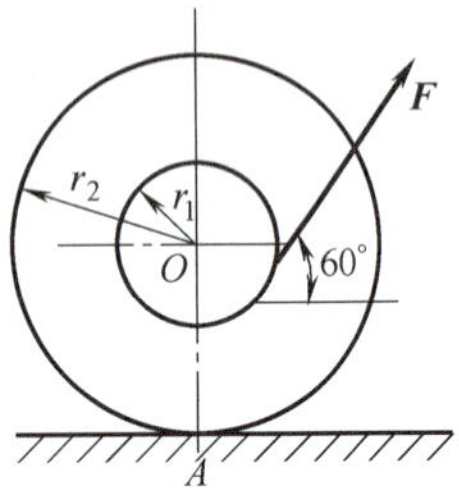

图 2-75　习题 3 图

3. 求图 2-75 中力 F 对点 A 之矩，设 $r_1=20\text{cm}$，$r_2=50\text{cm}$，$F=300\text{N}$。

4. 求如图 2-76 所示平面力系的合成结果。

5. 一梁的支承及载荷如图 2-77 所示。已知 $F=1.5\text{kN}$，$q=0.5\text{kN/m}$，$M=2\text{kN}\cdot\text{m}$，$a=2\text{m}$，求支座 B、C 上所受的力。

6. 试求如图 2-78 所示各杆上的轴力，并作出轴力图。

7. 等直杆如图 2-79 所示，横截面面积 $A=400\text{mm}^2$，试作出轴力图，并求各指定截面上的应力。

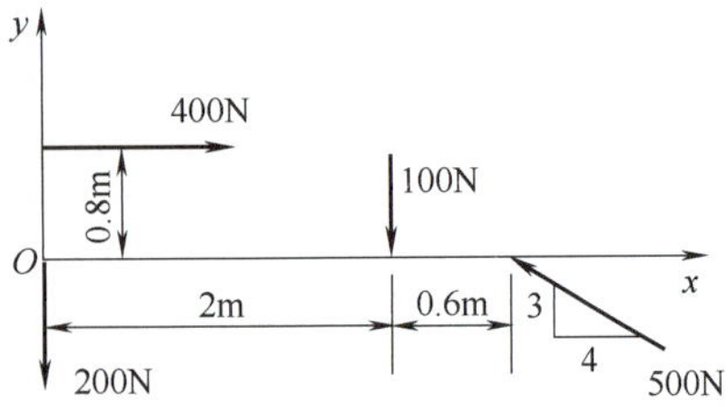

图 2-76　求平面力系的合成结果

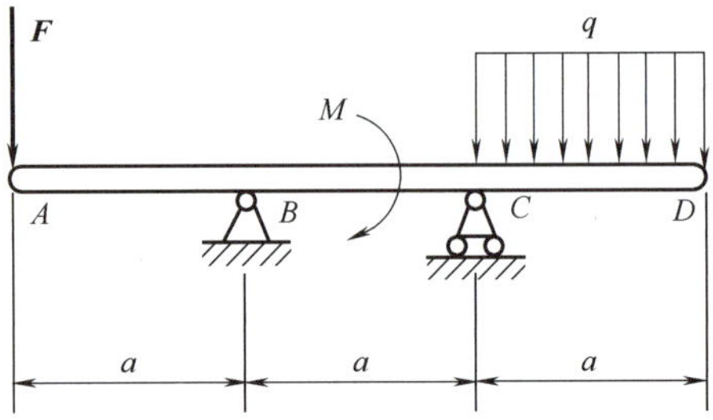

图 2-77　习题 5 图

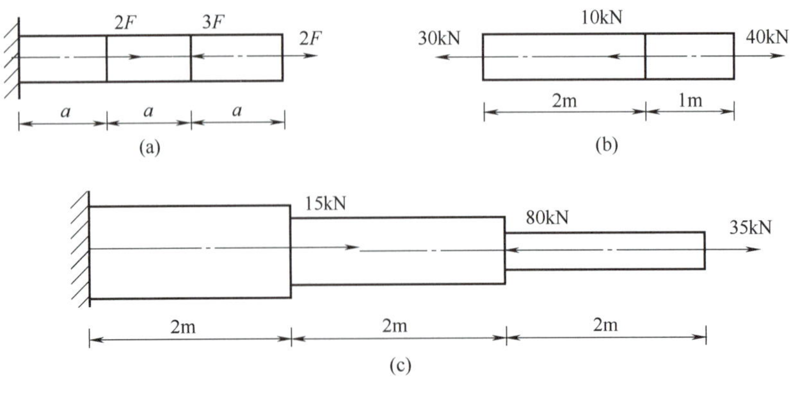

图 2-78　习题 6 图

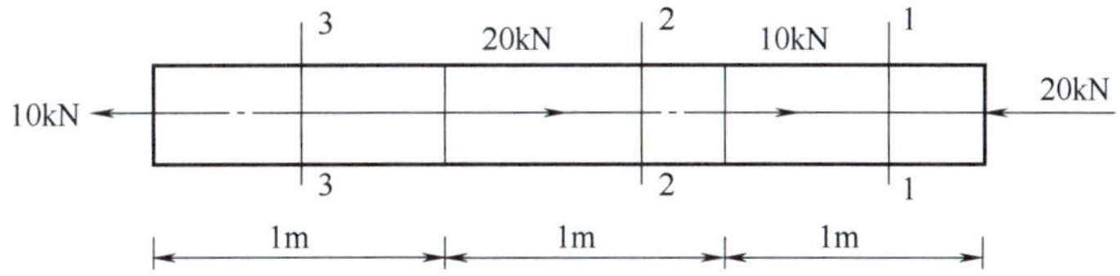

图 2-79　习题 7 图

8. 一等直杆受力如图 2-80 所示，已知横截面面积 A 和弹性模量 E，试求自由端 A 的位移。

9. 一变截面杆受力如图 2-81 所示，已知 AC 段横截面面积 $A_{AC}=0.001\text{m}^2$，CD 段横截面面积 $A_{CD}=0.0005\text{m}^2$，材料弹性模量 $E=200\text{GPa}$。试求杆件的总变形 Δl_{AD}。

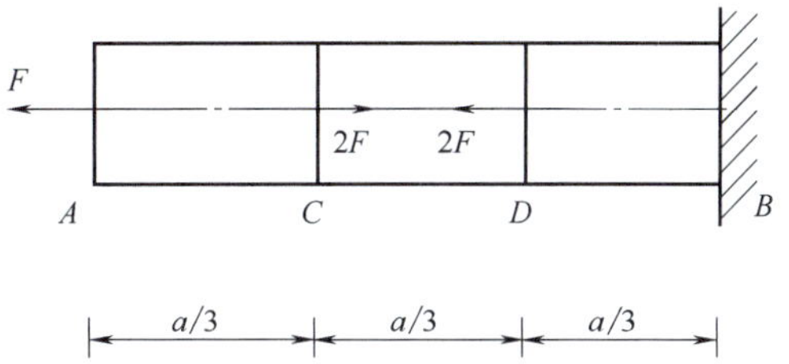

图 2-80　习题 8 图

10. 三角支架受力如图 2-82 所示，已知斜杆 AB 用两根 63mm×40mm×4mm 不等边角钢组成，材料的许用应力 $[\sigma]=170\text{Pa}$。试校核斜杆 AB 的强度。

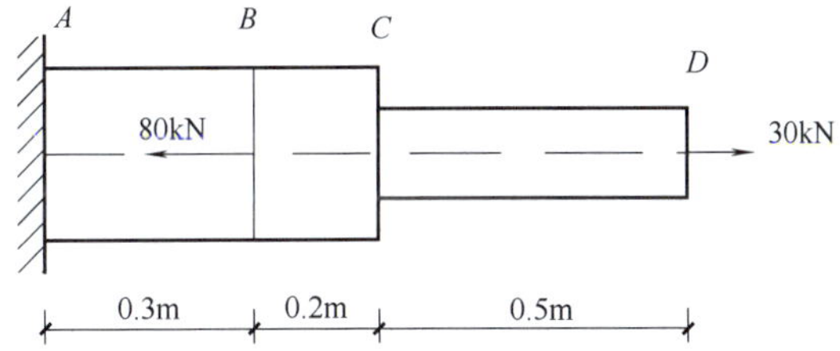

图 2-81　习题 9 图

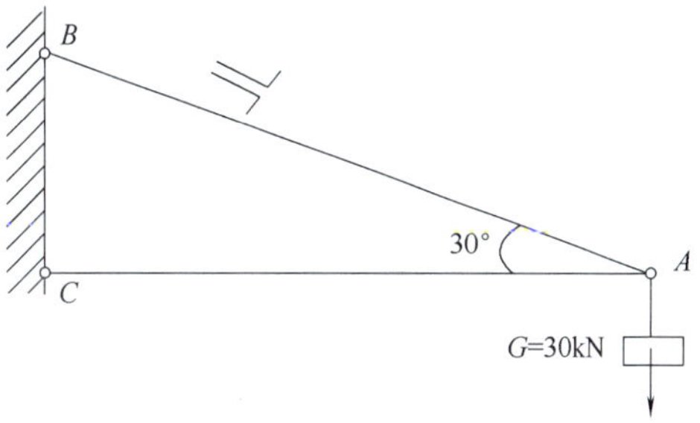

图 2-82　习题 10 图

11. 如图 2-83 所示传动轴，转速 $n=300\text{r/min}$，A 轮为主动轮，输入功率 $N_{KA}=10\text{kW}$，B、C、D 为从动轮，输出功率分别为 $N_{KB}=4.5\text{kW}$，$N_{KC}=3.5\text{kW}$，$N_{KD}=2.0\text{kW}$，试求各段扭矩，并作出扭矩图。

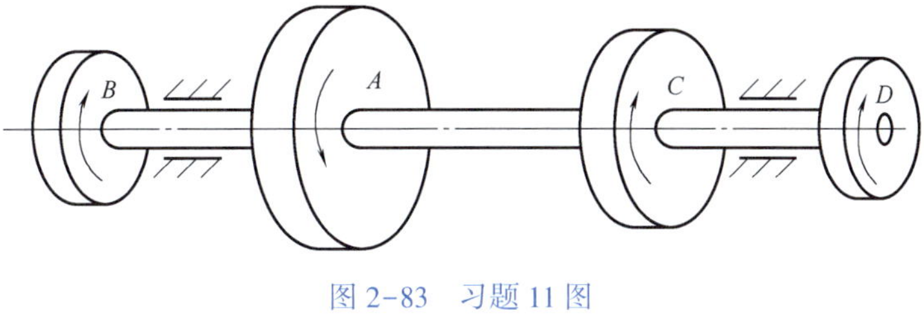

图 2-83　习题 11 图

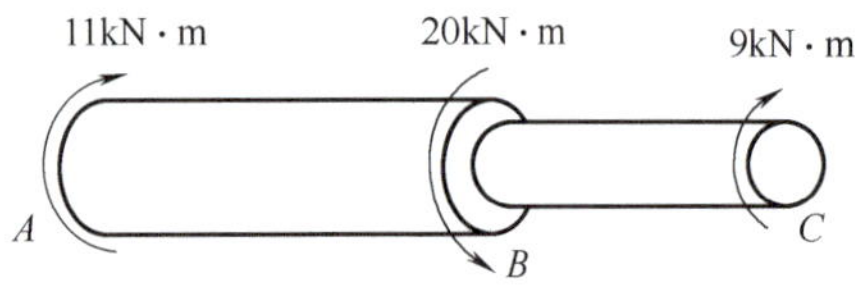

图 2-84　习题 12 图

12. 如图 2-84 所示，一钢制阶梯圆杆，AB 段为外径 $D_1=100$mm，内径为 $d_1=80$mm 的空心圆杆。BC 段为 $d_2=80$mm 的实心圆杆，若材料的许用切应力为 $[\tau]=100$MPa，试校核该圆杆的强度。

13. 电机车挂钩的销钉连接如图 2-85 所示，已知挂钩厚度 $t=8$mm，销钉的许用剪应力 $[\tau]=60$MPa，许用挤压应力 $[\sigma_{bs}]=200$MPa，电机车的牵引力 $F=15$KN，试 选择销钉的直径 d。

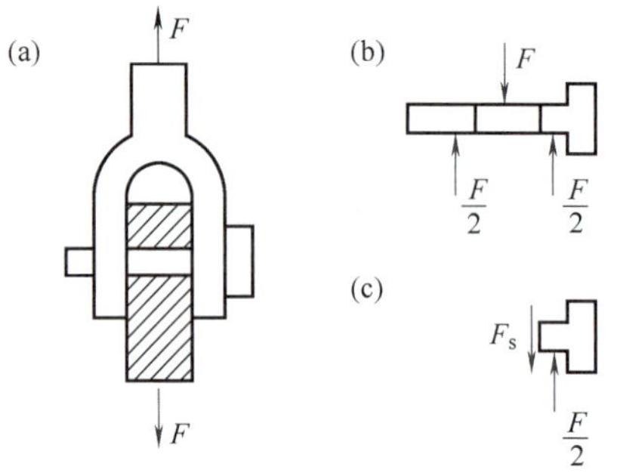

图 2-85　习题 13 图

14. 试列出图 2-86 所示各梁的剪力方程和弯矩方程，并作出剪力图和弯矩图。

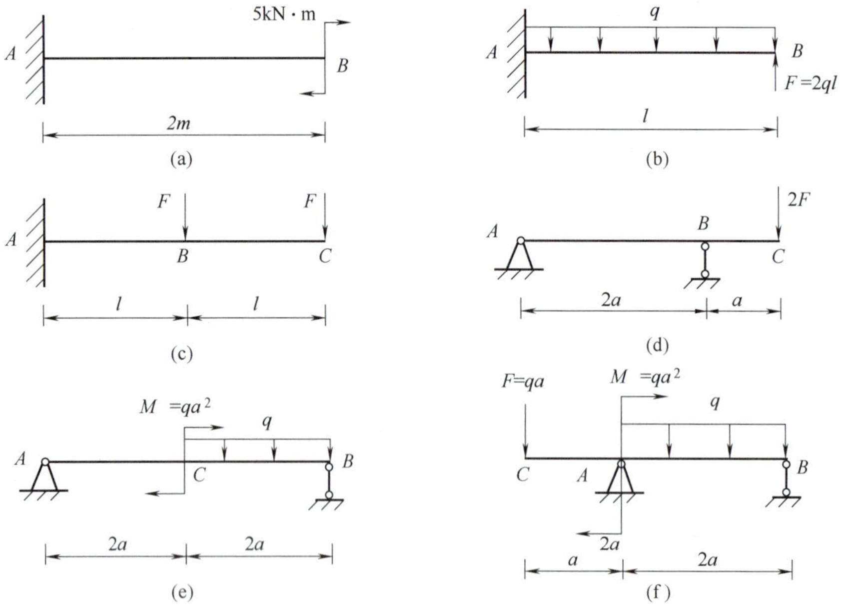

图 2-86　习题 14 图

项目3
常用机构的运动分析

【项目导读】

机器要实现设计的功能、完成预定的运动和动作，需要通过相应的机构来实现。机构由具有确定相对运动关系的构件组成，构件不同，机构的类型和运动特点不同。因此，掌握各种机构的组成和运动特点，熟悉其工作原理及其在机器中的应用，对于深入了解机器、合理使用机器以及设计和改进机器有着非常重要的意义。

本项目主要介绍平面机构的组成和基本分析方法，铰链四杆机构、凸轮机构和间歇运动机构等常用机构的类型、特点和运动规律等知识，为学习后续知识、解决工程问题打基础。

【知识目标】

- ◆ 掌握平面机构的组成和基本分析方法
- ◆ 掌握铰链四杆机构的类型及其演化
- ◆ 了解平面四杆机构的工作特性
- ◆ 掌握常见凸轮机构的应用及分类
- ◆ 掌握凸轮机构的运动规律和压力角
- ◆ 了解凸轮轮廓曲线的绘制
- ◆ 掌握常见间歇运动机构的组成、工作原理和分类
- ◆ 了解常见间歇运动机构的工作特点和应用

【技能目标】

- ◆ 能够绘制简单平面连杆机构的运动简图
- ◆ 能够分析简单平面四杆机构的运动
- ◆ 能够分析简单凸轮机构的运动

【素质目标】

- ◆ 培养运用科学理论解决工程问题的能力
- ◆ 弘扬理论联系实际、知行合一的优良作风
- ◆ 培养严谨细致、精益求精的工匠精神

【任务导航】

1. 分析颚式破碎机的工作机构——平面连杆机构
2. 分析平底从动件盘形凸轮机构——凸轮机构和间歇运动机构

任务 1　分析颚式破碎机的工作机构——平面连杆机构

任务描述

颚式破碎机可广泛应用于采石场、冶金、建筑、水泥、化工等行业。在采石场中，它通常用于破碎石材、石灰石、花岗岩、大理石等矿石；在冶金、建筑、水泥等行业中，则用于破碎硬度较高的物料，如煤灰、石灰石、铁矿石等。颚式破碎机还可以用于破碎一些特殊的材料，如纤维素板、废旧建筑的混凝土块、钢铁废料等，其破碎效果较好，可以将大块物料快速破碎成小块物料，便于后续的处理和运输。颚式破碎机的结构如图 3-1 所示，其中 A 为带轮回转中心，B 为偏心轴回转中心，C、D 为肘板两端处的铰链连接。

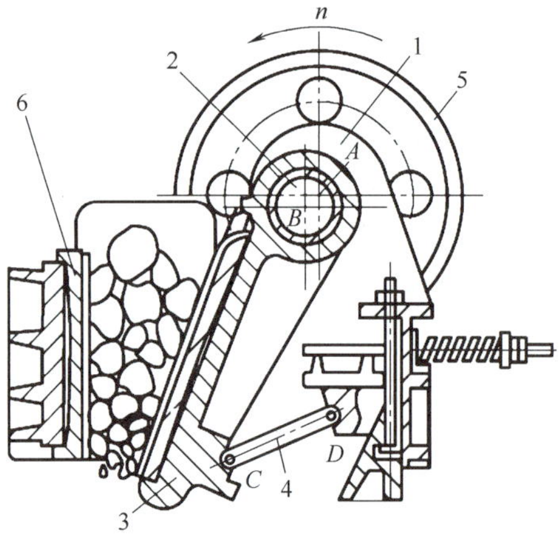

1—机架；2—偏心轴；3—动颚；4—肘板；5—带轮；6—定颚。

图 3-1　颚式破碎机结构图

任务工单

任务工单 3.1——分析颚式破碎机的工作机构

【任务目的】

① 掌握平面机构的组成和基本分析方法。

② 掌握铰链四杆机构的类型。

③ 了解平面四杆机构的工作特性。

【学生分组】

以 3~4 人为一组，选出组长并进行任务分工，将小组概况及分工填入表 3-1 中。

表 3-1 小组概况及分工

班 级		组 号		指导教师	
小组成员	姓 名	学 号	任务分工		
组 长					
组员					

【工作准备】

（1）获取信息

在任务实施前，需要掌握平面连杆机构的相关知识。请各组组长组织组员收集相关资料，回答下列问题。

引导问题 1：运动副的定义及其分类是什么？它们有哪些特点？

引导问题 2：颚式破碎机构件的表示方法是什么？平面机构运动简图的绘制要求及方法有哪些？

引导问题 3：平面机构的自由度如何计算？平面机构的运动特性有哪些？

（2）制订计划

查阅机械手册或相关资料，了解平面连杆机构的相关知识、组成、类型及工作特性，并制订实施计划。

（3）进行决策

① 每位学生阐述自己的计划。

② 组员之间进行提问与答疑，制订本组的最佳实施计划。

③ 教师根据各组完成情况进行点评。

【工作实施】

按照本组制订的最佳工作计划进行实施。按实际实施过程，将实施内容、遇到的问题及解决办法等全部记录在表 3-2 中。

表 3-2 工作实施过程记录表

序号	实施步骤	实施内容	遇到的问题及解决办法
1			
2			
3			

【考核评价】

各组组长展示任务完成情况，并完成如表 3-3 所示的考核评价表。

表 3-3 考核评价表

评价项目	评价标准	满分/分	实际得分/分	老师评语
技能操作	能正确分析颚式破碎机工作机构的运动副	20		
	能正确画出机构运动副的简图符号	20		
	能正确分析判断机构的复合铰链、局部约束、虚约束等	20		
	能正确列出自由度计算式并算出正确结果	20		
参与程度	认真参加活动，积极思考，主动与同学、指导老师进行交流，善于发现和解决问题	10		
合作意识	积极参与探讨，勇于接受任务，敢于承担责任	10		
总　分		100		
小组总结				

知识准备

1.1 运动副及其分类

1.1.1 自由度

在平面运动中，一个自由构件具有三个独立运动，如图 3-2 所示。即沿着 x 轴、y 轴的移动和在 Oxy 平面内的转动。构件具有的每一个独立运动称为构件的自由度。显然，一个做平面运动的构件有三个自由度。

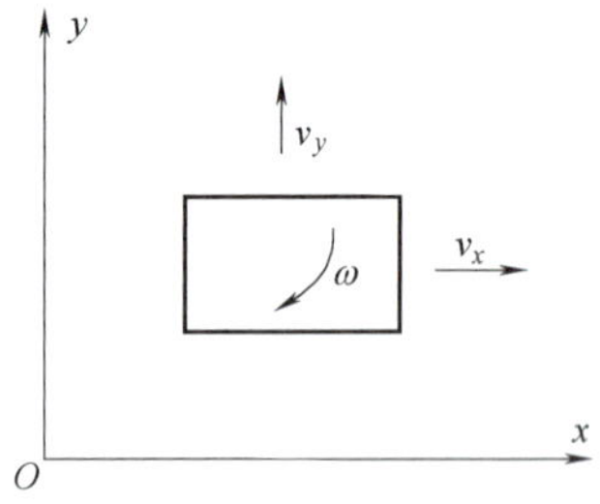

图 3-2 自由度

1.1.2 运动副和约束

运动副是指由两个直接接触的构件组成的能产生一定相对运动的连接。例如，轴与轴承的连接、活塞与气缸的连接以及传动齿轮两个轮齿间的连接等。

运动副限制了两构件间某些独立的运动，这种限制构件独立运动的作用称为约束，所限制的独立运动数目称为约束数。

在平面机构中，由于组成运动副构件的运动均为平面运动，故该运动副称为平面运动副。

构成运动副时直接接触的主要有点、线、面三种形式，它们称为运动副元素。根据运动副元素类型的不同，运动副可分为低副和高副两类。

① 低副。

两构件之间通过面接触构成的运动副称为低副。按两构件之间的相对运动形式不同，低副又可分为转动副和移动副，如图 3-3 所示。

转动副：若组成运动副的两个构件只能在一个平面内沿某一轴线作相对转动，则这种运动副称为转动副（或回转副，又称为铰链），如图 3-3（a）所示，

移动副：若组成运动副的两个构件只能沿着某一直线作相对移动，则这种运动副称为移动副，如图 3-3（b）所示。

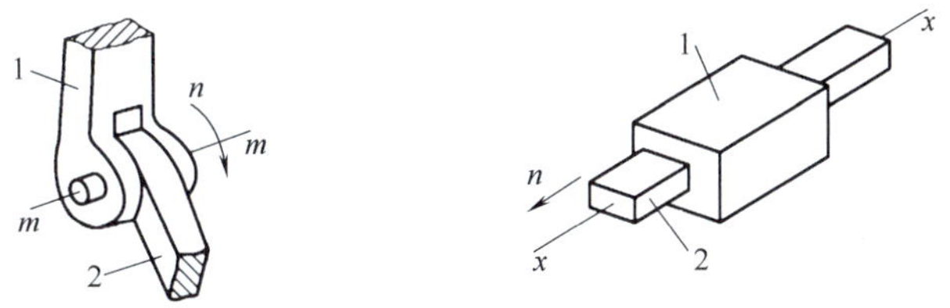

(a) 转动副(活动铰链)　　(b) 移动副

图 3-3　低副

由以上分析可知，对于平面低副，两构件之间的相对运动只能是转动或移动，故它是具有一个自由度和两个约束条件的运动副。

② 高副。

两构件之间通过点或线接触所构成的运动副称为高副，如图 3-4 所示。高副没有具体符号，可用接触处的轮廓表示。

图 3-4（a）所示的是凸轮 1 与从动件 2 通过点接触组成的高副，图 3-4（b）所示的是齿轮 1 和齿轮 2 通过线接触组成的高副。当两个构件之间组成高副时，构件 2 相对于构件 1 既可沿接触点 A 的公切线t-t 方向作相对移动，又可在接触点 A 绕垂直于运动平面的轴线作相对转动，即两个构件之间可产生两个相对运动。

由以上分析可知，对于平面高副，其相对运动为转动和移动，所以它是具有两个自由度和一个约束条件的运动副。

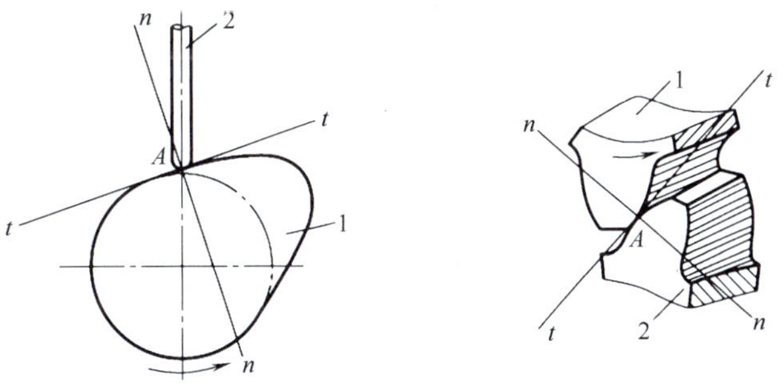

(a) 凸轮与从动作　　(b) 啮合的轮齿

图 3-4　高副

1.1.3　运动链

将两个以上的构件通过运动副连接而成的系统称为运动链。如果运动链中各构件组成首尾封闭的系统，如图 3-5（a）所示，则称为闭式运动链，简称闭链；否则称为开始运

动链，简称开链，如图 3-5（b）所示。闭链广泛应用于各种机构中，仅有少数机构采用开链，如机械手、挖掘机等。

(a) 闭链　(b) 开链

图 3-5　运动链

在运动链中，如果将其中一个构件固定作为机架，另一个或少数几个构件作为主运动件，则当主运动件按给定的运动规律作独立运动时，其余从动件也将随之作确定的相对运动，这种运动链称为机构。

1.2　构件的分类

机构是由若干构件通过运动副连接而成的。一般机构中的构件可分三类。

（1）固定件

固定件又称为机架，用来支承其他可动构件。例如图 3-1 中的机架，用以支承动颚板、带轮等。在机构图中，机架上常标有斜线以示区别。在研究机构中活动构件的运动时，常以固定件作为参考坐标系。任何一个机构中，必有一个构件为固定件。

（2）原动件

原动件是机构中接受外部给定运动规律的可动构件，如颚式破碎机的带轮及偏心轴可看作原动件。在机构图中，原动件上常标有运动方向箭头以示区别。

（3）从动件

从动件是指机构中随着原动件的运动而运动的其余活动构件，比如颚式破碎机的动颚板、肋板等。从动件的运动规律取决于原动件的运动规律和机构的组成情况。在活动构件中必须有一个或几个原动件，其余都是从动件。

当从动件输出运动或实现机构功能时，便称其为输出构件或执行件。

1.3　平面机构运动简图

实际生产、生活中，机构或机器大多是由外形和结构都很复杂的构件所组成。机构的运动关系是由原动件的运动规律、各运动副的类型和机构的运动尺寸（即各运动副间的相对位置尺寸）来决定的，与构件及运动副的具体结构、外形（高副机构的轮廓形状除外）、截面尺寸、组成构件的零件数目等无关。因此，为便于研究机构的运动，可以略去构件、运动副的外形和具体构造，而只用简单的线条和符号代表构件和运动副，并按比例定出各运动副位置，表示机构的组成和传动情况。这种能够准确表达机构运动特性的简明图形就称为机构运动简图。

如果只是为了表明机构的运动状态或各构件的相互关系，也可以不严格按比例来绘制简图，这样的简图通常称为机构示意图。

1.3.1　平面运动副的表示方法

两构件组成转动副时，转动副的结构和表示方法如图 3-6（a）所示。构件 1 为机架，构件 2 为滑块或滑杆，画有斜线的构件为机架。两构件组成移动副时，其表示方法如图 3-6（b）所示。两构件组成平面高副时，其表示方法如图 3-6（c）所示，一般在简图中画出两构件接触处的曲线轮廓。

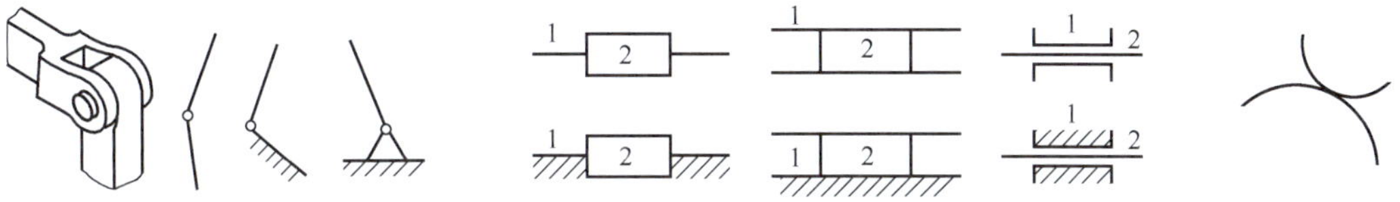

(a) 低副—转动副　　(b) 低副—移动副　　(c) 高副

图 3-6　平面运动副的表示方法

1.3.2　构件的表示方法

表达机构运动简图中的构件时，只需将构件上的所有运动副按照它们在构件上的位置用符号表示出来，再用简单的线条把它们连接即可。常用机构运动简图符号见表 3-4。其他构件的表示方法可以查阅相关手册。

表 3-4　常用机构运动简图符号

名称		符号
平面低副	转动副	
	移动副	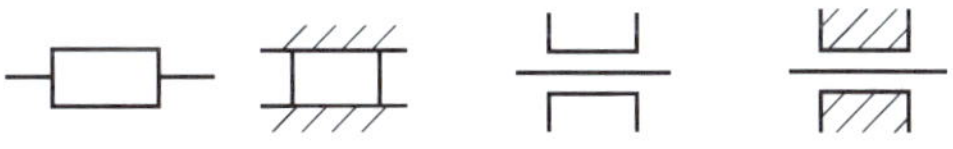
	螺旋副	
高副	凸轮副	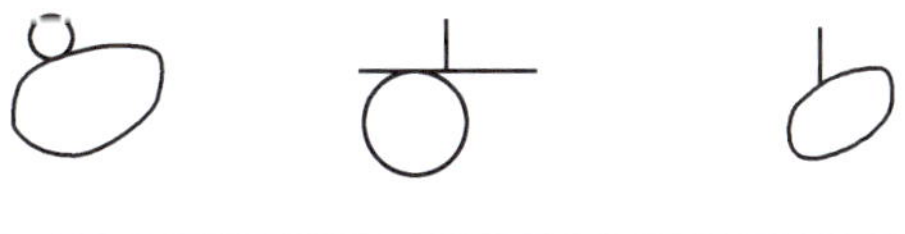
	齿轮副	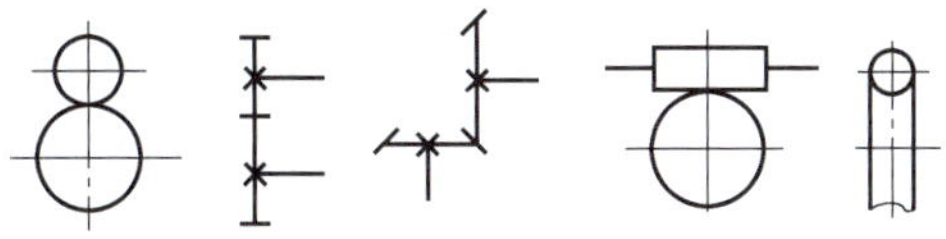

续表

名称		符号
构件	机架	
	有运动副元素的活动构件	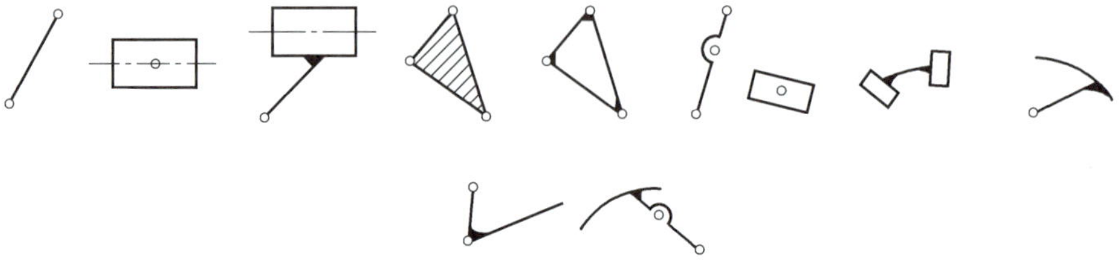

1.3.3 平面机构运动简图的绘制

绘制平面机构的运动简图时，通常按下列步骤进行。

① 分析机构的组成和运动情况，找出主动件、从动件和机架。从主动件开始，沿着传动路线分析各构件间的相对运动关系，确定机构中构件的数目。

② 确定运动副的类型及其数目。根据相连两构件间的相对运动性质和接触情况，确定机构中运动副的类型、数目及各运动副的相对位置。

③ 选择视图平面。为了能够清楚地表明各构件间的运动关系，对于平面机构，通常选择与各构件运动平面相平行的平面作为视图平面。

④ 选取适当的比例尺，绘制机构运动简图。根据机构实际尺寸和图纸大小确定适当的长度比例尺（比例尺 u_1=实际尺寸/图示长度，mm/mm），按照各运动副间的距离和相对位置，用规定的符号和线条将各运动副连起来，画出机构运动简图。图中各运动副顺次标以大写英文字母，各构件标以阿拉伯数字，用箭头标明主动件。

知识点拨

为清楚地表示机构中各构件的相对位置关系，防止机构运动简图中的构件出现相互重叠或交错的情况，应选择恰当的瞬时位置来绘制机构运动简图。

【例 3-1】 如图 3-7（a）所示为汽车发动机曲柄连杆机构，请绘出该机构的机构运动简图。

解：（1）分析机构的组成和运动情况，找出主动件、从动件和机架。

汽车发动机曲柄连杆机构由曲轴 1、连杆 2、活塞 3 和气缸体 4 等构件组成，往复直线运动的活塞 3 通过连杆 2 驱动曲轴 1 转动。其中，气缸体 4 是机架，活塞 3 是主动件，其余为从动件。

（2）分析各构件之间的相对运动形式，确定运动副的类型和数目。

曲轴 1 与气缸体 4、连杆 2 与曲轴 1 之间均发生相对转动，构成 2 个转动副；活塞 3 既与连杆 2 之间发生相对转动，又与气缸体 4 之间发生相对直线运动，构成 1 个转动副和 1 个移动副。

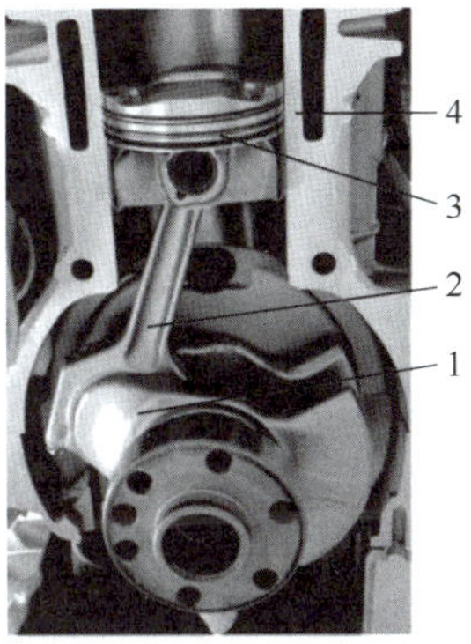

(a) 发动机曲柄连杆机构

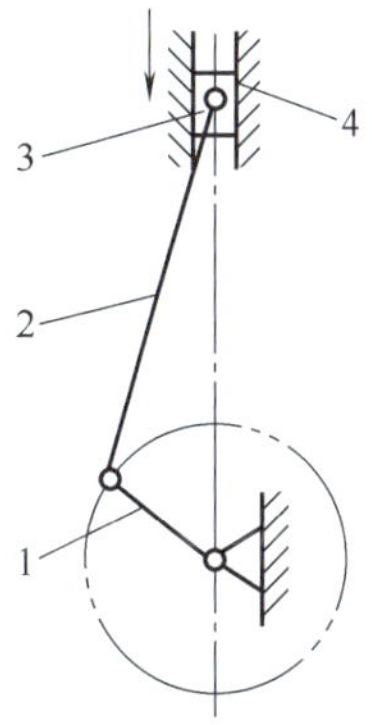

(b) 机构运动简图

发动机曲柄连杆机构动图

1—曲轴；2—连杆；3—活塞；4—气缸体。

图 3-7　发动机曲柄连杆机构

（3）选择适当的视图平面和绘图比例。

由于汽车发动机曲柄连杆机构是平面机构，因此选择连杆 2 的运动平面作为机构运动简图的视图平面，这样可清楚地表达构件间的运动传递情况。绘图比例根据图纸的大小确定。

（4）确定各运动副的相对位置，依照运动的传递顺序，用构件和运动副的表示符号绘制出机构运动简图。

取曲轴 1 与竖直方向成 60°的位置为主动件的初始位置，各运动副之间的相对位置根据机构的实际测量尺寸按比例缩放后确定。依照运动的传递顺序，用规定的表示方法绘制运动副和构件，标出构件标号和主动件，如图 3-7（b）所示。

1.4　平面机构的自由度

两个以上构件用运动副连接起来组成构件系统，如将其中某一构件固定为机架，而且当另一构件（或少数几个构件）按给定的运动规律相对于机架独立运动时，其余构件也都随之作确定的运动，这时构件系统称为机构。为了使机构能产生确定的相对运动，有必要探讨机构的自由度和机构具有确定运动的条件。

平面构件的自由度是指构件具有确定运动时，相对于机架可进行自由运动的数目，如图 3-8 所示。

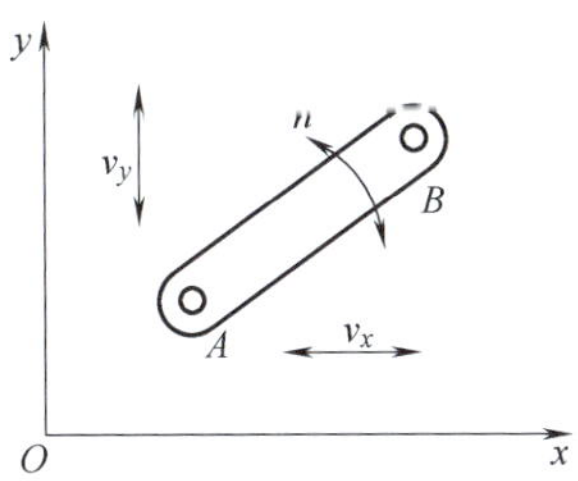

(a) 自由运动的构件

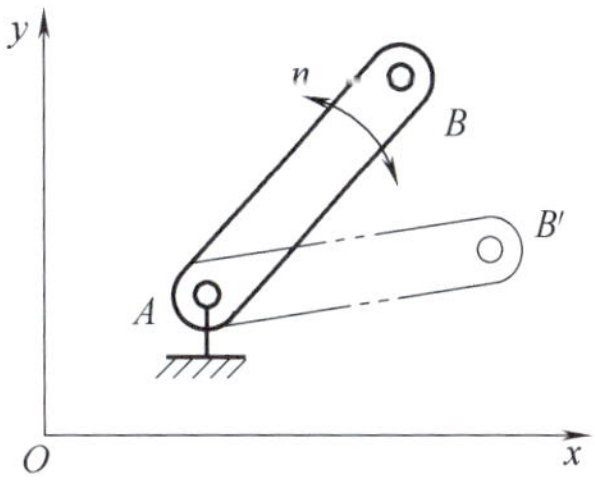

(b) 组成运动副的构件

图 3-8　平面构件的自由度

知识点拨

一般而言，构件引入 N 个约束，则会失去 N 个自由度。1 个低副会产生 2 个约束，使构件失去 2 个自由度；1 个高副会产生 1 个约束，使构件失去 1 个自由度。如图 3-8（b）所示，构件 AB 在引入一个低副后，产生了 2 个约束，失去了 2 个自由度。

1.4.1 平面机构自由度的计算

平面机构的自由度是指平面机构中各构件相对于机架所具有独立运动的数目之和。在平面机构中，一个不受任何约束的构件在平面中运动时只有三个自由度。

设一个平面机构包括机架在内共有 N 个构件，则活动构件的数目为 $n=N-1$。这些活动构件在未组成运动副之前的自由度总数为 $3n$。设该平面机构中有 P_L 个低副、P_H 个高副，则组成运动副后共计引入 $2P_L+P_H$ 个约束，平面机构减少 $2P_L+P_H$ 个自由度。该平面机构自由度 F 的计算公式为

$$F=3(N-1)-2P_L-P_H \tag{3-1}$$

【例 3-2】 计算如图 3-7（b）所示的汽车发动机曲柄连杆机构的自由度。

解： 该机构共有 4 个构件，活动构件的数目为 3 个，其中有 3 个转动副和 1 个移动副，则 $P_L=4$；没有高副，则 $P_H=0$。根据式（3-1），该机构的自由度为

$$F=3\times3-2\times4-0=1$$

1.4.2 平面机构具有确定运动的条件

为使机构具有确定的相对运动，应使给定的独立运动数目等于机构的自由度，而给定的独立运动规律是由原动件提供的，通常每个原动件只具有一个独立运动规律，所以机构具有确定相对运动的条件为：机构自由度数大于零且等于原动件的个数。

在图 3-7 所示的发动机曲柄连杆机构中，原动件数为 1，等于机构的自由度，所以该机构具有确定的运动。在图 3-9 所示（图上数字表示构件，下同）的铰链五杆机构中，$n=4$，$P_L=5$，$P_H=0$，则其自由度

$$F=3n-2P_L-P_H=3\times4-2\times5-0=2$$

为了使该机构有确定的运动，故需要两个原动件。

当机构自由度大于 0 时，如果原动件数少于自由度，那么运动链就会出现运动不确定现象，就不能成为机构，如图 3-9 所示。如果原动件数大于自由度，则机构中最薄弱的构件或运动副可能被破坏，也不能成为机构，如图 3-10 所示。如果自由度等于零，则这些构件组合在一起形成一个刚性结构，各构件之间没有相对运动，不能构成机构，如图 3-11 所示。

1.4.3 计算平面机构自由度时的注意事项

应用式（3-1）计算平面机构的自由度时，应注意以下几种特殊情况。

（1）复合铰链

两个以上的构件在同一轴线上用转动副相连组成的运动副称为复合铰链，如图 3-12

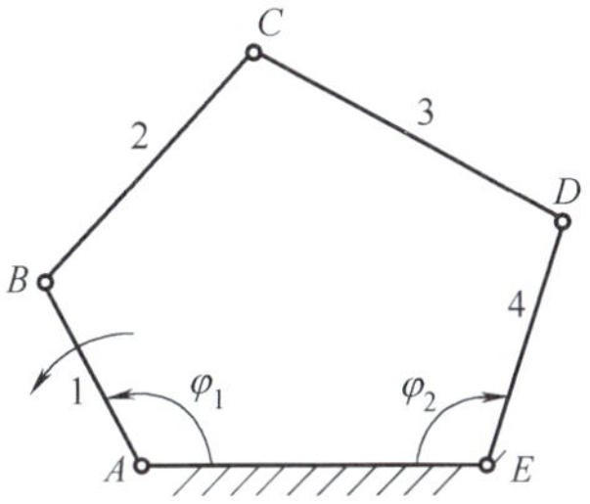

图 3-9　原动件 <F

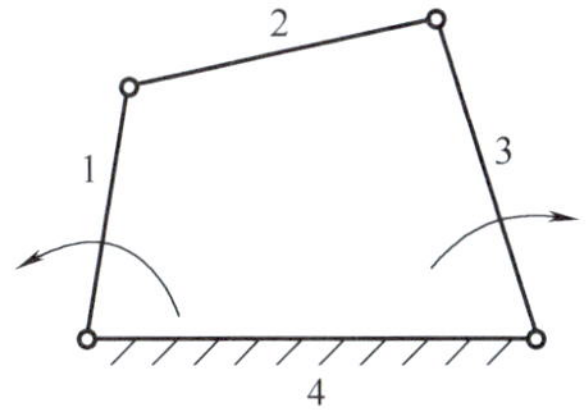

图 3-10　原动件 >F

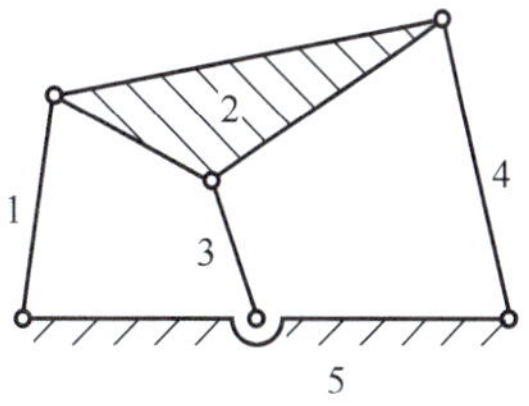

图 3-11　$F=0$

所示是三个构件组成的复合铰链，图中构件 2 分别与构件 1、构件 3 构成两个转动副。依此类推，k 个构件在同一处铰接，构成 $k-1$ 个转动副。因此在统计转动副数目时应注意识别复合铰链，避免遗漏。

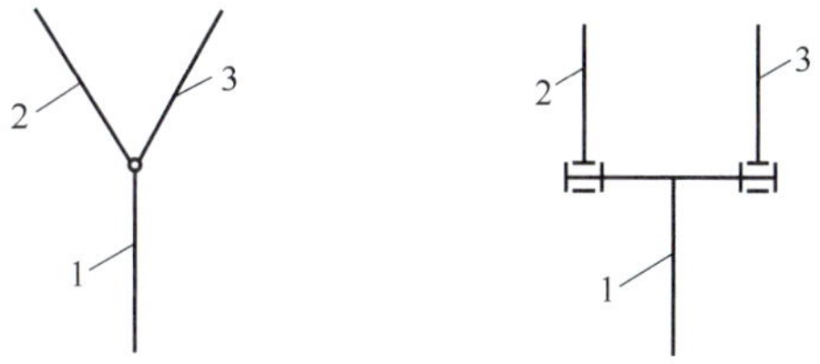

图 3-12　复合铰链（一）

复合铰链常出现在下列情况，如图 3-13 所示。

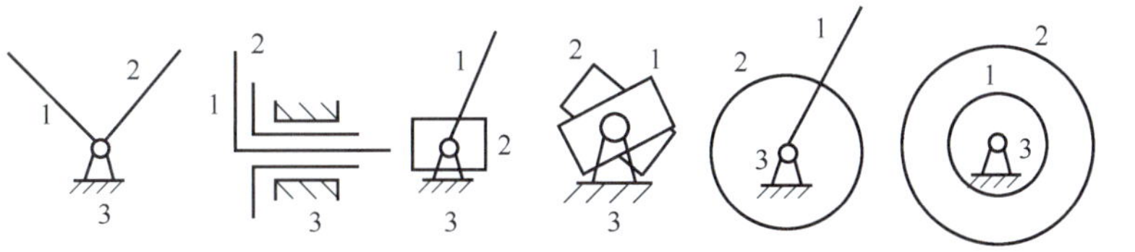
图 3-13　复合铰链（二）

【例 3-3】　计算如图 3-14 所示机构的自由度。

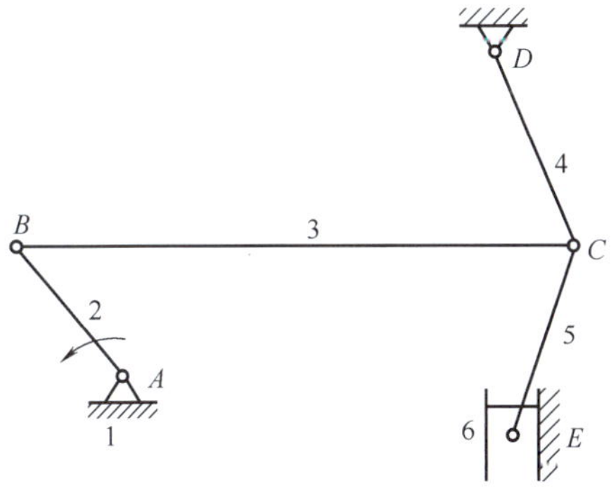

图 3-14　复合铰链（三）

解：该机构共有 5 个构件，C 点为复合铰链，其中有 6 个转动副和 1 个移动副，则 $P_L=7$；没有高副，则 $P_H=0$。根据式（3-1），则机构的自由度为

$$F=3\times5-2\times7-0=1$$

（2）局部自由度

机构中存在的与输出机构运动无关的自由度称为局部自由度。一般情况下，机械中常常存在局部自由度，如滚子、滚动轴承等局部自由度并不影响机构的主要运动，但它可以改善机构的工作状况，即可使高副接触处的滑动摩擦变成滚动摩擦，并减少磨损。

如图 3-15（a）所示的凸轮机构，为了减小高副处的摩擦，变滑动摩擦为滚动摩擦，常在从动件 2 上装一滚子 4，当主动凸轮 1 绕固定轴 A 转动时，从动件 2 在导路中上下往复运动。滚子 4 和从动件 2 在 B 处组成一个转动副，显然，滚子 4 的转动快慢与否对整个机构运动无任何影响，即可将从动件 2 与滚子 4 看成一体，如图 3-15（b）所示。

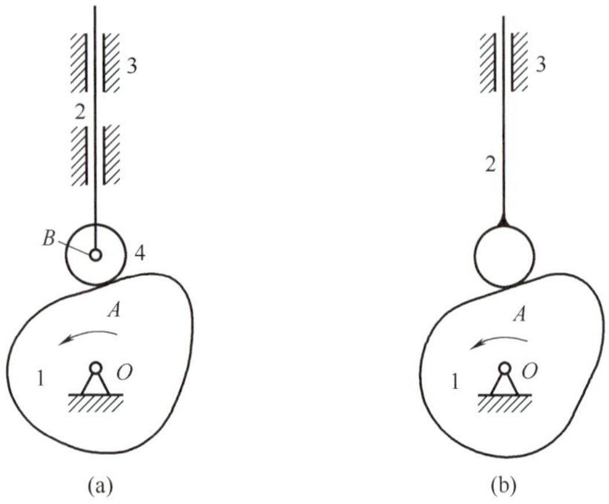

图 3-15 凸轮机构

在计算机构自由度时应将局部自由度除去不算，先把滚子与从动件看成一体，消除转动副后再计算其自由度。凸轮机构的自由度为 $F=3n-2P_L-P_H=3\times2-2\times2-1=1$。

（3）虚约束

在机构中，有些运动副引入的约束与其他运动副所引入的约束相重复，限制作用也相重复。这种重复的不起独立限制作用的约束称为虚约束。在计算机构自由度时，也应将虚约束除去不计。在工程实际中，虽然虚约束不影响机构的运动，但它可以保证机构顺利运动或增加机构的刚性，改善机构的受力情况，所以虚约束的应用十分广泛。平面机构中的虚约束，常出现在以下情况中。

① 重复运动副。当两个构件在多处接触并组成相同的运动副时，就会引入虚约束。如图 3-16（a）所示，安装齿轮的轴与支承轴的两个轴承之间组成了两个相同的，且其轴线重合的转动副 A 和 A'。从运动的角度来看，这两个转动副中只有一个转动副起约束作用，而另一个转动副为虚约束。因此，计算机构的自由度时，应只考虑一个转动副。

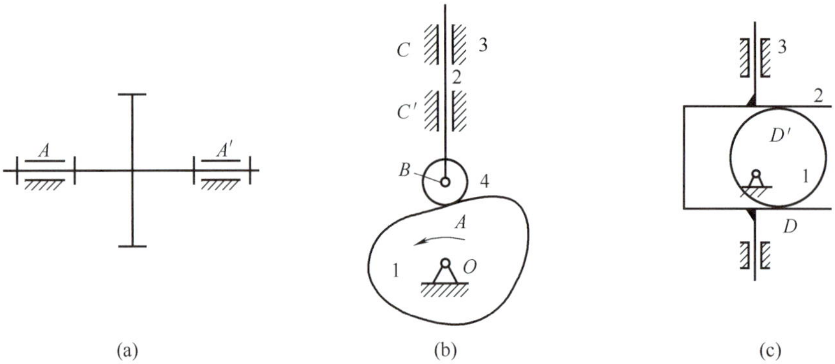

图 3-16 重复运动副

在图 3-16（b）所示的凸轮机构中，从动件 2 与机架 3 之间组成了两个相同的，且导路重合的移动副 C 和 C'。此时，只有一个移动副起约束作用，另一个为虚约束。在图 3-16（c）所示的机构中，构件 1 与构件 2 之间组成了两个高副 D 和 D'，这两个高副接触点处的公法线重合。此时，只考虑一个高副所引入的约束，其余为虚约束。

② 重复轨迹。在机构的运动过程中，如果两个构件上的两点之间的距离始终不变，则用一个构件和两个转动副将这两点连接起来，就会引入虚约束。如图 3-17 所示，构件 4 和转动副 E、F 引入的一个约束不起限制作用，是虚约束。为了便于分析，将构件 4 及转动副 E、F 拆除，得到如图 3-17（c）所示机构运动简图。

除去虚约束之后，求得该机构的自由度为

$$F=3n-2P_L-P_H=3\times3-2\times4-0=1$$

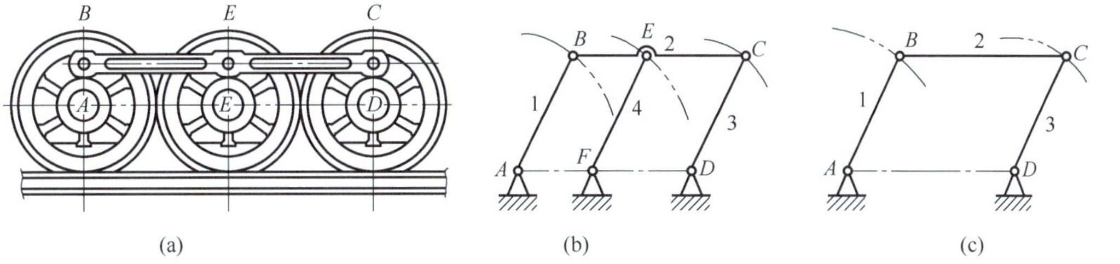

图 3-17 机车车轮联动机构中的虚约束

③ 对称结构。机构中对传递运动不起独立作用的、结构相同的对称部分，使机构增加虚约束。如图 3-18 所示的行星轮系，为了受力均衡，采用了三个行星轮 c、c'、c''对称布置，它们所起的作用完全相同，从运动的角度来看，只需要一个行星轮即可满足要求。因此其中只有一个行星轮所组成的运动副为有效约束。该机构的自由度为

$$F=3n-2P_L-P_H=3\times3-2\times3-2=1$$

机车车轮联动结构动图

行星齿轮动图

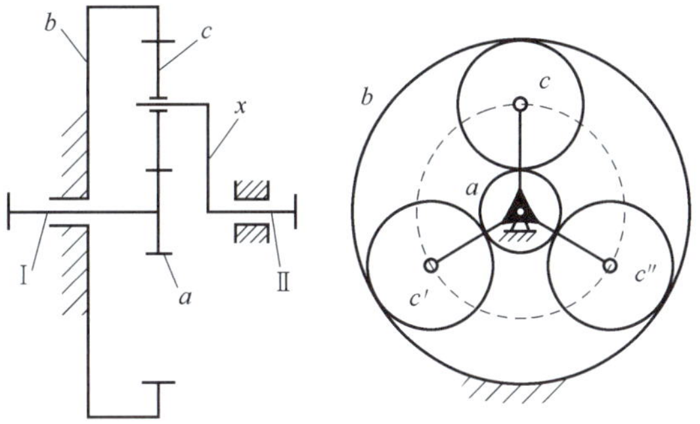

图 3-18 对称结构引入的虚约束

【例 3-4】 计算如图 3-19（a）所示大筛机构的自由度。

解： 机构中滚子 F 自转为一个局部自由度。滑块顶杆与 EE'滑槽组成一个移动副，其中之一为虚约束。C 处是复合铰链。现将滚子与滑块顶杆看成一体，除去虚约束 E'，如图 3-19（b）所示。该机构的活动构件数 $n=7$，低副数 $P_L=9$（7 个转动副和 2 个移动副），高副数 $P_H=1$，则该大筛机构的自由度为

$$F=3n-2P_L-P_H=3\times7-2\times9-1=2$$

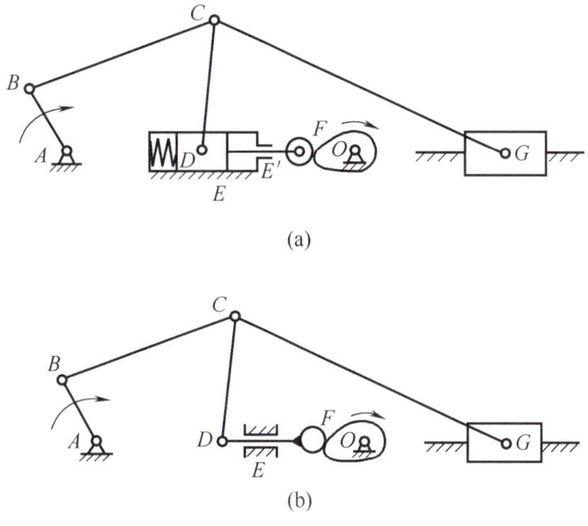

图 3-19 大筛机构

大筛结构动图

1.5 平面连杆机构

平面连杆机构是由若干刚性构件通过低副连接，且各构件均在相互平行平面内运动的机构，又称为平面低副机构。它广泛地应用于各种机械和仪表中，例如金属切削机床、起重运输机械、矿山机械、农业机械和仪表等。它在机械中起传递动力和改变运动形式的作用。

平面连杆机构中，以四个构件组成的平面四杆机构用得最多。平面四杆机构不仅应用广泛，而且又是组成多杆机构的基础。在平面四杆机构中，又以铰链四杆机构为基本形式，其他形式均可由铰链四杆机构演化而得到。

平面连杆机构优点：由于是面接触，比压较小且便于润滑，因而可承受较大的载荷，使用寿命较长；两构件间的接触面为圆柱面或平面，制造简便，易于获得较高的制造精度；连杆机构易于实现转动与往复摆动、往复移动等多种运动形式的转换；机构中连杆上各点的轨迹曲线多种多样，可满足不同的工作要求。因此，平面连杆机构广泛地用于各种机械和仪器中。

平面连杆机构缺点：具有较多的构件和较多的运动副，构件的尺寸误差和运动副间隙影响其运动精度；平面连杆机构的设计比较复杂，不易精确地实现复杂的运动规律和运动轨迹；机构中作平面运动和往复运动的构件所产生的惯性力难以平衡，因而平面连杆机构常用于低速的场合。

平面连杆机构中结构最简单、应用最广泛的是四杆机构，它是由四个构件通过低副连接组成的平面连杆机构，故称为平面四杆机构。平面四杆机构是组成其他多杆机构的基础。接下来重点讨论平面四杆机构的有关问题。

1.5.1 铰链四杆机构的类型和应用

所有构件全部采用转动副连接的平面四杆机构称为铰链四杆机构。如图 3-20（a）所示，在铰链四杆机构中，固定不动的构件 4 称为机架；与机架相连接的构件 1 和构件 3 称为连架杆；不直接与机架相连的构件 2 称为连杆；连杆 2 通常作平面运动，连架杆 1 和连架杆 3 绕各自的转动副中心 *A* 和 *D* 转动，能作整周转动的连架杆称为曲柄；只能在某一

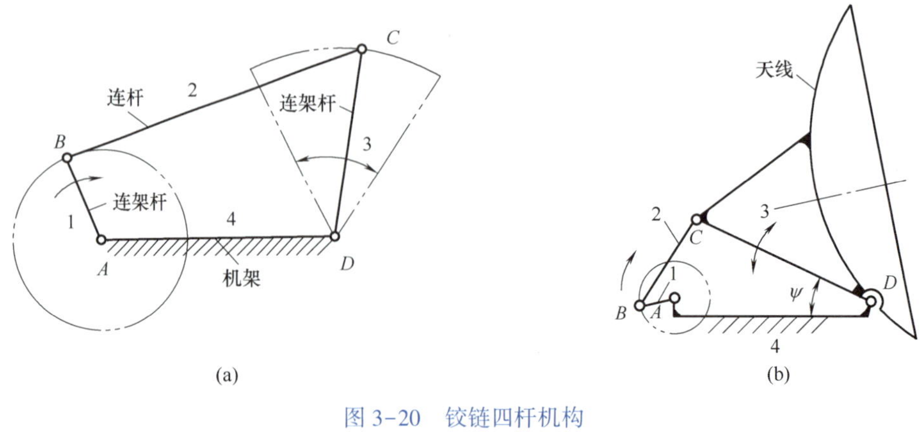

图 3-20　铰链四杆机构

角度范围内往复摆动的连架杆称为摇杆。

在铰链四杆机构中，根据两个连架杆运动形式的不同，可将铰链四杆机构分为三种基本类型：曲柄摇杆机构、双曲柄机构和双摇杆机构。

（1）曲柄摇杆机构

在铰链四杆机构中，若两个连架杆之一为曲柄，另一个为摇杆，则称为曲柄摇杆机构，如图 3-20（a）所示。曲柄摇杆机构的运动特点是当曲柄为主动件作等速转动时，摇杆为从动件作往复摆动。如图 3-20（b）所示的雷达天线调整机构，天线固定在摇杆 3 上，当主动件曲柄 1 回转时，通过连杆 2 使摇杆 3（天线）在一定角度内摆动，从而调整天线俯仰角的大小，扩大雷达的搜索范围。

曲柄摇杆机构也可将摇杆的往复摆动转变为曲柄的回转运动或所需的运动轨迹。如图 3-21（a）所示的缝纫机踏板机构。该机构以摇杆 3（踏板）为主动件，并作往复摆动，通过连杆 2 驱动曲柄 1 及带轮一起转动，从而使机头转动以进行缝纫工作。如图 3-21（b）所示的搅拌器搅拌机构，曲柄 1 匀速运动，通过连杆 2 使摇杆 3 摆动，利用连杆 2 上 E 点的轨迹以及容器绕轴的转动而将溶液搅拌均匀。

曲柄摇杆机构还常用于汽车刮水器、脚踏式人力脱粒机等机械中，如图 3-22 所示。

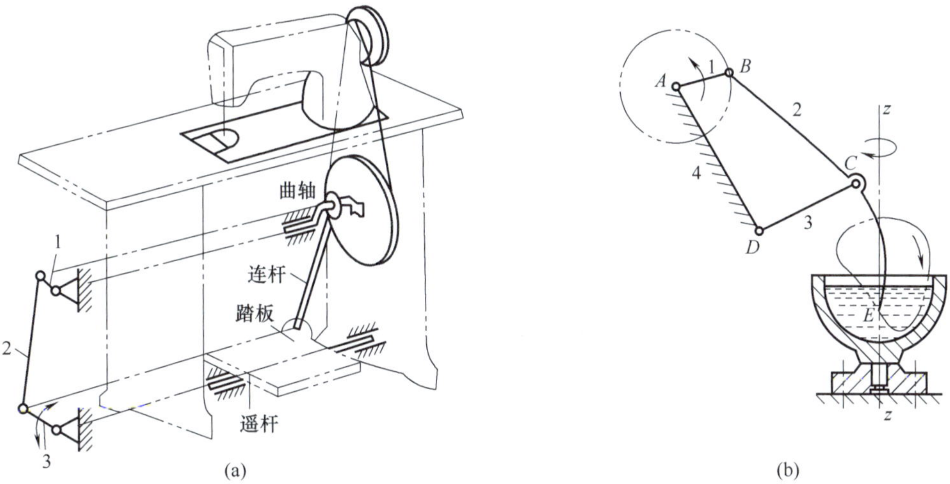

图 3-21　曲柄摇杆机构应用（一）

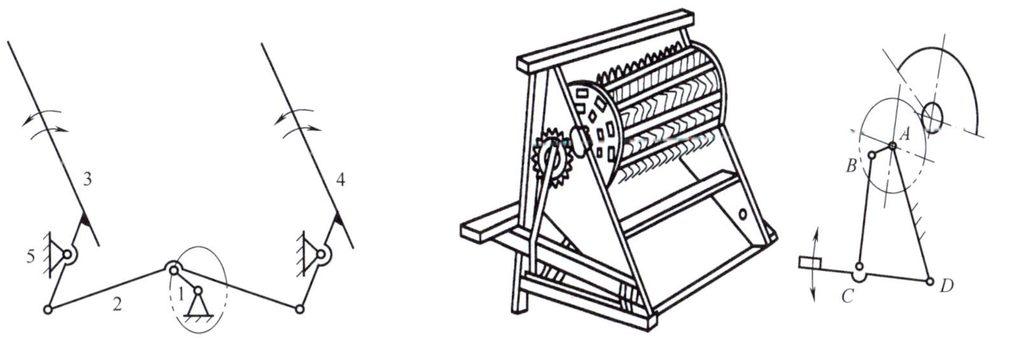

图 3-22　曲柄摇杆机构应用（二）

（2）双曲柄机构

在铰链四杆机构中，若两个连架杆均为曲柄，都能作整周回转，则该机构称为双曲柄机构。如图 3-23 所示，惯性筛就是利用双曲柄机构的例子，当曲柄 1 匀速转动时，从动曲柄 3 变速转动，使筛子 6 获得加速度，利用加速度产生的惯性力使物料颗粒在筛上往复运动，从而达到筛分材料的目的。

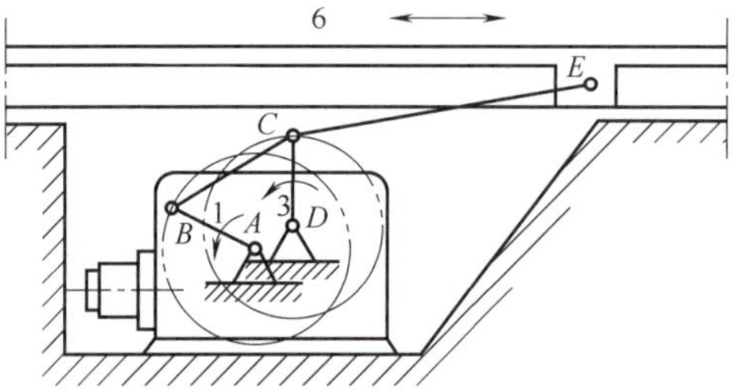

双曲柄机构惯性筛

图 3-23　惯性筛机构

在双曲柄机构中，若相对的两杆平行且长度相等，则称该机构为平行双曲柄机构，或称平行四边形机构，如图 3-24（a）所示。这种机构的特点是：两个曲柄以相同的角速度作同向转动，连杆始终与机架平行。如图 3-24（b）所示的机车车轮联动机构就是平行四边形机构，机车车轮平行四边形机构使各车轮与主动轮具有相同的运动，其含一个虚约束，以防止在曲柄与机架共线时运动不稳定。

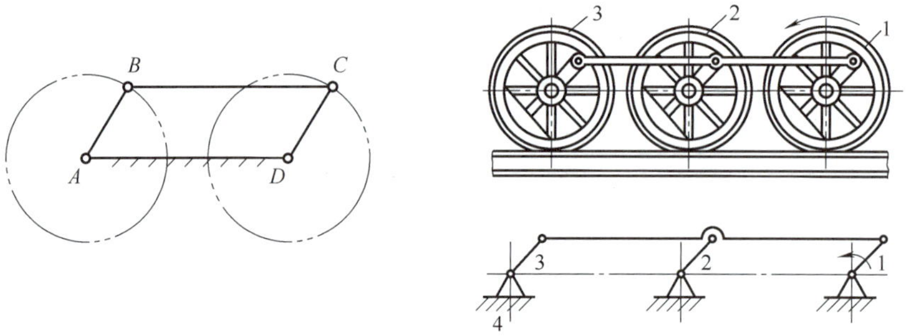

(a)　(b)

图 3-24　平行双曲柄机构

在双曲柄机构中，若相对的两杆长度相等但不平行时，则称为逆平行（反平行）双曲柄机构，如图 3-25（a）所示。这种机构运动时主、从动曲柄转向相反。图 3-25（b）所示的公交车车门开闭机构引用了逆平行（反平行）双曲柄机构原理，当主动曲柄 *AB* 转动时，通过连杆使从动曲柄 *CD* 作反向转动，从而驱动两扇车门同时打开或关闭，并分别处于预定的两个工作位置上。

（3）双摇杆机构

双摇杆机构是指两连架杆均为摇杆的铰链四杆机构，它能将主动摇杆的摆动转换为从动摇杆的另一种摆动，如图 3-26（a）所示。如图 3-26（b）所示的飞机起落架收放机构即为双摇杆机构。飞机起飞后，需将轮 5 收起，飞机着陆前，要把轮 5 放下。这些动作是由主动摇杆 1 通过连杆 2、从动摇杆 3 带动轮 5 来实现的。

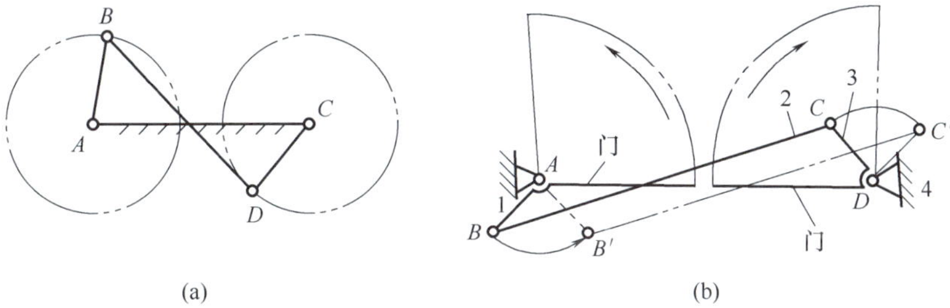

逆平行（反平行）四边形机构动图

图 3-25　逆平行双曲柄机构

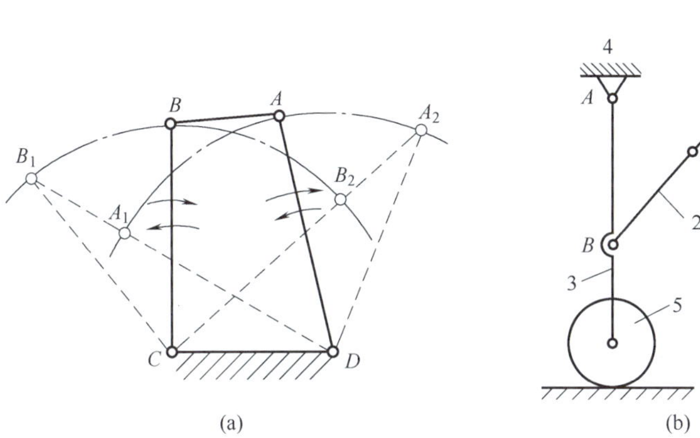

飞机起落架收放机构动图

图 3-26　双摇杆机构

在双摇杆机构中，如果两个摇杆的长度相等，则称为等腰梯形机构。如图 3-27（a）所示汽车前轮转向机构就是等腰梯形机构的应用实例。

如图 3-27（b）所示的鹤式起重机也是比较典型的双摇杆机构。

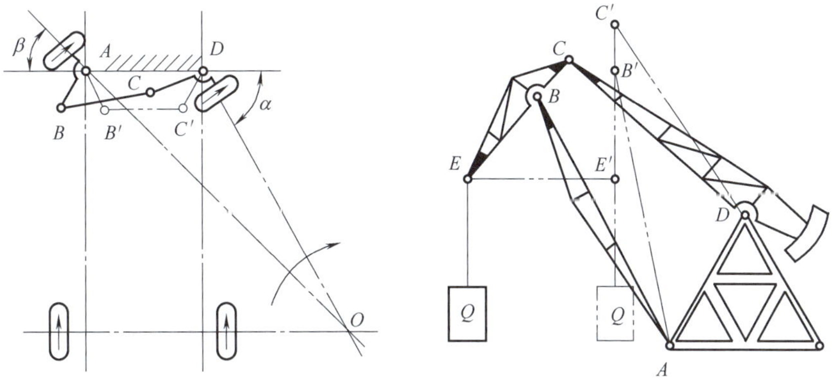

(a) 汽车前轮转向机构　　(b) 鹤式起重机提升机构

鹤式起重机提升机构动图

图 3-27

1.5.2 铰链四杆机构类型的判别

由上述可知，铰链四杆机构有三种基本形式，其区别在于连架杆是否为曲柄，而机构中是否存在曲柄则取决于各个构件的相对尺寸关系以及机架的选择。通过理论证明（可参见有关资料），铰链四杆机构曲柄存在的条件为：

① 连架杆与机架中必有一杆是最短杆。

② 最短杆与最长杆的长度之和必小于或等于其余两杆长度之和。

以上两个条件必须同时满足，否则机构中不存在曲柄。因此，铰链四杆机构类型的判别方法可归纳为：

① 如果最短杆与最长杆的长度之和大于其余两杆长度之和，则该机构中不可能存在曲柄，不论选取哪一个构件为机架，都只能得到双摇杆机构。

② 如果最短杆与最长杆的长度之和小于或等于其余两杆长度之和，选取不同的构件为机架，可以得到不同类型的铰链四杆机构。

曲柄摇杆机构：选取与最短杆相邻的构件为机架时，则连架杆中的最短杆为曲柄，而另一个连架杆为摇杆，可得到曲柄摇杆机构。

双曲柄机构：选取最短杆为机架时，两个连架杆均为曲柄，可得到双曲柄机构。

双摇杆机构：选取与最短杆相对的构件为机架时，则两个连架杆都不能作整周的转动，均为摇杆，所以得到的是双摇杆机构。

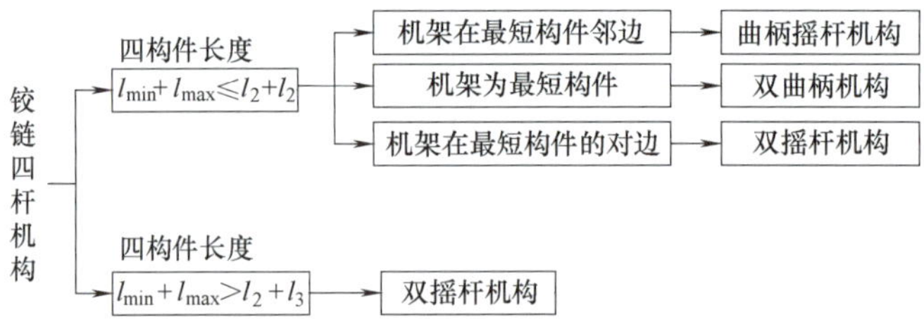

课堂互动

如图 3-28 所示为机架在不同位置时的铰链四杆机构，已知 $a=220$mm，$b=510$mm，$c=380$mm，$d=580$mm。请同学们根据所学知识判断这些铰链四杆机构分别属于哪种基本类型。

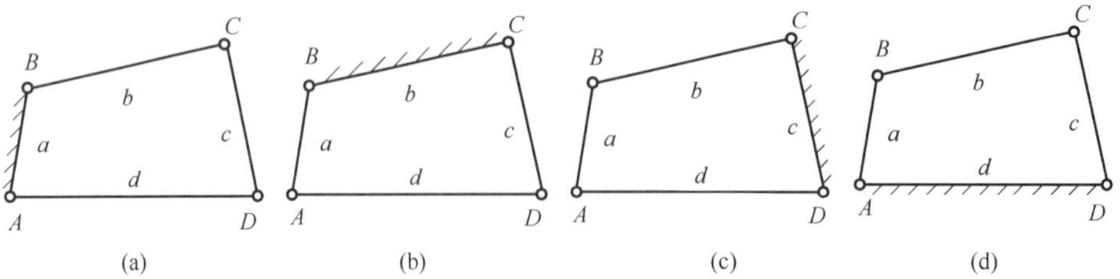

图 3-28 机架在不同位置时的铰链四杆机构

1.5.3　铰链四杆机构的演化

在生产实际中还广泛地采用其他形式的四杆机构。这些机构虽然种类繁多，具体结构差异较大，但大多数都可以看作是由铰链四杆机构演化而来的。演化方法有移动副代替转动副、取不同构件为机架、扩大转动副等。

（1）曲柄滑块机构

工程实际中常用的曲柄滑块机构即是转动副转化成移动副的演化。如图3-29（a）所示的曲柄摇杆机构中，构件1为曲柄，构件3为摇杆。如果将其曲柄摇杆机构中点 D 转动副扩大，杆4做成一个环形槽，点 D 为槽的曲率中心，而杆3做成一个弧形滑块，在环形槽内运动，如图3-29（b）所示。如果再将环形槽半径扩大为无穷大，即点 D 为无穷远处，则环形槽变成了直槽，转动副变成了移动副，如图3-29（c）所示。此时，曲柄摇杆机构演化成偏置式曲柄滑块机构。图中的 e 为曲柄转动中心 A 至直槽之间的垂直距离，称为偏距。当 $e=0$ 时，这种形式的机构则称为对心式曲柄滑块机构；当 $e\neq0$ 时，这种形式的机构称为偏置式曲柄滑块机构，如图3-29（d）所示。

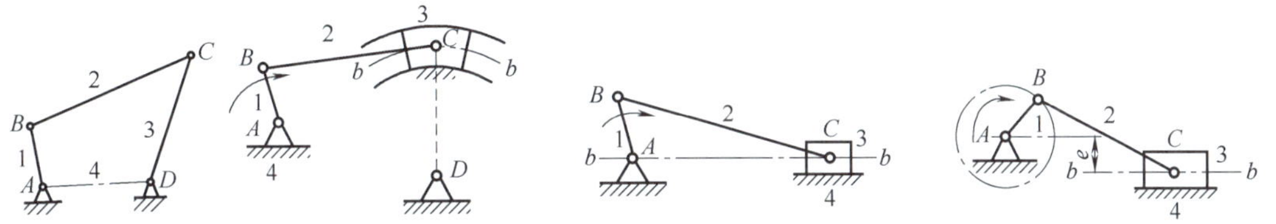

(a) 曲柄摇杆机构　(b) 曲柄滑块机构　(c) 对心式曲柄滑块机构　(d) 偏置式曲柄滑块机构

图3-29　曲柄滑块机构的演化

曲柄滑块机构可将主动件的转动转换为从动件的移动，也可将主动件的移动转化为从动件的转动，它广泛应用于活塞式内燃机、压力机（图3-30）冲床等机械中。

对心式曲柄滑块机构动图

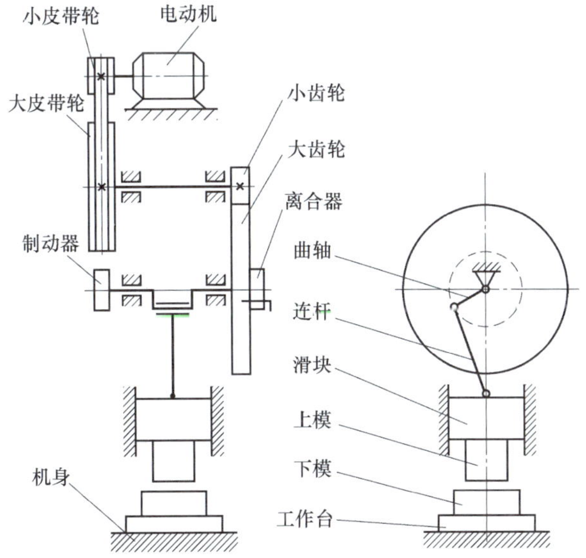

图3-30　曲柄滑块机构压力机

（2）曲柄导杆机构

在曲柄滑块机构中，通过选取不同的构件为机架，可得到各种形式的导杆机构，导杆为能在滑块中作相对移动的构件（图 3-31）。

在图 3-31（b）中，以构件 1 为机架，若 $l_1<l_2$，构件 2 和构件 4 均为曲柄，该机构称为转动导杆机构。若 $l_1>l_2$，构件 2 仍为曲柄，构件 4 只能在一定范围内摆动，该机构称为摆动导杆机构，如图 3-31（c）所示。

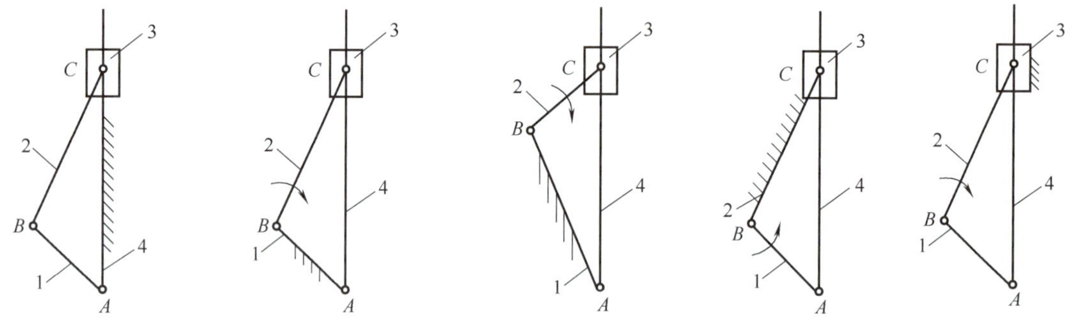

(a) 曲杆滑块机构 (b) 导杆机构 (c) 摇杆机构 (d) 摇块机构 (e) 足块机构

图 3-31 曲柄导杆机构

在图 3-31（d）中，以构件 2 为机架，构件 1 为曲柄，滑块 3 成了绕机架上 C 点往复摆动的摇块，故称为曲柄摇块机构。图 3-32（a）所示的自卸货车翻斗机构就采用了这种机构。图 3-32（b）所示的压水井机构则采用了曲柄滑块机构。

曲柄导杆机构动图

（3）偏心轮机构

在曲柄摇杆、曲柄滑块或其他带有曲柄的机构中，如果曲柄很短，在曲柄两端各有一个轴承时，则加工和装配工艺困难，同时还影响构件的强度。因此，在这种情况下，往往采用如图 3-33 所示的偏心轮机构，其中构件 1 为圆盘，它的回转中心 A 与几何中心 B 不重合，两者之间的距离 l_{AB} 称为偏心距，用 e 表示，所以圆盘 1 称为偏心轮，该机构称为偏心机构。显然，偏心轮机构的运动性质与原来的曲柄摇杆机构或曲柄滑块机构一样。可见偏心轮机构是转动副 B 的销钉半径逐渐扩大直至超过了曲柄长度 l_{AB} 演化而成的，如图 3-33（b）、（c）所示。由于偏心轮机构中偏心轮

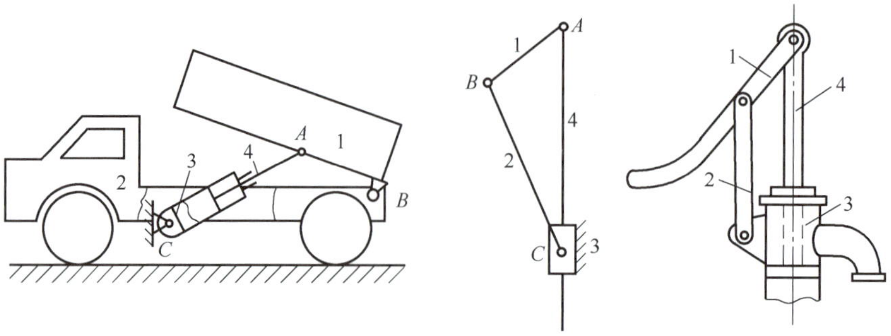

(a) 货车自动卸货机构 (b) 手动压水机

图 3-32 曲柄摇块机构的应用

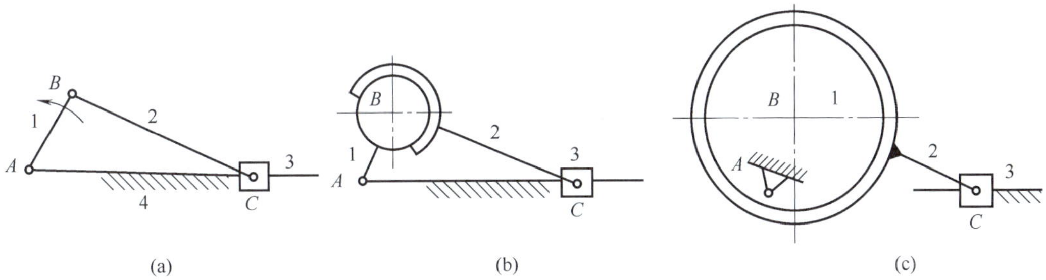

图 3-33　偏心轮机构的演化

的两支承距离较小而偏心部分粗大，刚度和强度均较好，可承受较大的力和冲击载荷。

一般在曲柄长度很短和需利用偏心轮惯性时，采用偏心轮机构。偏心轮机构广泛应用于剪床、冲床、颚式破碎机、内燃机等机械中。

1.5.4　平面四杆机构的工作特性

（1）运动特性

在如图 3-34 所示的曲柄摇杆机构中，曲柄 AB 在转动一周的过程中与连杆 BC 在同一直线上重合两次，此时摇杆 CD 达到极限位置 C_1D 和 C_2D，它们之间的夹角称为摆角，用 ψ 表示。摇杆 CD 处于两个极限位置时，曲柄所处位置 AB_1 和 AB_2 之间所夹的锐角称为极位夹角，用 θ 表示。

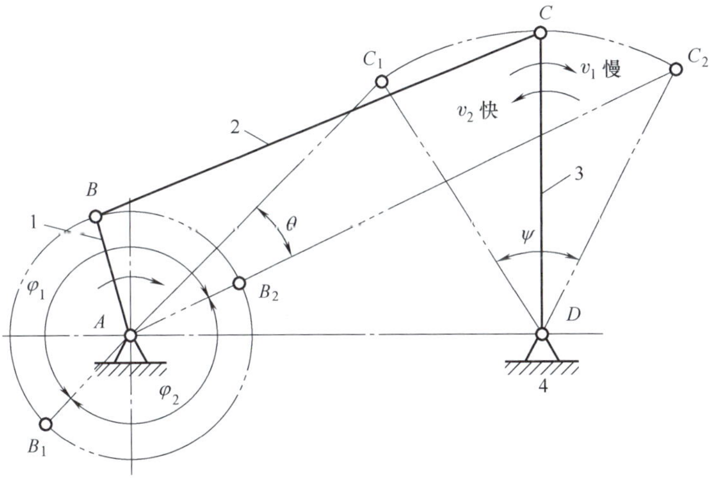

图 3-34　曲柄摇杆机构的运动特性

曲柄摇杆机构
的运动特性

当曲柄 AB 按顺时针方向从 AB_1 匀速转动到 AB_2 时，曲柄 AB 的转角为 $\varphi_1=180°+\theta$。而摇杆 CD 相应地从 C_1D 摆动到 C_2D，摆过角度 ψ，所用时间为 t_1，该过程若做功，则可称为工作行程，记 C 点平均速度为 v_1。当曲柄 AB 以顺时针方向从 AB_2 匀速转动到 AB_1 时，转过角度 $\varphi_2=180°-\theta$，摇杆 CD 相应地从 C_2D 摆动到 C_1D，摆过角度 ψ，所用时间为 t_2，该过程若不做功，则可称为空回行程，记 C 点平均速度为 v_2。由于曲柄以匀角速度转动，且 $\varphi_1>\varphi_2$，所以 $t_1>t_2$，$v_2>v_1$。由此可见，当原动件匀速转动时，从动件往复摆动的速度快慢不同，空行程的速度较大。这种性质称为平面四杆机构的急回特性。通常用行程速度变化系数 K 来表示这种特性，即 v_2 与 v_1 之比为

$$K=\frac{v_2}{v_1}=\frac{t_1}{t_2}=\frac{\varphi_1}{\varphi_2}=\frac{180°+\theta}{180°-\theta} \tag{3-2}$$

式中　K——行程速度变化系数。

式（3-2）表明，行程速度变化系数 K 与极位夹角 θ 有关。当 $\theta=0°$ 时，$K=1$，表明机构没急回特性；当 $\theta>0°$ 时，$K>1$，机构有急回特性；K 值越大，机构有急回特性越显著，但是机构的传动平稳性也会下降，通常取 $K=1.2\sim2.0$。

利用行程速度变化系数 K 可计算极位夹角 θ，即

$$\theta=180°\times\frac{K-1}{K+1} \tag{3-3}$$

知识点拨：

θ 越大，K 值就越大，曲柄摇杆机构的急回特性越凸显，回程时间就越短，机器的生产效率就越高。由于存在急回特性，偏置曲柄滑块机构和曲柄导杆机构可在空回行程中快速运动以节省时间，因此它们常应用于牛头刨床、往复式输送机等机械中。

（2）传力特性

如图 3-35 所示，在曲柄摇杆机构中，主动曲柄 1 经连杆 2 推动摇杆 3 运动，在不计构件自重及转动副的摩擦力时，则连杆 2 为二力杆，主动曲轴通过连杆作用在摇杆 3 上铰链 C 点的驱动力 F 沿 BC 方向，F 的作用线与 C 处的绝对速度 v_c 之间所夹的锐角称为压力角，用 α 表示。

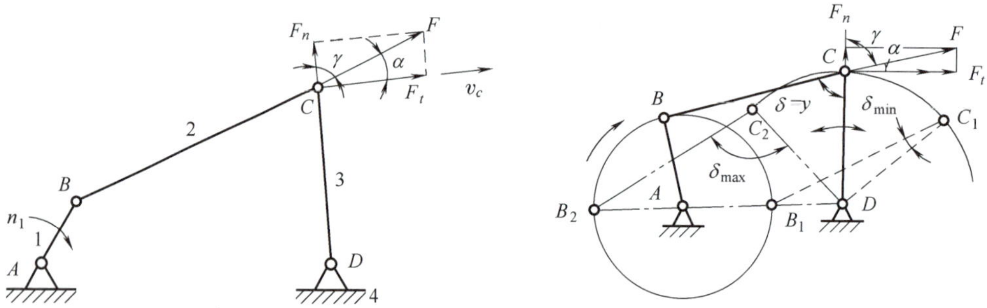

图 3-35　曲柄摇杆机构的压力角和传动角

力 F 可分解为两个相互垂直的分力，即沿 C 点速度 v_c 方向的分力 F_t 和沿摇杆 CD 方向的分力 F_n。由图 3-35 可知，$F_t=F\cos\alpha$，$F_n=F\sin\alpha$。分力 F_t 是推动摇杆 CD 运动的有效分力，而分力 F_n 只能使运动副产生压力，使运动副中的摩擦增大，是一个有害分力。在驱动力 F 一定的条件下，显然，压力角 α 越小，有效分力 F_t 就越大、有害分力 F_n 就越小，机构的传力性能越好。因此，压力角是反映机构传力性能的一个重要指标。

由于压力角 α 不易度量，在工程中常用压力角的余角 γ（连杆和从动摇杆间所夹的锐角）来判断机构的传力性能，称为传动角。因为 $\gamma=90°-\alpha$，所以传动角 γ 越大，机构的传力性能越好，故传动角是反映机构传力性能的另一个重要指标。

在机构的运动过程中，传动角 γ 随着机构的位置不同而变化，为了保证机构具有良好

的传力性能，一般要求 $\gamma_{min}>[\gamma]$，$[\gamma]$ 为许用传动角，对于一般机械，$[\gamma]=40°$；传递功率较大时，$[\gamma]=50°$。

（3）死点位置

在如图 3-36 所示的曲柄摇杆机构中，当以摇杆 CD 为原动件时，在摇杆摆到两个极限位置 C_1D 和 C_2D 时，曲柄 AB 与连杆 BC 重叠共线或拉直共线，传动角 $\gamma=0°$，压力角 $\alpha=90°$，这时原动件摇杆通过连杆作用于从动曲柄的力通过曲柄的转动中心 A，转动力矩为零，曲柄摇杆机构将处于“卡死”或运动方向不确定的状态。曲柄摇杆机构的这两个位置称为死点位置。

机构是否具有死点位置一般取决于原动件的选择。从前面的分析可知，在曲柄摇杆机构的运动过程中，当以曲柄为原动件时，摇杆与连杆不可能出现共线的位置，故不会出现死点位置。当以摇杆为原动件时，曲柄与连杆存在共线的位置，所以会出现死点位置。同样，以滑块为原动件的曲柄滑块机构，以导杆为原动件的摆动导杆机构等，都存在死点位置。

死点位置会使机构的从动件出现卡死或运动不确定的现象，对传动机构不利。为了消除死点位置的不良影响，采用的方法是对从动曲柄施加外力使其通过死点位置，或在从动曲轴上安装飞轮，利用飞轮的惯性使机构通过死点位置。如图 3-37 所示，在缝纫机踏板机构中，当连杆 2 与曲柄 1 共线，即机构处于死点位置时，缝纫机会出现踩不动或倒转的现象。曲轴上的大带轮就相当于飞轮，利用大飞轮惯性，使机构顺利通过四点位置。

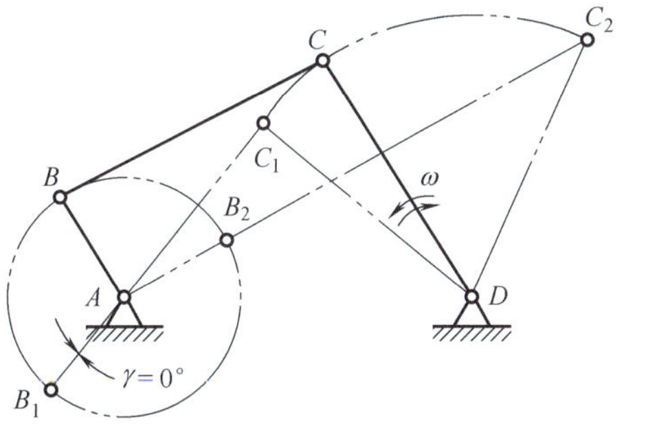

图 3-36　曲柄摇杆机构的死点位置（一）

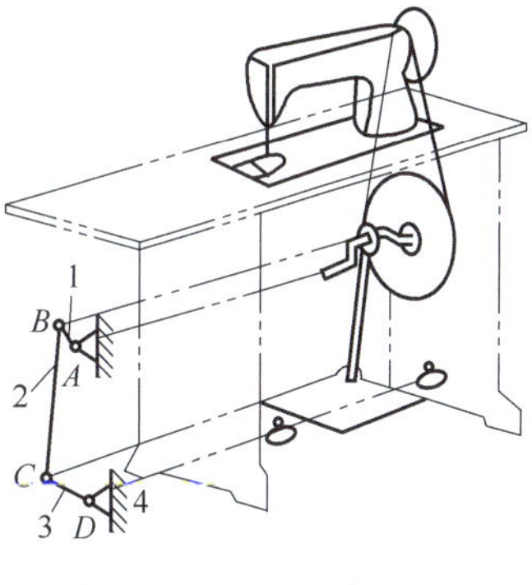

图 3-37　缝纫机踏板机构

在工程实际中，有时也利用机构的死点位置实现某些特定的工作要求。如图 3-38（a）所示的夹具，当工件被夹紧后，BC 与 CD 共线，机构处于死点位置，无论工件上的反作

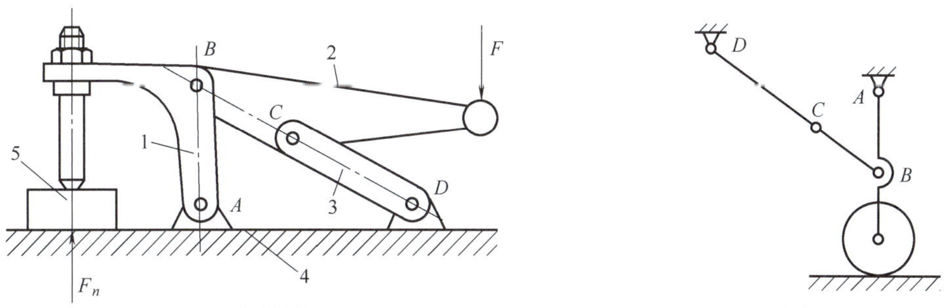

(a) 夹具机构　　(b) 飞机起落架机构

图 3-38　曲柄摇杆机构的死点位置（二）

用力有多大，夹具也不会自行松脱。图 3-38（b）所示为飞机起落架机构，当飞机准备着陆时，机轮被放下，此时 *BC* 杆与 *CD* 杆共线，机构处于死点位置，使飞机可靠着陆。

知识点拨

判别平面四杆机构中是否存在死点的依据是从动件与连杆能否共线。例如，在如图 3-38 所示的曲柄摇杆机构中，若以曲柄 *AB* 为主动件，则从动件为摇杆 *CD*，由于连杆 *BC* 与从动件 *CD* 不可能共线，因此这种情况下该机构不存在死点。

任务实施

（1）分析

请同学们按照“任务工单 3.1”要求，绘制颚式破碎机工作机构的运动简图，并计算该机构的自由度，然后填写任务工单。

如图 3-1 所示为颚式破碎机，颚式破碎机广泛应用于矿山、冶金、建材、水利和化工等行业，适合各种矿石与大块物料的破碎。颚式破碎机的工作机构是一种平面四杆机构，它由机架 1、偏心轴 2、动颚 3 和肘板 4 等构件组成。其中，偏心轴 2 是主动件，动颚 3 和肘板 4 都是从动件。颚式破碎机中的偏心轴 2 在与它固联的带轮 5 的作用下绕轴线 *A* 转动，驱动动颚 3 相对定颚 6 作周期性往复运动，时而靠近，时而离开。当动颚 3 靠近定颚 6 时，物料在两颚板间受到挤压冲击而被破碎；当动 3 颚离开定颚 6 时，已被破碎的物料在重力作用下从下方排出。

（2）实施

全班学生每 3~4 人一组，组员合作分析颚式破碎机的工作机构，并做好记录。

① 分析颚式破碎机工作机构的运动副。

根据颚式破碎机的工作原理，偏心轴 2 相对于机架 1 绕轴线 *A* 转动，故机架 1 和偏心轴 2 组成以 *A* 为中心的转动副；动颚 3 相对于偏心轴 2 绕轴线 *B* 转动，故偏心轴 2 和动颚 3 组成以 *B* 为中心的转动副；肘板 4 相对于动颚 3 绕轴线 *C* 转动，故动颚 3 和肘板 4 组成以 *C* 为中心的转动副；肘板 4 相对于机架 1 绕轴线 *D* 转动，故肘板 4 和机架 1 组成以 *D* 为中心的转动副。

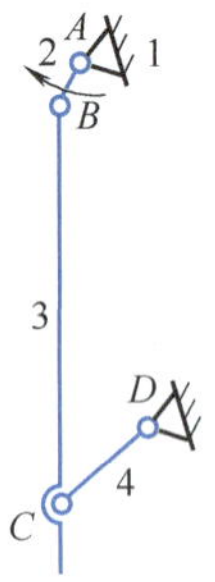

图 3-39 颚式破碎机工作机构的运动简图

② 绘制颚式破碎机工作机构的运动简图。

选定适当比例尺，根据图 3-1 中各构件的位置确定 *A*、*B*、*C*、*D* 的相对位置，用构件和运动副的规定符号绘出工作机构的运动简图，在主动件上标出指示运动方向的箭头，如图 3-39 所示。

③ 计算颚式破碎机工作机构的自由度。

由前述分析可知，颚式破碎机的工作机构共有 4 个构件（含机架）、4 个转动副（低副）和 0 个高副。根据平面机构自由度的计算公式可得

$$F=3(N-1)-2P_{L}-P_{H}=3\times(4-1)-2\times4-0=1$$

因此，颚式破碎机工作机构的自由度为 1。

课程思政

全球规模最大望远镜

2023 年 9 月,“十三五”国家重大科技基础设施“空间环境地基综合监测网”核心观测设施“圆环阵太阳射电成像望远镜”项目在四川稻城建设运行。圆环阵太阳射电成像望远镜,又称“千眼天珠”,是目前全球规模最大的综合孔径射电望远镜。它是由 313 台直径 6m、形似锅盖的天线构成的综合孔径射电望远镜。天线均匀分布在直径 1km 的圆环上,由圆环中心 100m 高的定标塔为整个观测链路提供定标基准,状如一颗巨大的“千眼天珠”。望远镜通过捕捉 150~450MHz 频段的射电频段,对太阳爆发活动进行成像成谱观测,实现对太阳爆发所携带的高能粒子到达地球的时刻进行精确预报,为航天发射、地面电网、通信设备的安全运行提供预警和保障。

任务 2　分析平底从动件盘形凸轮机构——凸轮机构和间歇运动机构

任务描述

一按一出“咔哒”两声之后,自动圆珠笔的笔芯就完成了伸出和锁定,写字绘画随手即可进行——自动圆珠笔给人们的书写带来了极大的便利。如图 3-40 中①②③④所示,当按下压杆时,锁止件下移至下限位置并在导轨及压杆端部斜面的作用下,顺时针旋转至导轨限位处,此时笔芯伸出笔孔,可以正常书写;如图 3-40 中⑤⑥⑦⑧所示,当再

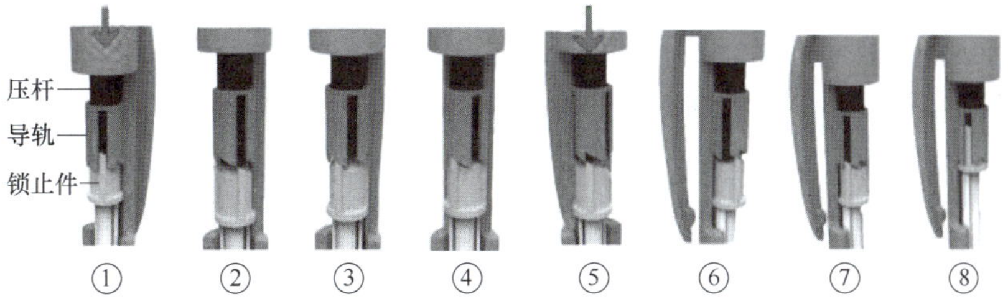

图 3-40　自动圆珠笔结构示意图

自动圆珠笔动图

一次按下压杆，锁止件脱离导轨限位，在导轨及压杆端部斜面的作用下继续顺时针旋转，锁止件导向柱滑入导轨导向槽处，此时笔芯缩回。

笔芯的伸缩是怎样实现的？利用了什么原理？

任务工单

任务工单 3.2——分析平底从动件盘形凸轮机构

【任务目的】

① 掌握凸轮机构的组成与应用。
② 掌握凸轮机构的分类。
③ 了解凸轮从动件的常用运动规律、特性。
④ 掌握凸轮轮廓曲线的绘制。

【学生分组】

以 3~4 人为一组，选出组长并进行任务分工，将小组概况及分工填入表 3-5 中。

表 3-5　小组概况及分工

班　级		组　号		指导教师	
小组成员	姓　名	学　号	任务分工		
组　长					
组员					

【工作准备】

（1）获取信息

在任务实施前，需要掌握平面连杆机构的相关知识。请各组组长组织组员收集相关资料，回答下列问题。

引导问题 1：什么是凸轮机构？它们应用在哪些场合？

引导问题 2：凸轮机构的分类有哪些？结构特点是什么？

引导问题 3：平凸轮机构的运动过程、规律是什么？

（2）制订计划

查阅机械手册或相关资料，了解凸轮机构的结构特征、分类、应用及运动规律，并制订实施计划。

（3）进行决策

① 每位学生阐述自己的计划。

② 组员之间进行提问与答疑，制订本组的最佳实施计划。
③ 教师根据各组完成情况进行点评。

【工作实施】

按照本组制订的最佳工作计划进行实施。按实际实施过程，将实施内容、遇到的问题及解决办法等全部记录在表 3-6 中。

表 3-6　　工作实施过程记录表

序号	实施步骤	实施内容	遇到的问题及解决办法
1			
2			
3			

【考核评价】

各组组长展示任务完成情况，并完成如表 3-7 所示的考核评价表。

表 3-7　　考核评价表

评价项目	评价标准	满分/分	实际得分/分	老师评语
技能操作	能正确说出凸轮机构的结构组成	20		
	能正确写出凸轮机构的分类与应用	20		
	能正确分析凸轮机构的运动过程及运动规律	20		
	能正确绘制凸轮轮廓曲线	20		
参与程度	认真参加活动，积极思考，主动与同学、指导老师进行交流，善于发现和解决问题	10		
合作意识	积极参与探讨，勇于接受任务，敢于承担责任	10		
总　分		100		
小组总结				

知识准备

2.1　凸轮机构

2.1.1　凸轮机构的组成与应用

凸轮机构是一种由凸轮、从动件（推杆）和机架三个基本构件及锁合装置组成的高副机构，如图 3-41 所示，其中凸轮是一个具有曲线轮廓或凹槽的构件，一般为主动件，作等速回转运动或往复运动，与凸轮轮廓接触的构件（从动杆）一般作往复直线运动或摆动。

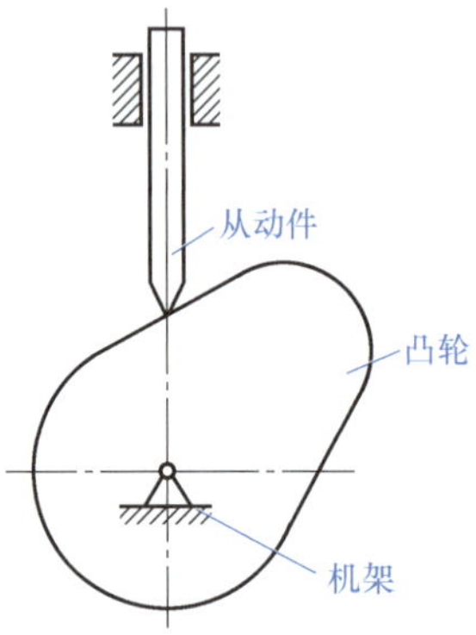

图 3-41　凸轮机构的组成

凸轮机构动图

由于凸轮机构具有多用途性和灵活性，所以得到广泛应用于机械、仪器、操纵控制装置和自动生产线中，是自动化生产中主要的驱动和控制机构。

如图 3-42（a）所示为内燃机的配气机构，凸轮匀速转动，通过其曲线轮廓半径的变化，驱动顶杆（从动件）控制气门按内燃机工作循环的要求有规律地开启和闭合（闭合借助于弹簧的作用），从而按预定规律吸入空气或排出废气。

如图 3-42（b）为绕线机引线机构。绕线轴 3 快速转动时，经蜗杆蜗轮传动减速，带动盘形凸轮 1 低速转动。驱动从动件 2 左右往复摆动，从而将线均匀地绕在绕线轴 3 上。

如图 3-43（a）所示为机床自动进给机构。当具有凹槽的圆柱凸轮回转时，其凹槽驱动从动件（推杆）摆动，通过齿轮齿条驱使刀架按一定规律完成进刀、退刀和停歇的动作。

如图 3-43（b）所示为靠模法车成型面。滚柱与连接板连接，靠模曲线与成型面的母线相同。当大拖板进行纵向移动时，滚柱在靠模板的曲线槽内移动，即可车出所需要的成型面。

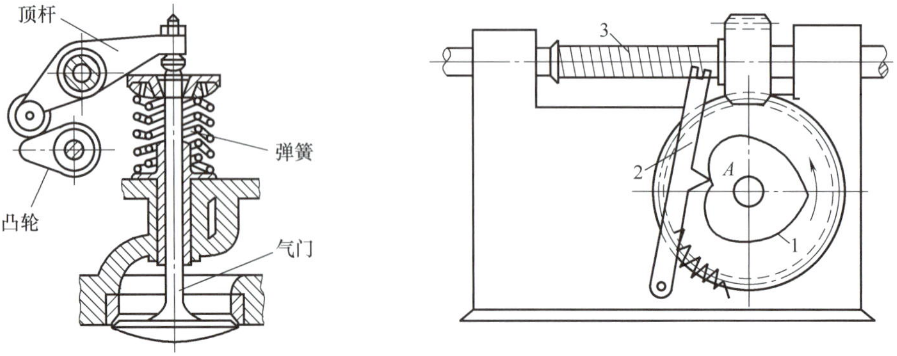

(a) 内燃机配气机构　　(b) 绕线机引线机构

图 3-42　凸轮机构的应用（一）

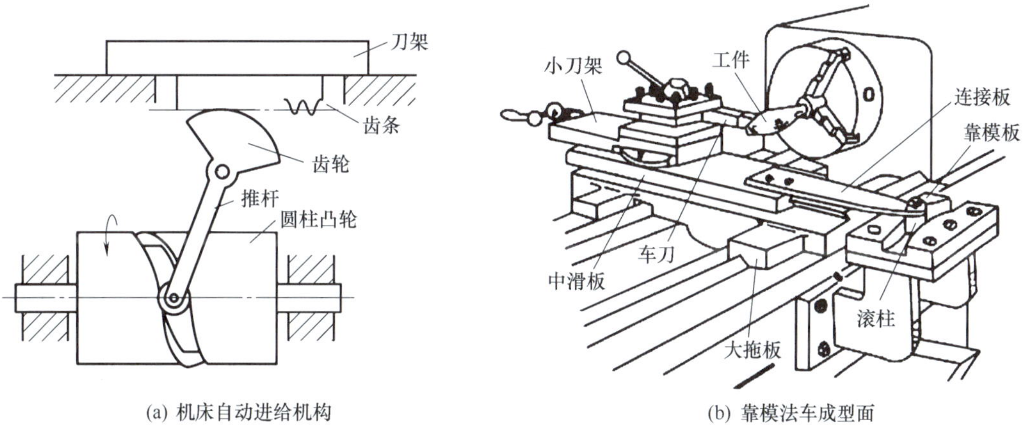

图 3-43　凸轮机构的应用（二）

凸轮机构的优点：只要适当地设计凸轮的轮廓线，就可以使从动件（推杆）得到各种预期的运动规律，且结构简单、紧凑，工作可靠。

凸轮机构的缺点：凸轮轮廓形状复杂，加工比较困难，成本较高，且凸轮与从动件之间为高副（点接触或线）接触，易磨损，故凸轮机构多用于传力不大的场合。

知识点拨

由于凸轮机构属于高副机构，凸轮与从动件之间的接触应力大，容易出现磨损和点蚀，而且多数凸轮机构在工作时还会承受一定的冲击，因此通常要求凸轮和从动件的工作表面具有高硬度、高耐磨性及高接触强度，同时心部具有良好的韧性。

2.1.2　凸轮机构的分类

凸轮机构的种类很多，通常可根据凸轮形状、从动件末端形状和锁合形式的不同进行分类。

（1）根据凸轮形状分类

根据凸轮形状的不同，凸轮机构可分为盘形凸轮机构、移动凸轮机构和圆柱凸轮机构三类。

盘形凸轮机构：凸轮为盘状，能绕固定轴转动且径向尺寸不断变化，如图 3-44（a）所示。盘形凸轮机构是一种平面凸轮机构，当它工作时，凸轮推动从动件在垂直于凸轮固定轴的平面内运动（随凸轮作往复摆动或移动）。盘形凸轮机构结构简单，应用十分广泛。

移动凸轮机构：移动凸轮为板状，可看作是回转中心无穷远的盘形凸轮，如图 3-44（b）所示。移动凸轮机构也是一种平面凸轮机构，当它工作时，凸轮作直线往复运动，可推动从动件相对于机架作上下直线运动。

圆柱凸轮机构：圆柱凸轮相当于移动凸轮首尾相接卷成圆柱体所形成的凸轮，其轮廓曲线位于圆柱面上，如图 3-44（c）所示。与盘形凸轮机构和移动凸轮机构不同，圆柱凸轮机构工作时，从动件与凸轮之间将产生空间相对运动，因此它是一种空间凸轮机构。

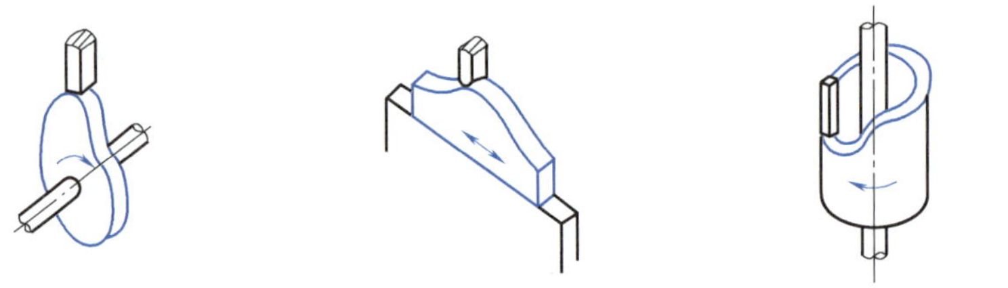

(a) 盘形凸轮机构　　(b) 移动凸轮机构　　(c) 圆柱凸轮机构

图 3-44　不同凸轮形状的凸轮机构

（2）根据从动件末端形状分类

根据从动件末端形状不同，凸轮机构可分为尖顶从动件凸轮机构、滚子从动件凸轮机构和平底从动件凸轮机构三类。

尖顶从动件凸轮机构：从动件的顶端呈尖顶，能够与各种轮廓形状的凸轮保持接触，理论上可实现任意规律的运动，如图 3-45（a）所示。由于从动件的尖顶易磨损，因此该凸轮机构通常用于传力不大的低速、载荷较小的运动场合。

滚子从动件凸轮机构：从动件的顶端装有滚子与凸轮接触，如图 3-45（b）所示。滚子与凸轮之间为滚动摩擦，磨损小、承载能力强，但结构复杂，滚子质量大，因此该凸轮机构适用于速度不高、载荷较大的场合。

平底从动件凸轮机构：从动件顶端为一平底与凸轮接触，受力比较平稳，如图 3-45（c）所示。当不计平板与凸轮的摩擦时，凸轮与从动件间的作用力始终垂直于平底，传动效率高，且接触面间容易形成油膜，润滑较好，可用于高速运动场合。缺点是灵敏性较差，不能用于凸轮轮廓线有内凹的场合。

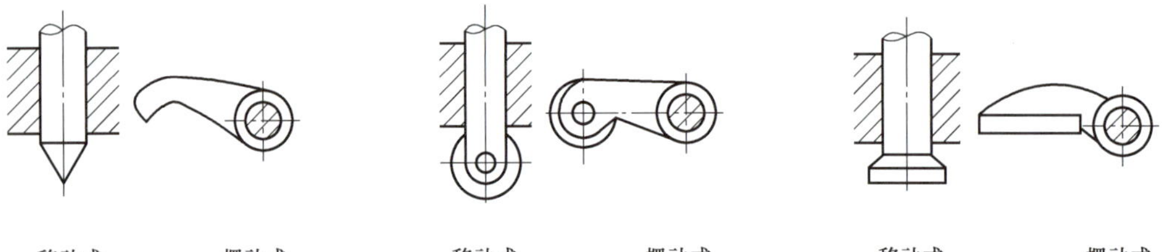

(a) 尖顶从动件凸轮机构　　(b) 滚子从动件凸轮机构　　(c) 平底从动件凸轮机构

图 3-45　不同从动件形状和运动形式的凸轮机构

球面底从动件凸轮机构：该机构中从动件的顶端为球面，可避免因安装误差而造成的表面应力及磨损增大的缺陷，且具有尖顶与平底的优点，如图 3-46（a）所示。

在实际机构中，从动件不仅有不同的结构形式，而且有不同的运动形式。如作往复直线运动的从动件称为直动从动件，如图 3-46（b）；如作往复摆动的从动件称为摆动从动件，如图 3-46（c）。

在直动从动件盘形凸轮机构中，当从动件的中心线通过凸轮的转动中心时，称为对心直动从动件盘形凸轮机构，如图 3-47 所示。当从动件的中心线不通过凸轮的转动中心时，称为偏置直动从动件盘形凸轮机构，从动件的中心线偏离凸轮转动中心的距离称为偏距，用 e 表示，如图 3-48 所示。

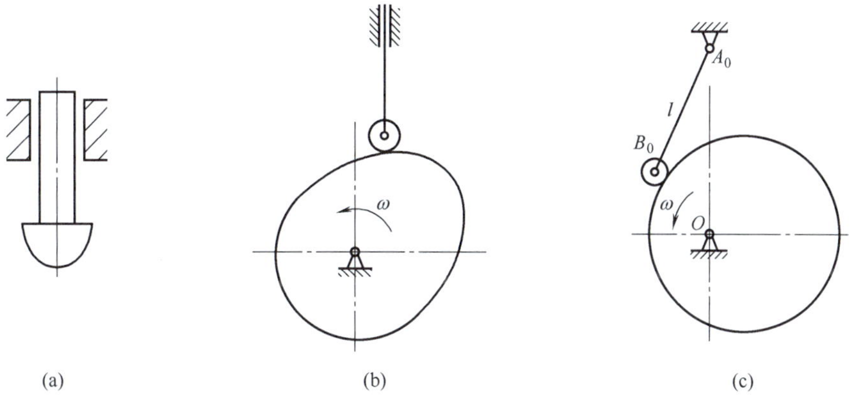

图 3-46　凸轮机构

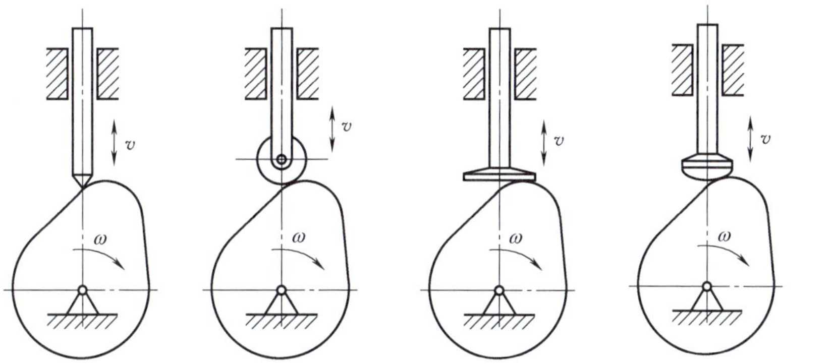

图 3-47　对心直动从动件盘形凸轮机构

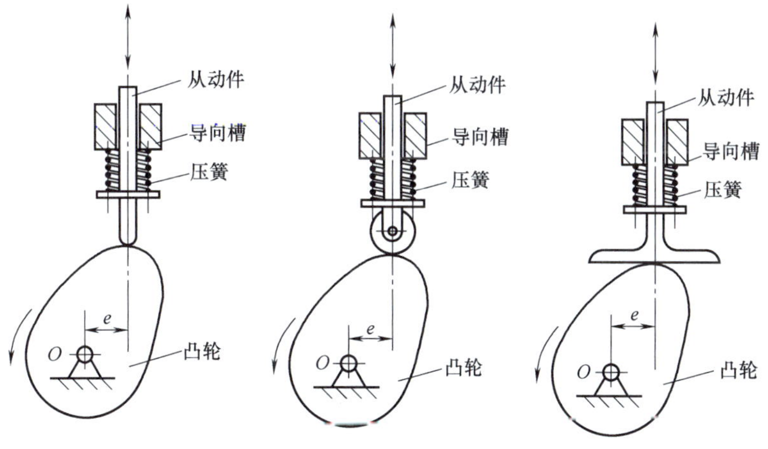

图 3-48　偏置直动从动件盘形凸轮机构

（3）根据锁合形式分类

根据锁合形式不同，凸轮机构可分为力锁合凸轮机构和形锁合凸轮机构两类。

力锁合凸轮机构：利用重力、弹簧力或其他外力使从动件与凸轮始终保持接触。结构简单，易于制造，应用广泛，如图 3-49 所示。

形锁合凸轮机构：利用凸轮的特殊几何形状使从动件与凸轮始终保持接触，避免了附

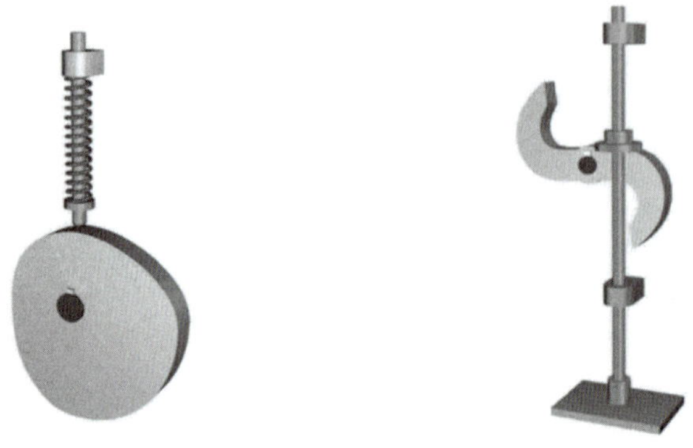

(a) 弹簧力锁合　(b) 重力锁合

图 3-49　力锁合凸轮机构

加外力，但轮廓尺寸大，设计较复杂，如图 3-50 所示。

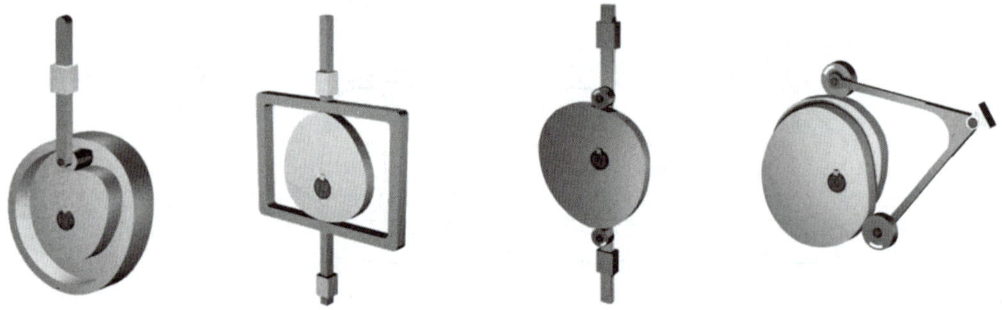

(a) 凹槽凸轮机构　(b) 等宽凸轮机构　(c) 等径凸轮机构　(d) 共轭凸轮机构

图 3-50　形锁合凸轮机构

2.1.3　从动件的常用运动规律

（1）凸轮机构的运动过程

凸轮机构的运动过程一般包括以下四个阶段：推程、远停程、回程、近停程。如图 3-51（a）所示为对心直动尖顶从动件盘形凸轮机构，其中以凸轮轮廓最小向径 r_0 为半径所作的圆称为基圆，r_0 称为基圆半径。在图示位置时，从动件的尖顶与凸轮轮廓上 A 点相接触，从动件处于上升的起始位置。当凸轮以等角速度 ω 逆时针回转时，凸轮的曲线轮廓 $\overset{\frown}{AB}$ 部分依次与从动件尖顶接触。由于这段轮廓的向径是逐渐增大的，故从动件尖顶被凸轮轮廓推动，以一定的运动规律由离回转中心最近位置 A 到达最远位置 B，这个过程称为推程。在推程过程中，从动件移动的距离 h 称为行程，凸轮转过的角度 ϕ_0 称为推程角。当凸轮继续回转时，以 O 为圆心的一段圆弧 $\overset{\frown}{BC}$ 与从动件尖顶接触，从动件将停留在最高位置不动，与此对应的凸轮转角中，ϕ_s 称为远休止角。凸轮继续回转时，由向径逐渐减小的 $\overset{\frown}{CD}$ 段与尖顶依次相接触，从动件将按一定的运动规律从最高位置下降到最低位置，这一过程称为回程，相应的凸轮转角 ϕ_0'称为回程角。凸轮再继续回转时，基圆上的圆弧

$\overset{\frown}{DA}$ 与尖顶相接触，从动件在离回转中心最近的位置停留不动，与此对应的凸轮转角中，ϕ_s'称为近休止角。当凸轮继续回转时，从动件将重复“升—停—降—停”的运动循环。

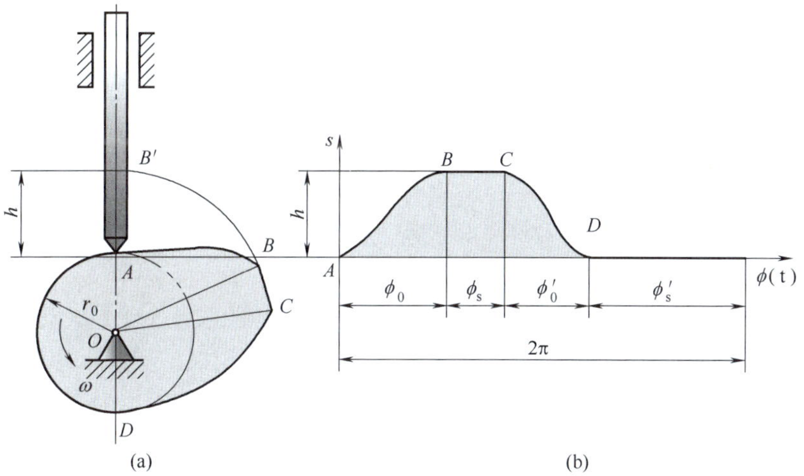

图 3-51　对心直动尖顶从动件盘形凸轮机构运动过程

由上述分析可知，凸轮轮廓上任意一点与从动件接触时，凸轮相应的转角 ϕ 与从动件的位移 s 可用图 3-51（b）所示的位移线图来表示，由于绝大多数凸轮作等速转动，因此该线图的横坐标也代表时间 t。由此可知，凸轮的轮廓形状决定了从动件的运动规律。反之，从动件不同的运动规律要求凸轮具有不同的轮廓曲线形状。因此，在设计凸轮轮廓之前，应首先确定从动件的运动规律。

（2）从动件的运动规律

从动件的运动规律是指从动件在推程或回程中，其位移 s、速度 v 和加速度 a 随凸轮转角 ϕ（或时间 t）而变化的规律。凸轮从动件常用的运动规律有等速运动规律、等加速等减速运动规律和余弦加速运动规律三种。

① 等速运动规律。等速运动规律的特点是凸轮匀速转动时，从动件在推程或回程的运动速度保持不变，其运动线图如图 3-52 所示。其中，位移线图（$s-\delta$）为斜直线，速度线图（$v-\delta$）为水平直线，加速度线图（$a-\delta$）为零。

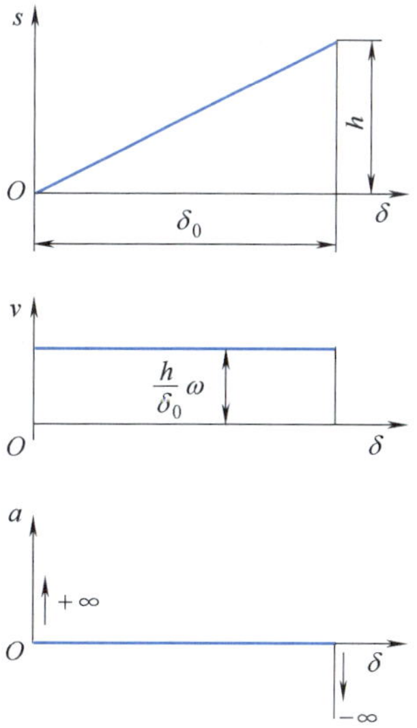

图 3-52　等速运动线图

这种运动规律的特点是：从动件在行程开始和结束的瞬间，速度有突变，其加速度在理论上分别达到正的无穷大和负的无穷大。因此，在这两个位置上，从动件的惯性力理论上也为无穷大（实际上由于材料的弹性变形不可能达到无穷大），将在机构中产生强烈的冲击，这种冲击称为刚性冲击。因此等速运动规律只适用于低速、轻载的场合。

② 等加速等减速运动规律。等加速等减速运动规律的特点是从动件在推程的前半程作等加速运动，后半程作

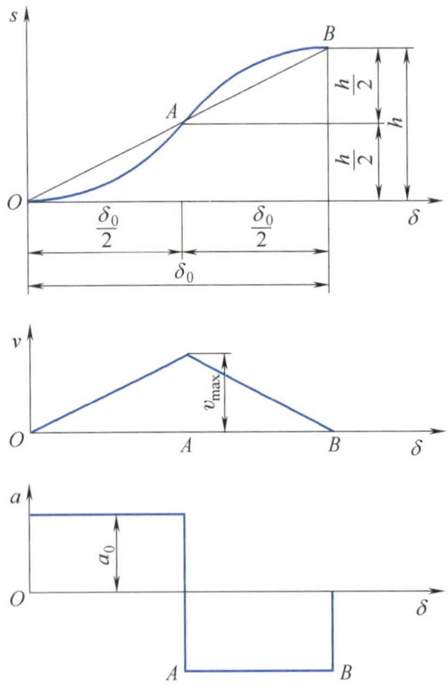

图 3-53 等加速等减速运动线图

等减速运动，且正加速度与负加速度的绝对值相等。其运动线图如图 3-53 所示。以推程为例，当从动件位移到达 $h/2$ 时，速度最大，然后减速运动到推程最高点，速度逐渐减小为零。当从动件行程为 h，推程角为 δ 时，速度图线由两段斜直线组成。由运动学可知，从动件作初速度为零的匀加速直线运动时，位移 $s=at^2/2$，位移曲线为下凹抛物线；作等减速运动时，位移曲线为上凸抛物线，从动件加速度图线由两段水平线组成。

这种运动规律的特点是：从动件在推程的起点、中点和终点处，加速度出现有限值的突变，因而引起的惯性力的突变也为有限值，这种有限惯性力引起的冲击比刚性冲击小得多，故称为柔性冲击。等加速等减速运动规律适用于中速、轻载的场合。

③ 余弦加速运动规律。余弦加速运动规律是指从动件在整个运动过程中的加速度曲线为余弦曲线，如图 3-54 所示，其位移曲线为简谐曲线，故又称为简谐运动规律；速度曲线为正弦曲线；加速度曲线为余弦曲线。由加速度曲线图可知，这种运动规律在开始和终止两点处加速度有突变，会产生柔性冲击。

故当从动件在整个运动过程中存在休止状态时，余弦加速运动规律只适用于中速凸轮机构。

当从动件在整个运动过程中没有休止状态时，余弦加速运动规律可用于高速凸轮机构。

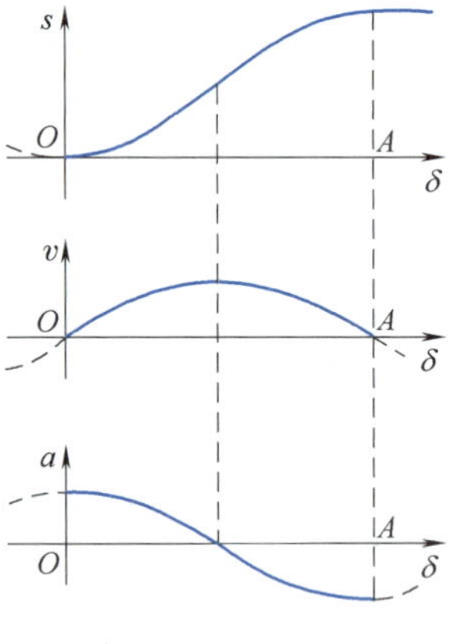

图 3-54 余弦加速运动线图

2.1.4 凸轮轮廓曲线的绘制

当根据工作要求选定了凸轮机构的形式、凸轮的基圆半径、从动件的运动规律后，在凸轮转向已知的条件下，即可进行凸轮轮廓曲线的设计。凸轮轮廓曲线的设计方法有图解法和解析法两种。

图解法：简便易行、直观，但作图误差大，精度较低，适用于低速或对从动件运动规律要求不高的一般精度凸轮的设计。

解析法：通过列出凸轮轮廓曲线的方程式，借助计算机精确地设计凸轮轮廓，适用于精度要求高的高速凸轮和靠模凸轮等的设计。

下面主要介绍用图解法绘制盘形凸轮轮廓曲线的方法。

如图 3-55 所示，当凸轮以等角速度 ω 逆时针转动时，从动件将在导路内作往复移动。现假设给整个机构附加一个绕凸轮轴 O 的公共角速度 $-\omega$，根据相对运动原理，凸轮将固定不动，从动件一方面随机架和导路以角速度 $-\omega$ 绕轴 O 顺时针转动，如图中 B_1、

B_2、B_3 位置所示，另一方面从动件又在其导路内按原来的运动规律往复移动，如图中 B_0、B_1'、B_2'、B_3'位置所示。由于尖顶始终与凸轮轮廓相接触，因此从动件的运动过程中，与凸轮接触点的运动轨迹就是凸轮轮廓曲线。利用这种方法进行凸轮轮廓曲线设计称为反转法。

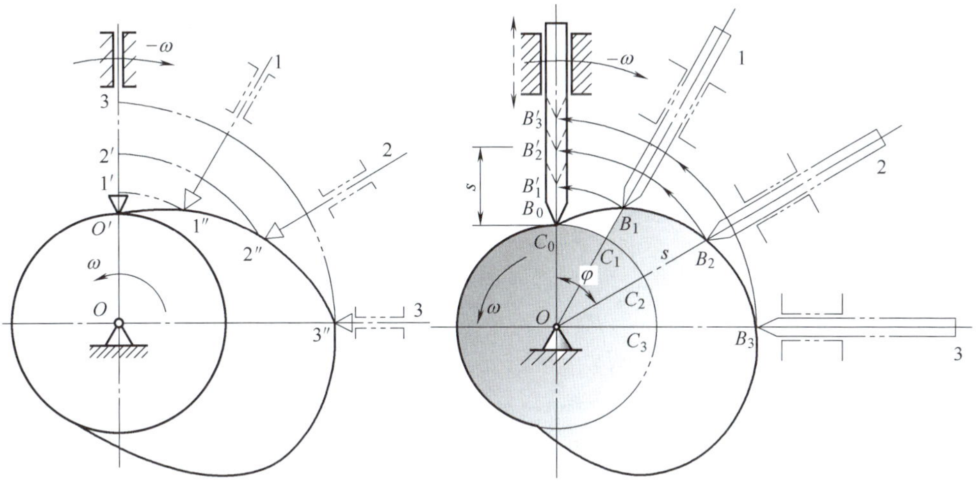

图 3-55　用图解法绘制盘形凸轮轮廓曲线的相对运动原理

（1）对心尖顶直动从动件盘形凸轮轮廓曲线的绘制

如图 3-56（a）所示为尖顶从动件盘形凸轮机构。已知一对心尖顶直动从动件盘形凸轮机构，凸轮基圆半径为 r_b，从动件的运动规律为凸轮以等角速度 ω 逆时针转到 120°时，从动件从初始位置等速上升 h；凸轮继续转过 60°时，从动件在最高位置停留不动；凸轮继续转过 90°时，从动件等加速等减速下降至初始位置；凸轮继续转过 90°时，从动件在最低位置停留不动。要求绘制此凸轮的轮廓曲线。

其设计步骤如下：

① 选取长度比例尺 u_l 和角度比例尺 u_φ（u_φ = 凸轮的实际转角 u_φ/图样上代表 φ 的线段长），根据从动件运动规律作出从动件的位移线图，如图 3-56（b）所示。将横轴上的推程角和回程角各分为若干等份，得等分线 s_1、s_2、s_3、……，各等分线与位移曲线相交于 B_1、B_2、B_3、……。

② 取与位移曲线相同的比例尺 u_l，作出基圆及从动件尖顶离轴心 O 最近时从动件的初始位置，如图 3-56（a）中从动件与凸轮轮廓在点 B_0 接触的位置。

③ 在基圆上自 OB_0 开始，沿 ω 的反方向（顺时针）量取推程运动角（120°）、远休止角（60°）、回程运动角（90°）和近休止角（90°），并将推程运动角和回程运动角等分成与位移图线相同的份数，得 K_1、K_2、K_3、……。作射线 OK_1、OK_2、……，这些射线便是反转后从动件导路中心线的位置。

④ 在各射线 OK_1、OK_2、……的延长线上从基圆开始向外分别量取位移量使之与图 3-56（b）中对应位移相等，于是得 B_1、B_2、……各点。

⑤ 将 B_0、B_1、B_2……各点连接成光滑的曲线（B_8 与 B_{12} 之间，B_0 与 B_{18} 之间均为以 O 为圆心的圆弧），此曲线即为所求的凸轮轮廓。

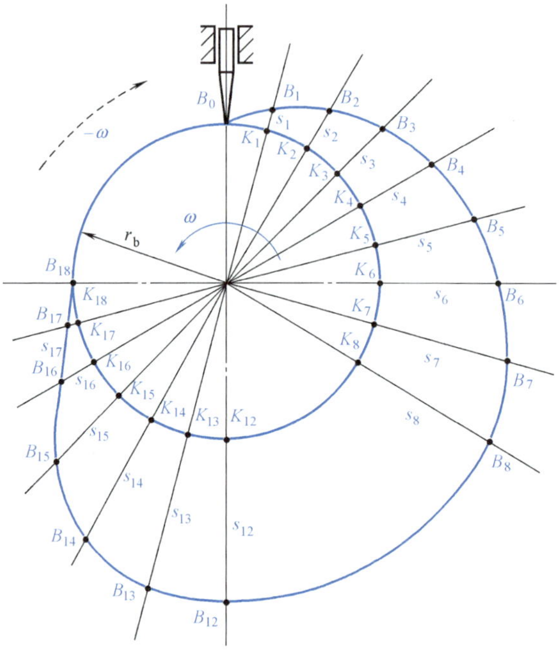

(a)

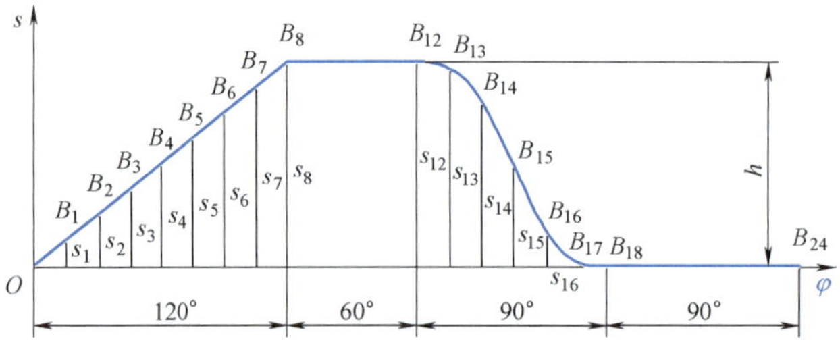

(b)

图 3-56　尖顶从动件盘形凸轮机构

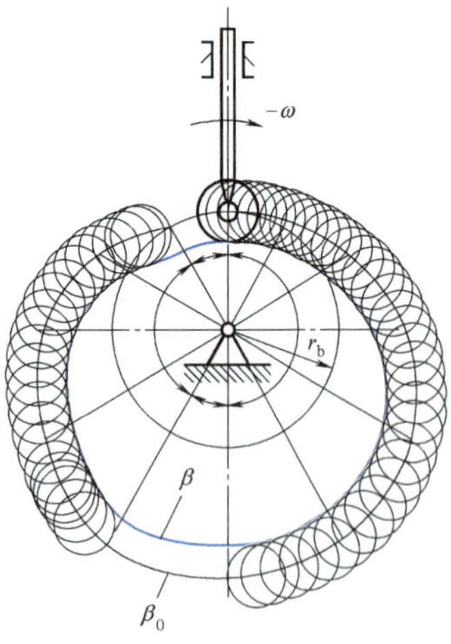

图 3-57　对心滚子直动从动件盘形凸轮机构

（2）对心滚子直动从动件盘形凸轮轮廓曲线的绘制

若将图 3-56 中的尖顶改为滚子，如图 3-57 所示为滚子从动件盘形凸轮机构，其凸轮轮廓可按如下方法绘制。

①把滚子中心看作尖顶从动件的尖顶，按上述方法绘制出一条轮廓曲线 β_0，此曲线称为凸轮的理论轮廓曲线。

②在 β_0 轮廓曲线上取一系列的点为圆心，以滚子半径为半径绘制一系列圆，最后绘制这些圆的包络线 β，即为凸轮的实际轮廓曲线。

由上述绘图过程可知，滚子从动件盘形凸轮的基圆半径应该在其理论轮廓曲线上度量。

2.1.5　凸轮机构基本尺寸的确定

设计凸轮机构时，不仅要保证从动件能实现预期的运动规律，还要求机构有良好的传力性能和较小的实际轮廓曲线结构尺寸。这些要求与压力角、基圆半径、滚子半径等有关。

（1）压力角与基圆半径

图3-58所示为尖顶直动从动件盘形凸轮机构，凸轮机构工作时，凸轮作用于从动件的力 $\boldsymbol{F}_n$ 沿接触点的法线 $n-n$ 方向，$\boldsymbol{F}_n$ 与作用点的速度 v 方向之间所夹的锐角称为凸轮机构的压力角，用 α 表示。当不计摩擦时，可将 $\boldsymbol{F}_n$ 分解为沿从动件运动方向的分力 $\boldsymbol{F}_1$ 和垂直于运动方向的分力 $\boldsymbol{F}_2$，其大小分别为 $F_1=F_n\cos\alpha$，$F_2=F_n\sin\alpha$。

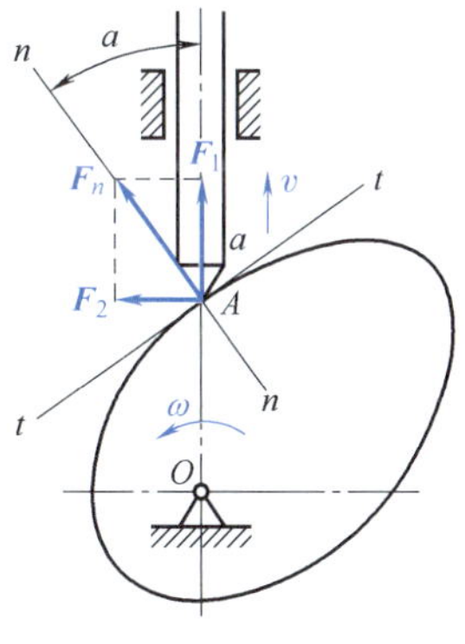

图3-58 凸轮机构的压力角

由图3-58可知，$\boldsymbol{F}_1$ 为推动从动件运动的力，称为有效分力；$\boldsymbol{F}_2$ 为增加从动件与移动导路之间摩擦阻力的力，称为有害分力。当 F_n 一定时，压力角 α 越大，有害分力 $\boldsymbol{F}_2$ 越大，凸轮机构的工作表面磨损越严重，传动效率越低；当压力角达到一定值时，凸轮机构将出现自锁现象。因此，压力角 α 是衡量凸轮机构传动性能的重要参数。

为了保证凸轮机构具有良好的传动效率，在设计时通常规定某一许用压力角 $[\alpha]$，使凸轮机构的最大压力角 $\alpha_{max}<[\alpha]$。一般情况下，在推程时许用压力角 $[\alpha]$ 的值为：移动式从动件的许用压力角 $[\alpha]=30°$；摆动式从动件的许用压力角 $[\alpha]=30°\sim45°$。对于回程，从动件一般在重力或弹簧力作用下返回，不会出现自锁，所以回程许用压力角 $[\alpha]=70°\sim80°$。

经分析证明，基圆半径越大，压力角越小，机构的传力性能越好。但基圆半径越大，凸轮的结构尺寸和质量也随之增大。为了使机构既有较好的传力性能，又有紧凑的结构，设计时，通常在满足 $\alpha_{max}<[\alpha]$ 的原则下，尽可能采用较小的基圆半径。在实际设计中，常根据凸轮的具体结构尺寸确定基圆半径。当凸轮与轴做成一体（即凸轮轴）时，可取基圆半径略大于轴的半径；当凸轮单独制造时，基圆半径略大于轮毂外径，一般取 $r_b=(1.6\sim2)r$，其中 r 为轴的半径。

（2）滚子半径的选择

当凸轮的理论轮廓曲线确定以后，滚子半径可适当取大些，有利于减小凸轮与滚子间的接触应力，提高滚子的强度和寿命。但过大的滚子半径会使机构尺寸增大，且可能导致从动件运动失真。运动失真的概念：凸轮的实际轮廓，不能使从动件实现预期给定的运动规律，这种现象称为凸轮的运动失真。

如图3-59所示，滚子半径 r_T 的选择与凸轮理论轮廓上的最小曲率半径 ρ_{min} 有关。

① 外凸的凸轮轮廓曲线。如图3-59所示，ρ 为理论轮廓曲率半径，ρ' 为实际轮廓曲率半径，则 $\rho'=\rho-r_T$。当 $\rho>r_T$ 时［图3-59（a）］，$\rho'>0$，实际轮廓总可以作出；当 $\rho=r_T$ 时［图3-59（b）］，则 $\rho'=0$，实际轮廓出现尖点，尖点容易磨损，磨损后会使从动件不能按照预定的运动规律运动，产生“运动失真”；当 $\rho<r_T$，时［图3-59（c）］，则 $\rho'<0$，实际轮廓出现交叉，加工时，交叉点以外部分将被切除，导致从动件出现严重的“运动失真”。

② 内凹的凸轮轮廓曲线。如图3-59（d）所示，$\rho'=\rho+r_T$，无论滚子半径大小如何，

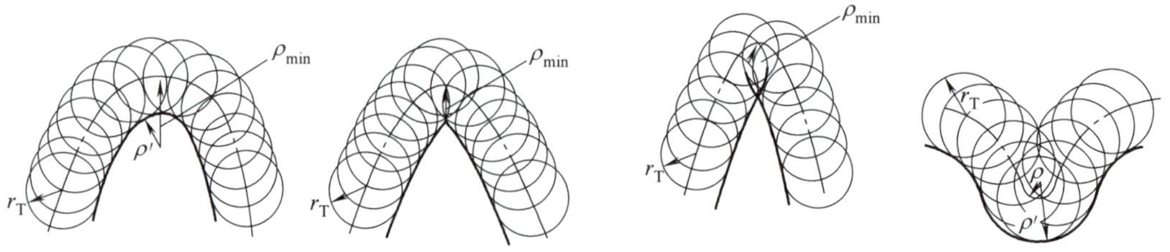

(a) $\rho_{min} > r_T$　(b) $\rho_{min} = r_T$　(c) $\rho_{min} < r_T$　(d) $\rho' = \rho + r_T$

图 3-59　滚子半径的选择

则总能作出实际轮廓曲线。

综上所述，设计时应使 $r_T<\rho_{min}$（理论轮廓的最小曲率半径），通常取 $r_T<0.8\rho_{min}$。

2.2　间歇运动机构

间歇运动机构是一种能将原动件的连续转动转变为从动件周期性运动和停歇的机构，通常被应用于进给机构、进料机构和转位分度等工作场合。例如牛头刨床工作台的横向进给运动，电影放映机的送片运动等都用有间歇运动机构。常见的间歇运动机构有：棘轮机构、槽轮机构、连杆机构和不完全齿轮机构。

2.2.1　棘轮机构

（1）棘轮机构的工作原理

如图 3-60 所示，棘轮机构主要由棘轮 1、驱动棘爪 2、摇杆 3、机架 4、止回棘爪 5 和弹簧 6 等组成。弹簧 6 用来使止回棘爪 5 与棘轮 1 保持接触。摇杆 3 空套在棘轮 1 的轴上，驱动棘爪 2 铰接在摇杆 3 上。当摇杆 3 逆时针摆动时，驱动棘爪 2 顶在棘轮 1 的齿槽中，推动棘轮 1 转过一定角度，此时止回棘爪 5 在棘轮 1 的齿背上滑过；当摇杆 3 顺时针摆动时，驱动棘爪 2 在棘轮 1 齿背上滑过并落入下一个齿槽内，此时止回棘爪 5 阻止棘轮

棘轮机构
运动动图

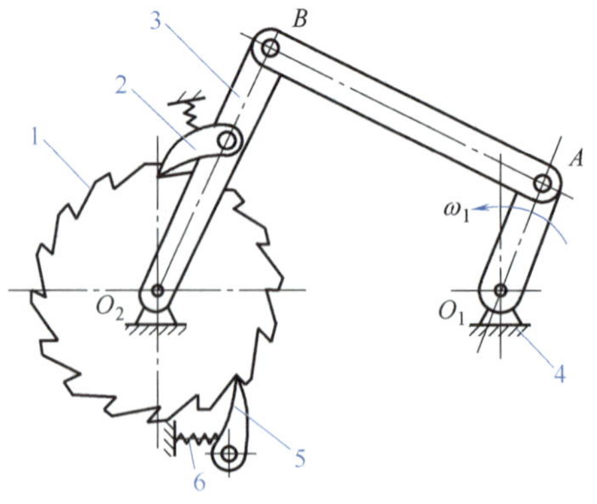

1—棘轮；2—驱动棘爪；3—摇杆；4—机架；5—止回棘爪；6—弹簧。

图 3-60　棘轮机构的组成

1 顺时针方向转动，故棘轮 1 静止不动。因此当摇杆连续往复摆动时，棘轮 1 将作单向间歇转动。当棘轮 1 的直径为无穷大时，棘轮 1 变为棘条，此时棘轮 1 的单向间歇转动变为棘条的单向间歇移动。

（2）棘轮机构的基本类型

根据止回原理，棘轮机构通常可分为轮齿式与摩擦式两大类。

① 轮齿式棘轮机构。按啮合方式可分为外啮合棘轮机构［图 3-61（a）］、内啮合棘轮机构［图 3-61（b）］和棘条机构［图 3-61（c）］。

(a) 外啮合接棘轮机构　　(b) 内啮合接棘轮机构　　(c) 棘条机构

图 3-61　轮齿式棘轮机构

轮齿式棘轮机构结构简单，制造方便；动与停的时间比可通过选择合适的驱动机构实现。该机构的缺点是动程只能作有级调节；噪声、冲击和磨损较大，故不宜用于高速。

② 摩擦式棘轮机构。摩擦式棘轮机构是用偏心扇形楔块代替齿式棘轮机构中的棘爪，以无齿摩擦代替棘轮。

(a) 外摩擦式棘轮机构　　(b) 内摩擦式棘轮机构　　(c) 滚子内接摩擦式棘轮机构

图 3-62　摩擦式棘轮机构

外摩擦式棘轮机构动图　　内摩擦式棘轮机构动图　　滚子内接摩擦式棘轮机构动图

摩擦式棘轮机构的特点是传动平稳、无噪声；动程可无级调节。但因靠摩擦力传动，会出现打滑现象，虽然可起到安全保护作用，但是传动精度不高。适用于低速轻载的场合。

根据棘轮的运动形式，棘轮又可分为单动式棘轮机构、双动式棘轮机构及可变向式棘轮机构三种。

a. 单动式棘轮机构。

又称单向式棘轮机构，均采用锯齿形轮齿，如图 3-60 所示，当摇杆向一个方向摆动时，棘轮沿同一方向转过某一角度；而摇杆向另一个方向摆动时，棘轮静止不动。

b. 双动式棘轮机构。

如图 3-63 所示，有两个主动棘爪，当摇杆往复摆动一次时，两个主动棘爪分别拨动一次棘轮，使棘轮以同一方向间歇转动两次。

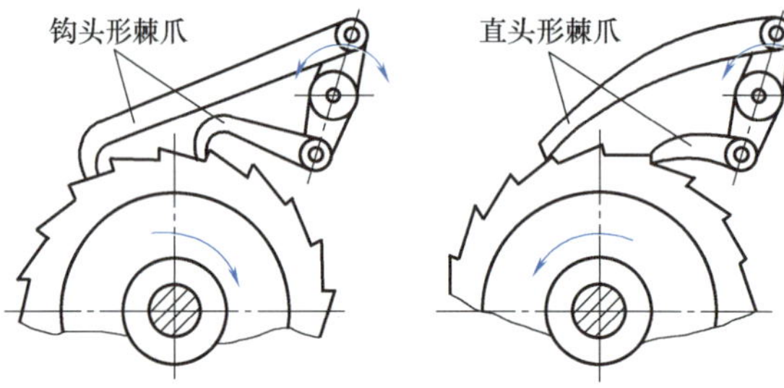

双动式棘轮机构动图

图 3-63　双动式棘轮机构

③ 可变向式棘轮机构。

棘轮在正反两个转动方向上都可实现间歇转动。若将棘轮轮齿做成短梯形或矩形时，变动棘爪的放置位置［如图 3-64（a）中虚、实线位置］或方向后，可改变棘轮的转动方向。图 3-64（b）中若将棘爪提起，绕自身轴线旋转 180°后再插入棘轮齿槽中，棘轮以顺时针方向作间歇运动。

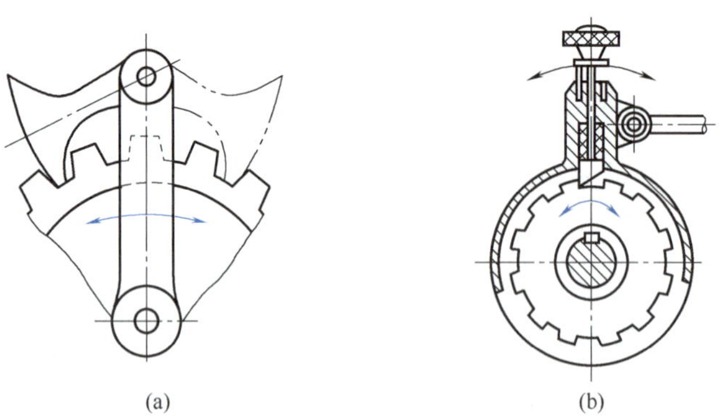

可变向式棘轮机构动图（a）

可变向式棘轮机构动图（b）

图 3-64　可变向式棘轮机构

（3）棘轮机构的工作特点

棘轮机构的工作特点见表 3-8。

表 3-8　　棘轮机构的工作特点

类　型	优　点	缺　点	应　用
轮齿式棘轮机构	结构简单、易于制造，运动可靠，棘轮转角容易实现有级调整	棘爪在齿面滑过时引起噪声和冲击，在高速时就更为严重，容易磨损	多用于低速、轻载的间歇运动场合
摩擦式棘轮机构	运动平稳、噪声小、从动件转角可作无级调节	容易打滑、运动的准确性较差	多用于传动精度要求不高的间歇运动场合

2.2.2　槽轮机构

（1）槽轮机构的工作原理

槽轮机构又称马耳他机构，主要由带有圆销的拨盘、具有若干径向槽的槽轮及机架等组成，其中拨盘为主动件，它在匀速转动时带动槽轮作间歇旋转运动。如图 3-65 所示为外啮合槽轮机构，当拨盘上的圆销 A 未进入径向槽时，拨盘的锁止弧 α 与槽轮的锁止弧 β 贴合，槽轮被锁住不动；当拨盘转动使圆销 A 进入径向槽时，槽轮在圆销 A 的拨动下转动；拨盘继续转动，圆销 A 转出径向槽后，锁止弧 α 再次与槽轮的锁止弧 β 贴合，槽轮再次被锁住不动。当拨盘转动一圈时，槽轮将转动 1/4 圈。拨盘连续匀速运动，槽轮将重复上述过程而作间歇运动。

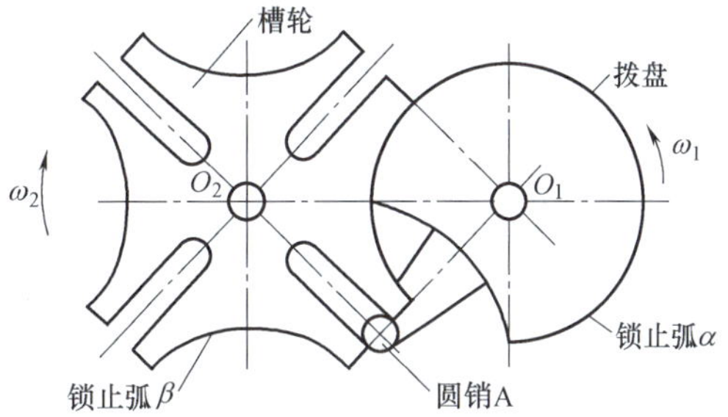

图 3-65　外啮合槽轮机构

槽轮机构动图

（2）槽轮机构的分类

根据圆销与槽轮啮合位置的不同，槽轮机构可分为外啮合槽轮机构、内啮合槽轮机构和球面槽轮机构三种类型。如图 3-66（a）所示为外啮合槽轮机构，拨盘与槽轮的转向相

(a) 外啮合槽轮机构　(b) 内啮合槽轮机构　(c) 球面槽轮机构

图 3-66　槽轮机构

外啮合槽轮机构动图　内啮合槽轮机构动图　球面槽轮机构动图

反。如图 3-66（b）所示为内啮合槽轮机构，拨盘与槽轮的转向相同。如图 3-66（c）所示为球面槽轮机构，回转轴线相交。

拨盘上圆销的数量取决于工作要求，在图 3-66（a）所示的外啮合槽轮机构中拨盘有 1 个圆销，槽轮有 4 个径向槽，则拨盘转动 1 圈时，槽轮将转动 1/4 圈。

（3）槽轮机构的工作特点

槽轮机构结构简单、传动可靠、工作效率高，但圆销与槽轮径向槽之间的配合要求精度高，且圆销在进入径向槽时会产生较大的冲击，故槽轮机构常用于低速自动机械的定转角转位或分度的间歇运动场合。

任务实施

（1）分析

请同学们按照“任务工单 3.2”要求，计算基圆半径和升程，计算最大压力角，列出从动件的位移方程等，然后填写任务工单。

如图 3-40 所示为自动圆珠笔的结构示意图，一按一出“咔哒”两声之后，自动圆珠笔的笔芯就完成了伸出和锁定，写字绘画随手即可进行。笔芯的伸缩是通过凸轮机构和间歇运动机构实现的。此外，在各种自动机械和自动控制装置中，广泛地应用着各种形式的凸轮机构和间歇运动机构。

对于凸轮机构，只要适当地设计凸轮的轮廓曲线，就可以使从动件得到各种预期的运动。如图 3-67（a）所示为平底从动件盘形凸轮机构，凸轮为 $R = 30$mm 的偏心圆，O 点为其几何中心，A 点为其旋转运动中心，两者距离为 10mm。请同学们计算该凸轮机构的基圆半径 r_b、升程 h、最大压力角 α_{max}，以及从动件的位移方程，然后填写任务工单 3.2。

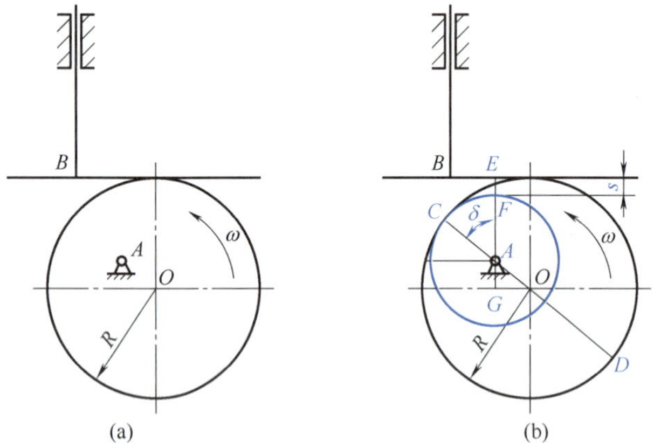

图 3-67 平底从动件盘形凸轮机构

基圆半径 r_b 是凸轮轮廓的最小半径，是凸轮设计的一个重要参数，它对凸轮机构的结构尺寸、体积、重量、受力状况和工作性能等都有重要影响。

升程 h 是从动件在推程运动的距离，它是分析凸轮运动规律、绘制凸轮机构运动线图的重要参数。

最大压力角 α_{max} 是衡量凸轮机构传动性能的重要参数。

（2）实施

全班学生每 3~4 人一组，组员合作分析平底从动件盘形凸轮机构，并做好记录。

① 计算基圆半径和升程。

如图 3-67（b）所示，连接 OA，并向两边延长，分别与凸轮轮廓线相交于 C、D 两

点。以 A 为中心，AC 为半径作圆，则该圆即为凸轮的基圆，其半径为

$$r_b = R - OA = 30 - 10 = 20\ (\text{mm})$$

该凸轮机构的升程为 $h = AD - AC = OA \times 2 = 10 \times 2 = 20\ (\text{mm})$

② 计算最大压力角。

由于该凸轮机构从动件的平底与导路相垂直，因此其压力角恒等于零，于是有

$$\alpha_{max} = 0$$

③ 计算从动件的位移方程。

如图 3-67（b）所示，以从动件距离旋转运动中心 A 最近的位置为凸轮机构运动的起始位置（此时点 C 与从动件平底接触，CD 处在竖直方向），凸轮转角为 δ，则从动件的位移方程为

$$s = EG - FA - AG = R - r_b - OA\cos\delta = 30 - 20 - 10\cos\delta = 10(1 - \cos\delta)$$

课程思政

国产“地下航母”掘进世界前列

盾构机被称作“工程机械之王”，可以穿山越岭、过江跨海，是衡量一个国家制造业水平的重要标志。据统计，截至 2021 年，中国已累计建设的盾构隧道长度超过了 10000km，其中包括国内众多著名的工程项目，如北京地铁、广州地铁、深圳地铁等。数据显示，中国盾构机的规模和技术水平不断提升，目前，中国已拥有世界上最大的盾构机，直径达到了 17.6m，整机长 150m。而在技术方面，中国盾构机在控制系统、刀盘设计、土压平衡等方面取得了重大突破，提高了施工效率和安全性。截至 2022 年，中国已成为全球最大的盾构机生产和使用国家，其年产量占据全球市场份额的 70%以上。

【思考与练习】

一、填空题

1. 机构可以认为由三类构件组成，运动规律已知的活动构件称为＿＿＿＿＿，随其运动的其余活动构件称为从动件，本身固定或可以视作固定的构件称为＿＿＿＿＿。

2. 平面连杆机构是由一些刚性构件用＿＿＿＿＿副和＿＿＿＿＿副相互连接而组成的机构。

3. 在机构运动简图中，用箭头标出的构件为＿＿＿＿＿。

4. 作平面运动的自由构件具有＿＿＿＿＿个自由度。

5. 在平面机构中，每个低副引入＿＿＿＿＿个约束，每个高副引入＿＿＿＿＿个约束。

6. 由 m 个构件组成的复合铰链，其转动副的数目应为＿＿＿＿＿个。

7. 根据连架杆是否可以绕机架作整周转动，连架杆可分为＿＿＿＿＿＿＿＿和＿＿＿＿＿。

8. 假设一平面四杆机构满足“杆长条件”，那么当以最短杆为机架时，该四杆机构为＿＿＿＿＿机构；当以最短杆的临边为机架时，该四杆机构为＿＿＿＿＿机构；当以最短杆的对边为机架时，该四杆机构为＿＿＿＿＿机构。

9. 在机构中，常用＿＿＿＿＿或＿＿＿＿＿的大小作为衡量机构传力性能的指标，

__________越小，__________越大，传力性能越好。

10. 凸轮机构主要是由__________、__________和__________三个基本部分组成。

二、简答题

1. 什么是运动副？运动副怎么分类？
2. 什么是低副、高副？平面低副和高副各引入几个约束？
3. 什么是机构运动简图？原动件在简图中怎么表达？机构示意图与运动简图有何区别？
4. 什么是机构的自由度？机构具有确定运动的条件是什么？
5. 简述铰链四杆机构有几种基本类型以及判别方法？
6. 根据如图 3-68 所示各机构注明的尺寸判断铰链四杆机构的类型。

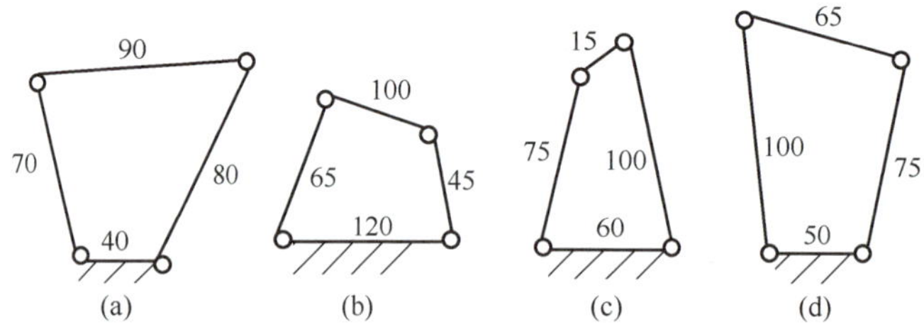

图 3-68　铰链四杆机构

7. 简述凸轮机构的工作特点和应用范围。
8. 凸轮机构可实现哪些运动的转换？常见的分类方法有哪些？
9. 什么是凸轮机构的位移线图？推程与推程运动角分别是怎么定义的？
10. 哪种从动件运动规律只能用于低速轻载的场合？

11. 计算如图 3-69 所示运动链的自由度，若存在复合铰链、局部自由度和虚约束，需明确指出，并判断该机构需要几个原动件驱动才具有确定的运动。

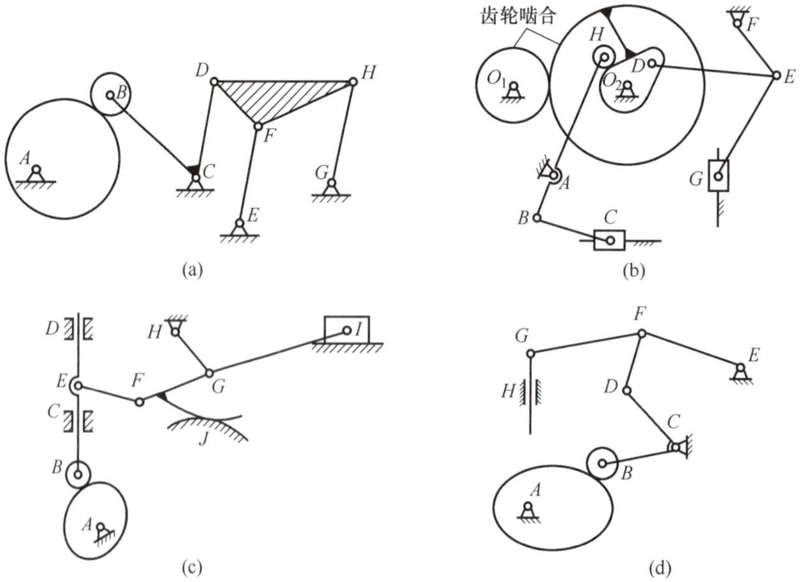

图 3-69　运动链

12. 如图 3-70（a）所示，已知四杆机构 *ABCD* 中各构件的长度分别为 $a=240$mm，$b=600$mm，$c=400$mm，$d=500$mm。试问当分别取构件 1、2、3、4 为机架时，可获得什么机构？

13. 如图 3-70（b）示为一偏置曲柄滑块机构，试求 *AB* 成为曲柄的条件。

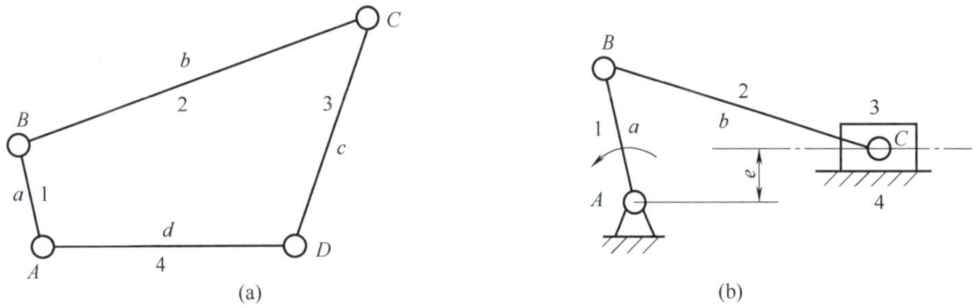

图 3-70

14. 凸轮机构的主要优缺点是什么？凸轮机构有哪些常用类型？

15. 何谓刚性冲击？何谓柔性冲击？

16. 凸轮机构中的推杆速度随凸轮转角变化的线图如图 3-71 所示，试确定分别在什么位置存在刚性冲击和柔性冲击。

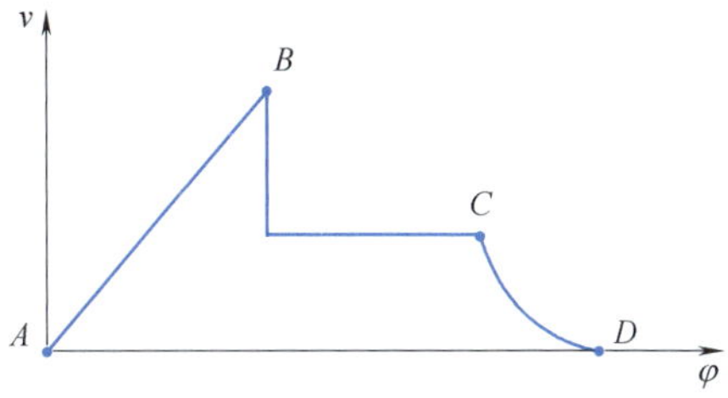

图 3-71

17. 如图 3-72 所示的盘形凸轮机构，试在图上绘制：

（1）凸轮的基圆半径 r_b 和行程 h；

（2）在图示位置，推杆的位移 s；

（3）在图示位置，凸轮机构的压力角。

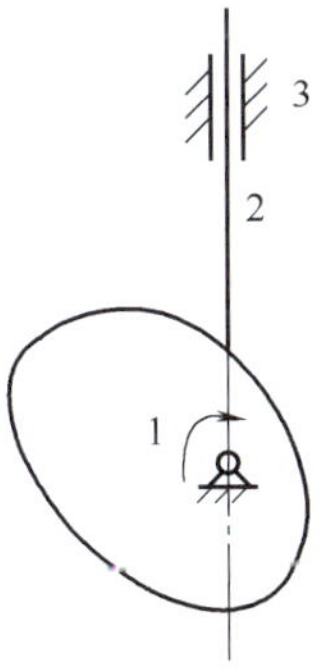

图 3-72 盘形凸轮机构

项目4 机械传动装置

【项目导读】

机械传动在机械工程中主要是指利用机械方式传递动力和运动的传动，将原动机的运动和动力传给工作机构的中间装置，分为两类：一是靠机件间的摩擦力传递动力的摩擦传动，二是靠主动件与从动件啮合或借助中间件啮合传递动力或运动的啮合传动。机械传动装置不仅在整个机器的质量和成本中占有很大比例，而且在很大程度上决定了机器的工作性能。因此，掌握机械传动的基本原理，合理选用机械传动装置及其零部件，对于提高机器的工作能力和效率具有重要意义。本项目主要介绍常见机械传动装置的结构、工作原理和运行维护知识，为解决工程问题建立必要的基础。

【知识目标】

- 掌握常见机械传动装置的类型、特点及应用
- 掌握带传动和链传动的结构和工作原理
- 掌握齿轮传动的基本参数和工作原理
- 了解齿轮的结构形式和材料
- 掌握蜗杆传动的主要参数及工作原理
- 了解蜗轮与蜗杆的结构和材料
- 掌握定轴轮系传动比的计算
- 掌握常见机械传动装置的运行与防护

【技能目标】

- 能够计算带传动、链传动的传动比和齿轮传动的基本参数
- 能够计算蜗杆传动的传动比，确定蜗轮的转向
- 能够计算定轴轮系的传动比，确定轮系传动件的转向
- 能够对简单机械传动装置进行应用分析

【素质目标】

- 养成实事求是的科学精神和求真务实的辩证思维
- 提升遵守标准规范的职业意识和学以致用的职业素养

【任务导航】

1. 分析输送带的传动装置
2. 分析变速箱齿轮传动装置
3. 分析伸缩门装置
4. 分析汽车差速器传动装置

任务 1　分析输送带的传动装置

任务描述

如图 4-1 所示为输送机传动装置机构运动简图，其中同时采用了带传动和齿轮传动。请同学们分析一下该传动装置的运动过程。

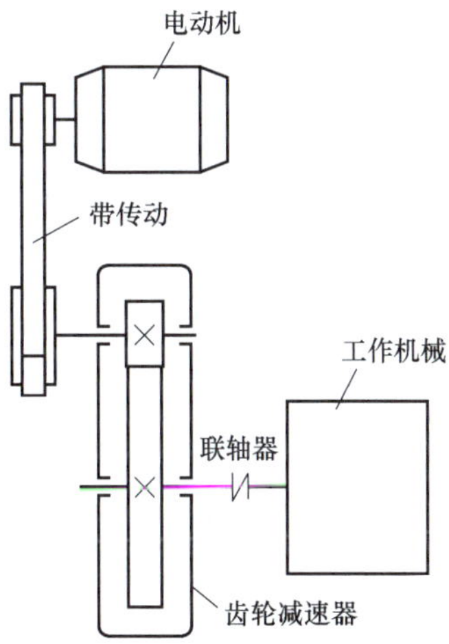

输送机传动装置

图 4-1　输送机传动装置机构运动简图

任务工单

任务工单 4.1——分析输送带的传动装置

【任务目的】

① 掌握带传动和齿轮传动的类型、特点及应用。

② 掌握带传动和齿轮传动的结构和工作原理。

③ 了解带传动和齿轮传动的运行与维护。

【学生分组】

以 3~4 人为一组，选出组长并进行任务分工，将小组概况及分工填入表 4-1 中。

表 4-1　　小组概况及分工

班　级		组　号		指导教师	
小组成员	姓　名	学　号	任务分工		
组　长					
组员					

【工作准备】

（1）获取信息

输送机是以输送带作为牵引和承载构件，对物料进行连续输送的机械。输送机工作时，输送带通过与传动滚筒之间的摩擦力驱动运行，输送带承载着置于其上的物料一起运动，实现对物料的连续输送。输送机的传动装置用于将电动机的运动和动力传递给传动滚筒，通常要求其运行平稳可靠，具有较为稳定的预定输出转速。在任务实施前，请各组组长组织组员收集相关资料，回答下列问题。

引导问题 1：运输机带传动的作用是什么？它在运输机中起到了什么样的重要作用？

引导问题 2：请简要描述一下运输机带传动的工作原理。

引导问题 3：运输机带传动中常见的带材料有哪些？它们各有什么特点和适用场景？

引导问题 4：带传动系统在使用过程中可能会出现哪些常见故障？如何预防和维护？

（2）制订计划

查阅机械手册或相关资料，了解机械传动的类型及特点，做好记录，并制订实施计划。

（3）进行决策

① 每位学生阐述自己的计划。

② 组员之间进行提问与答疑，制订本组的最佳实施计划。

③ 教师根据各组完成情况进行点评。

【工作实施】

按照本组制订的最佳工作计划进行实施。按实际实施过程，将实施内容、遇到的问题及解决办法等全部记录在表 4-2 中。

表 4-2　　工作实施过程记录表

序号	实施步骤	实施内容	遇到的问题及解决办法
1			
2			
3			

【考核评价】

各组组长展示任务完成情况，并完成如表 4-3 所示的考核评价表。

表 4-3　　考核评价表

评价项目	评价标准	满分/分	实际得分/分	老师评语
技能操作	能正确分析输送带的传动机构组成	20		
	能正确分析带传动布置在传动装置高速级的原因	20		
	能正确分析带传动直接与电动机连接的原因	20		
	能正确分析齿轮传动布置在传动装置低速级的原因	20		
参与程度	认真参加活动，积极思考，主动与同学、指导老师进行交流，善于发现和解决问题	10		
合作意识	积极参与探讨，勇于接受任务，敢于承担责任	10		
总　分		100		
小组总结				

知识准备

1.1　带传动

如图 4-2 所示，带传动一般由主动轮、从动轮、紧套在两轮上的传动带及机架组成。当原动机驱动主动带轮转动时，由于带与带轮之间摩擦力的作用，使从动带轮一起转动，

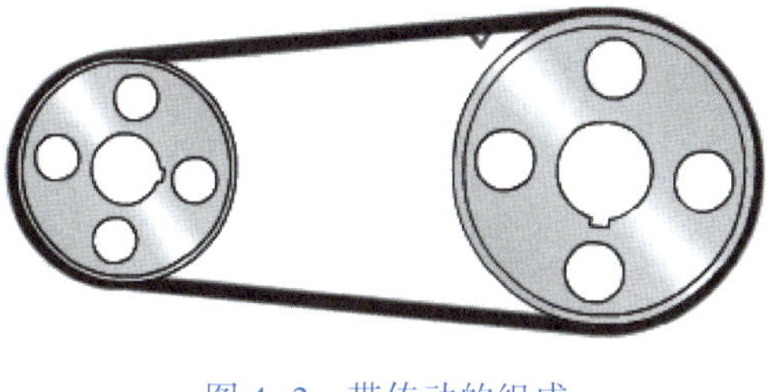

图 4-2　带传动的组成

带传动

从而实现运动和动力的传递。

1.1.1 带传动的类型

（1）按传动带的截面形状分

按传动带的截面形状可分为平带、V 带、多楔带和圆形带，如表 4-4 所示。

平带：平带的截面形状为矩形，内表面为工作面。结构简单，带轮容易制造，在传动中心距较大的场合应用较多。

V 带：截面形状为梯形，两侧面为工作表面。能传递较大的载荷，且结构较为紧凑，应用非常广泛。

多楔带：它是在平带基体上由多根 V 带组成的传动带。可传递很大的功率，兼有平带传动与 V 带传动的特点，适用于传递载荷较大且要求结构紧凑的场合。

圆形带：横截面为圆形。只用于小功率传动。一般用于低速轻载仪器及家用器具中。

表 4-4　传动带的类型

传动带类型	平带	V 带	多楔带	圆形带
图片	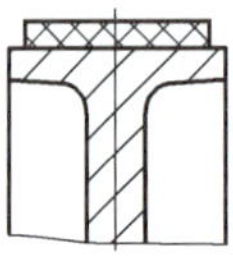	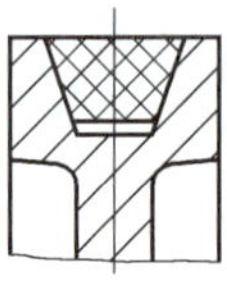	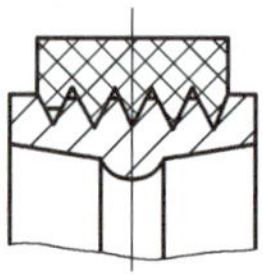	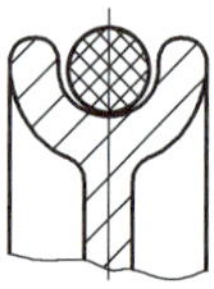

（2）按传动原理分

按传动原理可分为摩擦带传动和啮合带传动，如图 4-3 所示。

摩擦带传动：靠传动带与带轮间的摩擦力实现传动，如 V 带传动、平带传动、圆带传动等。

啮合带传动：靠带内侧凸齿与带轮外缘上的齿槽相啮合实现传动，如同步带传动。

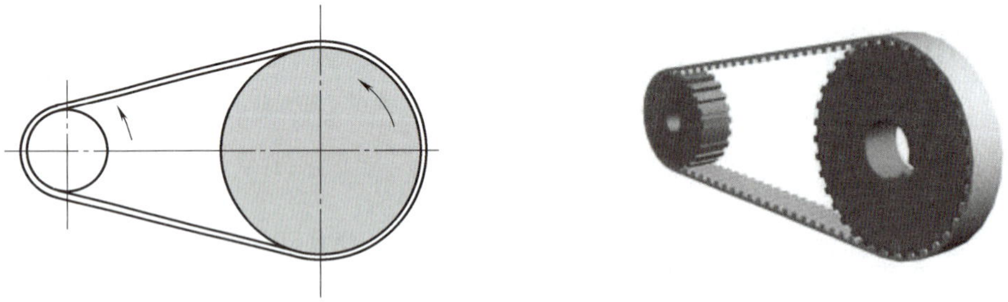

(a) 摩擦带　　(b) 啮合带

图 4-3　带传动类型

特点：除了摩擦带传动的优点外，还具有传递功率大，保证带与带轮间的同步，传动比准确等优点，多用于要求传动平稳、传动精度较高的场合，如数控机床、打印机等设备上。

1.1.2 带传动的特点和应用

（1）带传动的优点

① 带为有弹性的挠性体，能缓冲和吸收振动，传动平稳，噪声小。

② 有安全保护作用，过载时带在小带轮上打滑，可防止损坏其他零件。

③ 结构简单，制造、安装和维护方便；适用于中心距较大的传动。

（2）带传动的缺点

① 由于带与带轮之间的弹性滑动，不能保证固定的传动比；传动的外廓尺寸大，需要张紧装置。

② 传动效率低，一般平带的传动效率为0.83~0.98，V带的传动效率为0.87~0.96；寿命较短，使用寿命一般为2000~3000h。

（3）带传动的应用

带传动主要用于中小功率电动机与工作机之间，要求传动比不严格的动力传递。目前V带传动应用最广，多用于高速级传动，传动比可达到7，速度在5~25m/s，传动功率不超过50kW。

1.1.3 带传动的受力分析

（1）初拉力 F_0

工作前：安装在带轮上的传动带必须有一定的预紧力（初拉力 F_0），以提供带传动所需摩擦力的正压力；带两边的拉力相等（图4-4）。

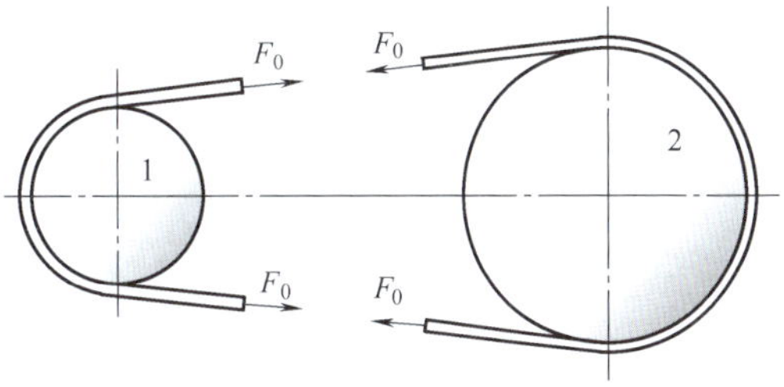

图4-4 带传动的受力——工作前

工作时：由于摩擦力的作用，使绕进主动轮1的一侧带被进一步拉紧——紧边，拉力由 F_0 增大到紧边拉力 F_1；另一侧带放松——松边，拉力由 F_0 减小到松边拉力 F_2（图4-5）。

（2）有效拉力 F

假设带长恒定；带变形满足胡克定律，则紧边拉力的增加量应等于松边拉力的减少量，即

$$F_1-F_0=F_0-F_2 \qquad (4-1)$$

即

$$F_1+F_2=2F_0 \qquad (4-2)$$

有效拉力 F 的大小等于带与带轮间的摩擦力的总和

$$F=F_1-F_2=\sum F_\mu \qquad (4-3)$$

有效拉力 F 与带传动所传递的功率 P 的关系为

$$P=Fv=\sum F_\mu v \qquad (4-4)$$

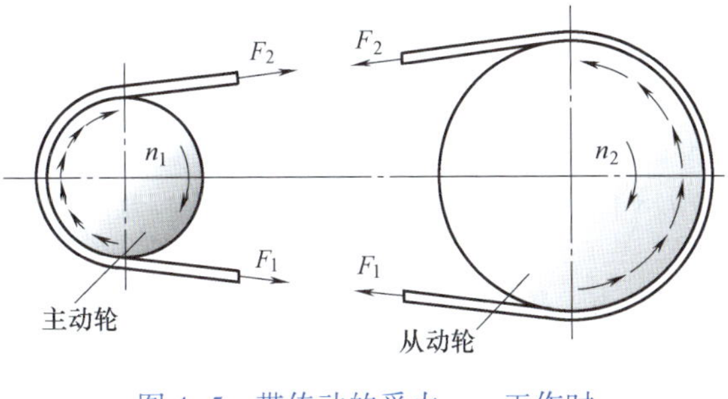

图4-5 带传动的受力——工作时

v 为带的速度，单位为m/s，v 一定时，F 随着 P 的增大而增大，但 $\sum F_\mu$ 不可能无限增大。当 F 达到极限值 $F_{\mu\lim}$（摩擦力的极限值）时，带将沿着带轮相对滑动，即带传动处于即将打滑的临界状态。

1.1.4 带的弹性滑动和打滑

（1）弹性滑动

带传动在工作时，从紧边到松边，传动带所受的拉力是变化的，因此带的弹性变形也是变化的。

带的紧边进入与主动轮的接触点时，带速与主动轮速度相等，当带绕过主动轮时，带的弹性伸长量逐渐减小，相当于带速逐渐减慢，导致带速落后于轮速 $v_1>v$。

带的松边进入与从动轮的接触点时，带速与从动轮带速相等，当带绕过从动轮时，带的弹性伸长量逐渐增大，相当于带速逐渐加大，导致带速超前于轮速 $v>v_2$。

$$v_1>v>v_2$$

这种因材料的弹性变形而产生的滑动被称为弹性滑动（图 4-6）。

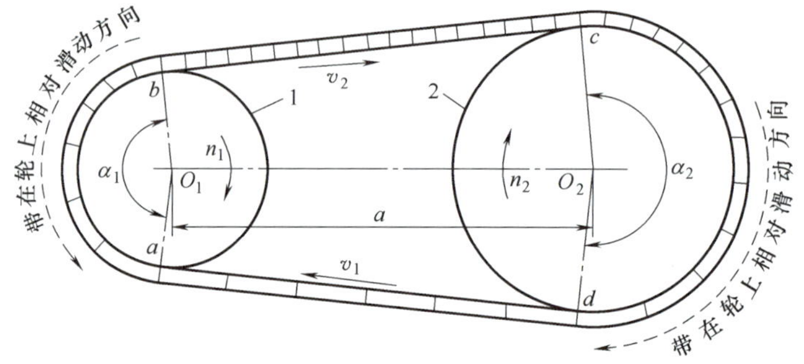

图 4-6 带传动的弹性滑动

带是弹性体，紧、松边拉力不等，弹性滑动不可避免；弹性滑动导致从动轮圆周速度低于主动轮圆周速度；带传动传动比不是常数；弹性滑动只发生在带离开带轮一侧的部分弧段上；降低带的传动效率；引起带的磨损、温升；降低带的寿命。

（2）带的打滑

若带的工作载荷加大，有效圆周力达到临界值后，则带与带轮间会发生显著的相对滑动，即产生打滑。打滑将使带的磨损加剧，从动轮转速急速降低，带传动失效，这种情况应当避免。

带不传递载荷时：带的有效拉力 $F=0$；滑动角 $\alpha'=0$；静角 $\alpha''=$ 包角 α。

载荷增加时：F 增加；α' 加大；α'' 减小。

载荷增大到极限状态时：$\alpha'=\alpha$；$\alpha''=0$；$F=F_{max}$；带开始沿带轮全接触弧面滑动即打滑（图 4-7）。

打滑是带传动的一种失效形式，应该尽量避免；打滑导致带磨损严重，温度剧烈升高，不能正常工作；打滑可起到过载保护作用，即保护后续传动零件；小轮包角较小，打滑总是先在小轮上发生。

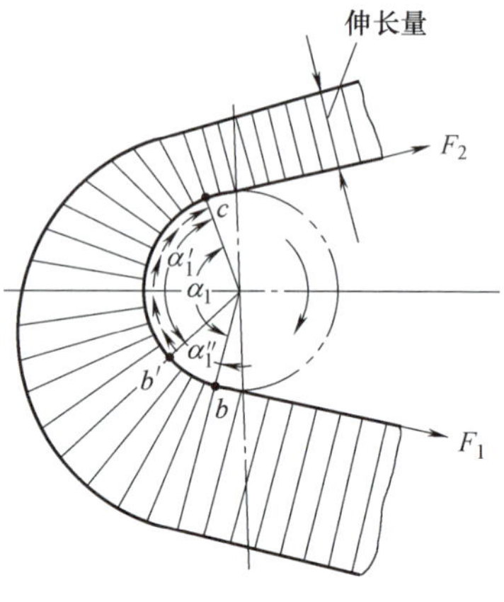

图 4-7 带传动的打滑

> **课堂互动**
>
> 请大家根据所讲知识，思考并讨论弹性滑动和打滑有什么区别？

1.1.5　带传动的张紧

为了保证带传动的传动能力，必须定期检查与重新张紧，常用的张紧方法有下述两种：

（1）调整中心距

如图4-8（a）所示，通过调节螺钉3，使电动机1在滑道2上移动，直到所需位置；如图4-8（b）所示，通过螺栓2使电机1绕定轴 O 摆动将其张紧。

调整中心距（a）

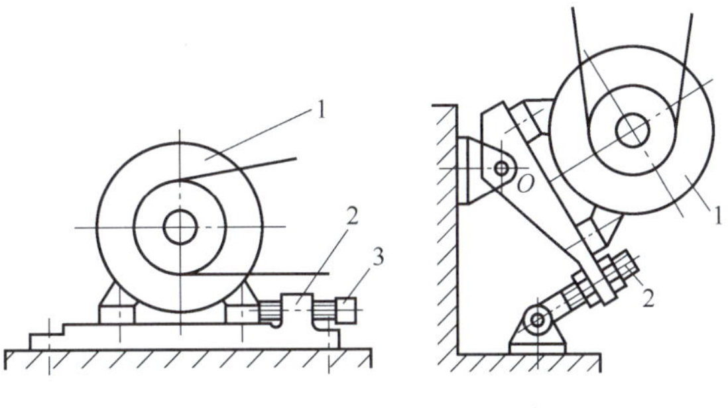

(a)　(b)

图4-8　调整中心距

调整中心距（b）

（2）采用张紧轮

当中心距不能调节时，可采用张紧轮将带张紧，如图4-9所示。张紧轮一般放在松边内侧，使带只受到单向弯曲，并要靠近大轮，以保证小带轮有较大的包角，其直径宜小于小带轮直径。

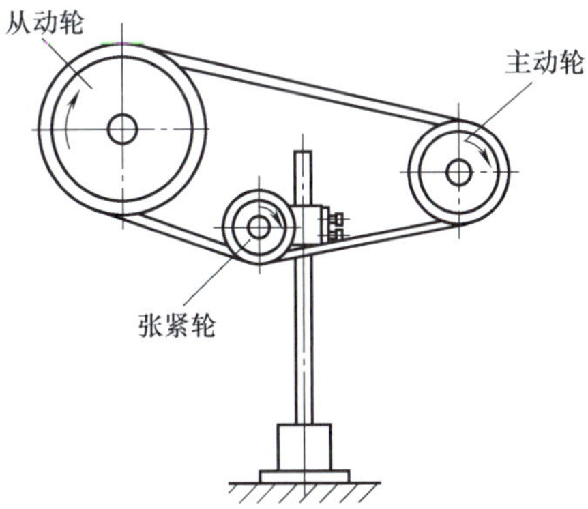

图4-9　采用张紧轮

张紧轮

1.2　链传动

链传动是由主动链轮1、从动链轮2和链条3等组成，如图4-10所示。它是靠链条和链轮轮齿的啮合来传递平行轴间的运动和动力，其工作原理为具有中间挠性件的啮合传动。

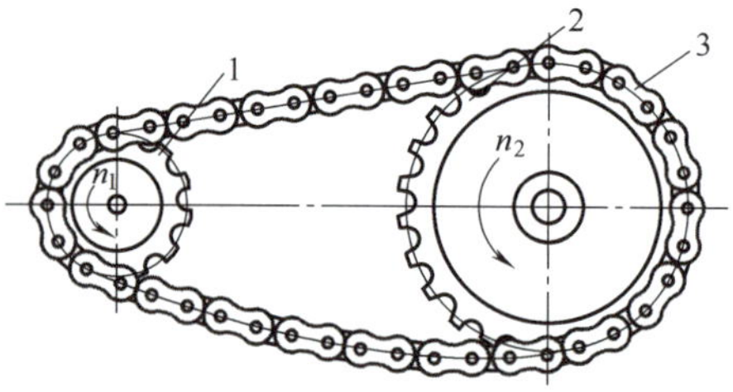

1—主动链轮；2—从动链轮；3—链条。

图 4-10　链传动的组成

1.2.1　链传动的类型

按照用途不同，链可以分为起重链、牵引链和传动链三大类。

① 起重链主要用于起重机械中提升重物，其工作速度 $v \leq 0.25\mathrm{m/s}$。

② 牵引链上装有工作构件（刮板、板条、料斗、滑架和梯级等），用以在输送线路上输送物料或人员，其工作速度 $v \leq 4\mathrm{m/s}$。

③ 传动链主要用于一般机械中传递运动和动力，其工作速度 $v \leq 15\mathrm{m/s}$。

根据结构的不同，传动链又可分为滚子链、套筒链、齿形链和成形链，如图 4-11 所示，其中常用的传动链有滚子链和齿形链（又称无声链）两种。

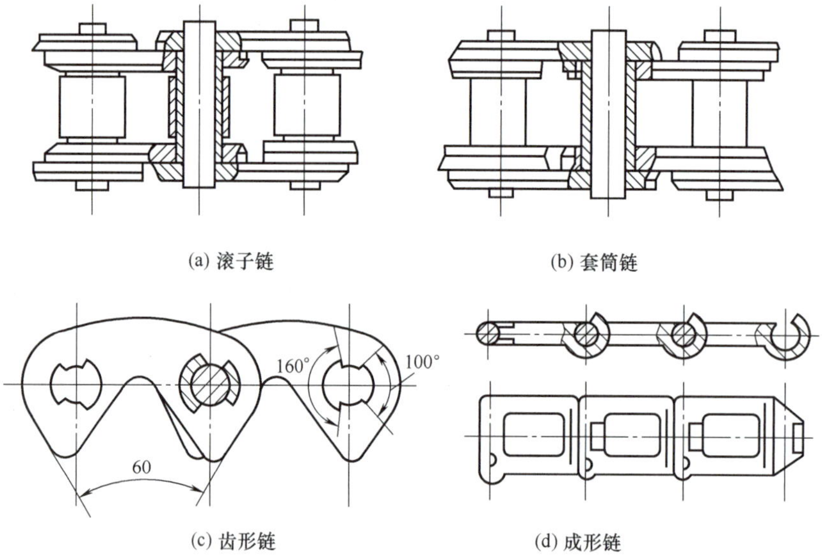

图 4-11　传动链的类型

（1）滚子链

滚子链是由内链板、外链板、销轴、套筒和滚子组成，如图 4-12 所示。链的主要磨损发生在销轴和套筒的接触面上，因此，在内、外链板间应留有少许的间隙，以便润滑油渗入摩擦面之间。

滚子链使用时总是首尾相连成环形。当链节总数为偶数时，内链板和外链板首尾相接，可用开口销或弹簧锁片将销轴锁紧，如图 4-13 所示。当链节总数为奇数时，则应采用过渡链节进行连接，由于过渡链节的链板在工作时易产生附加弯曲应力，故应尽量避免采用，因此，链节总数最好为偶数。

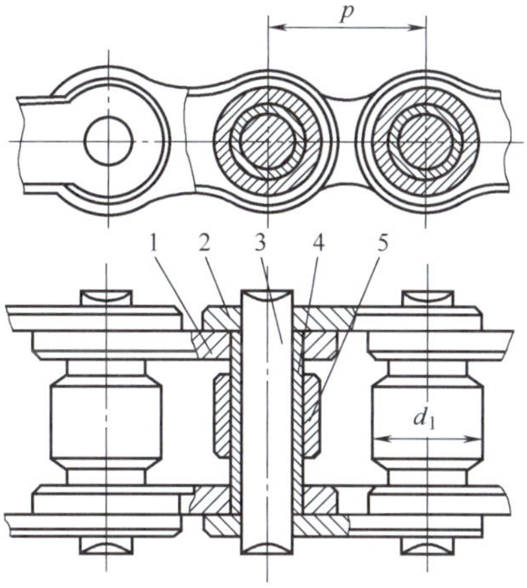

滚子链的组成

1—内链板；2—外链板；3—销轴；4—套筒；5—滚子。

图 4-12　滚子链的结构

(a) 开口销　(b) 弹簧夹　(c) 过渡链节

图 4-13　链条的接头形式

目前滚子链已经标准化，我国目前使用的滚子链的标准分为 A、B 两个系列。A 系列用于重载、高速的重要传动，B 系列用于一般传动。在承受较大载荷和传递较大功率时，可采用小节距的多排链，但排数越多，越难使各排受力均匀，实际使用时一般不超过四排。

滚子链的标记由链号、排数、链节数和标准编号四部分组成。例 20A－2×80B/T 1243—2006，表示链号是 20A、节距为 31.75mm 的 A 系列、双排、80 节的滚子链。

（2）齿形链

齿形链是一组带有齿的内、外链板左右交错排列，用铰链连接而成，如图 4-14 所示。齿形链传动平稳、传动速度高、承受冲击性能好、噪声小，但结构复杂、装拆较难、

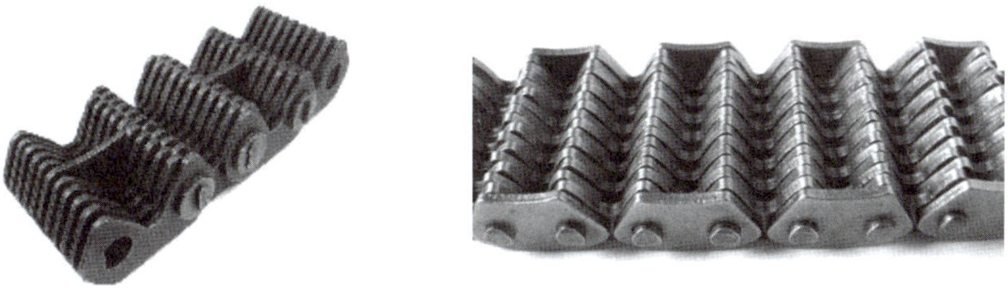

图 4-14　齿形链

质量较大、摩擦力较大、链容易磨损且制造成本较高，其传动性能优于同步带传动、齿轮传动以及滚子链传动，主要用在高速、重载、低噪声、大中心距的场合，其中内外复合啮合齿形链的噪声最小，应用也最广泛。但是，齿形链比滚子链结构复杂，难于制造，价格较高。

1.2.2 链传动的特点与应用

（1）链传动的优点

① 链传动没有弹性滑动和打滑，能保持准确的平均传动比。

② 传动效率较高，能达到98%。

③ 作用于轴上的压力较小。

④ 结构紧凑，成本低廉。

⑤ 适用于远距离传动，中心距可达十几米。

⑥ 承载能力较带传动强，可在温度较高、湿度较大、有油污、腐蚀等恶劣条件下工作。

（2）链传动的缺点

瞬时转速和瞬时传动比不是常数，传动的平稳性较差，有一定的冲击和噪声，磨损后易发生跳齿，只能用于平行轴间同向回转的传动，因此广泛应用于矿山机械、农业机械、石油机械、机床及摩托车中。

1.2.3 链传动的张紧与润滑

（1）链传动的张紧

对中心距可调的链传动，可以通过调整中心距来控制张紧程度；对中心距不可调的链传动，可以采用去掉1~2个链节的方法重新张紧，还可以采用张紧轮自动张紧［图4-15（a）、（b）］或人工定期张紧［图4-15（c）］，张紧轮应设在松边靠近小链轮处。

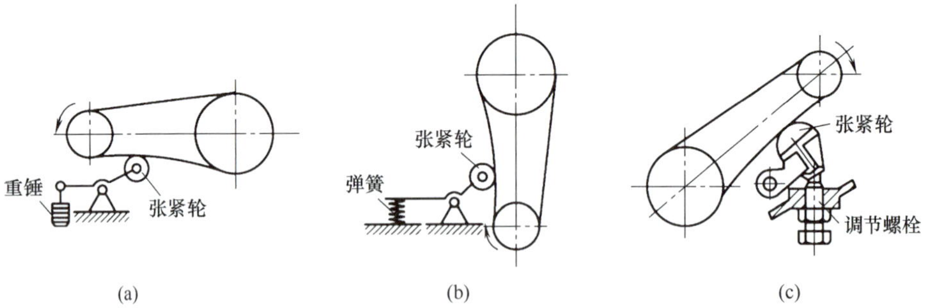

图4-15 链传动中张紧轮的使用

（2）链传动的润滑

链传动的润滑方式可分为人工定期润滑、滴油润滑、油浴润滑、飞溅润滑、压力油循环润滑5种方式。

人工定期润滑：用油壶或油刷给油［图4-16（a）］，每班注油一次，适合于链速≤4mm/s的不重要的传动。

滴油润滑：用油杯通过油管向松边的内、外链板间隙处滴油，用于链速≤10mm/s的传动［图 4-16（b）］。

油浴润滑：链条从密封的油池中通过，链条浸油深度 6~12mm 为宜，适合于链速≤6~12mm/s 的传动［图 4-16（c）］。

飞溅润滑：在密封的容器中，用甩油盘将油甩起，经由壳体上的集油装置将油导流到链上。甩油盘的速度应大于 3m/s，浸油深度 12~15mm 为合适［图 4-16（d）］。

压力油循环润滑：用油泵将油喷到链条上，喷口应设在链条进入啮合之处。适合于链速≥8mm/s 的大功率传动［图 4-16（e）］。

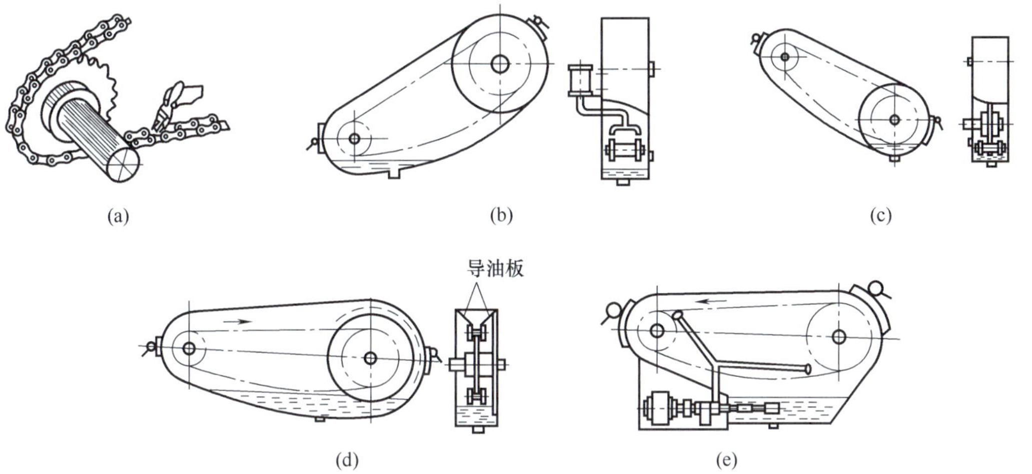

图 4-16　链传动润滑方式

链传动常用的润滑油有 L-AN32、L-AN46、L-AN68、L-AN100 等全损耗系统用油。温度低时，黏度宜低；功率大时，黏度宜高。链传动最好加装封闭护罩，满足安全、清洁环境、防尘、减小噪声、润滑等需要。

任务实施

（1）分析

请同学们按照“任务工单 4.1”要求，分析输送带的传动装置，制订实施计划，然后填写任务工单。

（2）实施

全班学生每 3~4 人一组，组员合作，查阅机械手册或相关资料，分析输送带的传动装置，做好记录。

① 带传动中单根传动带所传递的功率与传动带的速度成正比，带传动在高速级速度高，单根传动带所传递的功率大，所需传动带的根数少，可以节约制造带轮的材料，并节省带传动所占的空间。

② 带传动直接与电动机相连，可以对整个传动装置起到过载保护的作用。

③ 由于齿轮传动依靠轮齿依次啮合传递运动和动力，不会发生弹性滑动和打滑，因此传动准确可靠且可实现平行轴、相交轴和交错轴之间的传动，用于连接工作机械以保证

工作机械工作的稳定性。

（3）评价

请指导老师按照学生的实际表现情况进行评价，并将评价结果填入任务工单中的考核评价表。学生结合自身表现和指导老师的评价，对本次任务进行总结。

课程思政

神舟航天工程，是一个系统工作，必须通过在设计、制造、试验、测试等各环节，把工作做深、做细、做透、做到极致，控制一切可能存在的风险，确保100%成功。仅对接器而言，框里就有100多个测量动作、位置、温度的传感器，近300个传递力的齿轮，1万多个紧固件，数以万计的导线、接插件、密封圈和吸收撞击能量的材料等。每一个小的细节都可能导致整个系统的失效，没有精益求精的工匠精神，是难以做到这一切的。我们学习航天精神，就是要把这种严谨细致、精益求精、深耕细作的精神融入工作中，不断向万无一失、尽善尽美的工作极致挑战，用航天人的标准丈量工作的水平。

不管做什么都要坚持认真的态度，细节源于态度，细节体现素质，在今后的工作和学习中，一定努力把小事做细，把细事做透。“细节决定成败”是一句广为人知的俗语。它警示人们，我们所做的事情，往往成也细节，败也细节。仔细思量，它揭示了事物整体与部分的逻辑关联，蕴含了大与小的辩证关系，富含哲思哲理。可在实际生活中，我们的目光通常被宏大的事物所吸引，忽略甚至无视事物的细部；我们陶醉于为实现美丽蓝图而搭建的宏伟框架，却对连接框架的细小部件不屑一顾。我们习惯了大而化之的行为方式，视细节为琐碎之物，坦然略过。

任务2　分析变速箱齿轮传动装置

任务描述

减速器（图4-17）是一种装在原动机与工作机之间用以降低转速，增加扭矩的装置，在生产中使用十分广泛。“圆柱齿轮减速器的拆装与测绘”项目是以一个具体的机器为教学载体，学生在完成单元任务训练的过程中，逐渐展开对机械的专业知识、技能的理解和应用。

图4-17　齿轮减速器

任务工单

任务工单 4. 2——分析变速箱齿轮传动装置

【任务目的】

① 掌握减速器的功能、组成、各主要零件部件的功用。

② 掌握齿轮传动的类型、特点及应用。

③ 了解齿轮的结构和材料、失效形式和润滑。

【学生分组】

以 3~4 人为一组，选出组长并进行任务分工，将小组概况及分工填入表 4-5 中。

表 4-5　小组概况及分工

班　级		组　号		指导教师	
小组成员	姓　名	学　号	任务分工		
组　长					
组员					

【工作准备】

（1）获取信息

齿轮减速器的主要结构有箱体结构、轴系零件和减速器附件，其主要结构包含：

① 箱体结构。

② 轴系零件。

③ 减速器附件。定位销、气螺塞、油标、放油螺塞、起盖螺钉、起吊装置等。

在任务实施前，请各组组长组织组员收集相关资料，回答下列问题。

引导问题 1：齿轮减速器在工业领域中的应用非常广泛，请试着举例说明几个应用场景，并说明为什么选择齿轮减速器作为传动装置？

引导问题 2：简要描述一下齿轮减速器的结构组成及工作原理。

引导问题 3：齿轮减速器中常见的几种齿轮类型有哪些？它们各自的特点是什么？

引导问题 4：齿轮减速器的传动比是如何确定的？

（2）制订计划

查阅机械手册或相关资料，了解齿轮减速器装置及特点，做好记录，并制订实施计划。

（3）进行决策

① 每位学生阐述自己的计划。

② 组员之间进行提问与答疑，制订本组的最佳实施计划。

③ 教师根据各组完成情况进行点评。

【工作实施】

按照本组制订的最佳工作计划进行实施。按实际实施过程，将实施内容、遇到的问题及解决办法等全部记录在表 4-6 中。

表 4-6　工作实施过程记录表

序号	实施步骤	实施内容	遇到的问题及解决办法
1			
2			
3			

【考核评价】

各组组长展示任务完成情况，并完成如表 4-7 所示的考核评价表。

表 4-7　考核评价表

评价项目	评价标准	满分/分	实际得分/分	老师评语
技能操作	能正确分析齿轮减速器的主要结构组成	20		
	能正确分析箱体结构的作用	20		
	能正确分析轴系零件的作用	20		
	正确指出减速器附件定位销、气螺塞、油标、放油螺塞、起盖螺钉、起吊装置等的位置	20		
参与程度	认真参加活动，积极思考，主动与同学、指导老师进行交流，善于发现和解决问题	10		
合作意识	积极参与探讨，勇于接受任务，敢于承担责任	10		
总　分		100		
小组总结				

知识准备

2.1　齿轮传动的特点及类型

齿轮传动用来传递任意两轴间（平行、相交、交错）的运动和动力，属于啮合类传动，是利用一对齿轮（齿轮副）依次交替啮合来传递两轴间的运动和动力，是应用最广泛的一种机械传动。

2.1.1　齿轮传动的特点

齿轮传动的优点：

① 齿轮传动依靠轮齿依次啮合传递运动和动力，不会发生弹性滑动和打滑，因此传动准确可靠。

② 齿轮传动的机械效率可达 0.95~0.99（带传动的效率为 0.87~0.96），且能工作寿命长，可达几年甚至几十年。

③ 齿轮传动结构紧凑，与其他传动相比，所占空间位置较小。

④ 可实现平行轴、相交轴和交错轴之间的传动。

齿轮传动的缺点主要是要求较高的制造和安装精度，加工成本高，不适宜两轴中心距过大的传动（如单车）。

2.1.2　齿轮传动的类型

（1）按两轴线位置分类

齿轮传动按两轴线位置不同可分为两轴线平行、两轴线相交和空间交错三种情况，具体分析如图 4-18 所示。

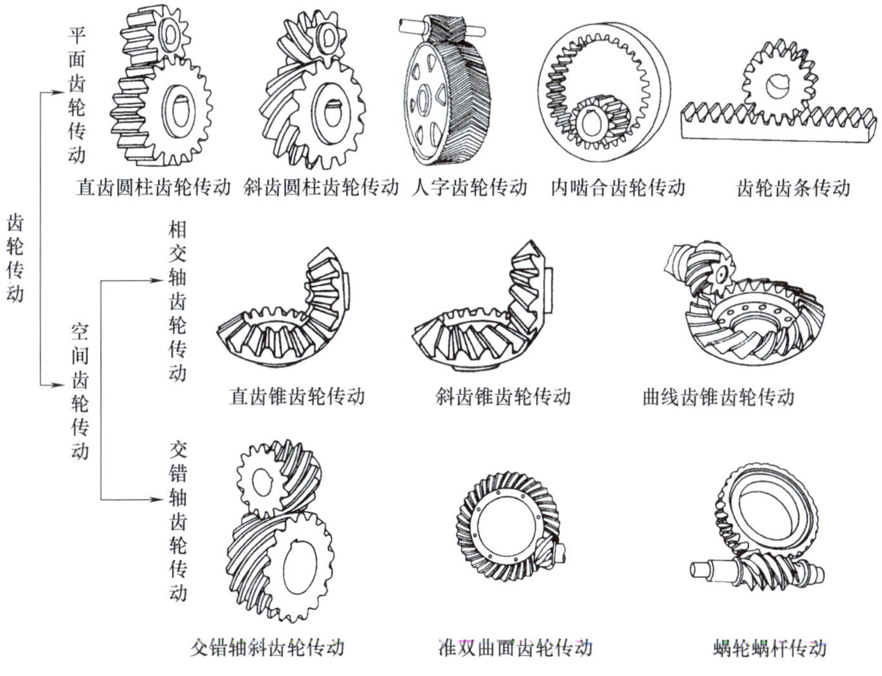

图 4-18　齿轮传动的类型

（2）按齿廓线形状分类

齿轮传动按齿廓线形状可分为渐开线齿轮传动、摆线齿轮传动和圆弧齿轮传动。渐开线齿轮最为常见，本书将重点介绍。摆线齿轮接触应力小，耐磨性好，但制造精度要求高，仅用于钟表及仪表中。圆弧齿轮承载能力强，跑合性能好，易形成油膜，常用于重型机械中。

（3）按工作条件分类

齿轮传动按工作条件不同可分为开式齿轮传动、闭式齿轮传动和半开式齿轮传动。开式齿轮传动中轮齿外露，齿面易落灰尘，因此只用于低速传动，如农业机械、建筑机械以及简易设备等。闭式齿轮传动中轮齿封闭在箱体内，可保证良好的工作条件，应用广泛，多用于重要的场合，如汽车、机床、航空发动机等。半开式齿轮传动比开式齿轮传动工作条件好，大齿轮部分浸入油池内并有简单的防护罩，但仍有外物侵入。

（4）按齿面硬度分类

齿轮齿面的承载能力与齿面硬度有关，根据齿面硬度的大小，通常将齿轮传动分为两类，即硬齿面齿轮传动和软齿面齿轮传动。齿轮的齿面硬度越高，其承载能力也越高，我们通常把齿面硬度 HBW 大于 350 的齿轮称为硬齿面齿轮，HBW 小于 350 的称为软齿面齿轮。软齿面齿轮传动常用于精度要求不太高的一般中低速齿轮传动，硬齿面齿轮传动常用于要求承载能力强、结构紧凑、使用寿命长的齿轮传动，应用最广泛。

2.2 齿轮结构设计及参数

2.2.1 渐开线齿轮啮合

（1）渐开线的性质

当一直线沿一个圆的圆周作纯滚动时，直线上任意一点 K 的轨迹 AK 称为该圆的渐开线。

从图 4-19 我们不难看出，渐开线的性质如下：

① 发生线沿基圆滚过的长度等于基圆上被滚过的弧长 $\overset{\frown}{AN}=\overline{NK}$。

② 发生线 NK 是渐开线在任意点 K 的法线且与基圆相切，NK 为渐开线 K 点处曲率半径。

③ 渐开线的形状取决于基圆的大小，当基圆半径为无穷大时，渐开线将变成一条斜直线，即齿条的齿廓曲线。

④ 基圆内无渐开线。

⑤ 渐开线上任意点的法线与该点速度方向所夹的锐角 α_k 称为该点的压力角。渐开线上各点压力角不等。离圆心越远处，压力角越大，基圆上压力角为零。

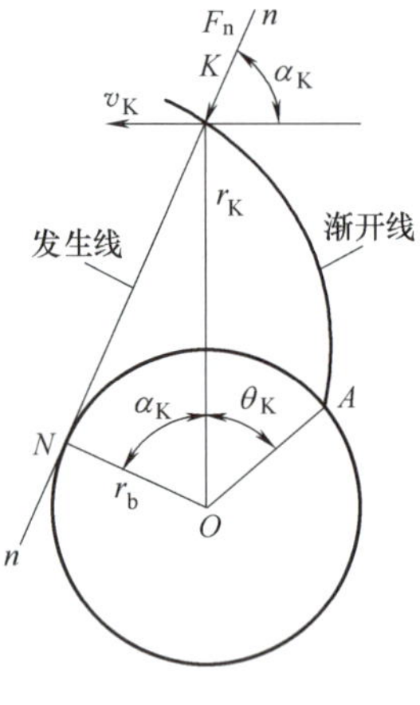

图 4-19 渐开线的形成

渐开线的形成

$$\cos\alpha_K=\frac{r_b}{r_K}$$

（2）渐开线齿廓啮合特性

① 渐开线齿廓的传动比不变。

如图 4-20 所示的一对渐开线齿廓在 K 点啮合，设两轮的基圆半径分别为 r_{b1}、r_{b2}，K

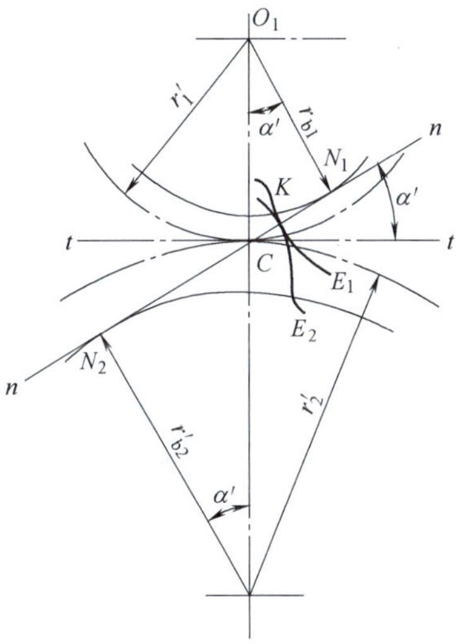

图 4-20　渐开线齿廓啮合特性

点处的齿廓法线为 nn。由渐开线性质可知，两齿廓曲线在啮合点的公法线就是两基圆的内公切线，而两固定圆的内公切线只有一条，它与两基圆的连心线交点位置不变。即无论两齿廓在何处接触，过接触点所作齿廓公法线均通过连心线上同一点 C，故渐开线齿廓满足定角速度比要求。

其瞬时传动比为

$$i_{12}=\frac{\omega_1}{\omega_2}=\frac{O_2C}{O_1C}=\frac{r_{b2}}{r_{b1}}=\frac{r_2}{r_1}=\text{常数}$$

上式表明渐开线齿廓在啮合过程中，其瞬时传动比恒定不变。当一对渐开线齿轮制成后，基圆半径不变，即使改变了两轮的中心距，其传动比仍将保持恒定，这种性质称为渐开线齿轮传动的可分离性。这是渐开线齿轮传动的一大优点，给齿轮制造和安装带来很大方便。

② 渐开线齿廓的受力方向不变。

齿轮传动时，其齿廓接触点的轨迹称为啮合线。对于渐开线齿轮，无论在哪一点接触，接触齿廓的公法线总是两基圆的内公切线 N_1N_2，因此直线 N_1N_2 就是渐开线齿廓的啮合线。

过节点 C 作两节圆的公切线，它与啮合线 N_1N_2 间的夹角称为啮合角。由图 4-20 可见，渐开线齿轮传动中啮合角为常数。由图 4-20 中几何关系可知，啮合角在数值上等于渐开线在节圆上的压力角。啮合角不变，则齿廓间的压力方向不变。若齿轮传递的力矩恒定，则轮齿之间、轴与轴承之间压力和方向均不变，这也是渐开线齿轮传动的一大优点。

2.2.2　标准直齿圆柱齿轮设计

如图 4-21 所示为一标准直齿圆柱齿轮的一部分，齿轮各部分的名称和基本参数如下。

（1）齿轮各部分的名称

齿顶圆：齿顶所在的圆，其直径和半径分别用 d_a 和 r_a 表示。

齿根圆：齿槽底面所在的圆，其直径和半径分别用 d_f 和 r_f 表示。

分度圆：具有标准模数和标准压力角的圆，它介于齿顶圆和齿根圆之间，是计算齿轮几何尺寸的基准圆，其直径和半径分别用 d 和 r 表示。

基圆：生成渐开线的圆，其直径和半径分别用 d_b 和 r_b 表示。

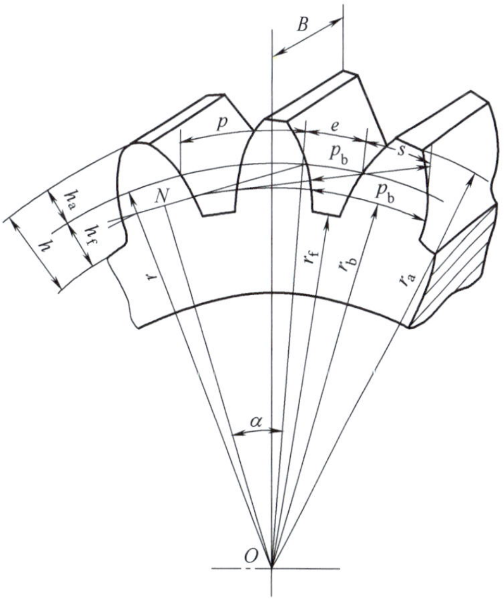

图 4-21　标准直齿圆柱齿轮的几何尺寸

齿顶高：齿顶圆与分度圆之间的径向距离，用 h_a 表示。

齿根高：齿根圆与分度圆之间的径向距离，用 h_f 表示。

齿高：齿顶圆与齿根圆之间的径向距离，用 h 表示。

齿厚：一个齿的两侧齿廓之间的分度圆弧长，用 s 表示。

齿槽宽：一个齿槽的两侧齿廓之间的分度圆弧长，用 e 表示。

齿距：相邻两齿的同侧齿廓之间的分度圆弧长，用 p 表示，显然有 $p=s+e$。

（2）直齿圆柱齿的基本参数

齿数 z：齿轮整个圆周上轮齿的总数。

模数 m：齿轮的分度圆周长 $\pi d=pz$，则 $d=pz/\pi$，规定 $d=p/\pi$ 为整数或简单有理数且为标准值，称为分度圆模数，简称模数 m，单位为 mm。标准模数系列见表 4-8。

压力角 α：指分度圆压力角。由方程 $r_b=r\cos\alpha=\frac{mz}{2}\cos\alpha$ 知：压力角是影响渐开线齿形的基本参数。α 值小，传力特性好，但齿根变薄，弯曲强度差；α 值大，传力特性变差。标准值 $\alpha=20°$。

齿顶高系数 h_a^* 和顶隙系数 c^*：齿顶高与齿根高的值分别表示为 $h_a=h_a^*m$ 和 $h_f=(h_a^*+c^*)m$，式中，h_a^* 和 c^* 分别称为齿顶高系数和顶隙系数。标准规定：正常齿 $h_a^*=1$，$c^*=0.25$；短齿 $h_a^*=0.8$，$c^*=0.3$。

标准齿轮：具有标准模数、标准压力角、标准齿顶高系数、标准顶隙系数并且分度圆上的齿厚等于分度圆上的齿槽宽的齿轮，其相关参数计算汇总见表 4-8。

表 4-8　　标准齿轮相关参数计算汇总表

名称	符号	计算公式
分度圆直径	d	$d=mz$
基圆直径	d_b	$d_b=d\cos\alpha$
齿顶高	h_a	$h_a=h_a^*m$
齿根高	h_f	$h_f=(h_a^*+c^*)m$
齿高	h	$h=h_a+h_f=(2h_a^*+c^*)m$
齿顶圆直径	d_a	$d_a=d+2h_a(z+2h_a^*)m$
齿根圆直径	d_f	$d_f=d-2h_f=(z-2h_a^*-2c^*)m$
齿距	p	$p=\pi m$
齿厚	s	$s=\pi m^2$
齿槽宽	e	$e=\pi m/2$
基圆齿距（法向齿距）	p_b	$p_b=p\cos\alpha$

课堂互动

（1）已知一对直齿圆柱齿轮，其参数为 $z=48$，齿槽宽 $e=5\pi$mm，齿厚 $s=\pi$mm，求齿轮模数以及分度圆直径。

（2）已知一标准直齿圆柱齿轮，齿数 $z=30$，齿根圆直径 d_f 等于 192.5mm。试求齿距 p、齿顶圆直径 d_a、分度圆直径 d 和齿高 h。

知识点拨

（1）如图 4-22 所示，是否任意两齿轮都能实现正确的啮合？

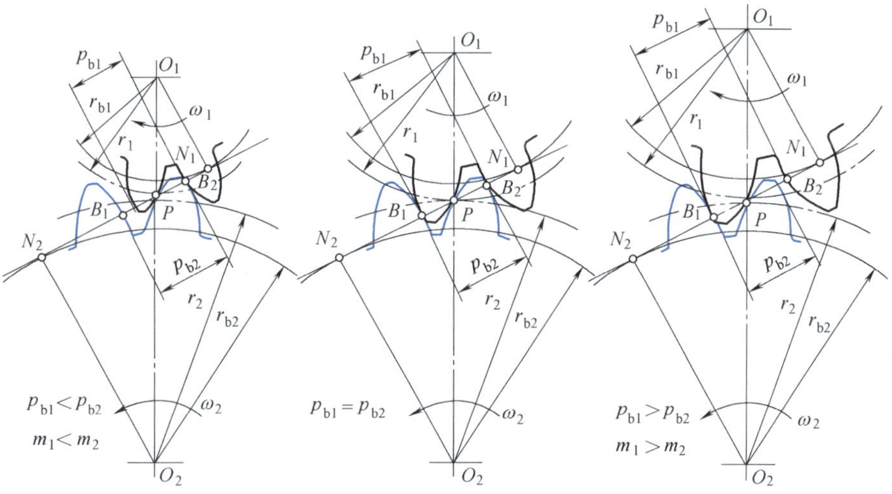

图 4-22　齿轮啮合的类型

（2）一对渐开线齿轮正确啮合时，齿廓的啮合点必定在啮合线上，并且各对轮齿都可能同时啮合，其齿距 p_{b1}、p_{b2} 必须相等。否则，就会出现两轮齿廓分离或重叠的情况，如图 4-23 所示。

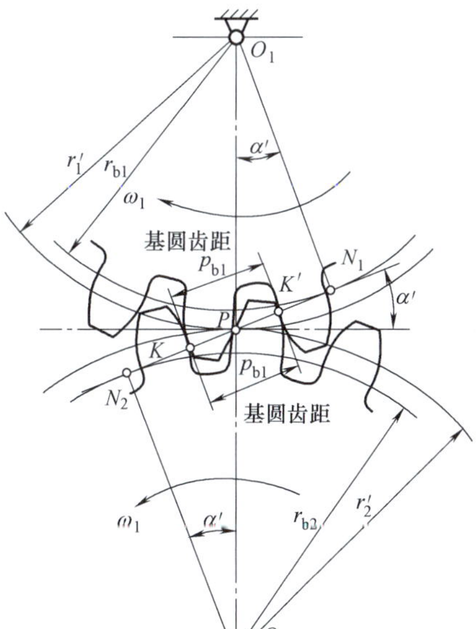

图 4-23　齿轮啮合的齿距

$$p_{b1}=p_{b2}\quad p_{b1}=m_1\cos\alpha_1\quad p_{b2}=m_2\cos\alpha_2$$

$$m_1\cos\alpha_1=m_2\cos\alpha_2$$

$$m_1=m_2,\ \cos\alpha_1=\cos\alpha_2$$

所以一对渐开线齿轮正确啮合的条件是两齿轮的模数和分度圆上的压力角相等。

（3）渐开线齿轮连续传动的条件。

齿轮传动通常用重合度来描述任意瞬间处于啮合状态的轮齿对数，其符号为 ε。

重合度 ε 越大，表示同时参与啮合的齿数越多，则传动越平稳。

渐开线齿轮连续传动的条件：重合度 $\varepsilon\geqslant1$。

2.2.3 加工方法与根切现象

（1）齿轮的加工方法

齿轮的加工方法很多，如铸造、冲压、模锻和切削加工等。常用的齿轮加工方法按加工原理分为仿形法和展成法（范成法）两种。

① 仿形法是用与齿槽形状相同的圆盘铣刀或指状铣刀直接铣出齿形。一般加工模数小于 10 的齿轮，用圆盘铣刀［图 4-24（a)］；加工模数大于 10 的齿轮，用指状铣刀［图 4-24（b)］。这种加工方法简单，在铣床上进行，但加工精度低，生产率也低，修配时多采用此法。

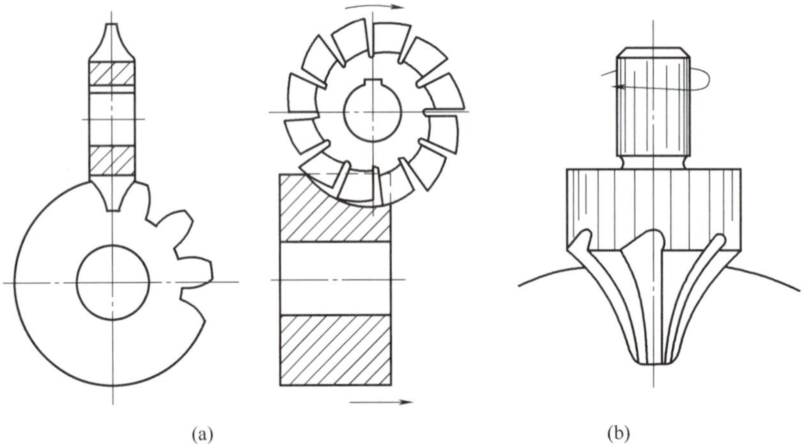

图 4-24　仿形法

展成法

② 展成法是利用一对齿轮（或齿轮和齿条）啮合时，其齿廓曲线互为包络线的原理来切齿的。这种加工方法，加工精度高，生产率也高，是齿轮加工的主要方法。展成法加工有插齿、滚齿、磨齿和剃齿等。

插齿：如图 4-25 所示，齿轮插刀的形状和齿轮相似，模数和压力角与被加工齿轮相同。加工时，机床保证插刀和轮坯之间有啮合运动，插刀沿轮坯轴线作上下往复切削运动。在插刀相对轮坯运动的过程中，刀刃在各位置的包络

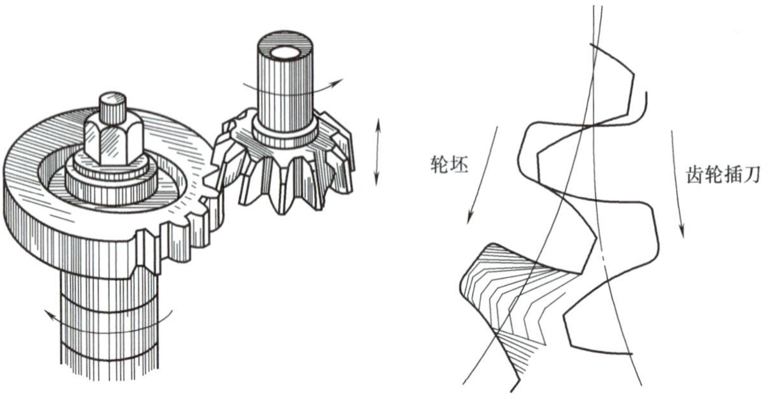

图 4-25　齿轮插刀切齿

线即为切削出来的轮齿齿廓。

滚齿：如图4-26所示，用滚刀在滚齿机上加工齿轮。这种加工方法也是基于齿轮与齿条啮合的原理。滚刀的外形类似在纵向开了沟槽的螺旋，轴向剖面的齿形与齿条相同。当滚刀转动时，相当于很多的假想齿条连续地向一个方向移动，并和轮坯相啮合，故能够切出渐开线齿廓。

（2）齿轮的根切现象

当用展成法加工直齿齿轮时，如果齿轮的齿数太少，则切削刀具的齿顶就会切去轮齿根部的一部分，这种现象称为切齿干涉现象或根切（图4-27）。用展成法加工标准直齿圆柱齿轮时，不产生根切的极限齿数称为最少齿数。用展成法加工标准直齿圆柱齿轮的最少齿数 $z_{min}=17$，加工短齿齿轮的最少齿数 $z_{min}=14$。

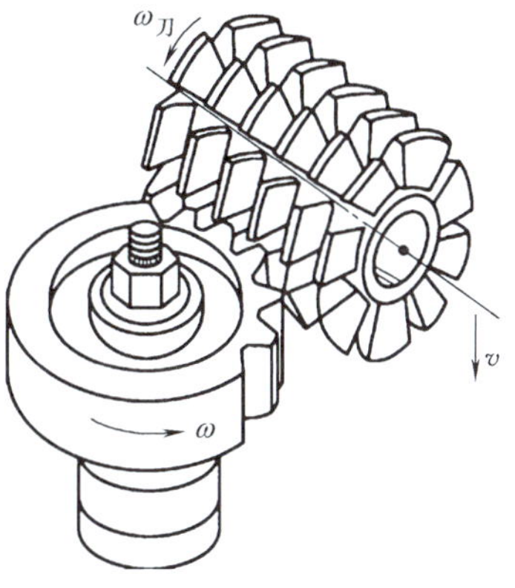

图4-26　齿轮滚刀加工齿轮

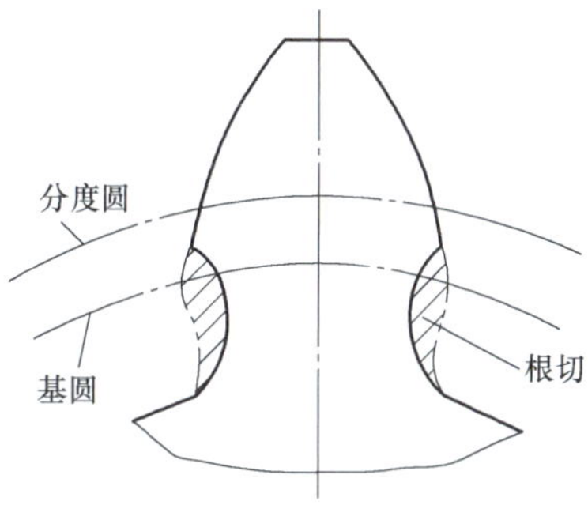

图4-27　根切现象

根切带来的问题：削弱轮齿的弯曲强度；减少了齿廓实际工作段，重合度减小；不能保证瞬时传动比为定值。

知识点拨

变位齿轮

用齿条型刀具加工齿轮时，若刀具的中线（又称分度线）与轮坯的分度圆相切时，加工出来的齿轮为标准齿轮。如图4-28（a）所示，若将刀具相对于轮坯中心向外移出或向内移近一段距离，则刀具的中线不再与轮坯的分度圆相切，刀具移动的距离 xm 称为变位量，其中 m 为模数，x 为变位系数。这种用改变刀具与轮坯相对位置来加工齿轮的称为变位齿轮。

如图4-28（b）所示，在加工齿轮时，若刀具离开标准位置相对于轮坯中心向外移，则称为正变位，变位系数 $x>0$，加工出来的齿轮称为正变位齿轮；若刀具离开标准位置相对于轮坯中心内移，则称为负变位，变位系数 $x<0$，加工出来的齿轮称为负变位齿轮。

由于变位齿轮与标准齿轮相比具有很多优点，而且并不增加加工难度，因此，变位齿轮在各种机械中得到了广泛的应用。

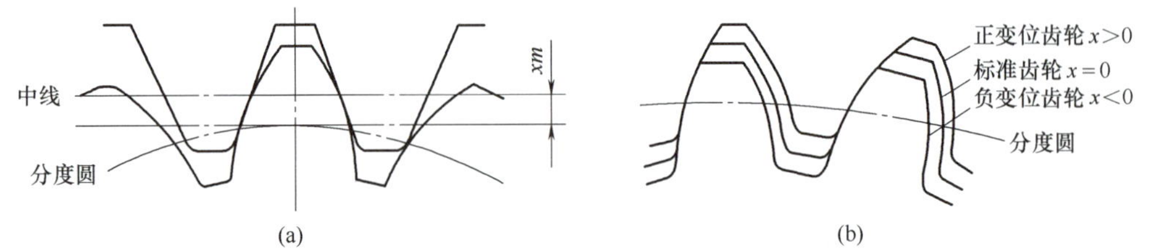

图 4-28　变位齿轮

2.2.4　斜齿圆柱齿轮传动

（1）斜齿圆柱齿轮齿廓曲面形成

直齿轮齿廓曲面是发生平面 S 在基圆柱上作纯滚动，S 平面上与基圆母线 NN' 平行 KK' 直线，在空间形成渐开线柱面 $AKK'A'$［图 4-29（a）］。

斜齿轮齿廓曲面形成方法与直齿轮相同，只是 S 平面上的直线 KK' 与母线 NN' 成 β 角（基圆螺旋角）。斜直线 KK' 在空间形成渐开线螺旋面 $AKK'A'$［图 4-29（b）］。

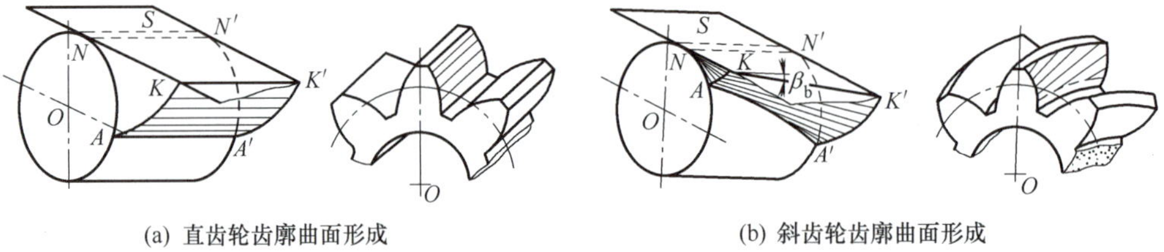

图 4-29　齿轮齿廓曲面形成

由图 4-29（a）可看出，两直齿轮轮齿啮合时，由于两齿面接触线 KK' 平行于母线，其全宽同时进入啮合和退出啮合，因而轮齿承载和卸载都是突发性的，故引起动载、冲击、振动和噪声，不宜用于高速。

由图 4-29（b）可看出，两斜齿轮轮齿啮合时，由于两齿面接触线 KK' 不平行于母线，轮齿由齿宽一端进入啮合，又逐渐由另一端退出啮合，因而轮齿承载和卸载是逐步的，故工作平稳、噪声小，适用于高速重载传动。

（2）斜齿圆柱齿轮的基本参数

由于斜齿轮轮齿为倾斜的渐开螺旋齿面，因而斜齿轮几何参数有端面参数和法面参数两组。端面是与斜齿轮轴线垂直的平面；法面是垂直于轮齿螺旋线的平面。加工斜齿轮时，刀具沿螺旋线方向进刀切削，斜齿轮齿廓曲面的法面参数（用下标 n 表示）与刀具的标准参数相同。因此，斜齿轮的法面参数为标准值。

斜齿轮端面上的齿廓曲线是渐开线，计算斜齿轮的几何尺寸按端面参数（用下标 t 表示）进行。

① 螺旋角。将斜齿轮的分度圆柱面展开，得到一长矩形，见图 4-30，分度圆上的螺旋线变成斜直线。该斜直线与齿轮轴线之间所夹的锐角称为螺旋角，用 β 表示。

② 模数。法向齿距 p_n 和端面齿距 p_t 之间的关系为

$$p_n=p_t\cos\beta \tag{4-5}$$

由上式，可导出法面模数 m_n 与端面模数 m_t 之间的关系为

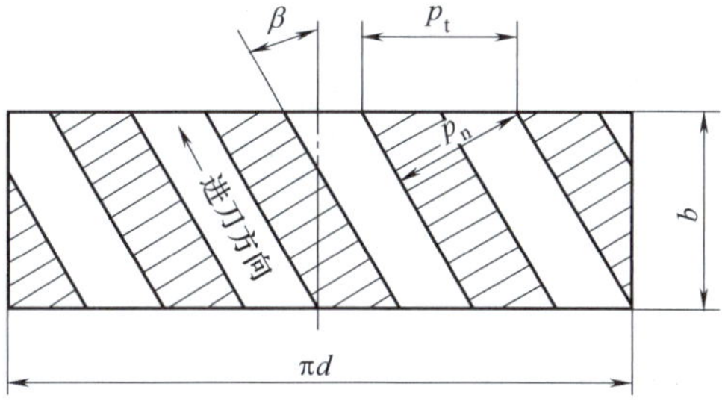

图 4-30　斜齿圆柱齿轮沿分度圆柱面展开图

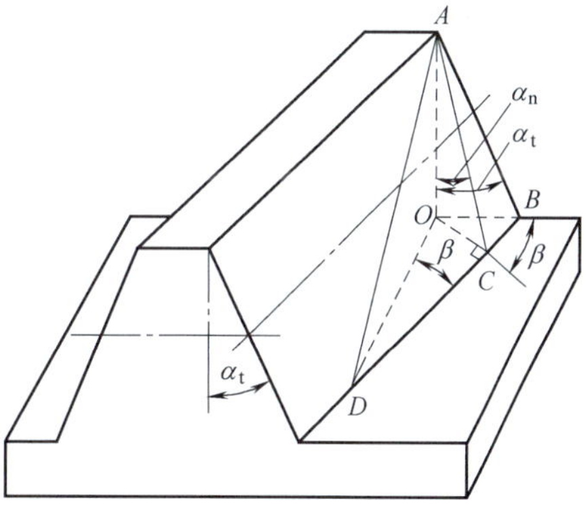

图 4-31　斜齿圆柱齿轮的压力角

$$m_n=m_t\cos\beta \tag{4-6}$$

③ 压力角。斜齿轮的法面压力角 α_n 和端面压力角 α_t 之间的关系（图 4-31）为

$$\tan\alpha_n=\tan\alpha_t\cos\beta \tag{4-7}$$

国家标准规定斜齿轮的法面参数为标准值，法面压力角、法面齿顶高系数、法面顶隙系数的标准值分别为：$a_n=20°$，$h_{an}^*=1$，$c_n^*=0.25$。标准斜齿圆柱齿轮相关参数计算汇总见表 4-9。

表 4-9　　标准斜齿圆柱齿轮相关参数计算汇总表

名称	符号	计算公式
分度圆直径	d	$d=\dfrac{m_n z}{\cos\beta}$
基圆直径	d_b	$d_b=d\cos\alpha$
齿顶高	h_a	$h_a=h_{an}=h_{an}^*m_n=m_n$
齿根高	h_f	$h_f=(h_{an}^*+c_n^*)m=1.25m_n$
齿高	h	$h=h_a+h_f=2.25m_n$
齿顶圆直径	d_a	$d_a=d+2h_a=d+2m_n$
齿根圆直径	d_f	$d_f=d-2h_f=d-2.5m_n$

知识点拨

一对外啮合斜齿圆柱齿轮的正确啮合条件是：齿轮副的法面模数和法面压力角分别相等，而且螺旋角大小相等，旋向相反，即

$$m_{n1}=m_{n2}=m_n$$

$$\alpha_{n1}=\alpha_{n2}=\alpha$$

$$\beta_1=-\beta_2\quad(\text{内啮合时 }\beta_1=\beta_2) \tag{4-8}$$

由于加工斜齿轮的刀具参数与斜齿轮法面参数相同。另外，在计算斜齿轮的强度时，斜齿轮副的作用力是作用在轮齿的法面上。因而，斜齿轮的设计和制造都是以轮齿的法面齿形为依据。所以，需要用一个与斜齿轮法面齿形相当的虚拟直齿轮的齿形来近似，该虚拟直齿轮称为斜齿轮的当量齿轮（图 4-32），当量齿数用 z_v 表示。

$$z_v = \frac{z}{\cos^3\beta} \tag{4-9}$$

由上式可得出标准斜齿轮不发生根切的最少齿数为

$$z_{\min} = z_{v\min}\cos^3\beta \tag{4-10}$$

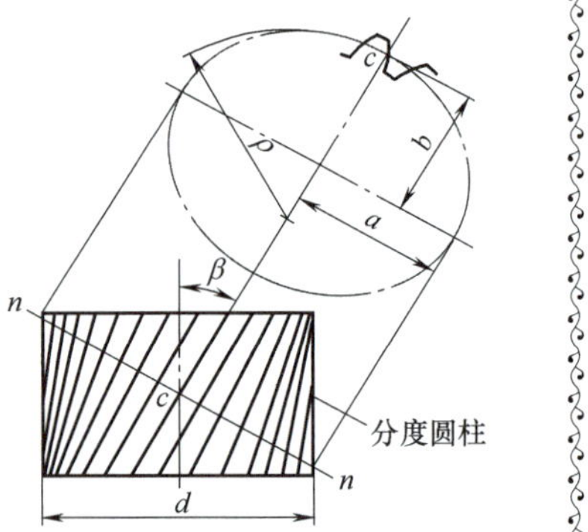

图 4-32　斜齿圆柱齿轮的当量齿轮

2.3　齿轮的性能与维护

2.3.1　齿轮传动的失效形式与润滑

（1）齿轮传动的失效形式

齿轮传递的载荷是直接作用在轮齿上的，轮齿因为载荷作用发生折断和齿面损伤而丧失工作能力的现象称作齿轮失效。

齿轮的失效形式主要有以下五种。

① 轮齿折断。齿轮工作时，载荷作用下的轮齿相当于悬臂梁，齿根处弯曲应力最大，而且有应力集中。轮齿由于多次重复载荷作用所引起的弯曲应力超过材料的疲劳极限时，在齿根处出现疲劳裂纹［图 4-33（a）］，裂纹随应力循环次数增加而逐渐扩展，直至轮齿疲劳折断，称为疲劳折断。用脆性材料制成的齿轮，轮齿受短时过载或冲击载荷作用时，因为最大弯曲应力超过材料的强度极限而发生轮齿突然折断，称为过载折断。

齿宽较小的直齿圆柱齿轮易发生全齿折断。齿宽较大的直齿圆柱齿轮，当载荷沿齿宽方向分布不均时，通常发生局部折断［图 4-33（b）］。

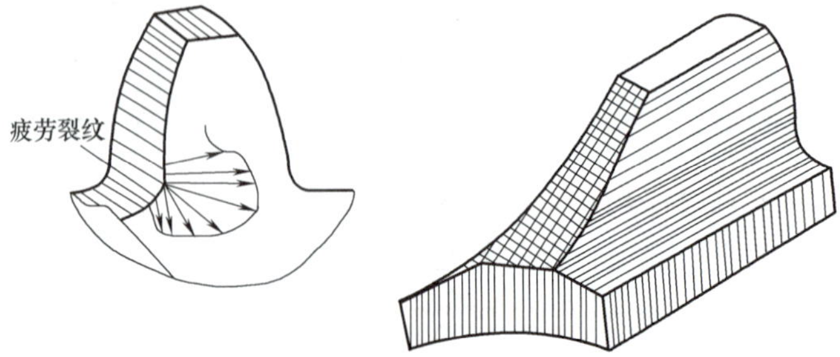

(a) 疲劳裂纹　　(b) 局部折断

图 4-33　轮齿折断

② 齿面点蚀。齿轮传动过程中，齿面产生脉动循环变化的接触应力。如果齿面接触应力超过材料的接触持久极限，经载荷的多次重复作用后，齿面表层产生细微的疲劳裂纹，裂纹扩展导致齿面小块金属的剥落，形成疲劳点蚀。疲劳点蚀一般发生在节线附近的齿根表面，如图 4-34 所示。

软齿面（HB≤350）的闭式传动中，疲劳点蚀是轮齿失效的主要形式。对于开式传动，由于齿面磨损较快，点蚀还未出现即被磨掉，一般看不到点蚀现象。

轮齿产生点蚀后，影响齿轮的正常工作，产生振动和噪声，破坏传动的平稳性。

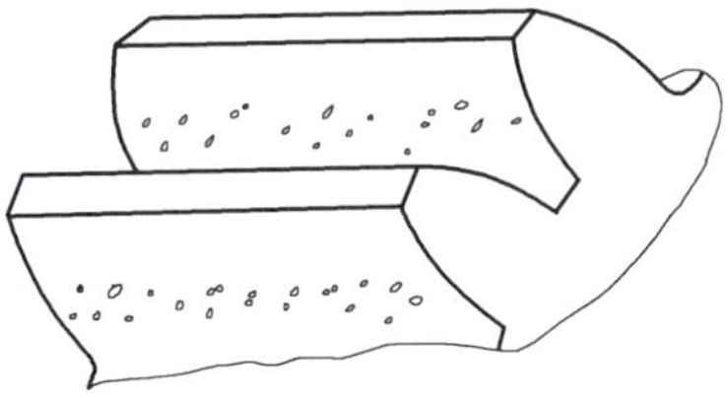

图 4-34　疲劳点蚀

图 4-35　齿面胶合

③ 齿面胶合。高速重载齿轮的轮齿齿面压力大，相对滑动速度高，摩擦引起局部瞬时高温，使润滑油黏度下降致使润滑失败，啮合表面金属软化，造成金属的相互粘连，齿轮继续转动时，较软齿面上的金属沿滑动方向被撕出沟纹，称齿面胶合，如图 4-35 所示。在低速重载时，齿面压力大，不易形成油膜，也可能出现胶合。

④ 齿面磨损。齿轮的磨损有两种：一种是因灰尘、金属微粒等侵入齿面而产生的磨粒磨损，如图 4-36 磨损后齿廓变形，侧间隙加大，转动过程中产生冲击和噪声，影响传动的平稳性。另一种是齿面间的相互摩擦而产生的跑合磨损，这种磨损出现在齿轮传动运转的初期，经过一段时间后，磨损就逐渐减少，对齿轮传动并无影响。磨粒磨损在开式传动中是很难避免的，对于闭式传动，减少齿面粗糙度、保持良好的润滑可防止或减轻磨损。

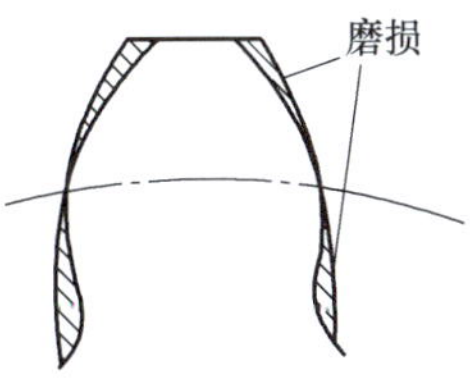

图 4-36　齿面磨损

图 4-37　齿面塑性变形

⑤ 齿面塑性变形。齿面较软的齿轮过载或重载时，轮齿表面沿摩擦力方向产生塑性变形，使齿面失去正确的渐开线形状（图 4-37）。齿面塑性变形多发生在低速重载、频繁启动和过载传动中。提高齿面硬度和润滑油黏度可防止或减轻齿面塑性变形。

齿轮传动常见失效分析见表 4-10。

表 4-10　　齿轮传动常见失效分析

失效形式	图示	引起原因	工作环境	后果	防止措施
轮齿折断		轮齿受力后齿根部受弯曲应力的反复作用或齿轮严重过载、受冲击载荷作用最终造成轮齿的折断	开式、闭式传动均可能出现	无法工作	1. 限制载荷 2. 选择合适的齿轮设计参数 3. 进行强化处理和热处理
齿面点蚀	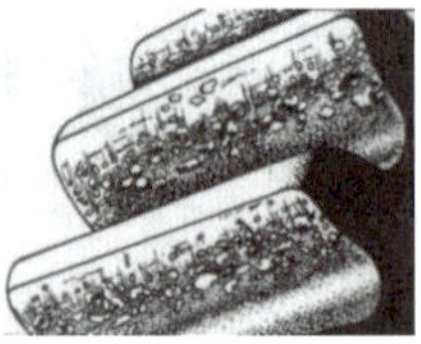	齿面接触处将产生循环变化的接触应力，在接触应力反复作用下轮齿表层或次表层出现不规则的细线状疲劳裂纹，疲劳裂纹扩展的结果	闭式传动	传动不平稳，振动、噪声增大甚至无法工作	1. 选择合适的齿轮设计参数 2. 通过热处理提高齿面硬度 3. 减小齿面粗糙度 4. 改善润滑条件
齿面胶合		在高速重载的齿轮传动中，齿面压力大，润滑效果差，瞬时温度高，啮合齿面会发生黏结现象，使金属从齿面上撕落而形成的伤痕	主要发生在重载传动中	传动不平稳，振动、噪声增大甚至无法工作	1. 采用合适的润滑油添加剂 2. 及时冷却齿面温度 3. 减小齿面粗糙度
齿面磨损		当齿面间落入砂粒、铁屑、非金属物等磨料性物质时，会发生磨粒磨损	主要发生在开式传动中	引发冲击、振动和噪声，甚至轮齿折断	1. 提高齿面硬度 2. 增加防尘设施 3. 改善润滑条件 4. 保持润滑油的清洁
齿面塑性变形		在重载作用下，轮齿材料屈服产生塑性流动而使齿面或齿体发生塑性变形	主要发生在低速、启动及过载频繁的传动中	传动不平稳，振动、噪声增大甚至无法工作	1. 选择合适的齿轮设计参数 2. 增加齿面硬度 3. 改善润滑条件

（2）齿轮传动的润滑

开式及半开式齿轮传动通常采用人工定期添加润滑油的方式进行润滑。

① 闭式齿轮传动的润滑方式决定于齿轮的圆周速度。

② 齿轮圆周速度 v<12m/s 时，采用油浴润滑，如图 4-38（a）所示，将齿轮浸入油池中，浸入深度约一个齿高，但不应小于 10mm。

③ 在多级齿轮传动中，利用带油轮将油带到未浸入油的齿轮的齿面上，如图 4-38（b）所示。

④ 当 v>12m/s 时，为了避免搅油损失过大，常采用喷油润滑，如图 4-38（c）所示。

⑤ 对于速度较低的齿轮传动或开式齿轮传动，可定期人工加润滑油或润滑脂润滑。

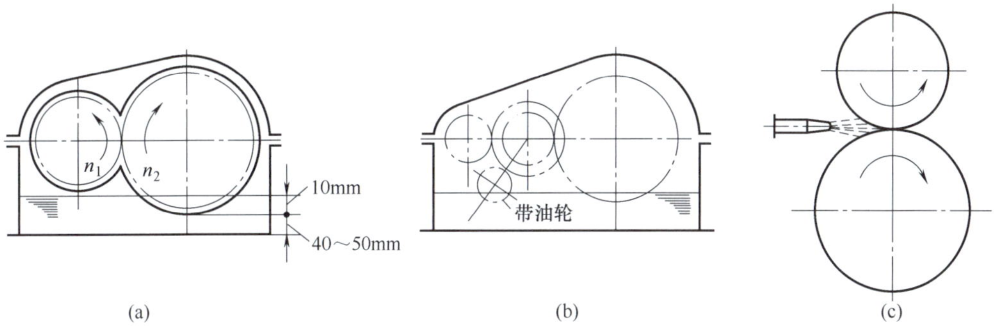

图 4-38　齿轮润滑方式

任务实施

（1）分析

请同学们按照“任务工单 4.2”要求，分析齿轮减速器装置，制订实施计划，然后填写任务工单。

（2）实施

全班学生每 3~4 人一组，组员合作，查阅机械手册或相关资料，分析齿轮减速器装置，做好记录。齿轮减速器的主要结构有箱体结构、轴系零件和减速器附件。

① 箱体结构。减速器的箱体用来支承和固定轴系零件，应保证传动件轴线相互位置的正确性。同时为了便于轴系零件的安装和拆卸，箱体通常制成削分式。剖分面一般取在轴线所在的水平面内（即水平剖分），分为箱盖和箱座两个零件，箱体通常用灰铸铁（HT150 或 HT200）铸成。

② 轴系零件。通常将动力输入轴与小齿轮制成一体。大齿轮与轴分开制造，用普通平键作周向固定。轴上零件用轴肩、轴套、封油环与轴承端盖作轴向固定。两轴均采用角接触轴承作支承，承受径向载荷和轴向载荷的联合作用。减速器中的齿轮传动采用甩油环飞溅润滑。

③ 减速器附件。定位销、气螺塞、油标、放油螺塞、起盖螺钉、起吊装置等。

（3）评价

请指导老师按照学生的实际表现情况进行评价，并将评价结果填入任务工单中的考核评价表。学生结合自身表现和指导老师的评价，对本次任务进行总结。

课程思政

如果说,科学研究是一项攀登高峰的艰苦劳动,那么从成果到应用需要一个再开发、再创造的过程。

梁桂明,一位普通的中国学者,普通得一如他打了一辈子交道的齿轮。梁桂明,中国科学家的骄傲,辉煌得亦如他终生为之奋斗的“非零变位”理论! 从发明到推广,锥齿轮理论花费了梁桂明 40 多年的时间,耗费了他一生的心血。回忆过去,梁桂明经历了曲折坎坷、奋进、辉煌的螺旋人生,他创造的锥齿轮理论把他带到了锥齿轮科学的巅峰。他具有一种特有的品格,就像他所研制的“非零位”螺旋锥齿轮,体现着打破常规,探索求知,螺旋上进高效、高速运转的齿轮糟精神。

任务 3　分析伸缩门装置

任务描述

电动伸缩门主要由门体、驱动器、控制系统构成,如图 4-39 所示。伸缩门的门体采用优质铝合金及普通方管管材制作,平行四边形原理铰接,伸缩灵活,行程大。电动伸缩门的驱动器采用特种电机驱动,蜗杆蜗轮减速,并配有手动离合器,停电时可手动启闭,伸缩门的控制系统有控制板,按钮开关,另可根据用户需求配备无线遥控装置。

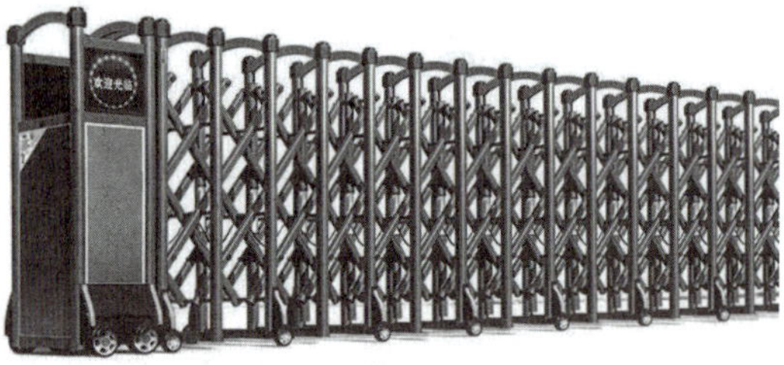

图 4-39　电动伸缩门

电动伸缩门所采用的电机是特殊的专用蜗轮蜗杆式电机,因为其传动原理的特殊性,稳定性高,输出力矩大、噪声小,速度适中。

任务工单

任务工单 4.3——分析伸缩门装置

【任务目的】

① 掌握蜗杆传动的类型、特点及应用。

② 掌握蜗杆传动的结构和工作原理。

③ 了解蜗杆传动的运行与维护。

【学生分组】

以 3~4 人为一组，选出组长并进行任务分工，将小组概况及分工填入表 4-11 中。

表 4-11 小组概况及分工

班　级		组　号		指导教师	
小组成员	姓　名	学　号	任务分工		
组　长					
组员					

【工作准备】

（1）获取信息

铝合金电动伸缩门主体结构与不锈钢相似，也是利用平行四边形的运动原理，采用标准的铝合金型材直接用模具压制成型，然后通过镀锌管以及交叉连杆连接而成，与传统的不锈钢电动门相比，材质更优，造型更美观，更加耐腐蚀。电动伸缩门的蜗轮电机具有过热保护，频繁启动时不容易发热，智能红外线防撞遇人或物可自动返回运行或停止运行。

在任务实施前，请各组组长组织组员收集相关资料，回答下列问题。

引导问题 1：蜗杆传动在电动伸缩门中的作用是什么？它有哪些优点和特点？

引导问题 2：电动伸缩门蜗杆传动系统中的主要组成部分有哪些？

引导问题 3：蜗杆传动系统时，需要考虑哪些因素？如何确保系统的可靠性和安全性？

（2）制订计划

查阅机械手册或相关资料，了解电动伸缩门蜗杆传动装置特点，做好记录，并制订实施计划。

（3）进行决策

① 每位学生阐述自己的计划。

② 组员之间进行提问与答疑，制订本组的最佳实施计划。

③ 教师根据各组完成情况进行点评。

【工作实施】

按照本组制订的最佳工作计划进行实施。按实际实施过程，将实施内容、遇到的问题及解决办法等全部记录在表 4-12 中。

表 4-12 工作实施过程记录表

序号	实施步骤	实施内容	遇到的问题及解决办法
1			
2			
3			

【考核评价】

各组组长展示任务完成情况，并完成如表 4-13 所示的考核评价表。

表 4-13　　考核评价表

评价项目	评价标准	满分/分	实际得分/分	老师评语
技能操作	能正确分析电动伸缩门的主要结构组成	40		
	能正确分析蜗杆传动在电动伸缩门的应用与特点	40		
参与程度	认真参加活动,积极思考,主动与同学、指导老师进行交流,善于发现和解决问题	10		
合作意识	积极参与探讨,勇于接受任务,敢于承担责任	10		
总　分		100		
小组总结				

知识准备

3.1　蜗杆传动组成及分类

蜗杆传动广泛应用在机床、汽车、仪器、起重运输机械、冶金机械等设备中。如图 4-40 所示这些传动的机械结构，大家都见过吗？和传动机构有何区别？

(a)　(b)　(c)　(d)

图 4-40　蜗杆传动的应用

蜗杆传动由蜗杆和蜗轮组成，是在空间交错的两轴间传递运动和动力的一种传动。蜗杆和蜗轮可以看作是一种特殊的斜齿轮，蜗杆是主动件，蜗轮是从动件，如图 4-41 所示。蜗杆的头数主要根据传动比和传动效率来选择，一般推荐选用 $Z_1=1\sim4$，最多为 6。蜗杆头数越少，则传动比越大，容易自锁，但传动效率低；蜗杆头数越多，效率越高，但加工越困难。蜗轮的齿数根据蜗杆头数和传动比来确定，一般蜗轮数 $Z_2=20\sim80$。

3.1.1　蜗杆传动的类型

① 根据蜗杆外形的不同，蜗杆传动可分为圆柱蜗杆传动、环面蜗杆传动和锥蜗杆传动三类，如表 4-14 所示。

蜗杆传动

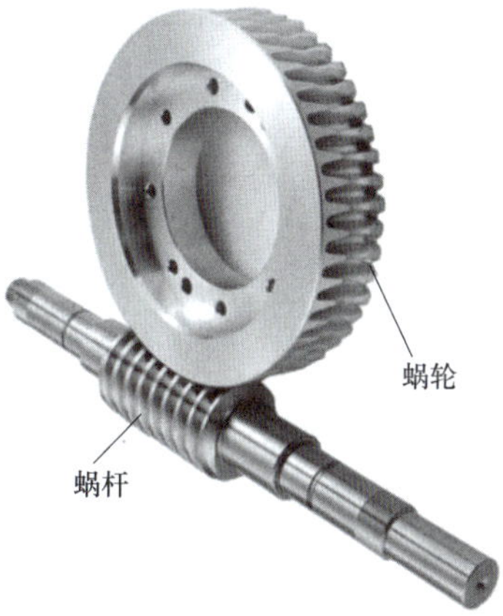

图 4-41　蜗杆传动的组成

表 4-14　蜗杆传动的分类——外形不同

名称	图片	机械简图
圆柱蜗杆传动	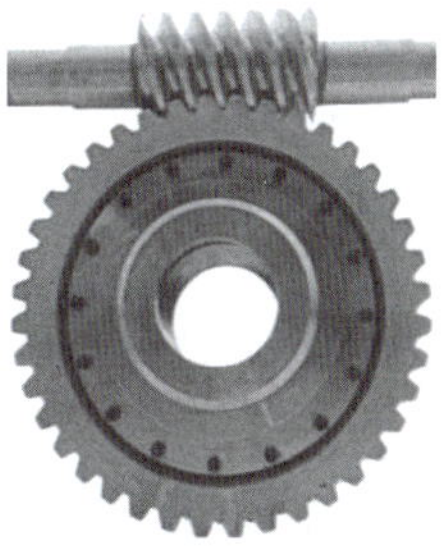	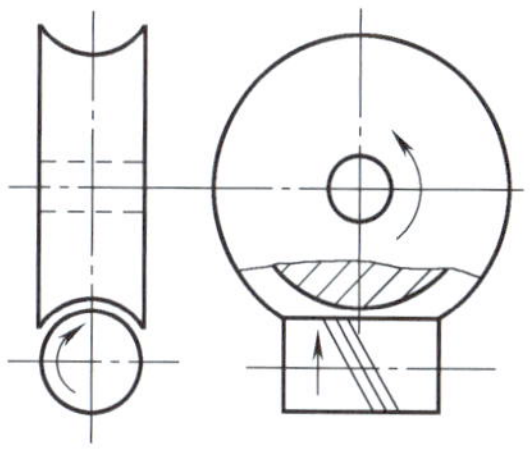
环面蜗杆传动		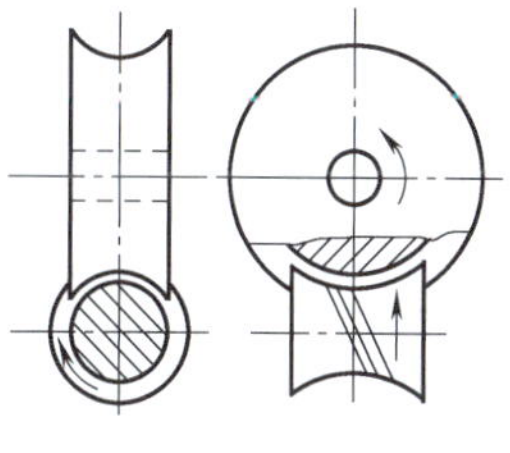
锥蜗杆传动		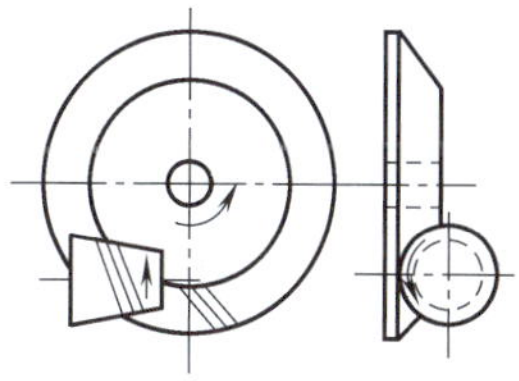

② 根据圆柱蜗杆的螺旋面形状分类，蜗杆传动可分为阿基米德蜗杆（ZA 型）、渐开线蜗杆（ZI 型）和法向直廓蜗杆（ZN 型），其中阿基米德蜗杆即为普通蜗杆传动，如表 4-15 所示。

表 4-15　　蜗杆传动的分类——螺旋面形状不同

名称	机械简图
阿基米德蜗杆（ZA 型）	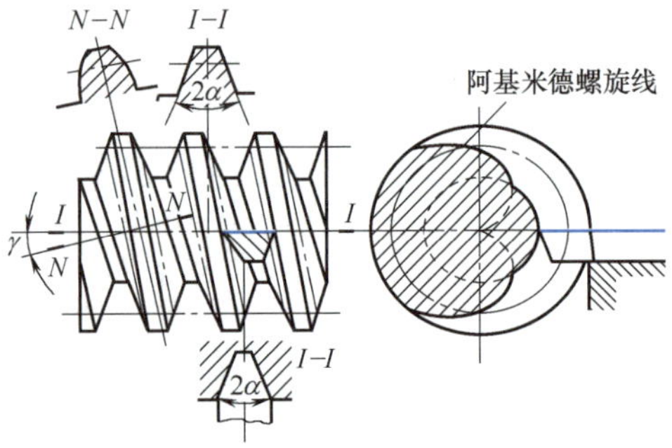
渐开线蜗杆（ZI 型）	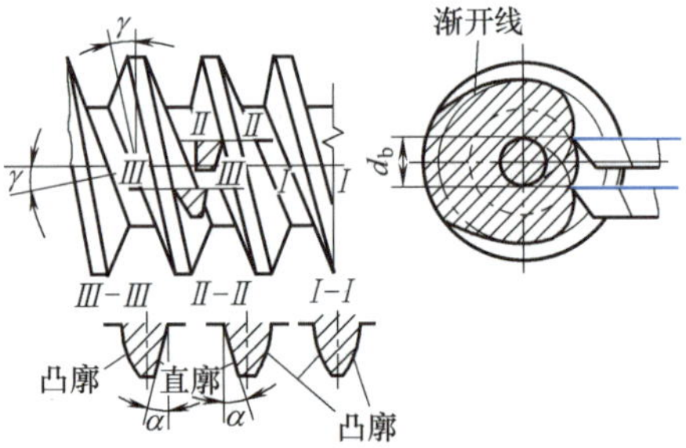
法向直廓蜗杆（ZN 型）	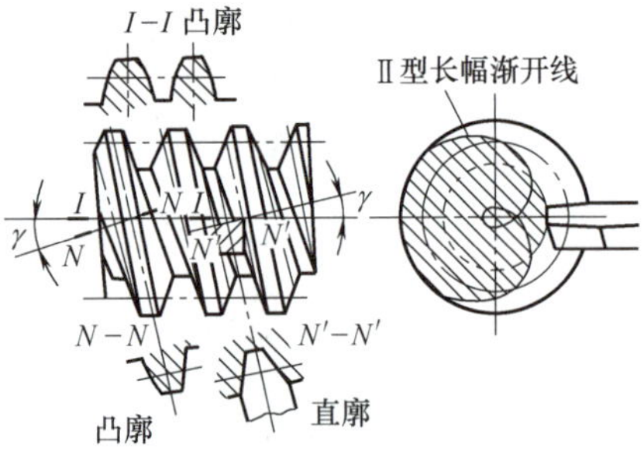

③ 根据螺旋线方向分类，蜗杆传动可分为左旋与右旋，多采用右旋，如图 4-42 所示。

在蜗杆传动中，蜗杆、蜗轮的旋向应该是一致的，即蜗杆左旋，啮合的蜗轮一定是左旋。当蜗杆右旋时，伸出右手，四个手指顺着蜗杆旋转方向弯曲，蜗轮在啮合处的回转方向与大拇指指向方向相反；当蜗杆左旋时，伸出左手，四个手指顺着蜗杆旋转方向弯曲，蜗轮在啮合处的回转方向与大拇指指向方向相反，如图 4-43 所示。

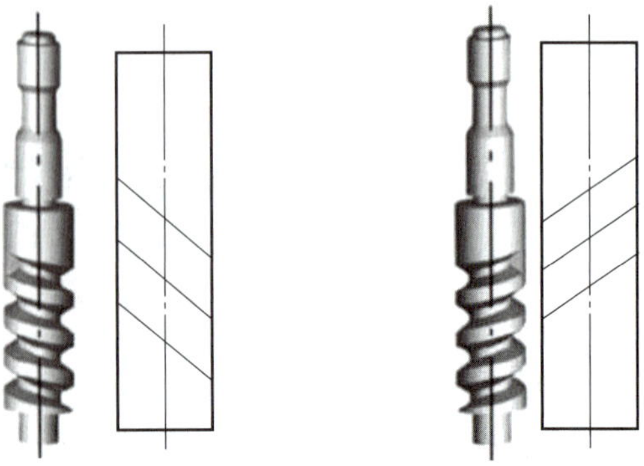
(a) 左旋　　(b) 右旋

图 4-42　蜗杆传动的分类——螺旋线方向不同

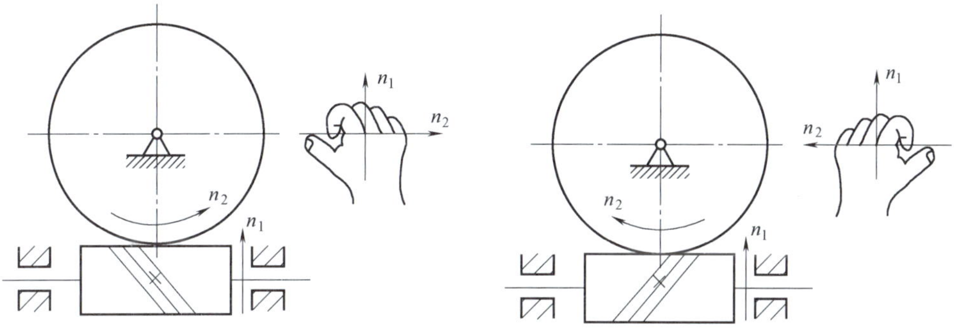

(a) 右旋蜗杆　　(b) 左旋蜗杆

图 4-43　蜗轮回转方向的判断方法

图 4-44　蜗杆传动的分类——蜗杆头数不同

④ 根据蜗杆头数分类，蜗杆传动可分为单头蜗杆与多头蜗杆，如图 4-44 所示。

单头蜗杆，效率低，主要用于传动比较大、要求自锁的场合。

多头蜗杆，效率高，主要用于传动比不大、要求效率较高的场合。

注意：头数多，加工困难，精度不易保证，一般为 1、2、4、6 头，常用 1 和 2 头。

3. 1. 2　蜗杆传动的主要参数

（1）蜗杆传动的螺旋角和导程角

螺旋角 β 指的是分度圆柱上的螺旋线与轴线的夹角。导程角（螺旋升角）γ_1 指的是螺旋线与端面的夹角，如图 4-45 所示，很容易看出：

对于蜗杆而言，其螺旋角 β_1 与导程角（螺旋升角）γ_1 之和为 90°，即

$$\beta_1+\gamma_1=90° \tag{4-11}$$

对于蜗杆传动而言，蜗杆的螺旋角 β_1 与蜗轮的螺旋角 β_2 之和为 90°，即

$$\beta_1+\beta_2=90° \tag{4-12}$$

对比上面两式可得：在两轴交错角为 90°的蜗杆传动中，蜗轮的螺旋角 β_2 与蜗杆的导程角（螺旋升角）γ_1 相等，即：$\beta_2-\gamma_1$。

（2）模数和压力角

如图 4-46 所示，通过蜗杆轴线并垂直于蜗轮轴线的平面，称为中间平面。由于蜗轮是用与蜗杆形状相仿的滚刀，按展成原理加工轮齿的，所以中间平面蜗轮与蜗杆的啮合就相当于渐开线齿轮和齿条的啮合。蜗杆传

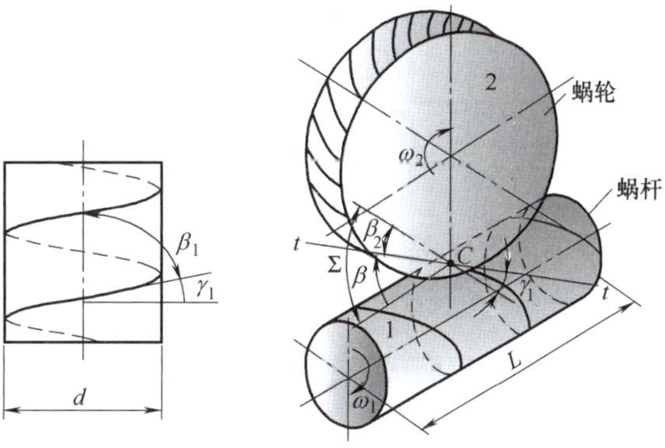

图 4-45　蜗杆传动的螺旋角和导程角

动的设计计算都以中间平面的参数和几何关系为准。它们正确啮合的条件是：蜗杆轴向模数 m_{a1} 和轴向压力角 α_{a1} 应分别等于蜗轮端面模数 m_{t2} 和端面压力角 α_{a2}，即

$$m_{a1}=m_{t2}=m，\alpha_{a1}=\alpha_{t2}=\alpha \tag{4-13}$$

其中，蜗杆传动的模数一般取标准值，标准压力角为20°。

（3）传动比

设蜗杆头数为 Z_1，蜗轮齿数为 Z_2，则蜗杆旋转一周，蜗轮将转过 Z_1 个轮齿。因此其传动比为

$$i=\frac{n_1}{n_2}=\frac{Z_2}{Z_1} \tag{4-14}$$

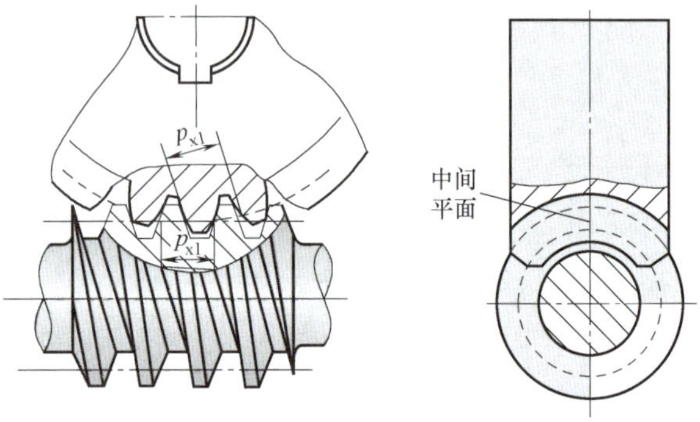

图 4-46　蜗杆传动的中间平面参数

蜗杆头数通常为 $Z_1=1$、2、4、6。头数多，加工困难。要求传动比大或传递转矩大时，Z_1 取小值；要求自锁 Z_1 取 1；要求传递功率大、效率高、传动速度大时，Z_1 取大值。

蜗轮齿数 $Z_2=Z_1$，蜗轮齿数取值过少会产生根切，应大于26，但不宜大于80。若 Z_2 过多会使结构尺寸过大，蜗杆刚度下降。Z_1、Z_2 的推荐值见表 4-16。

表 4-16　　蜗杆传动 Z_1、Z_2 的推荐值

传动比 i	7~13	14~27	28~40	>40
Z_1	4	3	2~1	1
Z_2	28~52	28~54	28~80	>40

（4）蜗杆分度圆直径 d_1 和蜗杆直径系数 q

切制蜗轮时的滚刀，其直径与齿形参数必须与相应的蜗杆相同。如果蜗杆分度圆直径不作限制，刀具品种和数量势必太多，为了减少刀具数量并便于标准化，对每一个模数规定 1~2 个蜗杆的分度圆直径。该分度圆直径 d_1 与模数 m 的比值称为蜗杆直径系数 q，即

$$q=\frac{d_1}{m} \tag{4-15}$$

蜗杆分度圆直径 d_1 与模数 m 标准值序列见表 4-17。

表 4-17　　蜗杆分度圆直径 d_1 与模数 m 标准值序列　　单位：mm

m	1	1.25	1.6	2	2.5	3.15	4	5	6.3	8	10
d_1	18	20 22.4	20 28	(18) 22.4 (28) 35.5	(22.4) 28 (35.5) 45	(28) 35.5 (45) 56	(31.5) 40 (50) 71	(40) 50 (63) 90	(50) 63 (80) 112	(63) 80 (100) 140	(71) 90 (112) 160

注：本表摘自 GB 10085—1988，括号中的数值尽可能不用。

（5）中心距

当蜗杆节圆与分度圆重合时称为标准传动，其中心距计算式为

$$a=\frac{1}{2}(d_1+d_2)=\frac{1}{2}m(q+Z_2) \quad (4-16)$$

【例 4-1】 有一普通圆柱蜗杆传动，已知传动比 $i=18$，蜗杆头数 $Z_1=2$，直径系数 $q=8$，分度圆直径 $d_1=80\text{mm}$。试求：

（1）模数 m 和蜗轮齿数 Z_2。

（2）蜗轮的分度圆直径 d_2 和蜗杆传动中心距 a。

解：（1）由式（4-15）可得 $m=\frac{d_1}{q}=\frac{80}{8}=10$（mm）

由式（4-14）可知 $Z_2=i\times z_1=18\times2=36$

（2）蜗轮分度圆直径为 $d_2=mZ_2=10\times36=360$（mm）

由式（4-16）可得 $a=\frac{d_1+d_2}{2}=\frac{80+360}{2}=220$（mm）

3.2 蜗杆传动特点及应用

（1）蜗杆传动的优点

① 传动平稳，承载能力大，噪声小。蜗杆的齿是连续不断的螺旋线，与蜗轮啮合过程是连续进入和退出啮合的，同时啮合的齿数比较多，啮合重合度大，所受冲击、振动比较小。

② 传动比大而准确。在一般的蜗杆传动中，传动比 $i=10\sim80$，在分度机构中传动比可达 1000，这样大的传动比若用齿轮传动，则需要采取多级传动才行。

③ 能够自锁。蜗杆的螺旋升角很小时，只能蜗杆带动蜗轮转动，而蜗轮不能带动蜗杆，因此蜗杆传动常用于起重设备中，使重物停留在任意的升降位置而不会自动下落，保证生产安全。

（2）蜗杆传动的缺点

① 传动效率低。蜗杆传动工作时，蜗轮与蜗杆齿面间相对滑动速度大，摩擦大，所以蜗杆传动的效率比齿轮传动和带传动都低，一般只有 0.7~0.8，具有自锁性的蜗杆机构，其效率在 0.5 以下。

② 摩擦发热大，成本较高。为了减少摩擦，提高效率和使用寿命，蜗杆传动通常要有润滑措施，蜗轮齿圈常用价格较贵的青铜等减摩材料制造。

因此，蜗杆传动常用于传动比较大，结构要求紧凑，传动功率不大的场合，不适合大功率、长时间工作的场合。

任务实施

（1）分析

请同学们按照“任务工单 4.3”要求，了解电动伸缩门的结构组成，然后填写任务工单。

（2）实施

学生每 3~4 人一组，查阅机械手册或相关资料，组员合作分析电动伸缩门装置，做好记录。

电动伸缩门主要由伸缩门体、机头、控制单元三部分组成，其中电动伸缩门所采用的电机系特殊的专用蜗轮蜗杆式电机，因为其传动原理的特殊性，稳定性高，输出力矩大、噪声小，速度适中。

① 伸缩门体。伸缩门体由门体大框、交叉撑、轴（定轴、滑轴）及门体轮等主要部件组成。门体整体为金属结构，按材质可分为不锈钢门体、铝合金门体和压铸铝门体。

② 机头。由驱动器和电气部分组成，它固定在门体的一端，带动门体伸缩运动，与门体配套使用。

③ 控制单元。由控制盒、台式控制器及手柄遥控器组成。

请指导老师按照学生的实际表现情况进行评价，并将评价结果填入任务工单中的考核评价表。学生结合自身表现和指导老师的评价，对本次任务进行总结。

课程思政

“边区工业之父”——沈鸿

沈鸿，1906 年 5 月 19 日出生于浙江省海宁县硖石镇，机械工程专家，中国科学院学部委员，中华人民共和国机械工业部高级工程师，中国第一台万吨水压机总设计者。

沈鸿设计制造中国第一台造币机和 100 多种型号的数百台机器设备，从实践中总结出设计人员研究、试验、设计、制造、检验、安装和使用“七事一贯制”的工作方法。他主持并与冶金部拟定 9 套大型设备的研制设计任务，解决了 3 万吨模锻水压机模锻精度和 4200 毫米厚钢板轧机的生产问题及电液同步平衡系统的模拟实验等。9 套大型设备的设计制造成功，使中国重型机械进入自行设计成套设备的新阶段，并从中总结出科学的管理模式。自行设计国产设备装备攀枝花钢铁公司，保证了攀钢迅速发挥大后方钢铁基地作用。负责葛洲坝工程（见葛洲坝水利枢纽）的全部机械设备技术和协调任务，重点抓水轮发电机组和船闸的机电设计、工艺存在的技术关键问题，成功研制出当时世界上转轮直径最大的转桨式水轮发电机。

任务 4　分析汽车差速器传动装置

任务描述

汽车为什么可以实现在转弯行驶或在不平路面上行驶时，左右车轮以不同转速滚动，即保证两侧驱动车轮作纯滚动运动？

汽车差速器是能够使左、右（或前、后）驱动轮实现以不同转速转动的机构。汽车差速器如图 4-47 所示，主要由左右半轴齿轮、两个行星齿轮及齿轮架组成。功用是当汽车

图 4-47　汽车差速器

转弯行驶或在不平路面上行驶时，使左右车轮以不同转速滚动，即保证两侧驱动车轮作纯滚动运动。差速器是为了调整左右轮的转速差而装置的。在四轮驱动时，为了驱动四个车轮，必须将所有的车轮连接起来，如果将四个车轮机械连接在一起，汽车在曲线行驶的时候就不能以相同的速度旋转，为了能让汽车曲线行驶旋转速度基本一致，这时需要加入中间差速器用以调整前后轮的转速差。

任务工单

任务工单 4. 4——分析汽车差速器装置

【任务目的】

① 掌握轮系的类型。
② 掌握轮系的特点。
③ 掌握轮系的应用。

【学生分组】

以 3~4 人为一组，选出组长并进行任务分工，将小组概况及分工填入表 4-18 中。

表 4-18　　小组概况及分工

班　级		组　号		指导教师	
小组成员	姓　名	学　号	任务分工		
组　长					
组员					

【工作准备】

（1）获取信息

普通差速器由行星齿轮、行星轮架（差速器壳）、半轴齿轮等零件组成。发动机的动力经传动轴进入差速器，直接驱动行星轮架，再由行星轮带动左、右两条半轴，分别驱动左、右车轮。差速器的设计要求满足：左半轴转速+右半轴转速=2×行星轮架转速。

当汽车直行时，左、右车轮与行星轮架三者的转速相等，处于平衡状态，而在汽车转弯时三者平衡状态被破坏，导致内侧轮转速减小，外侧轮转速增加。

在任务实施前，请各组组长组织组员收集相关资料，回答下列问题。

引导问题 1：差速器在汽车传动系统中的位置是什么？它的主要功能是解决什么

问题？

引导问题 2：差速器的工作原理是怎样的？它是如何实现左右车轮的差速旋转的？

引导问题 3：在转弯时，差速器如何确保左右车轮在转弯时能够以不同速度旋转？

（2）制订计划

查阅机械手册或相关资料，了解汽车差速器结构及特点，做好记录，并制订实施计划。

（3）进行决策

① 每位学生阐述自己的计划。

② 组员之间进行提问与答疑，制订本组的最佳实施计划。

③ 教师根据各组完成情况进行点评。

【工作实施】

按照本组制订的最佳工作计划进行实施。按实际实施过程，将实施内容、遇到的问题及解决办法等全部记录在表 4-19 中。

表 4-19　工作实施过程记录表

序号	实施步骤	实施内容	遇到的问题及解决办法
1			
2			
3			

【考核评价】

各组组长展示任务完成情况，并完成如表 4-20 所示的考核评价表。

表 4-20　考核评价表

评价项目	评价标准	满分/分	实际得分/分	老师评语
技能操作	能正确分析汽车差速器的作用	20		
	能正确分析汽车差速器的结构组成	30		
	能正确分析汽车差速器的传动原理	30		
参与程度	认真参加活动，积极思考，主动与同学、指导老师进行交流，善于发现和解决问题	10		
合作意识	积极参与探讨，勇于接受任务，敢于承担责任	10		
总　分		100		
小组总结				

知识准备

4.1　轮系的类型及传动比计算

齿轮传动在各种机器和机械设备中为了减速、增速、变速等特殊用途，往往需采用一系列相互啮合的齿轮组成的传动系统——轮系完成。如图 4-48 所示为汽车变速箱结构，汽车变速箱的传动系统就是通过齿轮变速机构完成其变速功能的。

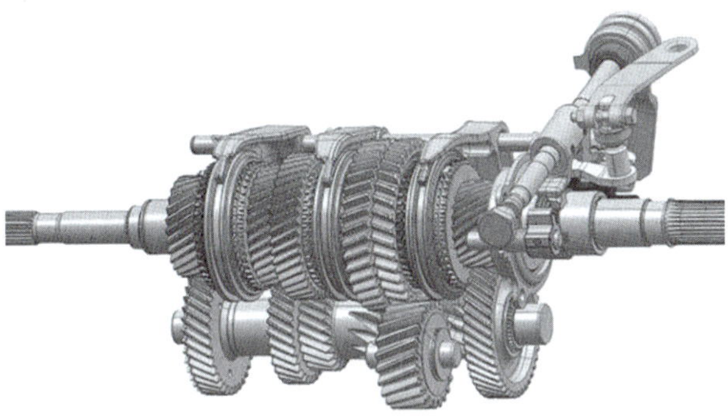

图 4-48　汽车变速箱结构

4.1.1　轮系的类型

由一系列互相啮合齿轮组成的传动系统称为轮系（或齿轮系）。

根据轮系在运转时各齿轮的几何轴线在空间的相对位置是否固定，可以将轮系分为三大类：定轴轮系、周转轮系和混合轮系。

（1）定轴轮系

轮系传动时，各齿轮的几何轴线位置都是固定的，这种轮系称为定轴轮系，轮系运转过程中，所有齿轮轴线的几何位置都相对机架固定不动，如图 4-49 所示。

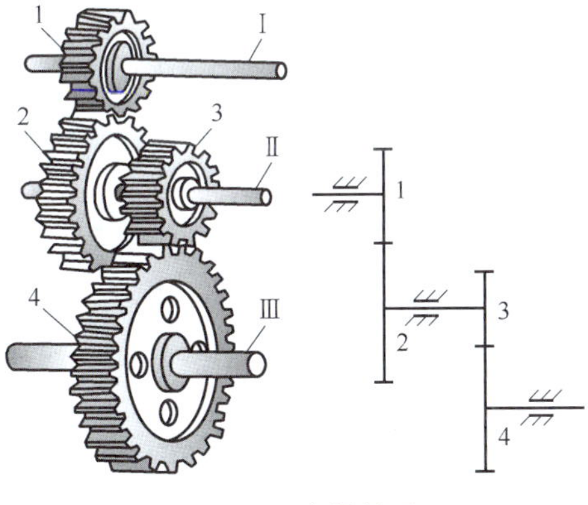

图 4-49　定轴轮系

定轴轮系

（2）周转轮系

在轮系传动时，至少有一个齿轮的几何轴线可绕另一齿轮的几何轴线转动的轮系称为周转轮系，如图 4-50 所示。

太阳轮：在周转轮系中，轴线位置固定不动的齿轮，称为太阳轮。

行星轮：齿轮轴线绕其他轮轴转动的齿轮，称为行星轮。

行星架（或系杆 H）：用于支持行星轮并与太阳轮共轴线的构件，称为行星架（或系杆）。

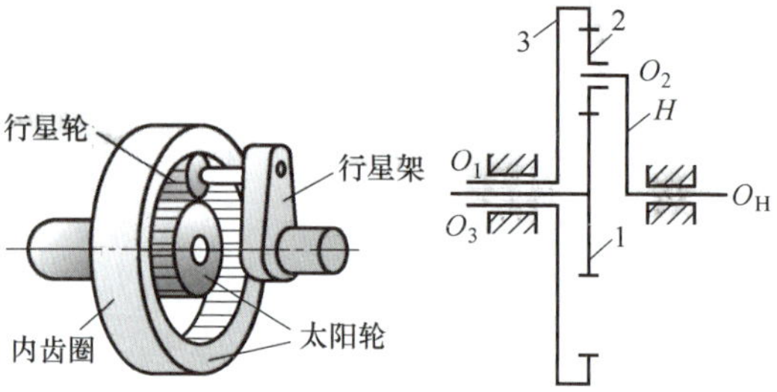

周转轮系

图 4-50　周转轮系

周转轮系按其自由度 F 不同，可分为差动轮系（$F=2$）和行星轮系（$F=1$），如图 4-51 所示。

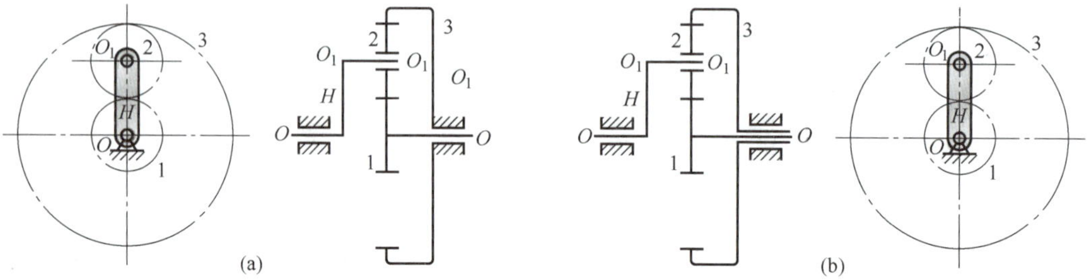

图 4-51　差动轮系与行星轮系

（3）混合轮系

工程中有的轮系既包含定轴轮系，又包含周转轮系，或直接由几个周转轮系组合而成。机械传动中由定轴轮系和周转轮系构成的复杂轮系称为混合轮系，如图 4-52 所示，其中 H 指的是行星架。

混合轮系（a）

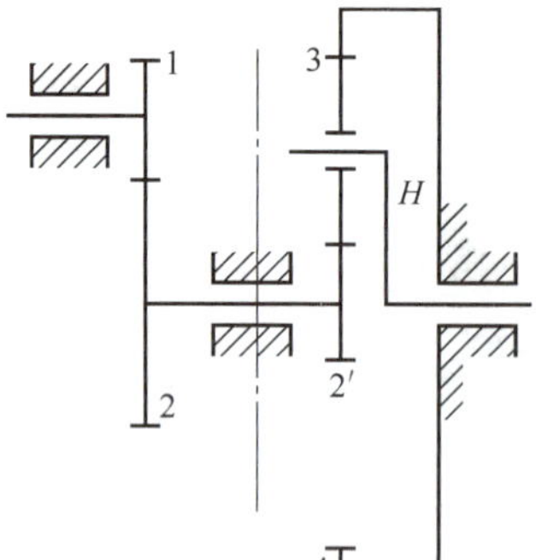

混合轮系（b）

图 4-52　混合轮系

4.1.2　定轴轮系的传动比

定轴轮系是机械工程中应用最为广泛的传动装置，可用于减速、增速、变速，实现运动和动力的传递与变换。

轮系的传动比是指轮系中，首末两轮角速度（或转速）之比，常用 i_{1n} 表示。

$$i_{1n}=\frac{\omega_1}{\omega_n}=\frac{n_1}{n_n} \tag{4-17}$$

轮系传动比的计算，包括计算其传动比大小和确定输入轴与输出轴的转向关系两个内容。

（1）一对齿轮啮合传动比计算

当外啮合圆柱齿轮传动时，主从动轮转向相反，如图 4-53 所示。

$$i_{12}=-\frac{Z_2}{Z_1} \tag{4-18}$$

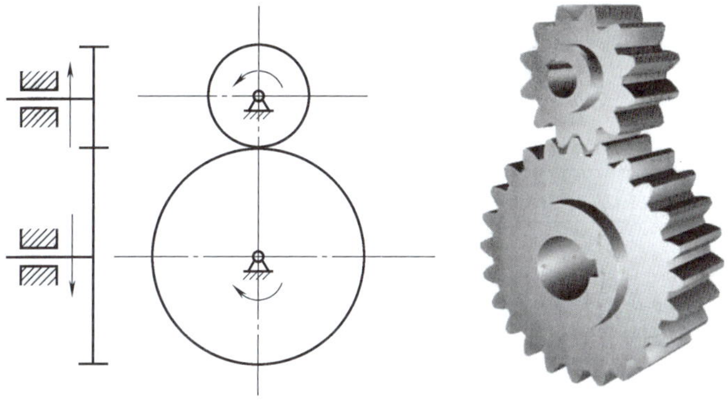

图 4-53　外啮合圆柱齿轮传动

当内啮合圆柱齿轮传动时，主从动轮转向相同，如图 4-54 所示。

$$i_{12}=\frac{Z_2}{Z_1} \tag{4-19}$$

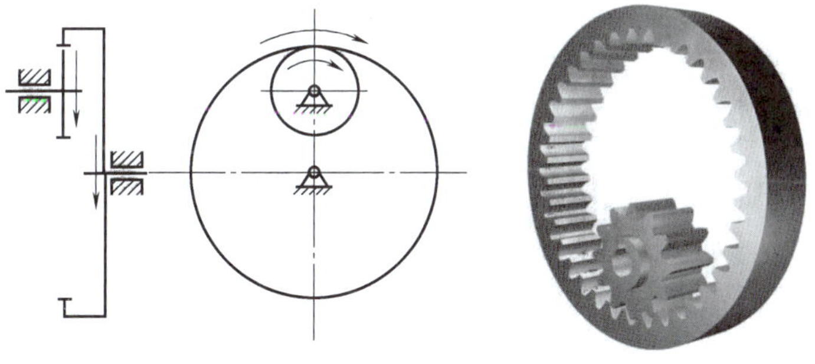

图 4-54　内啮合圆柱齿轮传动

当圆锥齿轮传动时，主从动轮转向所表示的箭头应同时指向啮合点或同时背离啮合点，如图 4-55 所示。

$$i_{12}=\frac{Z_2}{Z_1} \tag{4-20}$$

当蜗杆传动时，蜗杆的转向采用主动轮左右手定则判断，如图 4-56 所示。

$$i_{12}=\frac{Z_2}{Z_1} \tag{4-21}$$

（2）定轴轮系的传动比计算

试着计算一下图 4-57 的定轴轮系的传动比 i_{15}。

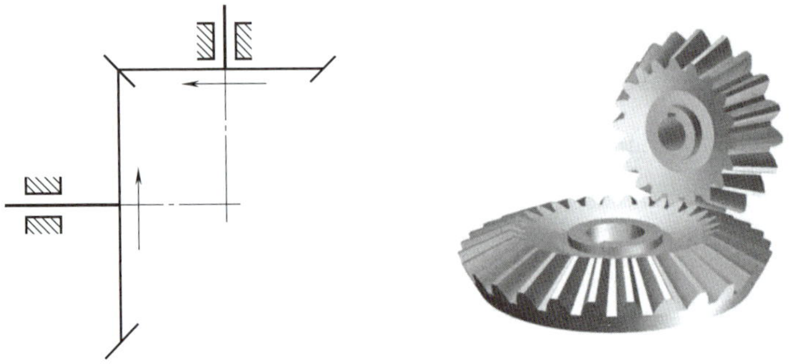

图 4-55　圆锥齿轮传动

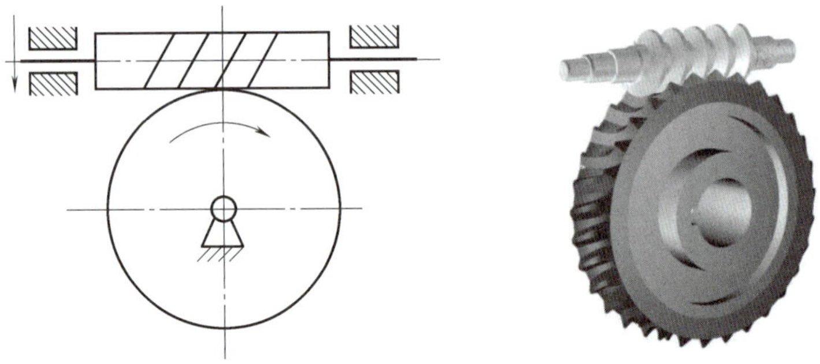

图 4-56　蜗杆传动

$$i_{12}=\frac{\omega_1}{\omega_2}=\frac{Z_2}{Z_1}\qquad i_{23}=\frac{\omega_2}{\omega_3}=\frac{Z_3}{Z_{2'}}$$

$$i_{34}=\frac{\omega_3}{\omega_4}=\frac{Z_4}{Z_{3'}}\qquad i_{45}=\frac{\omega_4}{\omega_5}=\frac{Z_5}{Z_4}$$

$$i_{15}=\frac{\omega_1}{\omega_5}=i_{12}\cdot i_{23}\cdot i_{34}\cdot i_{45}$$

$$=\frac{\omega_1}{\omega_2}\cdot\frac{\omega_2}{\omega_3}\cdot\frac{\omega_3}{\omega_4}\cdot\frac{\omega_4}{\omega_5}$$

$$=\frac{Z_2Z_3Z_4Z_5}{Z_1Z_{2'}Z_{3'}Z_4}$$

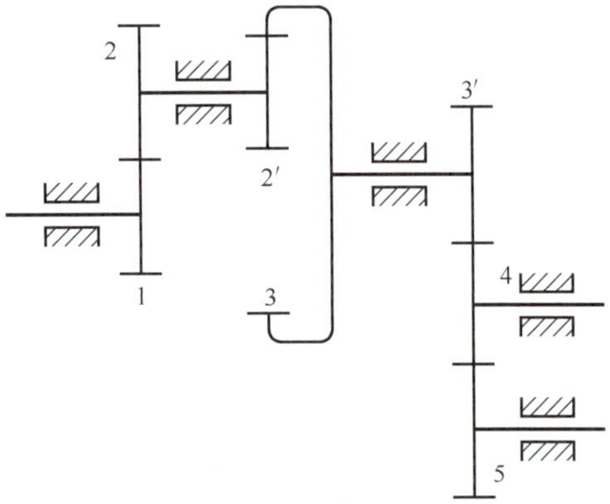

图 4-57　定轴轮系传动比

由上述推导过程，即可得出传动比大小的计算公式为

$$\text{定轴轮系传动比大小}=\frac{\text{所有从动轮齿数连乘积}}{\text{所有主动轮齿数连乘积}}\tag{4-22}$$

而首、末齿轮转向的关系：对于平面定轴轮系即所有齿轮的轴线平行而言，见图 4-58，可得出

$$i_{15}=(-1)^3\frac{Z_2Z_3Z_4Z_5}{Z_1Z_{2'}Z_{3'}Z_4}=-\frac{Z_2Z_3Z_5}{Z_1Z_{2'}Z_{3'}}$$

$$i_{1k}=\frac{\omega_1}{\omega_k}=(-1)^m\frac{\text{从动轮齿数连乘积}}{\text{主动轮齿数连乘积}}\tag{4-23}$$

式中 m 即外啮合的次数。

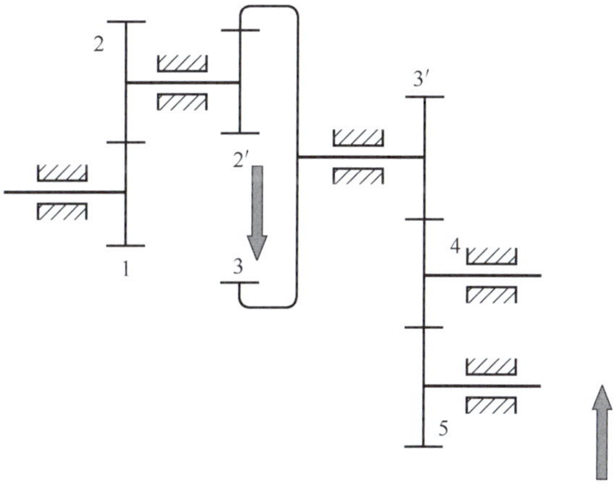

图 4-58　定轴轮系的旋转方向

注意：轮 4 在轮系中兼作主、从动轮，齿数在计算式中约去，不影响轮系传动比。平面定轴轮系中只改变转向的齿轮称为惰轮。

知识点拨

当定轴轮系中有锥齿轮、蜗杆蜗轮等齿轮机构时，其传动比的大小仍用上式计算。但由于一对空间齿轮轴线不平行，主从动齿轮之间不存在转动方向相同或相反问题，所以不能用式 $(-1)^m$ 来确定首轮与末轮的转向关系，各轮的转向须用画箭头的方法来确定，如图 4-59 所示。

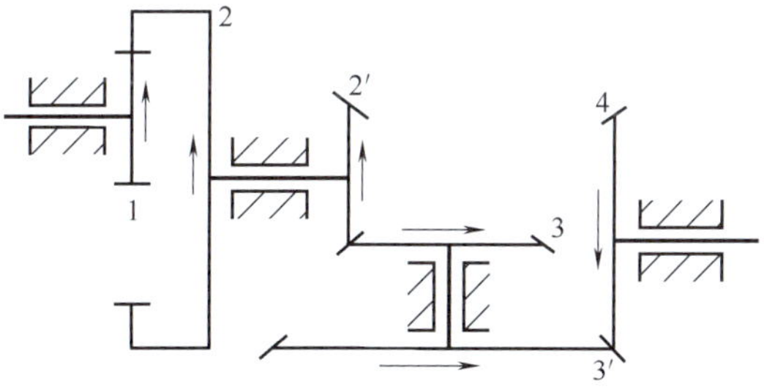

图 4-59　定轴轮系

试计算传动比 i_{14}。

课堂互动

在图 4-60 所示的组合机床动力滑台轮系中，运动由电动机输入，由蜗轮输出。电动机转速 $n=960$，各齿轮齿数 $Z_1=34$，$Z_2=42$，$Z_3=21$，$Z_4=31$，蜗轮齿数 $Z_6=38$，蜗杆齿数 $Z_5=2$，螺旋线方向为右旋。试确定蜗轮的转速和转向。

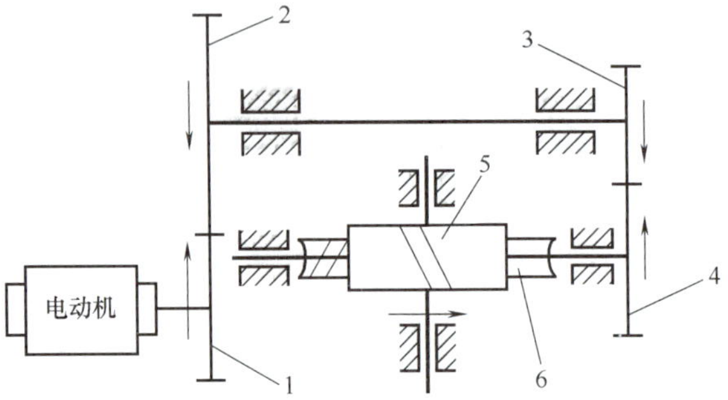

图 4-60　组合机床动力滑台轮系

4.1.3　周转轮系的传动比

如果给整个周转轮系加上一个绕轴线 O_H 转动，大小为 n_H 而方向与 n_H 相反的公共转速（$-n_H$）后，行星架 H 便固定不动，那么该轮系便成为一个假想的定轴轮系（图 4-61）。

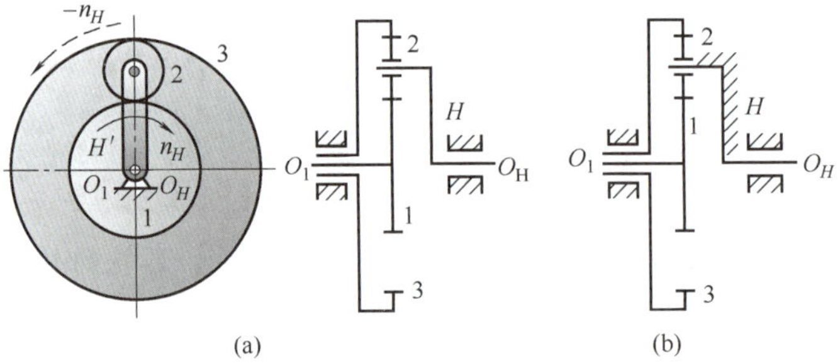

图 4-61　转化轮系

转化轮系传动比计算式见表 4-21。

表 4-21　转化轮系传动比计算式

构件	转化前的转速	转化后的转速
1	n_1	$n_{1H}=n_1-n_H$
2	n_2	$n_{2H}=n_2-n_H$
3	n_3	$n_{3H}=n_3-n_H$
H	n_H	$n_{HH}=n_H-n_H$

周转轮系转化成转化轮系后成为假想定轴轮系，便可利用定轴传动比计算公式进行计算，即

$$i_{13}^H=\frac{n_1^H}{n_3^H}=\frac{n_1-n_H}{n_3-n_H}=(-1)^1\frac{Z_2Z_3}{Z_1Z_2} \tag{4-24}$$

转化轮系传动比计算通式为

$$
\begin{aligned}
i_{GK}^{H} &= \frac{n_G^H}{n_K^H}=\frac{n_G-n_H}{n_K-n_H} \\
&=(-1)^m\frac{\text{转化轮系中从 }G\text{ 到 }K\text{ 轮间所有从动轮齿数积}}{\text{转化轮系中从 }G\text{ 到 }K\text{ 轮间所有主动轮齿数积}}
\end{aligned}
\tag{4-25}
$$

式中　i_{GK}^{H}——为转化轮系中由齿轮 G 到齿轮 K 的传动比；

G——为输入端的齿轮；

K——为输出端的齿轮；

m——为齿轮 G 到齿轮 K 间外啮合的对数。

运用上式求周转轮系传动比时应注意以下几点：

① n_G、n_K、n_H 必须是轴线之间互相平行或重合的相应齿轮的转速。

② 将 n_G、n_K、n_H 已知值代入公式时，必须代入其本身的正或负号。若假定其中一轮转向为正号，则其他转向与其相同时为正，反之为负。

③ $i_{GK}^{H} \neq i_{GK}$。

i_{GK}^{H} 为转化轮系中 G、K 两轮的转速之比，其大小及正负号按定轴轮系传动比的计算方法确定；

i_{GK} 为周转轮系中 G、K 两轮的转速之比，其大小及正负号须按上式计算后方能确定。

课堂互动

如图 4-62 所示为大传动比减速器，括号内数为齿数，试求轮系传动比 i_{13}^{H}。

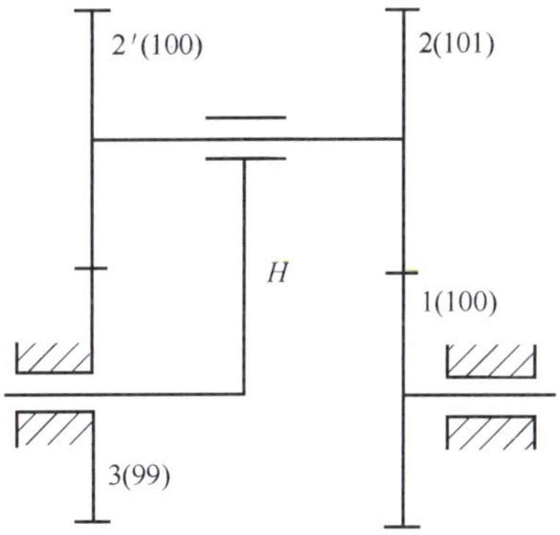

图 4-62　大传动比减速器

4.2　轮系的功用

轮系广泛应用于各种机械中，它的主要功用体现在以下几个方面。

（1）相距较远的两轴之间的传动

主动轴和从动轴的距离较远，如果仅用一对齿轮来传动，如图 4-63 中虚线所示，齿轮的尺寸就很大，既占空间，又费材料，而且制造、安装都不方便。若改用定轴轮系来传动，如图中实线所示，便无上述缺点。

（2）实现变速传动

主动轮转速不变时，利用轮系可使从动轴获得多种工作速度。汽车、机床、起重设备等都需要这种变速传动。

如图 4-64 所示为汽车的变速箱。图中轴Ⅰ为动力输入轴，轴Ⅱ为输出轴，4、6 为滑移齿轮，*A*、*B* 为牙嵌式离合器。该变速箱可使输出轴得到四种转速。

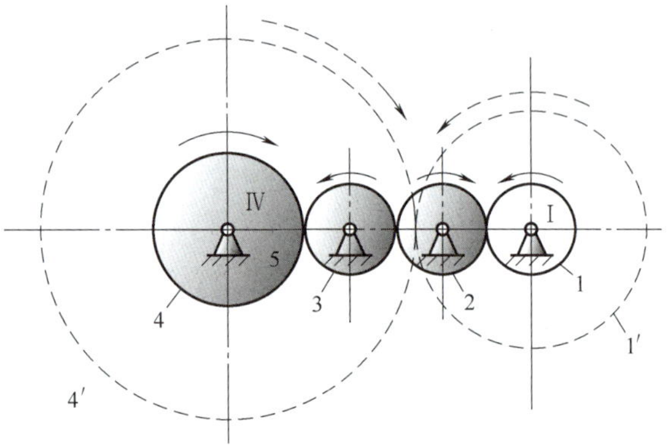

图 4-63　相距较远的两轴传动

第一挡：齿轮 5、6 相啮合而 3、4 和离合器 *A*、*B* 均脱离。

第二挡：齿轮 3、4 相啮合而 5、6 和离合器 *A*、*B* 均脱离。

第三挡：离合器 *A*、*B* 相嵌合而齿轮 5、6 和 3、4 均脱离。

倒退挡：齿轮 6、8 相啮合而 3、4 和 5、6 以及离合器 *A*、*B* 均脱离。此时，由于惰轮 8 的作用，输出轴Ⅱ反转。

（3）获得大传动比

当两轴之间需要很大传动比时，固然可以用多级齿轮组成的定轴轮系来实现，但由于轴和齿轮的增多，会导致结构复杂。若采用行星轮系，则只需要很少几个齿轮，就可获得很大传动比。

例如，如图 4-65 所示的行星轮系。若各齿轮的齿数分别为 $Z_1=100$，$Z_2=101$，$Z_3=100$，$Z_4=99$，则输入行星架 *H* 输出齿轮 1 的传动比 *i* 可达到 10000。

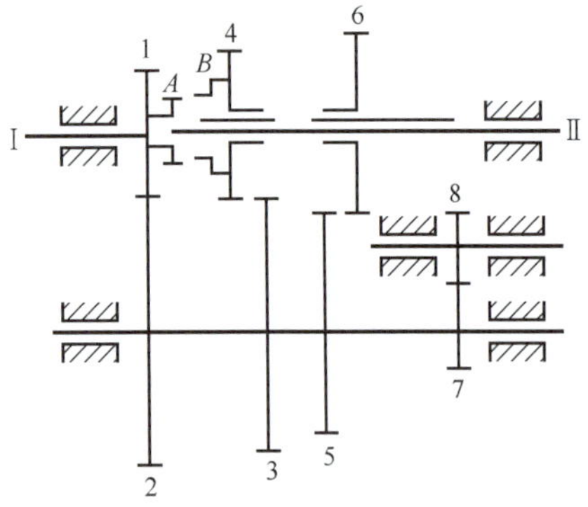

图 4-64　汽车变速箱

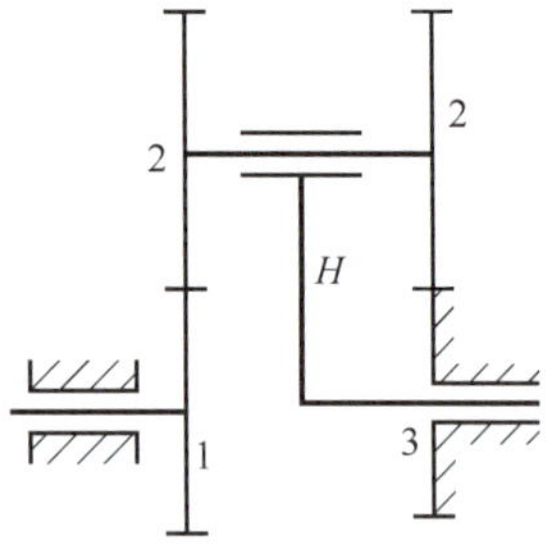

图 4-65　大传动比的行星轮系

应当指出，这种类型的行星齿轮传动，传动比越大，机械效率越低，故不宜用于传递大功率，只适用于作辅助装置的减速机构。如将它用作增速传动，甚至可能发生自锁。

（4）合成运动和分解运动

合成运动是将两个输入运动合为一个输出运动；分解运动是将一个输入运动分为两个输出运动。合成运动和分解运动都可用差动轮系实现。

最简单的用作合成运动的轮系，如图 4-66 所示。其中 $Z_1=Z_3$，由此可得

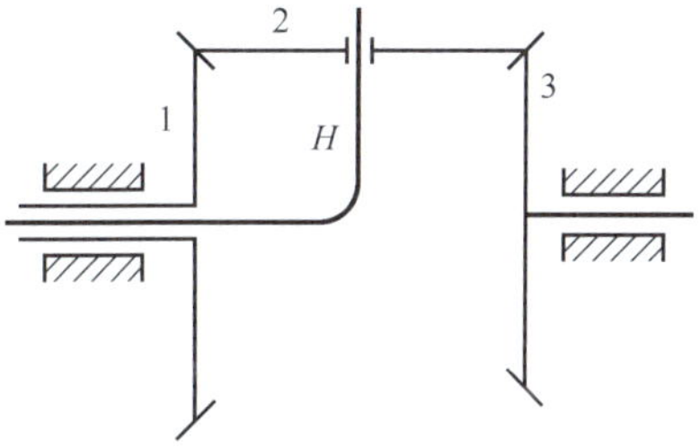

图 4-66　加法机构

$$i_{13}^{H}=\frac{n_1-n_H}{n_3-n_H}=(-)\frac{Z_3}{Z_1}=-1 \tag{4-26}$$

解得：$2n_H=n_1+n_2$。

这种轮系可用作加（减）法机构。当齿轮 1 及齿轮 3 的轴分别输入被加数和加数的相应转角时，行星架 H 转角之两倍就是它们的和。这种合成作用在机床、计算机构和补偿装置中得到了广泛应用。

课堂互动

卷扬机（又叫绞车）是由人力或电动驱动卷筒、卷绕绳索来完成牵引工作的装置，可以垂直提升、水平或倾斜拽引重物。如图 4-67 所示的电动卷扬机减速器，各轮齿数 $Z_1=24$、$Z_2=52$、$Z_2'=21$、$Z_3=78$、$Z_3'=18$、$Z_4=30$、$Z_5=78$，请利用所学知识完成以下任务：

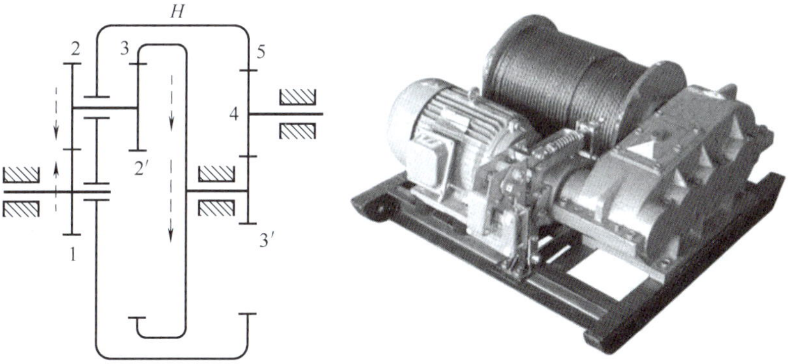

图 4-67　电动卷扬机减速器

请分析电动卷扬机减速器中轮系的组成，识别出基本的轮系类型，绘制出该轮系的啮合线图。计算轮系的传动比 i_{15}。

任务实施

（1）分析

请同学们按照“任务工单 4.4”要求，查阅机械手册或相关资料，分析汽车差速器装置，然后填写任务工单。

普通差速器由行星齿轮、行星轮架（差速器壳）、半轴齿轮等零件组成。发动机的动力经传动轴进入差速器，直接驱动行星轮架，再由行星轮带动左、右两条半轴，分别驱动左、右车轮。差速器的设计要求满足：左半轴转速+右半轴转速=2×行星轮架转速。

当汽车直行时，左、右车轮与行星轮架三者的转速相等，处于平衡状态，而在汽车转弯时三者平衡状态被破坏，导致内侧轮转速减小，外侧轮转速增加。

（2）实施

全班学生每3~4人一组，组员合作分析汽车差速器装置并做好记录。

差速器的这种调整是自动的，这里涉及“最小能耗原理”，也就是地球上所有物体都倾向于耗能最小的状态。例如把一粒豆子放进一个碗内，豆子会自动停留在碗底而绝不会停留在碗壁，因为碗底是能量最低的位置（位能），它自动选择静止（动能最小）而不会不断运动。同样的道理，车轮在转弯时也会自动趋向能耗最低的状态，自动地按照转弯半径调整左右轮的转速。

当转弯时，由于外侧轮有滑拖的现象，内侧轮有滑转的现象，两个驱动轮此时就会产生两个方向相反的附加力，由于“最小能耗原理”，必然导致两边车轮的转速不同，从而破坏了三者的平衡关系，并通过半轴反映到半轴齿轮上，迫使行星齿轮产生自转，使外侧半轴转速加快，内侧半轴转速减慢，从而实现两边车轮转速的差异。

驱动桥两侧的驱动轮若用一根整轴刚性连接，则两轮只能以相同的角速度旋转。这样，当汽车转向行驶时，由于外侧车轮要比内侧车轮移过的距离大，将使外侧车轮在滚动的同时产生滑拖，而内侧车轮在滚动的同时产生滑转。即使是汽车直线行驶，也会因路面不平或虽然路面平直但轮胎滚动半径不等（轮胎制造误差、磨损不同、受载不均或气压不等）而引起车轮的滑动。

车轮滑动时不仅会加剧轮胎磨损、增加功率和燃料消耗，还会使汽车转向困难、制动性能变差。为使车轮尽可能不发生滑动，在结构上必须保证各车辆能以不同的角速度转动。

课程思政

孟子曰：“天下之本在国，国之本在家，家之本在身。”家是缩小的国，国是放大的家，“国之不存，家将焉附？”。弘扬家国情怀，树立家国一体意识，强化家国认同，以家国天下为重，以民族大义为念，把个人理想追求与国家民族命运维系在一起，继承“以民为本”“天下为公”的优秀传统，把爱国情、强国志、报国行，融入实现中华民族伟大复兴中国梦的不懈奋斗中。

【思考与练习】

一、选择题

1. 带传动是依靠（　　）来传递运动和功率的。

A. 带与带轮接触面之间的正压力　　B. 带与带轮接触面之间的摩擦力

C. 带的紧边拉力　　D. 带的松边拉力

2. 与链传动相比较，带传动的优点是（　　）。

A. 工作平稳，基本无噪声　　B. 承载能力大

C. 传动效率高　　D. 使用寿命长

3. 带张紧的目的是（　　）。

A. 减轻带的弹性滑动　　B. 提高带的寿命

C. 改变带的运动方向　　D. 使带具有一定的初拉力

4. 中心距一定的带传动，小带轮上包角的大小主要由（　　）决定。

A. 小带轮直径　　B. 大带轮直径

C. 两带轮直径之和　　D. 两带轮直径之差

5. 带传动的中心距过大时，会导致（　　）。

A. 带的寿命缩短　　B. 带的弹性滑动加剧

C. 带的工作噪声增大　　D. 带在工作时出现颤动

6. 带传动在工作时，假定小带轮为主动轮，则带内应力的最大值发生在带（　　）。

A. 紧边进入大带轮处　　B. 紧边进入小带轮处

C. 紧边离开大带轮处　　D. 紧边离开小带轮处

7. 带传动不能保证准确的传动比，其原因是（　　）。

A. 带容易变形和磨损　　B. 带在带轮上出现打滑

C. 带传动工作时发生弹性滑动　　D. 带的弹性变形不符合胡克定律

8. 当摩擦系数与初拉力一定时，则带传动在打滑前所能传递的最大有效拉力随（　　）的增大而增大。

A. 带轮的宽度　　B. 小带轮上的包角

C. 大带轮上的包角　　D. 带的线速度

9. 在一定转速下，要减轻链传动的运动不均匀性和动载荷，应（　　）。

A. 增大链节距和链轮齿数　　B. 减小链节距和链轮齿数

C. 增大链节距，减小链轮齿数　　D. 减小链条节距，增大链轮齿数

10. 大链轮的齿数不能取得过多的原因是（　　）。

A. 齿数越多，链条的磨损就越大

B. 齿数越多，链传动的动载荷与冲击就越大

C. 齿数越多，链传动的噪声就越大

D. 齿数越多，链条磨损后，越容易发生“脱链现象”

11. 提高蜗杆传动效率的最有效方法是（　　）。

A. 增加蜗杆头数　　B. 增加直径系数　　C. 增大模数　　D. 减小直径系数

12. 行星轮系的自由度为（　　）。

A. 1　　B. 2　　C. 3　　D. 1 或 2

13. 每个单一周转轮系中心轮的数目应为（　　）。

A. 3　　B. 2　　C. 1　　D. 1 或 2

14. 每个单一周转轮系中，转臂与中心轮的几何轴线必须（　　）。

A. 交错　　B. 相交　　C. 重合　　D. 平行

15. 三轴之间要求实现运动的合成或分解，应选用（　　）。

A. 定轴轮系　　B. 行星轮系　　C. 差动轮系　　D. A 和 B

二、填空题

1. 带传动的最大有效拉力随预紧力的增大而__________，随包角的增大而__________，随摩擦因数的增大而__________，随带速的增加而__________。

2. 常见的带传动的张紧装置有__________和__________等几种。

3. 在链传动中，当两链轮的轴线在同一平面时，应将__________边布置在上面，

__________边布置在下面。

4. 一对渐开线齿廓啮合传动时，它们的接触点在__________线上，它的理论啮合线长度为__________。

5. 一对渐开线斜齿圆柱齿轮的正确啮合条件为__________、__________和__________。

6. 渐开线齿廓之所以能保证一定传动比传动，其传动比不仅与__________半径成反比，也与其__________半径成反比，还与其__________半径成反比。

7. 按标准中心距安装的渐开线直齿圆柱标准齿轮，节圆与__________重合，啮合角在数值上等于__________上的压力角。

8. 渐开线齿廓上任一点的压力角是指__________，渐开线齿廓上任意一点的法线与__________相切。

9. 用标准齿条形刀具加工标准齿轮，其刀具的__________线与轮坯__________圆之间做纯滚动；加工变位齿轮时，其刀具的__________线与轮坯的__________圆之间做纯滚动。

10. 蜗杆的标准模数和标准压力角在__________面，蜗轮的标准模数和标准压力角在__________面。

11. 有一普通圆柱蜗杆传动，已知蜗杆头数 $Z_1=2$，蜗杆直径系数 $q=8$，蜗轮齿数 $Z_2=37$，模数 $m=8\text{mm}$，则蜗杆分度圆直径为__________ mm，蜗轮的分度圆直径为__________ mm，传动中心距为__________ mm，传动比为__________，蜗轮分度圆上的螺旋角为__________。

三、简答题

1. 带的紧边拉力和松边拉力之间有什么关系？其大小取决于哪些因素？

2. 什么是带的弹性滑动和打滑？引起带弹性滑动和打滑的原因是什么？带的弹性滑动和打滑对带的传动性能有什么影响？带的弹性滑动和打滑的本质有何不同？

3. 带传动的主要失效形式有哪些？单根V带所能传递的功率是根据什么准则确定的？在设计带传动时，为什么要限制小带轮上的包角 α？

4. 为什么小链轮的齿数不能选择得过少，而大链轮的齿数又不能选择得过多？

5. 在一般情况下，链传动的瞬时传动比为什么不等于常数？在什么情况下它才等于常数？引起链传动速度不均匀的原因是什么？其主要影响因素有哪些？

6. 一对标准直齿圆柱齿轮传动中，$Z_1=20$、$Z_2=30$、$m=5$，求 d_1、d_2、d_{a1}、d_{a2}、d_{f1}、d_{f2}、e、s、a 的值。

7. 与齿轮传动相比，蜗杆传动的主要优、缺点有哪些？

8. 蜗杆传动的正确啮合条件是什么？

9. 为何连续工作的闭式蜗杆传动要进行热平衡计算？可采用哪些措施来改善散热条件？

项目5
连接与轴系零部件

【项目导读】

轴是机器中的重要零件，一切做回转运动的传动件，如带轮、链轮、齿轮、蜗轮等，都必须安装在轴上才能实现其功能，而传动件在轴上的安装必须通过连接来实现。此外，为了支承轴及轴上的传动件，并保持其旋转精度、减少它们之间的摩擦和磨损，还需要使用轴承。本项目主要介绍轴的类型、结构及工艺，轴承的结构、类型代号和应用，连接的类型、特点和应用，联轴器、离合器的作用、类型及应用等知识，为日后工程实训、解决工程问题打基础。

【知识目标】

- 掌握轴的类型、结构及工艺，了解轴的材料和毛坯
- 掌握滚动轴承的结构、类型、代号和应用
- 掌握滑动轴承的类型和特点，了解滑动轴承的应用
- 掌握螺纹连接、键连接和销连接的类型、特点和应用
- 了解焊接、铆接、胶接和过盈配合连接的特点和应用
- 掌握联轴器、离合器的作用和类型，了解常用联轴器、离合器的特点和应用

【技能目标】

- 能够对简单轴系零部件进行分析
- 能够正确选用滚动轴承
- 能够正确选用螺纹连接和普通平键连接

【素质目标】

- 培养运用科学理论解决工程问题的能力
- 培养严谨细致、精益求精的工匠精神
- 提升民族自豪感和自信心，激发科技报国的家国情怀

【任务导航】

1. 分析轴系零部件的应用——轴
2. 通过测量确定滚动轴承的基本代号——轴承
3. 分析减速器中所采用的连接方法——连接
4. 分析轴系零部件的应用——联轴器、离合器

任务1　分析轴系零部件的应用——轴

任务描述

断轴是汽车上一种非常严重的故障，它可导致汽车跑偏、转向失灵。如果汽车在高速行驶中突发断轴，结果将不堪设想。由此可见，轴对整台机器的性能有着多么重要的影响。除了轴的材料外，轴的结构及工艺对轴的性能影响也很大。如图 5-1 所示为某轴系结构简图，请同学们分析该轴系零部件的应用，找出其结构不合理之处，并进行更正，然后填写“任务工单 5-1”。(完整轴系图)

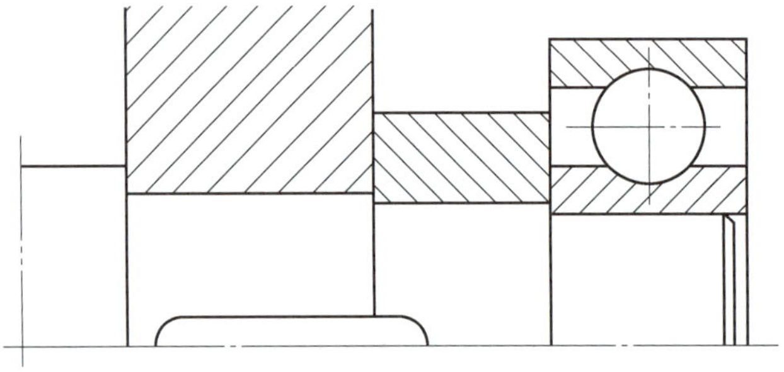

图 5-1　轴系结构简图

任务工单

任务工单 5.1——分析轴系零部件的应用

【任务目的】

① 掌握轴的类型、结构及工艺。

② 了解轴的材料和毛坯。

【学生分组】

以 3~4 人为一组，选出组长并进行任务分工，将小组分工及实施内容、遇到的问题及解决办法等全部记录在表 5-1 中。

表 5-1　小组概况及分工

班　级		组　号		指导教师	
小组成员	姓　名	学　号	任务分工		
组　长					
组员					

【工作准备】

（1）获取信息

轴的结构工艺性是评价轴系结构设计优劣的重要指标，它要求轴的结构及工艺在满足轴上零件定位和固定的前提下，应便于轴上零件的装拆和轴的加工。要全面、准确地找出轴系结构中存在的不合理之处并加以改正，需要掌握轴的基本知识，学习有关轴系结构设计案例，积累必要的轴系结构设计经验。在任务实施前，请各组组长组织组员收集相关资料，回答下列问题。

引导问题 1：什么是轴？轴在工程设计中的作用是什么？

引导问题 2：谈谈轴的常见材料及其选择原则，并分别举例说明其特点及应用。

引导问题 3：什么是轴的配合设计？它对轴系结构有何影响？

引导问题 4：在轴系结构设计中，如何选择合适的轴承类型和安装方式？

（2）制订计划

查阅相关资料，了解轴系零部件的结构及工艺，并制订实施计划。

（3）进行决策

① 每位学生阐述自己的分析结果。

② 组员之间进行提问与答疑，制订本组的最佳实施计划。

③ 教师根据各组完成情况进行点评。

【工作实施】

按照本组制订的最佳工作计划进行实施。按实际实施过程，将实施内容、遇到的问题及解决办法等全部记录在表 5-2 中。

表 5-2　工作实施过程记录表

序号	实施步骤	实施内容	遇到的问题及解决办法
1			
2			
3			

【考核评价】

各组组长展示任务完成情况，并完成如表 5-3 所示的考核评价表。

表 5-3　　考核评价表

评价项目	评价标准	满分/分	实际得分/分	老师评语
技能操作	能准确找出轴系结构图中的错误	60		
	能正确改正轴系结构图中的错误	20		
参与程度	认真参加活动,积极思考,主动与同学、指导老师进行交流,善于发现和解决问题	10		
合作意识	积极参与探讨,勇于接受任务,敢于承担责任	10		
总　分		100		
小组总结				

知识准备

1.1　轴的分类

机器工作时，其中的有些零件，如齿轮、蜗轮、带轮和链轮等需作旋转运动。这些零件通常都套装在轴上，而轴又套装在轴承上构成组件，再装到机座或机箱上。由此可见，轴一方面用来支承旋转零件，传递运动和动力，另一方面又被轴承所支承，是机器中必不可少的重要零件。

1.1.1　根据所受载荷的不同分类

轴的功用、分类与材料

按轴所受载荷的不同分类，轴可以分为心轴、传动轴和转轴三类。

（1）心轴

只承受弯矩（支承转动零件）而不承受扭矩（不传递转矩）的轴称为心轴。当心轴随转动零件转动时称为转动心轴，如火车车轴（图 5-2）；而固定不旋转的心轴称为固定心轴，如自行车轴（图 5-3）。

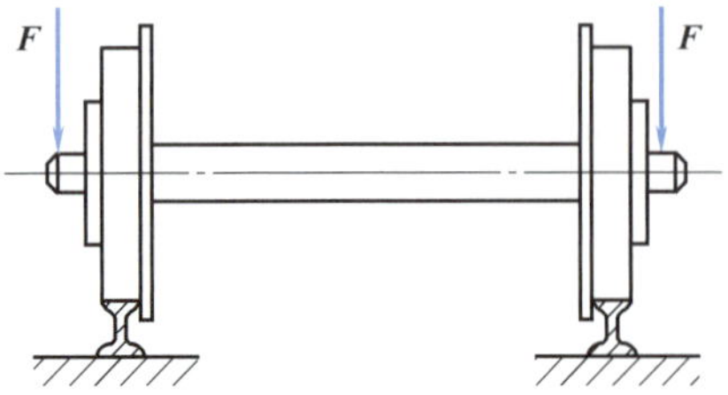

图 5-2　转动心轴——火车车轴

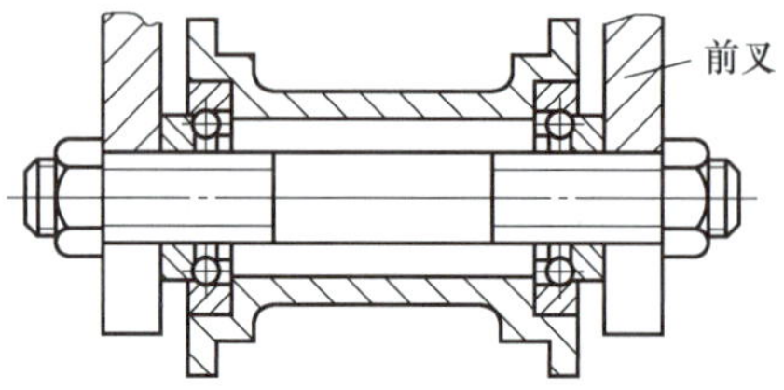

图 5-3　固定心轴——自行车轴

（2）传动轴

主要传递转矩，不承受或很少承受弯矩的轴称为传动轴，如汽车中连接变速箱与驱动后桥的传动轴（图5-4）等。

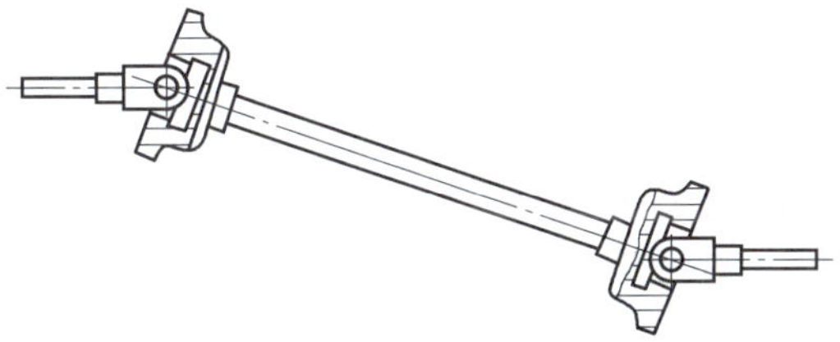

图5-4 汽车传动轴

（3）转轴

工作时既承受弯矩（支承转动零件），又承受转矩（传递动力）的轴称为转轴，如减速器中的齿轮轴（图5-5）和电动机的输出轴（图5-6）。这是机器中最常见的轴。

图5-5 减速器齿轮轴

图5-6 电动机输出轴

1.1.2 根据几何形状的不同分类

根据几何形状的不同，轴可分为直轴、曲轴和挠性轴。

（1）直轴

轴线呈直线的轴。根据外形的不同，直轴又可分为光轴、阶梯轴和空心轴等，如图5-7所示。其中，光轴各处直径相同，容易加工，但轴上零件定位困难；阶梯轴由若

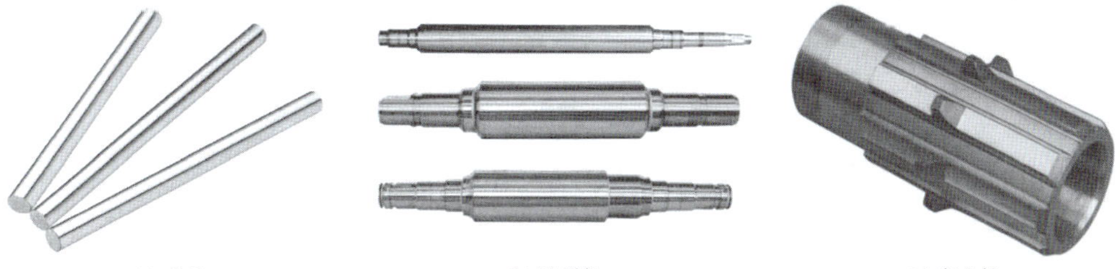

(a) 光轴 (b) 阶梯轴 (c) 空心轴

图5-7 直轴

干直径不同的轴段组成而呈阶梯状，轴上零件容易安装和定位；空心轴可实现减重或满足特殊的结构要求。

（2）曲轴

各轴段相互平行但轴线不在同一条直线上的轴，如图 5-8 所示。曲轴多用于往复式发动机和空气压缩机。

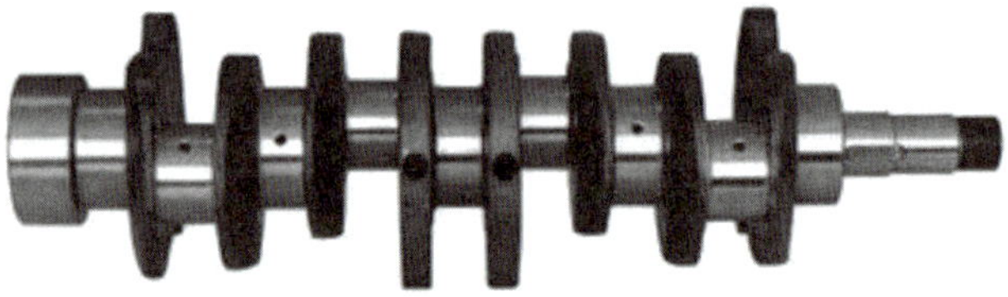

图 5-8　曲轴

（3）挠性轴

具有良好的挠性，可将回转运动和转矩灵活传递到空间任意位置的轴，如图 5-9 所示。挠性轴通常由多层钢丝分层卷绕而成，故又称钢丝挠性轴，多用于手持工具和医疗器械。

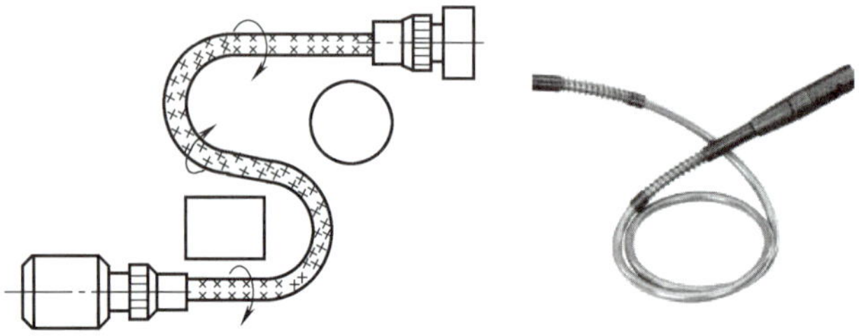

图 5-9　钢丝挠性轴

1.2　轴的材料及毛坯

1.2.1　轴的材料

轴在工作时通常需要承受交变载荷，为了保证轴的正常工作，在为其选择材料时需要考虑以下几个方面。

① 轴的强度、刚度及耐磨性的要求。

② 轴的热处理方法及加工工艺性的要求。

③ 轴的材料来源和经济性等要求。

由于轴通常需具备良好的综合机械性能，所以轴的材料常选用碳素钢、合金钢和球墨铸铁等，它们的主要力学性能及应用场合如表 5-4 所示。

表 5-4　轴常用材料的主要力学性能及应用场合

材料牌号	热处理	毛坯直径/mm	硬度 HBS	力学性能/MPa					应用场合
				抗拉强度 R_m	屈服极限 R_{eL}	弯曲疲劳极限 σ_{-1}	剪切疲劳极限 τ_{-1}	许用弯曲应力 $[\sigma_{-1}]$	
Q235A	热轧或锻后空冷	≤100	—	410	225	170	105	40	不重要或承受载荷不大的轴
		>100~250		380	215				

续表

材料牌号	热处理	毛坯直径/mm	硬度 HBS	力学性能/MPa					应用场合
				抗拉强度 R_m	屈服极限 R_{eL}	弯曲疲劳极限 σ_{-1}	剪切疲劳极限 τ_{-1}	许用弯曲应力 $[\sigma_{-1}]$	
45	正火	≤100	170~217	590	295	255	140	55	较重要的轴,应用最广泛
	调质	≤200	217~255	640	355	275	155	60	
20Cr	渗碳淬火回火	≤60	渗碳 56~62HRC	640	390	305	160	60	强度及韧性要求较高的轴
40Cr	调质	≤100	241~286	735	540	355	200	70	承受较大载荷而无很大冲击的重要轴
		>100~300		685	490	355	185		
40CrNi	调质	≤100	270~300	900	735	430	260	75	重要的轴
		>100~300	240~270	785	570	370	210		
38CrMoAlA	调质	≤60	293~321	930	785	440	280	75	要求高耐磨性、高强度且热处理(氮化)变形很小的轴
		>60~100	277~302	835	685	410	270		
		>100~160	241~277	785	590	375	220		
1Cr18Ni9Ti	淬火	≤100	≤192	530	195	190	115	45	高、低温及腐蚀条件下的轴
		>100~200		490		180	110		
QT600-3	—	—	190~270	600	370	215	185	—	具有复杂外形的轴

1.2.2 轴的毛坯

轴的毛坯一般采用轧制圆钢或锻件，其中热轧圆钢常用于各轴段直径相差不大的轴，锻件常用于各轴段直径相差较大或力学性能要求较高的轴。此外，对于形状复杂的轴，还可采用球墨铸铁或高强度铸铁材料。

热轧与冷轧区别

1.3 轴的结构及工艺

1.3.1 轴的组成部分

轴的结构是指轴的形状和尺寸，它主要取决于：轴在机器中的安装位置及形式；轴上零件的类型、尺寸、数量，以及轴上零件与轴的连接方法；轴所受载荷的性质、大小、方向及分布情况；轴的加工工艺等。

由于影响结构的因素很多，因此轴没有标准的结构形式。通常情况下，轴的结构应满足以下要求：

① 安装在轴上的零件，要牢固而可靠地相对固定。

② 轴便于加工制造，轴上零件便于装拆。

③ 轴的受力合理，尽量避免或减小应力集中的现象。

④ 轴具有良好的加工工艺性能。

阶梯轴主要由轴颈、轴环、轴头和轴身等部分组成，如图 5-10 所示。轴和轴承配合的部分称为轴颈，其直径应符合轴承内径标准；轴上安装轮毂的部分称为轴头，其直径应与相配零件的轮毂内径一致，并采用标准直径，为了便于装配，轴颈和轴头的端部均应有倒角；连接轴颈和轴头的部分称为轴身；用作零件轴向固定的台阶部分称为轴肩，环形部分称为轴环，其作用与轴肩相同。

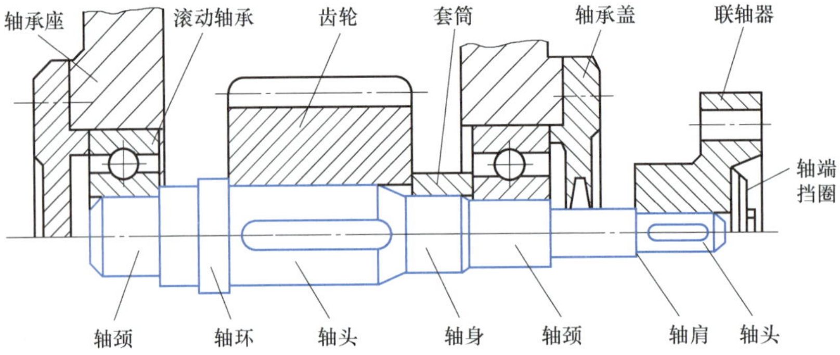

图 5-10　轴的组成部分

1.3.2　轴上零件的定位及固定

为了保证机械的正常工作，轴及轴上零件必须有准确的定位和牢靠的固定，防止轴上零件因受力而发生沿轴向和周向的相对运动。轴上零件的固定形式有轴向固定与周向固定两种。

轴向定位及固定通常通过轴肩（轴环）、套筒、弹性挡圈、圆螺母、轴端挡圈、紧定螺钉（销）及圆锥形轴头等保证，其特点及应用如表 5-5 所示。

表 5-5　常见轴向定位方法的特点及应用

定位方法	简图	特点及应用
轴肩或轴环定位	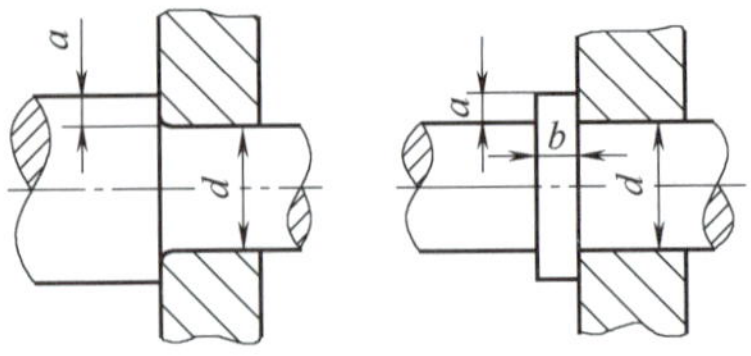	结构简单、固定可靠，可承受较大的轴向力，常用于齿轮、带轮、链轮和联轴器等的轴向定位
套筒定位	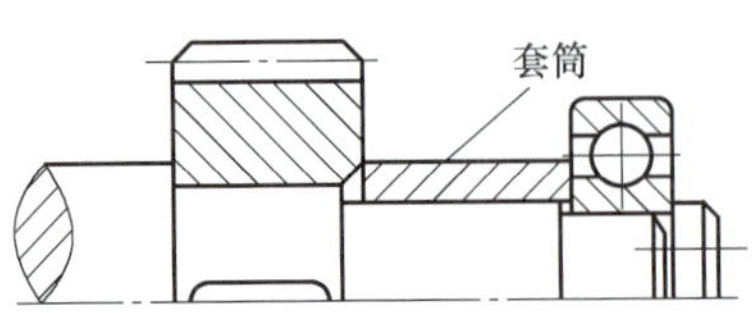 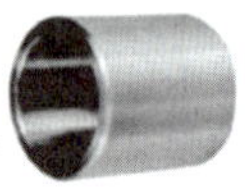	固定可靠，可承受较大的轴向力，轴上不需要钻孔、切削螺纹，对轴的强度影响小，一般用于零件间距较小的定位，但不宜用在转速较高的场合

续表

定位方法	简图	特点及应用
弹性挡圈定位	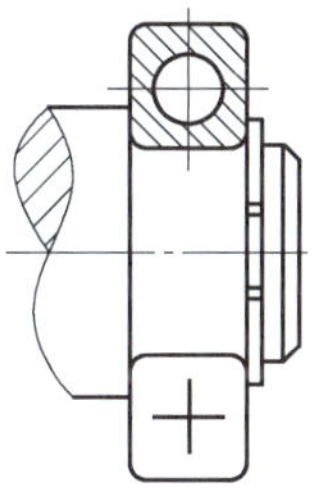 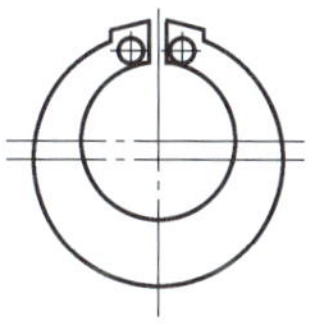 	结构简单、紧凑，但只能承受较小的轴向力，一般用于滚动轴承的轴向定位
圆螺母定位	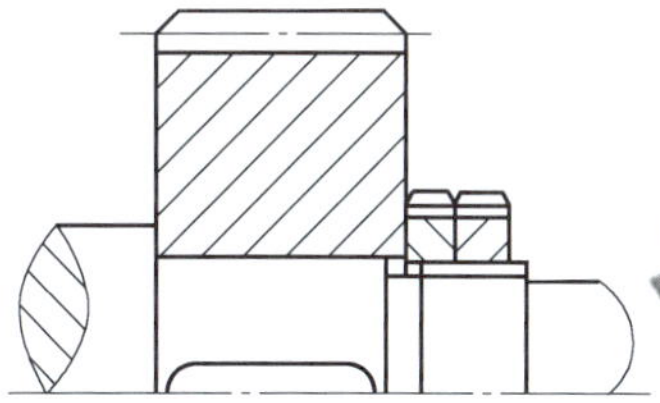 	固定可靠，可承受较大的轴向力，但轴上切削螺纹后会使轴的强度降低，常用双圆螺母或圆螺母与止动垫圈配合来定位轴端零件
轴端挡圈定位	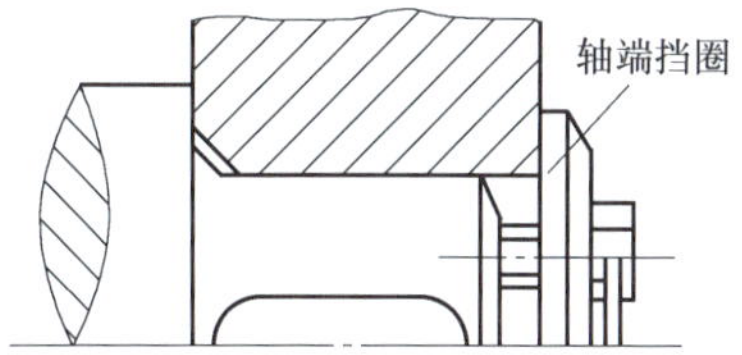 	常用于固定轴端零件，可以承受剧烈的振动和冲击载荷
紧定螺钉或销定位	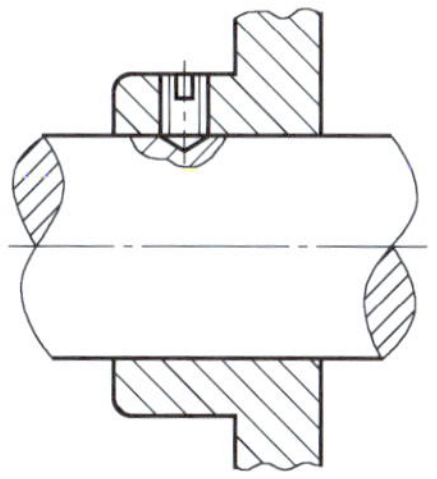 	适用于轴向力很小、转速很低或防止偶然轴向滑移的场合，同时也可以起到周向固定的作用
圆锥形轴头定位	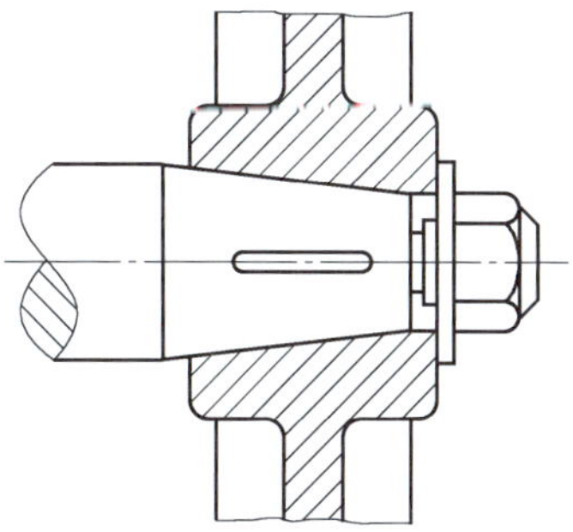	能够消除轴与轮毂间的间隙，装拆方便，并可以兼顾周向固定，能承受较大的冲击载荷，常用于轴端零件的固定

周向定位及固定是为了保证轴上零件与轴之间不发生相对转动，常用的周向定位方式包括平键连接、花键连接、销连接、型面连接和过盈配合连接等，如图 5-11 所示。

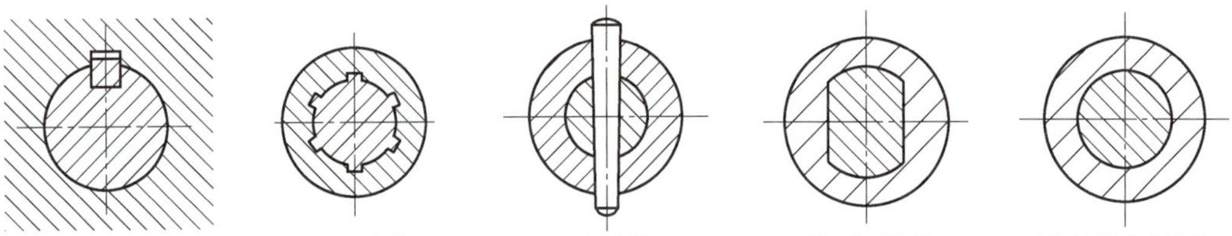

(a) 平键连接　(b) 花键连接　(c) 销连接　(d) 型面连接　(e) 过盈配合连接

图 5-11　常用的周向定位方式

1.3.3　轴的结构工艺性

轴的结构工艺应便于加工和装配，良好的结构工艺性不仅可以提高机器装配、维修等作业的生产效率，而且可以大大降低生产成本。通常情况下，轴的结构应当满足以下工艺要求。

（1）切削加工工艺性

为了便于轴的切削加工，在对轴进行结构设计时应注意以下几点。

① 轴的结构应尽量简单，在保证足够定位的情况下，应尽量控制阶梯的数量，以减少轴的加工时间和应力集中。

② 轴上沿轴向有多个键槽时，应尽可能采用相同的规格尺寸，并布置在同一条直线上，以避免加工时更换刀具和多次装夹。

③ 轴上直径发生变化的地方应设置圆弧过渡，以减少应力集中，如图 5-12（a）所示。同一轴上的过渡圆弧半径应尽量统一，以减少加工时所需刀具数量和换刀时间。

④ 轴上有螺纹时，应设置退刀槽。如图 5-12（b）所示；在需要进行磨削的轴段，应留有越程槽，如图 5-12（c）所示。

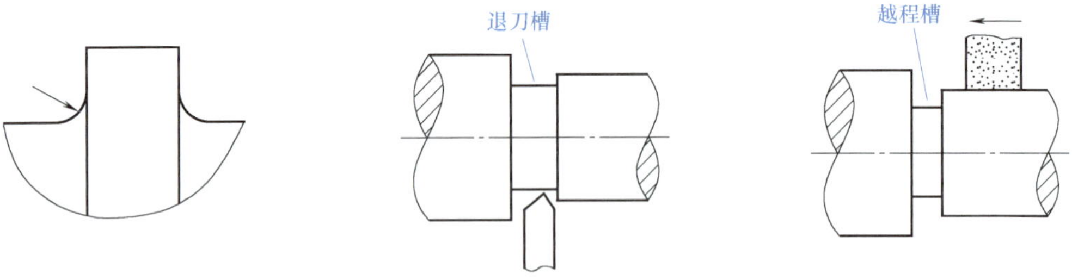

(a)　(b)　(c)

图 5-12　轴的切削加工工艺性

（2）装配工艺性

为便于轴上零件的装配，使其能顺利通过相邻轴段而到达轴上的确定位置，一般将轴设计成两端细，中间粗的阶梯轴。阶梯轴不仅便于轴上零件的定位、固定和装拆，而且也有利于各轴端受载均衡，满足不同轴段的不同配合特性，利于不同轴段上的精度要求。另外，为防止装拆中划伤人手和零件，应使轴的两端和阶梯端面倒角，这样也便于零件装配时导入。

如图 5-13 所示为减速器齿轮轴装配简图。为了便于轴上零件的装拆，该轴设计成阶梯形，使齿轮、套筒、左端轴承、轴承盖、带轮等能够很方便地从轴的左端依次安装在轴上，右端轴承从轴的右端装入，装配顺序如图 5-14 所示。对于装有零件的轴端，装入端需要加工 45°倒角，以方便轴上零件导入并避免划伤配合表面。套筒或轴肩的高度应低于滚动轴承的内圈高度，以保证滚动轴承能够有效定位。

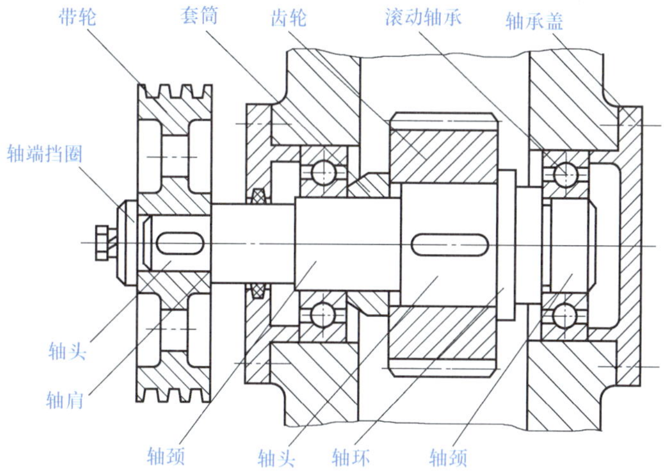

图 5-13　减速器齿轮轴装配简图

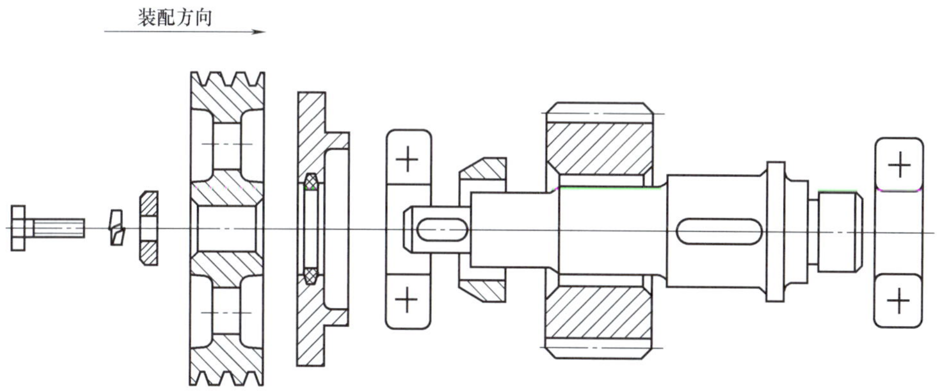

图 5-14　装配顺序

任务实施

（1）分析

请同学们按照“任务工单 5. 1”要求，分析轴系结构简图及轴系零部件的应用，找出其结构不合理之处，并进行更正，然后填写任务工单。

（2）实施

每 3~4 人一组，组员合作分析轴系零部件的应用，并做好记录。

该轴系结构的不合理之处如图 5-15（a）所示，对它们的分析如下。

① 轴的轴肩轴向尺寸宽度应比轮毂宽度稍小，这样才能使套筒有效地顶住齿轮。

② 套筒太厚，超过了轴承内圈的高度，不便于轴承的拆卸。

③ 键太长，应控制其尺寸小于轮毂宽度，以免套筒无法安装到位。

④ 滚动轴承的内外圈剖面线方向应一致。

改正后的结构如图 5-15（b）所示。

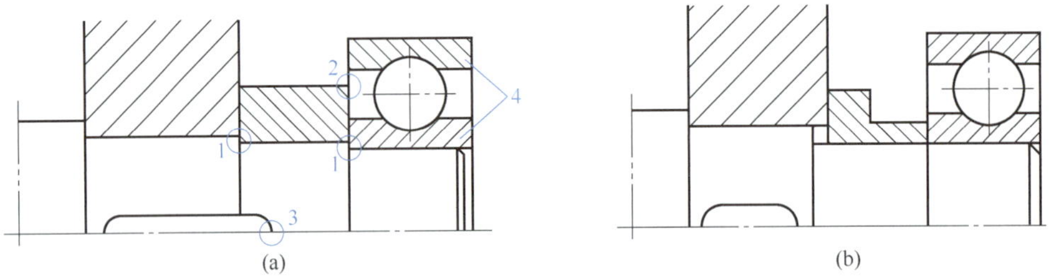

图 5-15　轴系结构更正图

请指导老师按照学生的实际表现情况进行评价，并将评价结果填入任务工单中的考核评价表。学生结合自身表现和指导老师的评价，对本次任务进行总结。

课程思政

“巨轮之芯”彰显造船强国

大型船用曲轴是万吨轮最重要的核心装备，被誉为“巨轮之芯”。是否具备大型曲轴制造能力，是衡量一个国家造船工业水平的重要标志，其制造能力体现了一个国家造船工业的水平。

如此巨型的曲轴，其精度误差却不能超过一根头发丝。巨轮在公海上航行，一旦曲轴出现问题，造成发动机停机，那就不是单纯等待救援的问题了。船在海上必须逆风浪而行，而失去了动力，船就无法逆风行驶，一旦遭遇风浪，就会面临倾覆之灾。因此，船用曲轴对精度的要求几近苛刻，检测参数达 700 多项，任何一道工序出现差错，都将是不可逆转的灾难。

中国制造、世界最大的船用曲轴——12S90ME-C 型曲轴

任务 2　通过测量确定滚动轴承的基本代号——轴承

任务描述

轴承这个看似平常的部件在机器中起着非常关键的作用。工程中通常会依据轴承的使用寿命对其进行定期更换。对于滚动轴承，在更换前需要确定其代号并据此进行采购。请同学们通过测量滚动轴承的尺寸，并查阅机械手册来确定滚动轴承的基本代号。

任务工单

任务工单 5.2——通过测量确定滚动轴承基本代号

【任务目的】

① 掌握滚动轴承的结构、类型、代号和应用。
② 掌握滑动轴承的类型和特点。
③ 了解滑动轴承的应用。

【学生分组】

以 3~4 人为一组，选出组长并进行任务分工，将小组概况及分工填入表 5-6 中。

表 5-6　小组概况及分工

班　级		组　号		指导教师	
小组成员	姓　名	学　号	任务分工		
组　长					
组员					

【工作准备】

（1）获取信息

基本代号是滚动轴承代号的基础，它由类型代号、尺寸系列代号和内径代号构成，分别用来表示轴承的基本类型、结构和尺寸。要确定滚动轴承的基本代号，应首先掌握其基本代号的组成及含义。

本任务需要配备的用具包括滚动轴承、游标卡尺和机械手册。在任务实施前，请各组组长组织组员收集相关资料，回答下列问题。

引导问题 1：列举几种常见的滚动轴承类型，并简要描述它们的特点。

引导问题 2：什么是径向滚动轴承和推力滚动轴承？它们在轴承系统中的应用是什么？

引导问题 3：在滚动轴承的尺寸命名中，表示内外圈直径的字母分别是什么？

引导问题 4：请说明如何选择适合应用的滚动轴承尺寸和类型。

（2）制订计划

查阅相关资料，了解滚动轴承的类型及特点，并制订实施计划。

（3）进行决策

① 每位学生阐述自己的计划。

② 组员之间进行提问与答疑，制订本组的最佳实施计划。

③ 教师根据各组完成情况进行点评。

【工作实施】

按照本组制订的最佳工作计划进行实施。按实际实施过程，将实施内容、遇到的问题及解决办法等全部记录在表 5-7 中。

表 5-7　工作实施过程记录表

序号	实施步骤	实施内容	遇到的问题及解决办法
1			
2			
3			

【考核评价】

各组组长展示任务完成情况，并完成如表 5-8 所示的考核评价表。

表 5-8　考核评价表

评价项目	评价标准	满分/分	实际得分/分	老师评语
技能操作	能准确确定滚动轴承的类型代号	20		
	能正确确定滚动轴承的内径代号	20		
	能正确确定滚动轴承完整的基本代号	40		
参与程度	认真参加活动，积极思考，主动与同学、指导老师进行交流，善于发现和解决问题	10		
合作意识	积极参与探讨，勇于接受任务，敢于承担责任	10		
总　分		100		
小组总结				

知识准备

2.1　轴承的功用与分类

轴承在机器中的作用是支撑轴和轴上零件的旋转运动，降低其运动过程中的摩擦与磨损，保证轴的回转精度。选择合适的轴承对提高机器的承载能力、工作效率和使用寿命具有重要意义。

按轴承能承受载荷的方向，可分为可承受径向载荷的向心轴承、可承受轴向载荷的推力轴承和既可承受径向载荷又能承受轴向载荷的向心推力轴承。

按轴承工作时的摩擦性质，可分为滑动摩擦轴承（简称滑动轴承）和滚动摩擦轴承（简称滚动轴承）两大类。

与滑动轴承相比，滚动轴承具有摩擦阻力小、起动灵敏、效率高、润滑简便和易于互换等优点，其缺点是抗冲击能力差，高速时出现噪声，工作寿命也不及滑动轴承。虽然滚动轴承具有一系列优点，获得广泛应用，但是在高速、高精度、重载、结构上要求剖分等场合，滑动轴承就显示出它的优异性能。因而，在汽轮机、离心式压缩机、内燃机、大型电机中多采用滑动轴承。此外，在低速而带有冲击的机器中，如水泥搅拌机、滚筒清砂机、破碎机等也常常采用滑动轴承。滚动轴承是标准件，有专门工厂生产供应。一般滑动轴承也有标准，因此，使用者的任务主要是了解它们的结构、类型、特点等，以便合适地选用。

2.2　滚动轴承

2.2.1　滚动轴承的结构和特点

滚动轴承是指在承受载荷和彼此相对运动的零件间有滚动体做滚动运动的轴承，一般由外圈 1、内圈 2、滚动体 3 及保持架 4 组成，如图 5-16 所示。其中，内圈装在轴颈上，外圈装在机座或零件的轴承孔内。工作时内圈与轴一起转动，外圈不动，滚动体在内、外圈间的滚道（凹槽）上滚动，使相对运动表面间的滑动摩擦变为滚动摩擦。保持架的作用是把滚动体均匀地隔开，以防止滚动体脱落，减少滚动体间的摩擦和磨损。

滚动轴承内的滚动体有多种形式，常用的滚动体形状有球形、圆柱形、圆锥形、鼓形和滚针形等，如图 5-17 所示，以适应对滚动体的不同要求。

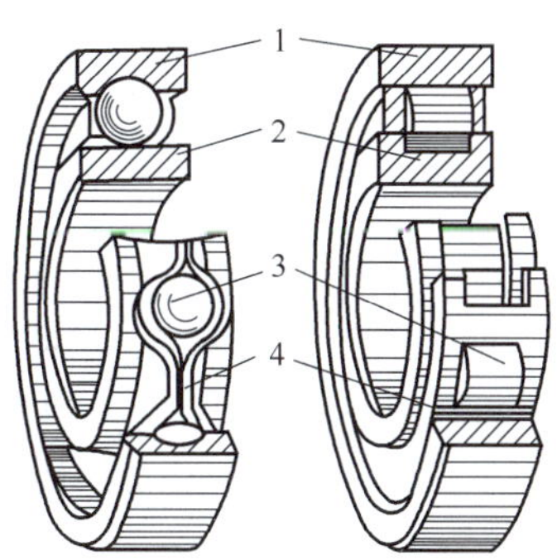

1—外圈；2—内圈；3—滚动体；4—保持架。

图 5-16　滚动轴承的结构

滚动轴承的结构

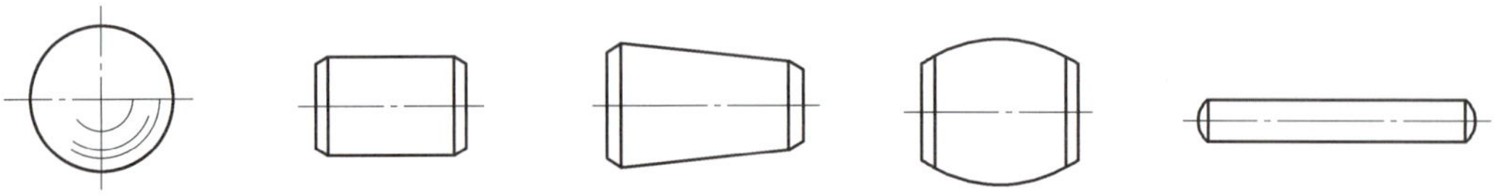

(a) 球形　(b) 圆柱形　(c) 圆锥形　(d) 鼓形　(e) 滚针形

图 5-17　常见的滚动体形状

滚动轴承具有结构紧凑、摩擦阻力小、机械效率高、起动灵敏、运转精度高和润滑简便等优点，并且因尺寸标准化而具有较好的互换性，应用非常广泛，其缺点是抗冲击能力较差，高速重载工况下出现噪声，工作寿命较短，变速时或磨损后运转振动较大。

2.2.2　滚动轴承的分类

滚动轴承种类多样，《滚动轴承分类》（GB/T 271—2017）对滚动轴承的分类方法进行了详细规定。

（1）根据承受载荷的方向分类

滚动体与套圈接触处的法线与轴承的径向平面（垂直于轴心线的平面）之间的夹角称为公称接触角，简称接触角，用 α 表示，如图 5-18 所示。公称接触角越大，承受的轴向载荷的能力也越大。滚动轴承的分类及受力分析都与其有关。

滚动轴承的类型

滚动轴承的游隙是指轴承的内、外套圈与滚动体之间的间隙量，将内圈或外圈中一个套圈固定，另一套圈上下（径向）、左右（轴向）方向移动时的相对移动量。沿径向移动量为径向游隙，沿轴向移动量为轴向游隙，如图 5-19 所示。

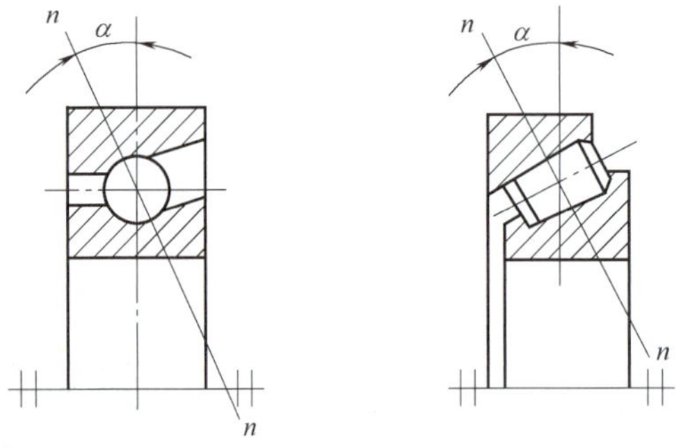

图 5-18　公称接触角

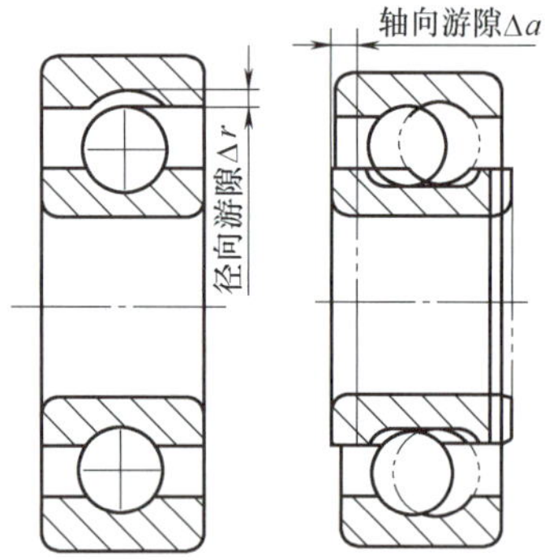

图 5-19　滚动轴承的游隙

由于滚动轴承接触角的大小直接影响其承受不同方向载荷的能力，因此滚动轴承根据承受载荷方向的分类也可以看作根据接触角大小的分类。根据接触角大小的不同，滚动轴承可分为向心轴承和推力轴承。

向心轴承主要承受径向载荷，按其接触角的大小不同，又可分为径向接触轴承（$\alpha=0°$）和向心角接触轴承（$0°<\alpha\leqslant45°$）两类。

径向接触轴承：这类轴承包括深沟球轴承、圆柱滚子轴承和滚针轴承。其中，深沟球轴承主要承受径向载荷，只能承受较小的轴向载荷；而圆柱滚子轴承和滚针轴承只能承受径向载荷，不能承受轴向载荷。

向心角接触轴承：这类轴承主要有角接触球轴承、圆锥滚子轴承、调心球轴承和调心滚子轴承等。其中，角接触球轴承和圆锥滚子轴承可以同时承受径向载荷和较大的单向轴向载荷，接触角越大，承受轴向载荷的能力也越大；调心球轴承和调心滚子轴承主要承受径向载荷，也可以承受不大的双向轴向载荷。

推力轴承主要或只能承受轴向载荷，按其接触角的大小不同，又可分为轴向推力轴承（$\alpha=90°$）和角接触推力轴承（$45°<\alpha<90°$）两类。

轴向推力轴承：主要有推力球轴承、双向推力球轴承和推力圆柱滚子轴承等。这类轴承只能承受轴向载荷，而不能承受径向载荷。

推力角接触轴承：常用有推力调心滚子轴承。这类轴承主要承受轴向载荷，只能承受较小的径向载荷。

（2）根据滚动体的种类分类

根据滚动体种类的不同，滚动轴承可分为球轴承和滚子轴承两大类。

球轴承：球轴承的滚动体形状为球。由于球与滚道之间为点接触，故其承载能力和耐冲击能力较低；但允许的极限转速较高，球的制造工艺较简单，价格便宜。

滚子轴承：除了球轴承以外，其他的滚动轴承均称为滚子轴承。由于滚子和滚道之间为线接触，故其承载能力和耐冲击能力均比较高；但允许的极限转速较低，且滚子制造工艺较球复杂，价格较高。根据滚子形状的不同，滚子轴承可分为圆柱滚子轴承、圆锥滚子轴承、调心滚子轴承、滚针轴承和长弧面滚子轴承等。

此外，根据能否调心分类，滚动轴承可分为调心轴承：滚道表面制成球面，能适应两滚道轴心线间的角偏差和角运动的轴承，从而可顺应轴的偏斜。非调心轴承：能阻抗滚道间轴心线角偏移的轴承，即不能调心的轴承；根据滚动体列数的不同，滚动轴承可分为单列轴承、双列轴承和多列轴承；根据主要用途的不同，滚动轴承可分为通用轴承和专用轴承。

滚动轴承的主要类型如表5-9所示。

表5-9　滚动轴承的主要类型

类型名称	类型代号	简图	受载方向	极限转速	允许偏差角	主要特性及应用
双列角接触球轴承	0	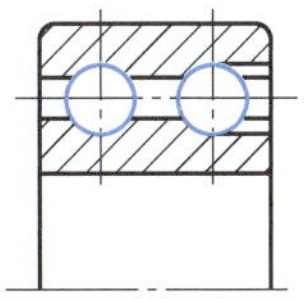	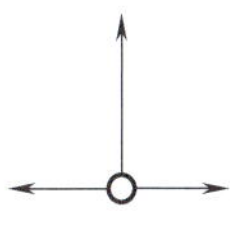	极高	2′~10′	能同时承受径向和双向轴向载荷，相当于一对角接触球轴承背对背安装
调心球轴承	1	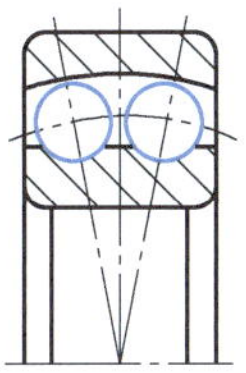	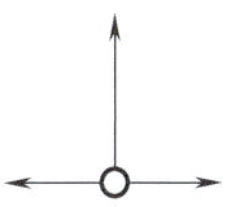	中	2°~3°	主要承受径向载荷，也可承受较小的轴向载荷，调心性好，适用于刚度较低以及对中性较差的轴

续表

类型名称	类型代号	简图	受载方向	极限转速	允许偏差角	主要特性及应用
调心滚子轴承	2	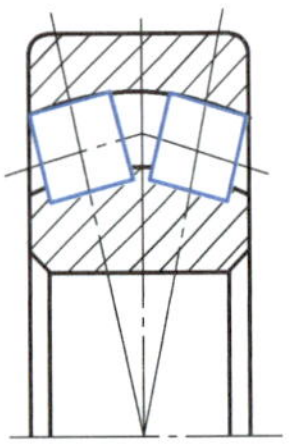	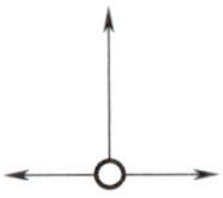	中	0.5°~2°	能承受较大的径向载荷和较小的轴向载荷，耐振动及冲击，能自动调心，加工要求高，常用于其他轴承无法满足要求的重载场合
圆锥滚子轴承	3	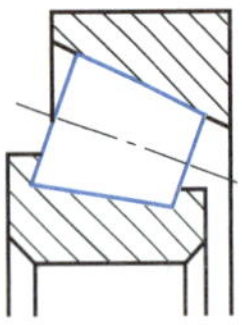	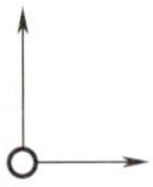	中	2′	通常成对使用，能同时承受较大的径向与轴向载荷，内、外圈可分离，游隙可调，装拆方便，适用于刚度较高的轴
双列深沟球轴承	4	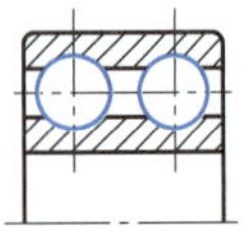	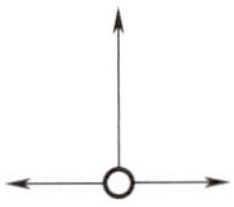	高	2′	具有深沟球轴承的特性，比深沟球轴承的承载能力和刚度更好，可用于比深沟球轴承要求更高的场合
推力球轴承	5	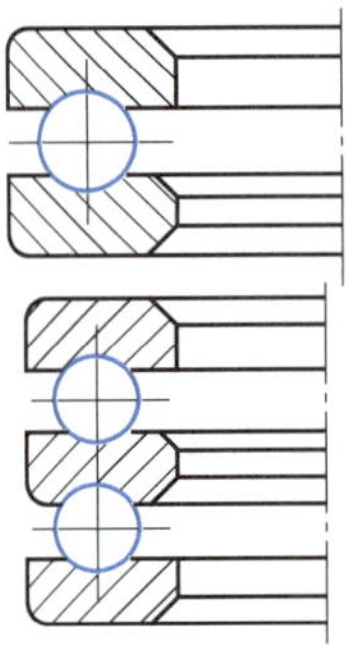		低	不允许	套圈和滚动体是分离的，只能承受轴向载荷（单列单向，双列双向）；高速时滚动体离心力较大，使用寿命较低，适用于轴向载荷较大、转速较低的场合
深沟球轴承	6	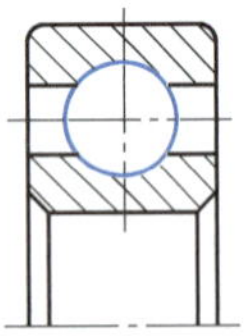	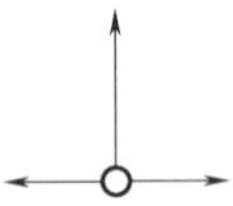	极高	8′~16′	主要承受径向载荷，也可承受一定的双向轴向载荷；摩擦因数最小，适用于刚度较高和转速高的轴；当转速很高且轴向载荷不太大时，可替代推力轴承
角接触球轴承	7	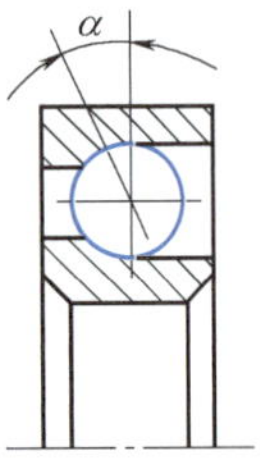	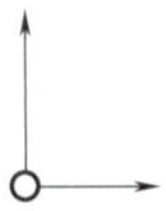	高	2′~10′	能同时承受径向载荷和轴向载荷：α 为 15°、25°和 40°，轴向承载能力随 α 增大而增大；通常成对使用，适用于刚度较高、跨距较小的轴

续表

<table>
<tr><th>类型名称</th><th>类型代号</th><th>简图</th><th>受载方向</th><th>极限转速</th><th>允许偏差角</th><th>主要特性及应用</th></tr>
<tr><td>推力圆柱滚子轴承</td><td>8</td><td>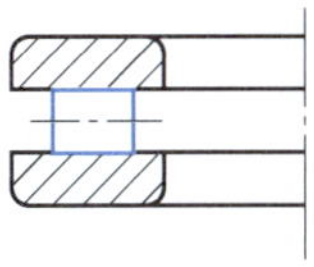</td><td></td><td>较高</td><td>不允许</td><td>能承受很大的单向轴向载荷,承载能力比推力球轴承大,适用于轴向载荷大且不需要调心的场合</td></tr>
<tr><td>圆柱滚子轴承</td><td>N</td><td>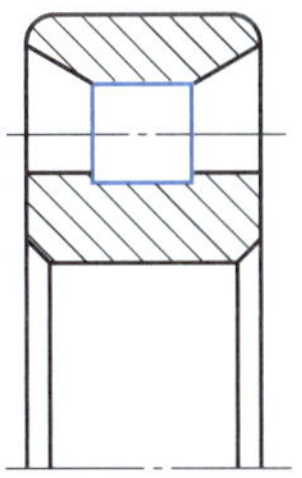</td><td></td><td>较高</td><td>2′~4′</td><td>能承受较大的径向载荷,但不能承受轴向载荷;承载能力大、耐冲击,适用于刚度较高、对中性较好的轴</td></tr>
</table>

2.2.3 滚动轴承的代号

为了便于生产、设计和选用，国家标准 GB/T 272—2017 规定了滚动轴承代号。滚动轴承代号由前置代号、基本代号和后置代号组成，用数字和字母表示。滚动轴承代号构成见表 5-10。

表 5-10 滚动轴承代号的构成

<table>
<tr><td>前置代号</td><td colspan="5">基本代号①</td><td colspan="8">后置代号</td></tr>
<tr><td rowspan="3">轴承的分部件代号</td><td>五</td><td>四</td><td>三</td><td>二</td><td>一</td><td>1</td><td>2</td><td>3</td><td>4</td><td>5</td><td>6</td><td>7</td><td>8</td></tr>
<tr><td rowspan="2">类型代号</td><td colspan="2">尺寸系列代号</td><td colspan="2" rowspan="2">内径代号</td><td rowspan="2">内部结构代号</td><td rowspan="2">密封与防尘结构代号</td><td rowspan="2">保持架及其材料代号</td><td rowspan="2">特殊轴承材料代号</td><td rowspan="2">公差等级代号</td><td rowspan="2">游隙代号</td><td rowspan="2">多轴承配置代号②</td><td rowspan="2">其他代号</td></tr>
<tr><td>宽度系列代号</td><td>直径系列代号</td></tr>
</table>

注：① 基本代号下面的一至五表示代号自右向左的位置顺序。

② 配置代号如：/DB 表示两轴承背对背安装，/DF 表示两轴承面对面安装。

基本代号表示轴承的基本类型、结构和尺寸，是轴承代号的基础。按国家标准生产的滚动轴承的基本代号，由轴承类型代号、尺寸系列代号和内径代号构成，见表 5-11。

表 5-11 滚动轴承的基本代号组成

<table>
<tr><td colspan="6">轴承代号</td></tr>
<tr><td rowspan="4">前置代号</td><td colspan="4">基本代号</td><td rowspan="4">后置代号</td></tr>
<tr><td colspan="3">轴承系列</td><td rowspan="3">内径代号</td></tr>
<tr><td rowspan="2">类型代号</td><td colspan="2">尺寸系列代号</td></tr>
<tr><td>宽度(或高度)系列代号</td><td>直径系列代号</td></tr>
</table>

类型代号，基本代号左起第一位为类型代号，代表滚动轴承的类型，用数字或字母表示，常见滚动轴承的类型代号如表 5-12 所示。

尺寸系列代号由轴承的宽（高）度系列代号（基本代号左起第二位）和直径系列代号（基本代号左起第三位）两位数字组合而成。后一位数字为直径系列代号，前一位数字为宽度系列（向心轴承）或高度系列（推力轴承）代号。其中，直径系列代号表示结构和内径相同而外径和宽度不同的轴承系列，宽（高）度系列代号表示结构、内径和外径相同而宽（高）度不同的轴承系列。滚动轴承尺寸系列代号的含义如表5-13所示。

表 5-12　　常见滚动轴承的类型代号

轴承类型	类型代号	轴承类型	类型代号
双列角接触球轴承	0	角接触球轴承	7
调心球轴承	1	推力圆柱滚子轴承	8
调心滚子轴承和推力调心滚子轴承	2	圆柱滚子轴承	N
圆锥滚子轴承	3	外球面球轴承	U
双列深沟球轴承	4	四点接触球轴承	QJ
推力球轴承	5	长弧面滚子轴承(圆环轴承)	C
深沟球轴承	6		

注：在代号后或前加字母或数字表示该类轴承中的不同结构。

表 5-13　　滚动轴承尺寸系列代号的含义

直径系列代号		向心轴承								推力轴承			
		宽度系列代号								高度系列代号			
		8 特窄	0 窄	1 正常	2 宽	3 特宽	4 特宽	5 特宽	6 特宽	7 特低	9 低	1 正常	2 正常
外径尺寸依次递增	7 超特轻	—	—	17	—	37	—	—	—	—	—	—	—
	8 超轻	—	08	18	28	38	48	58	68	—	—	—	—
	9 超轻	—	09	19	29	39	49	59	69	—	—	—	—
	0 特轻	—	00	10	20	30	40	50	60	70	90	10	—
	1 特轻	—	01	11	21	31	41	51	61	71	91	11	—
	2 轻	82	02	12	22	32	42	52	62	72	92	12	22
	3 中	83	03	13	23	33	—	—	—	73	93	13	23
	4 重	—	04	—	24	—	—	—	—	74	94	14	24
	5 特重	—	—	—	—	—	—	—	—	—	95	—	—

在滚动轴承尺寸系列代号中，直径和宽（高）度代号并不代表具体的直径和宽（高）度数值。其中，直径系列代号不能省略；对于宽度系列代号，大多数窄系列代号0可以省略，但圆锥滚子轴承和调心滚子轴承的窄系列代号0不可省略。

内径代号（基本代号左起第四、五位数字）表示滚动轴承的公称内径尺寸，其含义如表5-14所示。

表 5-14　　滚动轴承的内径代号含义

轴承公称内径/mm		内径代号	示例
10~17	10	00	深沟球轴承 6200，$d=10$mm
	12	01	调心球轴承 1201，$d=12$mm
	15	02	圆锥滚子轴承 30302，$d=15$mm
	17	03	推力球轴承 51103，$d=17$mm

续表

轴承公称内径/mm	内径代号	示例
20~480	04~99(代号数字×5 即为公称内径)	角接触球轴承 7034，$d=170$mm
≥500 以及 22、28、32	用公称内径毫米数直接表示，用“/”与尺寸系列分开	深沟球轴承 62/22，$d=22$mm

2.2.4 滚动轴承的选择及固定

（1）滚动轴承类型的选择

根据滚动轴承各种类型的特点，在选用轴承时应从载荷的大小、性质和方向，转速的高低，支承刚度以及安装精度等方面考虑。选择时可参考以下几项原则：根据承受的载荷情况选择：当载荷较大时应选用线接触的滚子轴承。球轴承为点接触，适用于轻载及中等载荷。当有冲击载荷时，常选用螺旋滚子或普通滚子轴承。对于纯轴向载荷，选用推力轴承，而纯径向载荷常选用向心轴承。既有径向载荷同时又承受轴向载荷的地方，若轴向载荷相对较小，选用深沟球轴承。当轴向载荷很大时，可选用向心球轴承和推力轴承组合结构。

滚动轴承的装配结构

根据转速选择：由于相同直径的球比滚子转动惯量小，所以尺寸相近的球轴承的极限转速比滚子轴承高，当转速较高时，宜用球轴承。

根据调心性能选择：对跨距较大或难以保证两端轴承孔同轴度时，需要选用自动调心轴承，自动调心轴承必须在轴的两端成对使用。此外，还应注意经济性，以降低产品价格，一般单列向心球轴承价格最低，滚子轴承较球轴承高，而轴承精度越高则价格越高。

（2）滚动轴承的轴向固定方法

滚动轴承内、外圈的轴向固定是靠内圈与轴间以及外圈与机座孔间的配合来保证的，其轴向定位，根据不同的情况选用不同的定位方法，如表 5-15 所示。

表 5-15　滚动轴承的轴向固定方法

固定方法	图示	特点及适用场合
采用止动环固定	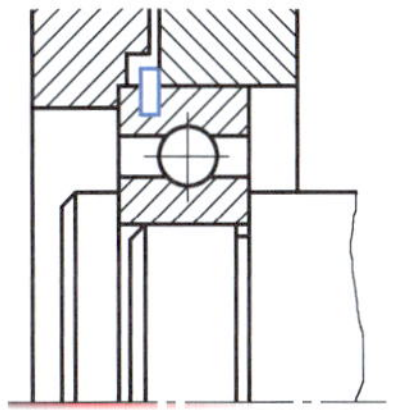	结构简单、固定可靠、轴向尺寸小，但不能承受较大的轴向载荷，适用于外圈带止动槽的推力轴承
采用轴承端盖固定	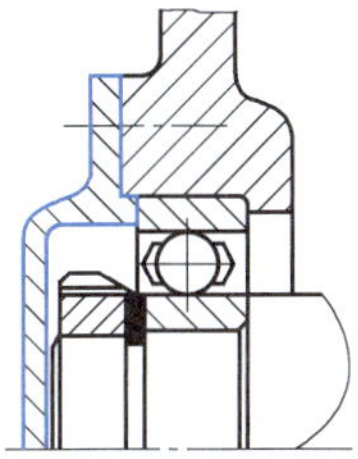	用于向心轴承和角接触推力轴承在轴端的固定，端盖可以做成各种形式。当端盖为通孔状时，还可带有各种密封装置，适用于高速、轴向载荷较大的场合

续表

固定方法	图示	特点及适用场合
采用孔用弹性挡圈固定	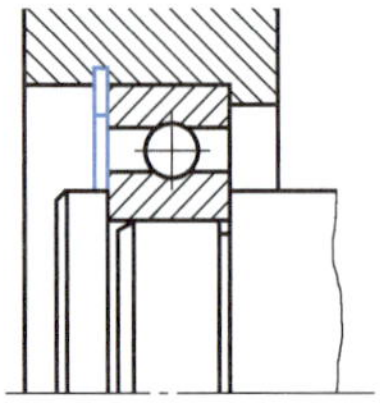	结构简单、装拆方便、轴向尺寸小，在轴承端面和挡圈之间加调整环还可调整轴承的轴向位置，补偿加工、装配误差，适用于转速不高、轴向载荷不大的场合
采用带螺纹的端盖固定	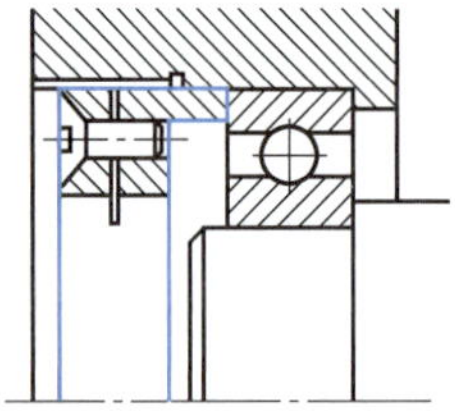	采用带螺纹的端盖固定时，可调节角接触推力轴承面对面排列的轴承游隙，但螺纹环应有防松措施，适用于转速高、轴向载荷较大的场合

轴组件的轴向固定的目的是防止轴在工作时发生轴向窜动，保证轴上零件有确定的工作位置，并考虑轴在工作中有热伸长时其伸长量能够得到补偿。常用的轴组件轴向固定的方式有以下三种。

① 两端固定支承。如图 5-20 所示为全固式支承结构，轴的两个支点中每个支点都能限制轴的单向移动，两个支点合起来就限制了轴的双向移动。这种支承形式结构简单，适用于工作温度变化不大的短轴（跨距<350mm）。考虑到轴受热后会伸长，一般在轴承端盖与轴承外圈端面间留有补偿间隙 $a=0.2\sim0.4$mm，也可由轴承游隙来补偿。当采用角接触球轴承或圆锥滚子轴承时，轴的热伸长量只能由轴承的游隙补偿。间隙 a 和轴承游隙的大小可用垫片或调整螺钉等来调节。特点：结构简单，安装调整容易，适用于温度变化不大的短轴。

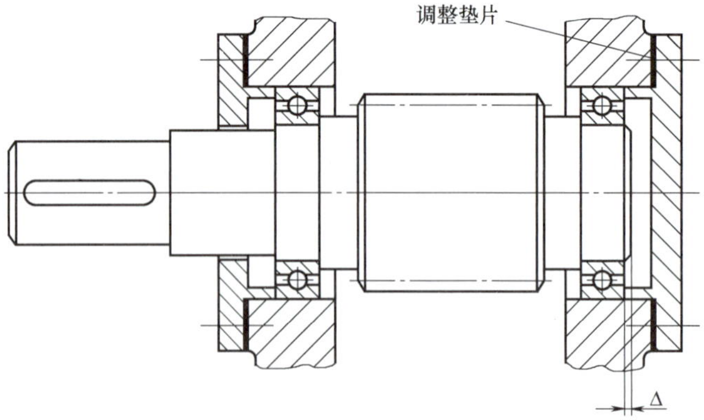

图 5-20　全固式支承结构

② 固游式支承。一端轴承固定，限制轴双向窜动；另一端轴承不固定，为游动支承，如图 5-21 所示。其中，可作轴向移动的支承称为移动支承，显然，它不能承受轴向载

荷。特点：轴的位置准确，但结构较复杂，适用于温度变化大的长轴。

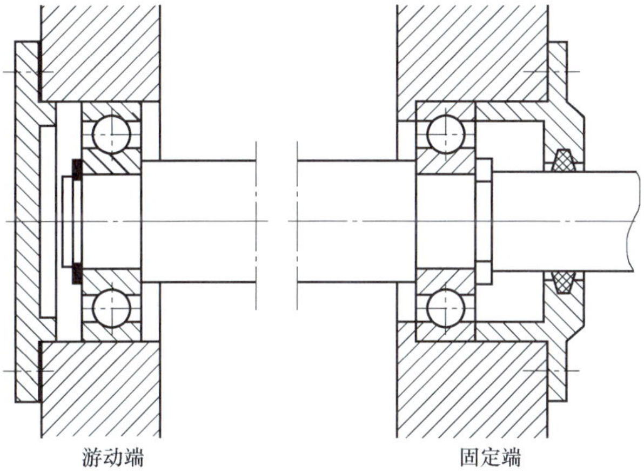

图 5-21 固游式支承

③ 两端游动支承。两端轴承的固定均不限制轴的轴向窜动，均为游动支承。如图 5-22 所示，柱齿轮传动中的小齿轮轴必须采用两端游动支承，但大齿轮的轴向位置必须固定。

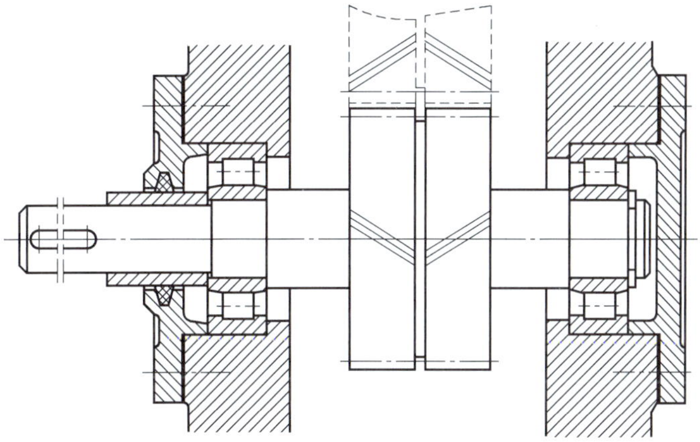

图 5-22 两端游动支承

2.2.5 滚动轴承的预紧及调整

滚动轴承的预紧是指对于某些内部间隙可调整的轴承，在安装时给予恰当的轴向预紧力，使内、外圈产生相对位移，因而消除了游隙，并使滚动体与滚道接触处产生弹性预变形，借此提高轴的旋转精度和刚性的方法。成对使用的圆锥滚子轴承、角接触球轴承，对旋转精度和刚度有较高要求的轴组件通常都采用预紧方法。轴承的预紧可以利用在轴承的外圈（或内圈）之间加金属垫片或将外圈（或内圈）磨窄以及两轴承间加入不等厚的套筒等来实现，如图 5-23 所示。

轴承组合位置（轴系）调整的目的是使轴上的零件（如齿轮、带轮等）具有准确的工作位置。例如，蜗轮的中间平面应通过蜗杆轴线；两个锥齿轮的锥顶要重合。又如，锥

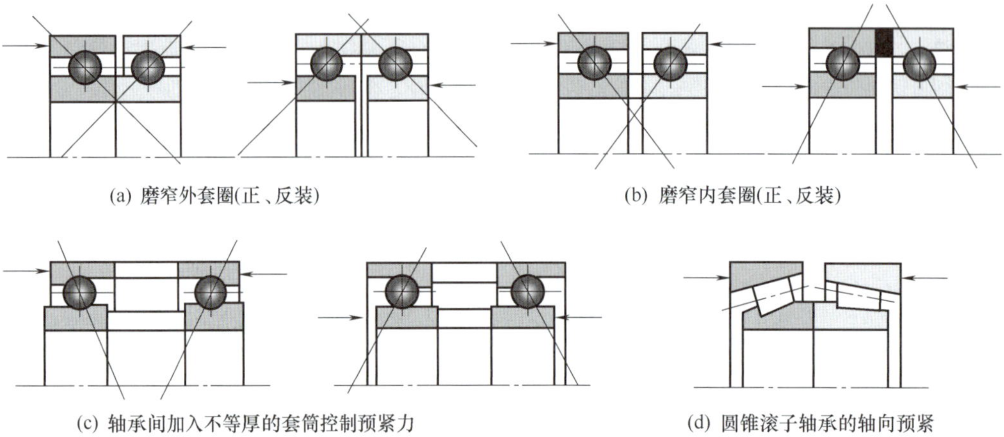

(a) 磨窄外套圈(正、反装)　(b) 磨窄内套圈(正、反装)

(c) 轴承间加入不等厚的套筒控制预紧力　(d) 圆锥滚子轴承的轴向预紧

图 5-23　滚动轴承的预紧

齿轮正确传动，要求两个节锥顶点相重合，才能保证正确的啮合。图 5-24 所示为锥齿轮轴承组合位置的调整，垫片 1 用来调整锥齿轮轴的轴向位置，垫片 2 用来调整轴承的间隙。

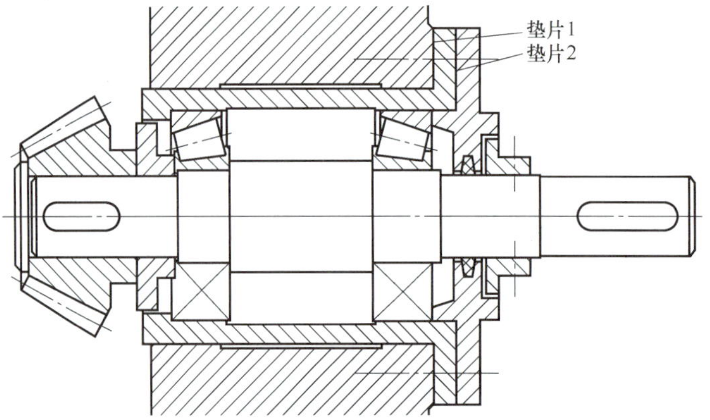

图 5-24　锥齿轮轴承组合位置的调整

2.2.6　轴承的安装与拆卸

设计轴承时应考虑怎样便于装拆，以便装拆过程中不致损坏轴承和其他零件。

如图 5-25 所示，若轴肩高度大于内圈外径，则难以放置拆卸工具的钩头，对外圈拆卸也是如此，即应留出一定的拆卸高度或在壳体上做出能放置拆卸螺钉的螺纹孔。轴肩高度通常不大于内圈高度的 3/4，过高也不便于轴承拆卸。配合过盈量小的中、小型轴承，可用手锤打入或压力机压入；配合过盈量大的轴承，常用温差法装配。安装轴承时正确的施力方法如图 5-26 所示，内、外圈应同时施力。

2.2.7　滚动轴承的润滑与密封

为了减少摩擦和磨损、延长使用寿命，滚动轴承在工作时需要进行充分合理润滑。此外，润滑还具有冷却降温、吸收振动、防锈和降低噪声等作用。

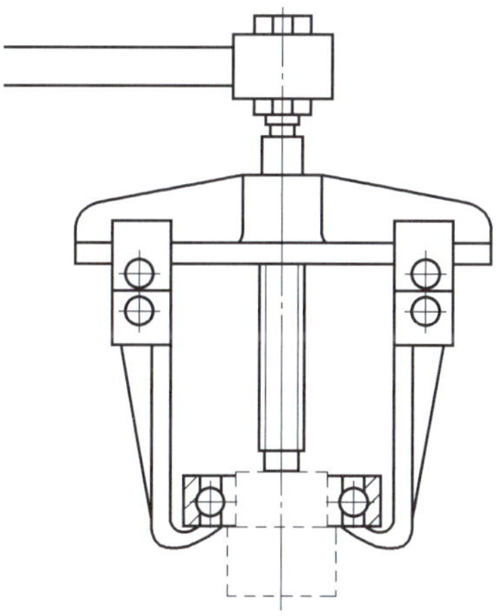

图 5-25　用钩爪器拆卸轴承

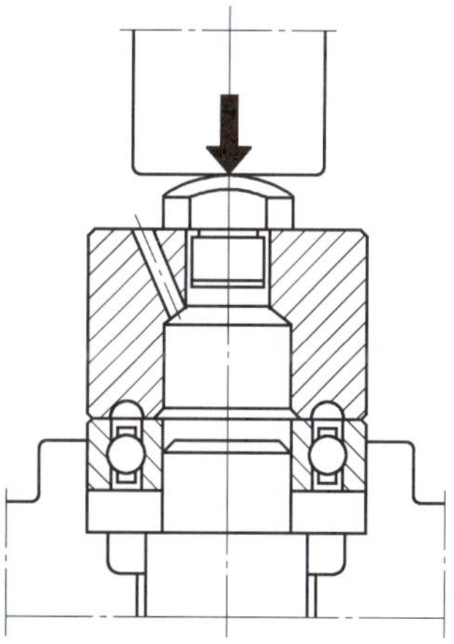

图 5-26　安装轴承时正确的施力方法

润滑剂和润滑方式的选择通常用轴承内径 d 和转速 n 的乘积 dn 作为参考指标。常用的润滑剂有润滑脂和润滑油等。其中，润滑脂的特点是不易流失、便于密封、油膜强度高、承载能力强，且不需要经常添加，适用于 dn 值较小的场合；润滑油的摩擦因数小，润滑可靠，同时可进行冷却散热，适用于 dn 值较大的场合。

滚动轴承润滑脂和润滑油的适用范围如表 5-16 所示。

表 5-16　滚动轴承润滑脂和润滑油适用范围

滚动轴承类型	dn/(mm·r/min)				
	润滑脂	润滑油			
		飞溅润滑	滴油润滑	喷油润滑	油雾润滑
深沟球轴承 角接触球轴承 圆柱滚子轴承	1.6×10^5	2.5×10^5	4.0×10^5	6.0×10^5	$>6.0\times10^5$
圆锥滚子轴承	1.0×10^5	1.6×10^5	2.3×10^5	3.0×10^5	—
推力球轴承	0.4×10^5	0.6×10^5	1.2×10^5	1.5×10^5	—

滚动轴承的密封：为防止外部灰尘、水分和油污等杂质进入滚动轴承内部，并防止润滑剂的流失，需要对滚动轴承进行合理密封。滚动轴承的密封可分为接触式密封、非接触式密封和组合式密封等类型，通常根据滚动轴承的润滑类型、工作温度，以及密封表面的圆周速度等来选择。滚动轴承常用的密封如表 5-17 所示。

表 5-17　滚动轴承常用的密封

密封类型		图示	密封原理	适用场合
接触式密封	毛毡圈密封	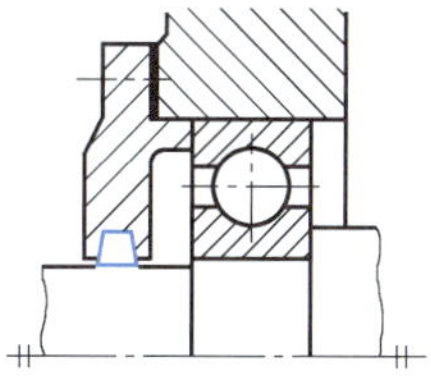	利用毛毡的弹性和吸油性，与轴颈紧密贴合而起到密封作用	可用于润滑油和润滑脂的密封，适用于轴颈的圆周速度 < 4m/s、工作温度不超过 90℃ 的场合

续表

密封类型		图示	密封原理	适用场合
接触式密封	唇形密封圈密封	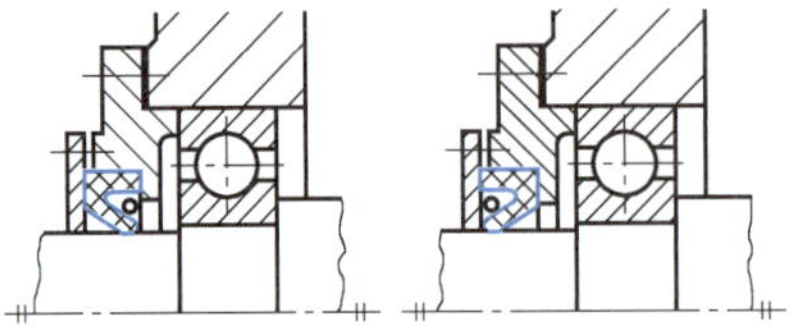	利用唇口与轴接触阻断泄漏间隙以防止泄漏和灰尘、杂质侵入	可用于润滑油和润滑脂的密封，用于轴颈的圆周速度<7m/s、工作温度为-40~100℃的场合
非接触式密封	间隙式密封	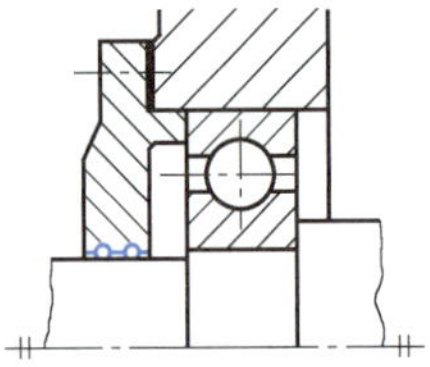	利用流体经过曲折通道多次节流产生的阻力，抑制流体的流失，间隙越小越长，密封效果越好	主要用于密封润滑脂和防尘，要求环境保持干燥清洁
	迷宫式密封	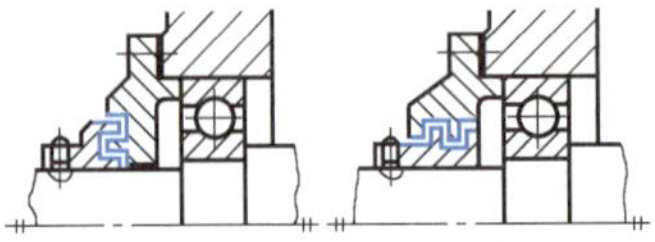	利用曲折的间隙进行密封，在间隙内充以润滑油或润滑脂以提高密封效果，分径向和轴向两种	用于密封润滑油和润滑脂，要求工作温度不高于密封用润滑脂滴点的场合，密封可靠
组合式密封		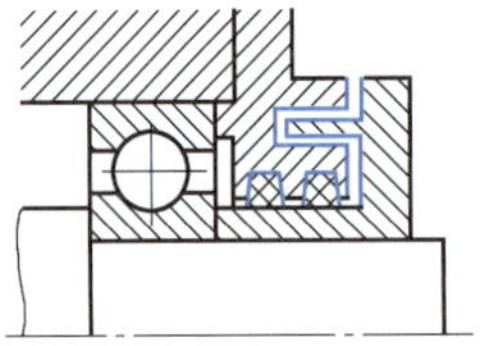	利用毛毡圈和迷宫式密封的优点，提高密封效果	用于密封润滑油和润滑脂，特别适合要求密封效果较好的场合

2.3 滑动轴承

滑动轴承在工作时与轴之间发生滑动摩擦，它具有结构简单、安装方便、噪声小、抗振性能好、承载能力强和使用寿命长等优点，因而广泛应用于汽轮机、精密机床和重型机械等设备中。

2.3.1 滑动轴承的分类

根据承受载荷方向的不同，滑动轴承可分为径向滑动轴承和推力滑动轴承。

滑动轴承

（1）径向滑动轴承

径向滑动轴承工作时主要承受径向载荷，其结构形式有整体式和剖分式两种。

整体式径向滑动轴承主要由轴承座和轴瓦组成，如图 5-27 所示，其结构简单、制造成本低。但由于轴瓦在磨损后与轴颈间的间隙无法调整，必须重新更换，且装拆时轴或径向滑动轴承须轴向移动，非常不便，因此径向滑动轴承适用于轻载、低速且不需要经常装拆的场合。

(a) 实物图

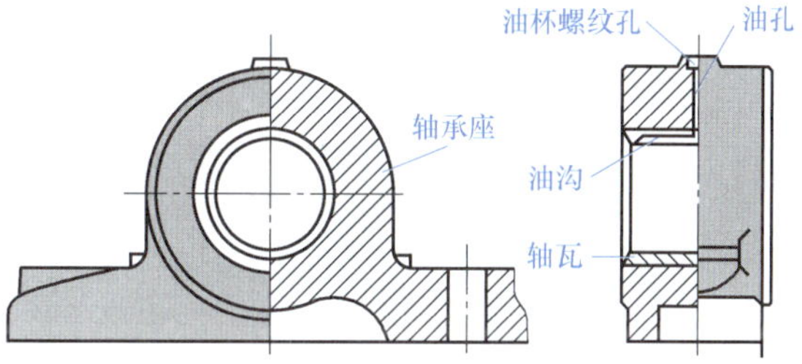

(b) 结构图

图 5-27　整体式径向滑动轴承

剖分式径向滑动轴承主要由轴承座、上轴瓦、下轴瓦、轴承盖和连接螺栓等组成，如图 5-28 所示。其中，上、下两片半圆形轴瓦可组合成一个圆筒形轴瓦，连接螺栓将轴承盖和组合后的轴瓦紧固在轴承座上；轴承盖和轴承座的剖分面通常加工成阶梯状，以避免两者之间发生相对错动，便于装配时对中；上、下轴瓦之间可安装垫片，以方便轴瓦磨损后调整轴颈与轴瓦之间的间隙。这种可拆分的结构还可在不移动轴的情况下更换轴瓦。

(a) 实物图

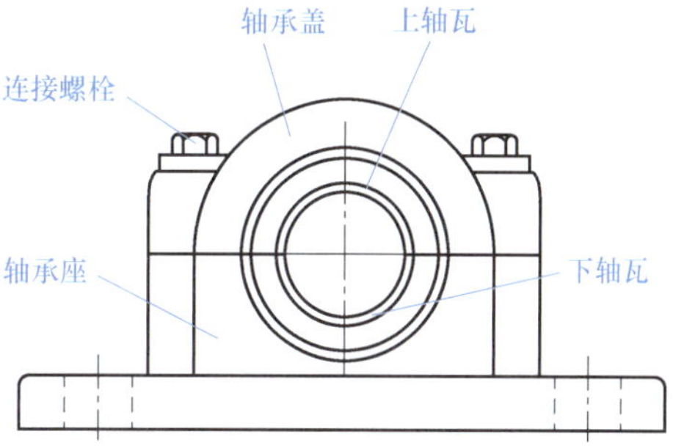

(b) 结构图

图 5-28　剖分式径向滑动轴承

此外，剖分式径向滑动轴承还可将轴瓦的瓦背制成凸球面，并将其支承面制成凹球面，从而使其具有调心功能，用于支承挠度较大或多支点的长轴。

（2）推力滑动轴承

推力滑动轴承可承受轴向载荷，它主要由轴承座、套筒、径向轴瓦和止推轴瓦等组成。推力滑动轴承可用轴的端面或轴环的轴肩作为止推面，常见的止推面有实心端面轴颈、空心端面轴颈、单环形端面轴颈和多环形端面轴颈四种，如图 5-29 所示。其中，以多环形端面轴颈为止推面的推力滑动轴承，能承受较大的双向轴向载荷。

2. 3. 2　轴瓦的结构和轴承材料

滑动轴承中轴瓦与轴直接接触并发生滑动摩擦，因此轴瓦的结构设计及选材对滑动轴承的工作效率、承载能力和使用寿命有着重要影响。

（1）轴瓦的结构

常用的轴瓦有整体式和剖分式等结构形式，如图 5-30 所示，它们分别应用于整体式径向滑动轴承和剖分式径向滑动轴承。对于重要的滑动轴承，还可采用轴承衬来提高轴瓦

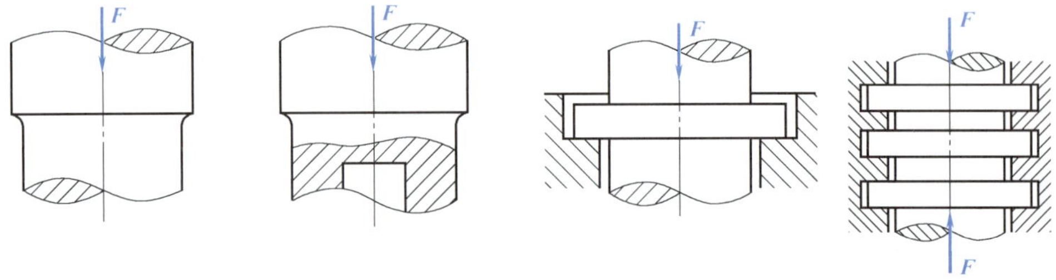

(a) 实心端面轴颈　(b) 空心端面轴颈　(c) 单环形端面轴颈　(d) 多环形端面轴颈

图 5-29　推力滑动轴承的止推面

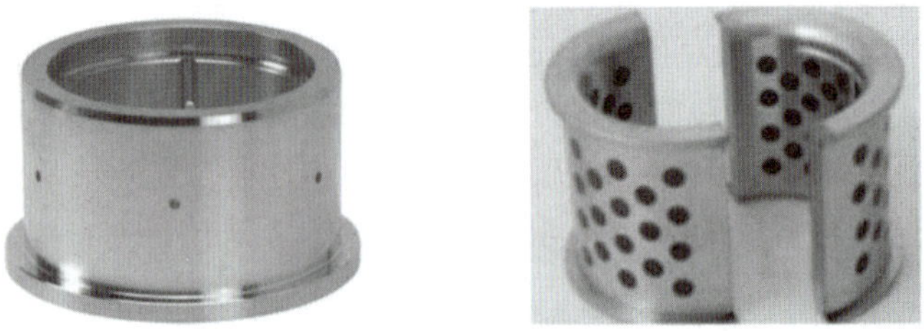

(a) 整体式　(b) 剖分式

图 5-30　轴瓦结构形式

的承载能力、减小摩擦并节约贵重的减摩材料。轴承衬是在轴瓦的内表面浇铸一层或多层很薄的减摩材料（如巴氏合金等）形成的，其厚度一般为 0.5~0.6mm。

轴瓦工作时，需要向轴瓦工作表面注入足够的润滑剂，以减少工作表面的摩擦。为了使润滑剂顺利地进入并布满整个轴瓦工作表面，轴瓦工作表面上通常开设油孔和油槽，它们的常见形式如图 5-31 所示。

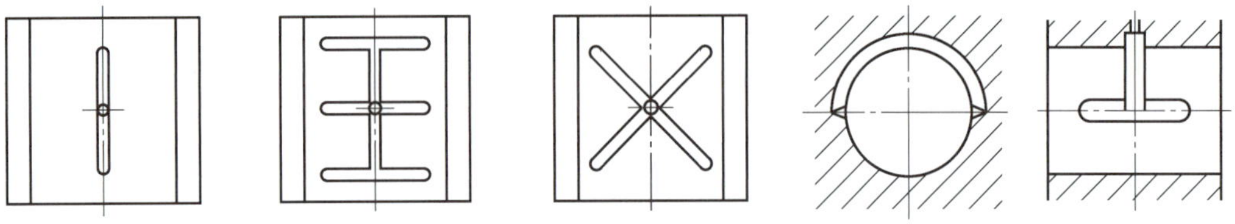

(a) 轴向　(b) 周向　(c) 斜向　(d) 开在剖分面上

图 5-31　轴瓦工作表面上油孔和油槽的常见形式

知识点拨

油孔和油槽一般应开在轴瓦的非承载区，否则会破坏承载区油膜的连续性，降低油膜的承载能力。同时，油槽不能贯通轴瓦，其轴向长度一般为轴瓦宽度的 80%，以免润滑油从油槽端部大量流失。

（2）轴承的材料

通常将轴瓦和轴承衬的材料称为滑动轴承的轴承材料。轴瓦作为滑动轴承中的重要零件，其主要失效形式为磨损和胶合，有时也会出现疲劳破坏和刮伤等。根据上述失效形式并结合滑动轴承的工作特点，可知轴承材料应具有以下特性：良好的减摩性和耐磨性、足够的强度和塑性、良好的导热性和抗腐蚀性、优异的抗胶合性。

滑动轴承常用轴承材料的特性及应用场合如表 5-18 所示。

表 5-18　滑动轴承常用轴承材料的特性及应用场合

名称	特性	应用场合
轴承合金	又称巴氏合金，具有良好的减摩性，熔点低，工作温度低于 150℃，机械强度较低，但价格较高，通常作为轴承衬贴附在软钢、铸铁或青铜材料的轴瓦上	锡基轴承合金适用于高速、重载工作条件下的滑动轴承；铅基轴承合金适用于中速、中载、无显著冲击工作条件下的滑动轴承
青铜	铜与锡、铅、铝的合金，强度、导热性、耐磨性和承载能力都优于轴承合金，且价格低于轴承合金，但可塑性较差，不易跑合	适用于低速、重载工作条件下的滑动轴承
粉末冶金材料	内含较多孔隙，其中充满润滑油，具有良好的自润滑性，故又称含油轴承；耐磨性好，强度低，容易制造，但韧性较差	适用于低速、轻载及不方便添加润滑油的滑动轴承
轴承塑料	具有自润滑性，减摩性好、抗冲击能力强、塑性好，但导热性差、线性膨胀系数大	适用于用水润滑的滑动轴承，如水压机等

2.3.3　润滑剂的选择

滑动轴承工作时需要进行充分的润滑，其目的是减小摩擦和磨损，同时兼具冷却、吸振、防锈和降噪等功能。因此，为了保证滑动轴承的正常工作，延长使用寿命，必须合理选择润滑剂。

根据物理状态的不同，滑动轴承常用的润滑剂分为液体润滑剂（主要为润滑油）、半液体润滑剂（润滑脂）。固体润滑剂和气体润滑剂等。其中，最常用的是润滑油和润滑脂。

（1）润滑油的选择

在为滑动轴承选择润滑油时，主要依据的是润滑油的黏度。润滑油黏度的大小不仅直接影响摩擦副的运动阻力，而且对流体润滑油膜的形成及承载能力有决定性作用。

润滑油可按轴承压强、滑动速度和工作温度选择（具体可参考有关手册），其一般原则是：滑动轴承在低速、重载、工作温度高的场合时，应选黏度较高的润滑油，反之应选黏度较低的润滑油。

（2）润滑脂的选择

润滑脂主要用于工作要求不高、难以经常供油的滑动轴承的润滑。在为滑动轴承选择润滑脂时，主要考虑其针入度和滴点。

滑动轴承润滑脂选择的一般原则是：

① 轻载高速时选择针入度较大的润滑脂，反之选择针入度较小的润滑脂。

② 所选润滑脂的滴点应比滑动轴承的工作温度一般高出 25℃。

③ 在有水淋或潮湿的环境下，应选择抗水性好的钙基润滑脂或锂基润滑脂。

④ 工作温度较高时应选择耐热性好的钠基润滑脂或锂基润滑脂。

任务实施

（1）分析

请同学们按照“任务工单 5.2”要求，通过测量滚动轴承的尺寸，查阅机械手册来确定滚动轴承的基本代号，然后填写任务工单。

（2）实施

每 3~4 人一组，组员合作测量滚动轴承的尺寸，确定其基本代号，并做好记录。

① 确定滚动轴承的类型代号。观察滚动轴承内、外圈的结构以及滚动体的形状，确定其类型代号。

② 确定滚动轴承的内径代号。测量出滚动轴承的内径尺寸，确定其内径代号。

③ 确定滚动轴承的基本代号。测量出滚动轴承的外径和宽度尺寸。根据轴承类型和内径代号在机械手册中找出相应的滚动轴承规格表，对照外径和宽度尺寸，即可在表中找出该轴承的基本代号。

请指导老师按照学生的实际表现情况进行评价，并将评价结果填入任务工单中的考核评价表。学生结合自身表现和指导老师的评价，对本次任务进行总结。

课程思政

孙津济：不畏艰难闯“尖端”

2020 年 10 月，第十六届中国青年科技奖颁奖仪式举行，10 名特别奖从百名获奖者中优中选优，北京航空航天大学教授孙津济就是其中一员。

用于测绘和国土资源调查的卫星，主要靠上面的相机对地观测。由于轨道很高，太空中的干扰造成一丁点儿卫星轨道偏移，实际观测误差就可能高达数十公里。孙津济的工作，就是研究如何控制卫星、空间站等航天器的姿态。20 世纪末，我国掌握了基于机械轴承的飞轮技术，但用机械轴承做支承存在接触摩擦，导致航天器的姿态控制稳定性不高。因此，孙津济跟随中科院院士房建成研究磁悬浮飞轮技术。用磁悬浮轴承支承飞轮阻力几乎为零，而且体积更小、功耗更低。

任务 3　分析减速器中所采用的连接方法——连接

任务描述

自开始制造工具时起，人类就在用各种方法解决连接方面的问题。例如，用植物的藤和茎把锋利的石片和木柄连接起来制成石刀。随着人类的进化、生产的进步和科技的发展，更多的连接方法相继出现并得到了持续优化和改进，常用的有螺纹连接、键连接、销连接、焊接、铆接等。请同学们观察减速器的结构及组成，分析减速器中所采用的连接方法。

任务工单

任务工单 5.3——分析减速器中所采用的连接方法

【任务目的】

① 掌握螺纹连接、键连接和销连接的类型、特点和应用。

② 了解焊接、铆接、胶接和过盈配合连接的特点和应用。

【学生分组】

以 3~4 人为一组，选出组长并进行任务分工，将小组概况及分工填入表 5-19 中。

表 5-19　小组概况及分工

班　级		组　号		指导教师	
小组成员	姓　名	学　号	任务分工		
组　长					
组员					

【工作准备】

（1）获取信息

减速器是一种由封闭在箱体内的齿轮系传动机构所组成的减速传动装置，常安装在机器的动力部分与执行部分之间。为便于其内部零部件的拆装，减速器的箱体通常采用剖分式结构，分为上、下两部分，如图 5-32 所示。减速器的内部为若干轴系部件组成的轮系传动机构，每套轴系部件由传动轴及安装在它上面的齿轮、轴承及连接件等零件组成。

减速器的上、下箱体之间，传动轴与齿轮、轴承之间，以及减速器与动力部分、执行部分之间，都采用了不同的连接方法，它们分别具有不同的特点，适用于不同的工作场合。

在任务实施前，请各组组长组织组员收集相关资料，回答下列问题。

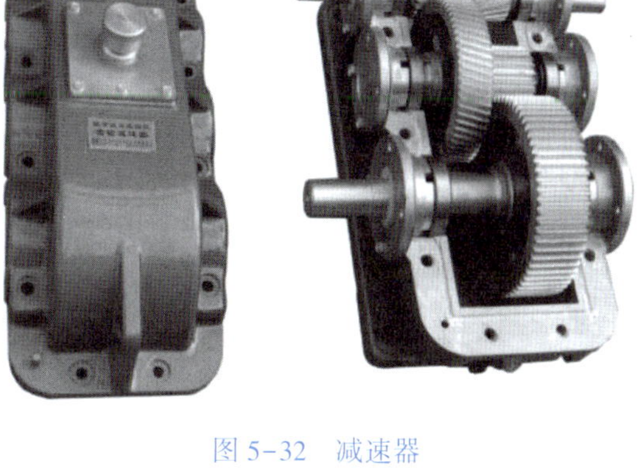

图 5-32　减速器

引导问题 1：减速器的上箱体和下箱体之间通常采用什么连接方式?

引导问题 2：描述一下减速器与动力部分（例如电机）之间常见的连接方式。

引导问题 3：请解释一下键连接在减速器中的应用。它有何作用和优点。

引导问题 4：对于特殊工况或特殊要求，还有哪些创新的连接方法可以考虑?

（2）制订计划

查阅相关资料，了解减速器各部件之间的连接方法，做好记录，并制订实施计划。

（3）进行决策

① 每位学生阐述自己的计划。

② 组员之间进行提问与答疑，制订本组的最佳实施计划。

③ 教师根据各组完成情况进行点评。

【工作实施】

按照本组制订的最佳工作计划进行实施。按实际实施过程，将实施内容、遇到的问题及解决办法等全部记录在表 5-20 中。

表 5-20　工作实施过程记录表

序号	实施步骤	实施内容	遇到的问题及解决办法
1			
2			
3			

【考核评价】

各组组长展示任务完成情况，并完成如表 5-21 所示的考核评价表。

表 5-21　考核评价表

评价项目	评价标准	满分/分	实际得分/分	老师评语
技能操作	能正确分析减速器上、下箱体之间的连接方法	20		
	能正确分析减速器传动轴与齿轮和轴承之间的连接方法	30		
	能正确分析减速器与动力部分和执行部分之间的连接方法	30		
参与程度	认真参加活动，积极思考，主动与同学、指导老师进行交流，善于发现和解决问题	10		
合作意识	积极参与探讨，勇于接受任务，敢于承担责任	10		
总　分		100		
个人总结				

知识准备

机械连接可以分为动连接和静连接两大类。在动连接中，被连接件的相对位置会根据需要发生变化，即前面章节所讲的运动副，如变速箱中的齿轮副、轴与箱体间连接构成的回转副；在静连接中，被连接件的相对位置保持不动，即某些零件固连成为一个构件，如变速箱盖与箱体间的连接、齿轮与轴的连接。

机械中连接的形式非常多，主要可分为可拆和不可拆两种类型。允许多次拆装而无损于使用的称为可拆连接，如螺纹连接、键（花键）连接和销连接；破坏组成零件的连接则称为不可拆连接，如铆接、焊接和粘接。过盈连接可做成可拆的，也可做成不可拆的。

3.1　螺纹连接

螺纹连接由螺纹连接件和被连接件组成，如图 5-33 所示，具有结构简单、连接可靠、装卸方便和成本低廉等特点，是机械中广泛应用的可拆连接。

图 5-33　螺纹连接

3.1.1　螺纹的形成与分类

螺纹的形成

将一倾斜角为 φ 的直线旋绕在圆柱体上可形成一条螺旋线，如图 5-34 所示，沿着螺旋线加工出具有相同平面图形的连续凸起或沟槽便可形成螺纹。其中，在圆柱体外表面上形成的螺纹称为外螺纹，在圆柱体孔壁上形成的螺纹称为内螺纹，如图 5-35 所示。

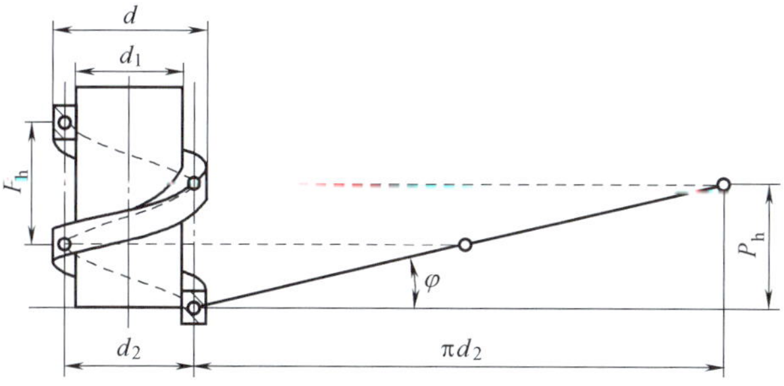

图 5-34　螺纹的形成

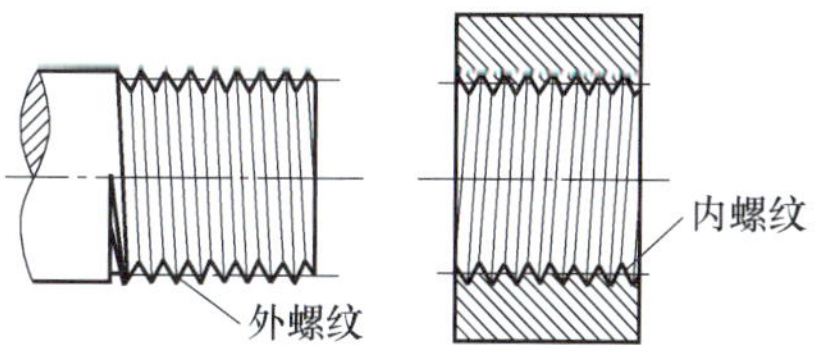

图 5-35　外螺纹与内螺纹

螺纹在其轴线平面的轮廓称为螺纹的牙型，形成螺纹的平面图形形状不同，螺纹的牙型不同。螺纹可分为矩形螺纹、三角形螺纹、梯形螺纹和锯齿形螺纹等，如图 5-36 所示。

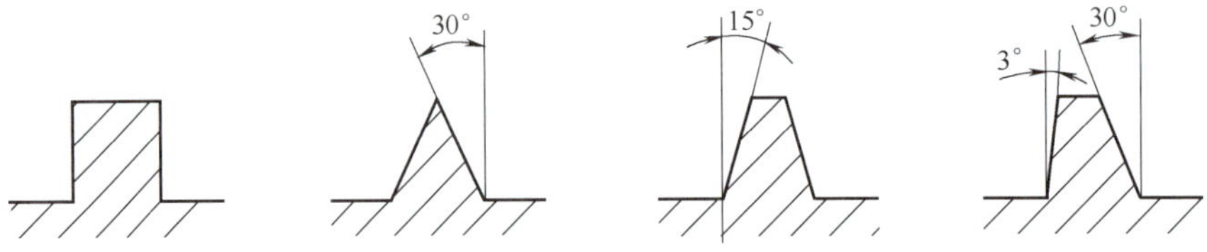

图 5-36 不同牙型的螺纹

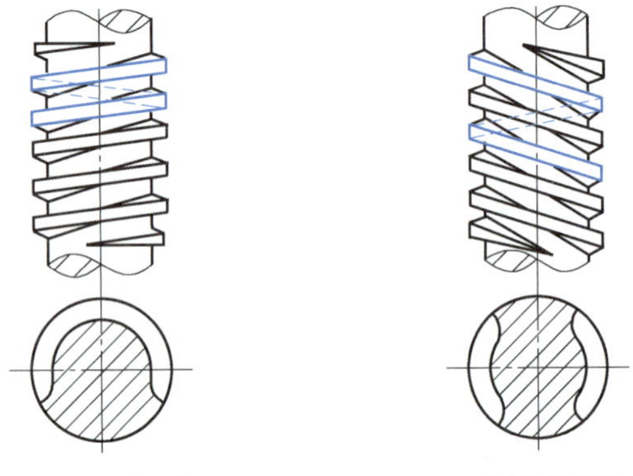

图 5-37 不同旋向和线数的螺纹

根据螺旋线旋向的不同，螺纹可分为右旋螺纹和左旋螺纹，如图 5-37 所示，其中右旋螺纹在机械中的应用较为广泛；根据螺旋线数目的不同，螺纹又可以分为单线螺纹和多线螺纹（具有两条及两条以上螺纹线的螺纹），其中，单线螺纹既可以用于连接，也可用于传动，而多线螺纹常用于传动。

3.1.2 螺纹的参数

在各种牙型的螺纹中，三角形螺纹牙体根部的强度高，具有良好的自锁性能，在工程中应用最为广泛。下面以三角形螺纹为例介绍螺纹的基本参数。

（1）直径

直径是螺纹的主要参数之一，它包括大径、中径和小径，如图 5-38 所示。

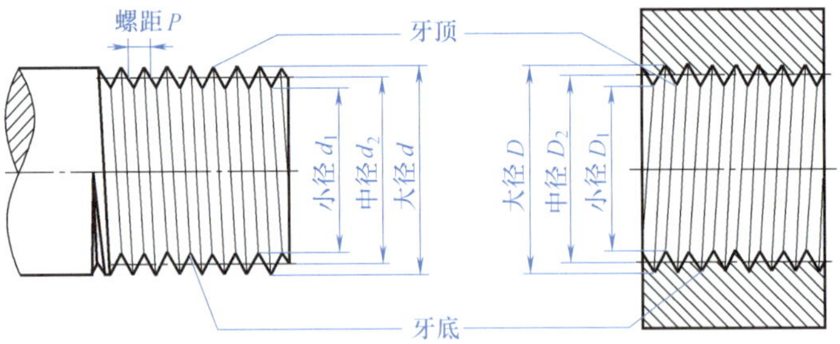

图 5-38 螺纹的直径

大径：与内螺纹牙底或外螺纹牙顶相切的假想圆柱的直径。内、外螺纹的大径分别用 D 和 d 表示。螺纹的规格由公称直径表示，除管螺纹外，公称直径通常是指螺纹大径。

中径：某个假想圆柱的直径，该圆柱的母线通过牙型上沟槽和凸起宽度相等的地方。内、外螺纹的中径分别用符号 D_2 和 d_2 表示。

小径：与内螺纹牙顶或外螺纹牙底相切的假想圆柱的直径。内、外螺纹的小径分别用 D_1 和 d_1 表示。

（2）螺距 P、导程 P_h 和线数 n

螺距：在螺纹两相邻牙体上，相对应牙侧与中径线两交点之间的距离，用 P 表示。

导程：同一条螺旋线上相邻两牙在中径线上对应两点之间的距离，用 P_h 表示。

线数：形成螺纹的螺旋线的条数，用 n 表示。

如图 5-39 所示，单线螺纹的导程 P_h 等于螺距 P，而对于多线螺纹，其导程 P_h 等于螺距 P 与线数 n 的乘积，即

$$P_h = nP \tag{5-1}$$

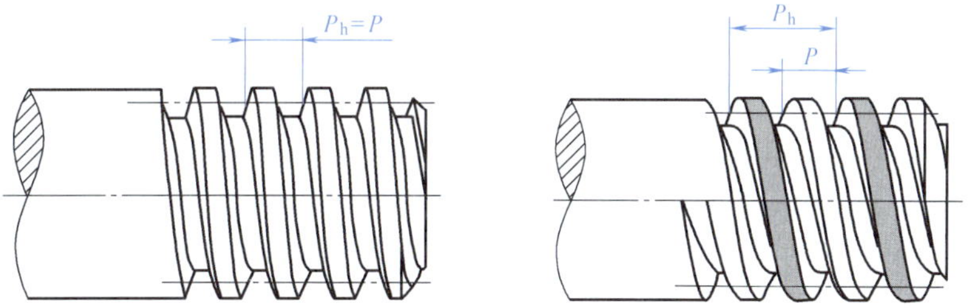

图 5-39　螺距、导程和线数之间的关系

（3）螺纹升角 φ

螺纹升角是指在中径圆柱上螺旋线的切线与垂直于螺纹轴线的平面之间的夹角，用 φ 表示，如图 5-39 所示。螺纹升角 φ 与导程 P_h、中径 d_2 的关系为

$$\tan\varphi = \frac{P_h}{\pi d_2} \tag{5-2}$$

3.1.3　连接用螺纹

机械中用于连接的螺纹大多为单线、右旋的三角形螺纹，它通常分为普通螺纹和管螺纹两种。

（1）普通螺纹

普通螺纹多用于紧固连接，其基本参数由《普通螺纹　基本尺寸》（GB/T 196—2003）进行规定。设外螺纹的公称直径为 d，则小径 $d_1 = d - 1.0825p$、中径 $d_2 = d - 0.6495p$。同一种公称直径的普通螺纹可以有多种螺距，其中螺距最大的为粗牙普通螺纹，其余为细牙普通螺纹。例如，M12 规格的普通螺纹，螺距可以选 1mm、1.25mm、1.5mm 和 1.75mm，其中 1.75mm，对应的螺纹为粗牙普通螺纹。

粗牙普通螺纹：对于某一公称直径，螺距取规定最大值时的普通螺纹，广泛应用于各种连接。

细牙普通螺纹：螺距比同规格的粗牙螺纹小、螺纹升角小、自锁性好，常用于薄壁零件和需要自锁或承受振动冲击的场合。

（2）管螺纹

管螺纹主要用于管件的连接，常用的管螺纹有公制管螺纹、55°管螺纹（又称英制管螺纹）和 60°管螺纹（又称美制管螺纹）等。其中，55°和 60°是指牙型角（螺纹牙型上两相邻牙侧间的夹角）的值。

根据应用范围的不同，管螺纹可分为密封管螺纹、干密封管螺纹和非密封管螺纹三

种。其中，密封管螺纹和干密封管螺纹具有连接和密封两种功能，而非密封管螺纹只有连接功能。密封管螺纹在使用中要在螺纹副内加入密封填料，其特点是比较经济，加工精度要求适中；干密封管螺纹使用中不需要加入任何密封填料，完全依靠螺纹自身形成密封，属精密型螺纹，常用于有特殊要求的场合。

3.1.4 螺纹连接的应用

螺纹连接的基本类型

（1）螺纹连接的基本类型

螺纹连接有螺栓连接、双头螺柱连接、螺钉连接和紧定螺钉连接四种基本类型，它们的结构、特点及应用如表 5-22 所示。

表 5-22 螺纹连接的基本类型

类型	结构	特点及应用
螺栓连接	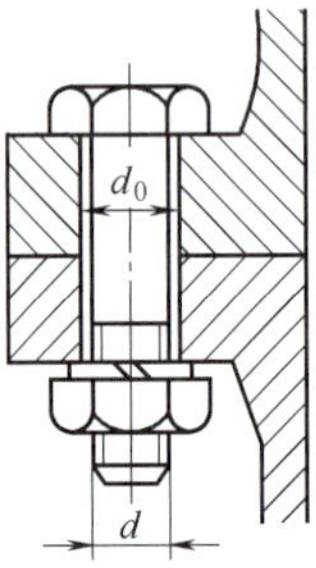 普通螺栓连接 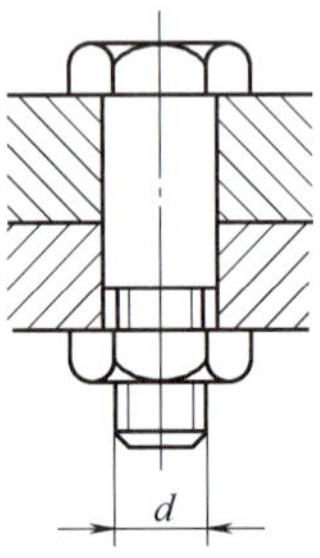 铰制孔用螺栓连接	普通螺栓连接的螺杆和孔之间存在间隙，使用时需拧紧螺母；杆和孔的加工精度要求低且装卸方便，应用广泛；铰制孔用螺栓连接对孔的加工精度要求较高，适用于承受横向载荷或需要精确固定的场合
双头螺柱连接	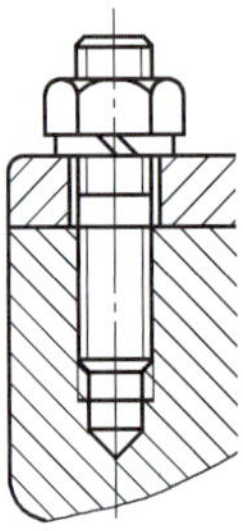	螺柱一端旋入被连接件中不再卸下，适用于被连接件之一太厚、不便穿孔并经常装拆的场合，拆卸时只需拧下螺母
螺钉连接	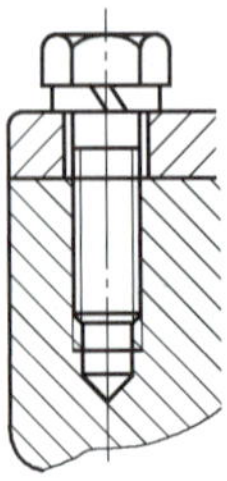	结构简单，不需要螺母，直接将螺钉旋入被连接件体内的螺纹孔中，但不宜经常装拆，适用于受力不大或不经常装拆的场合

续表

类型	结构	特点及应用
紧定螺钉连接	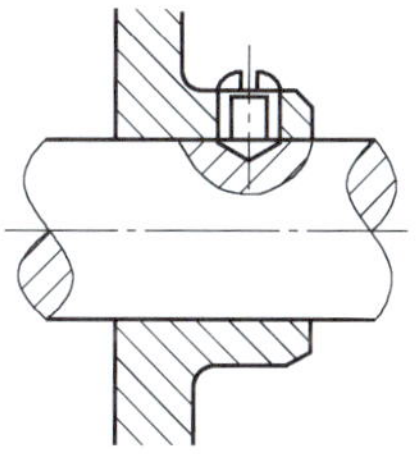	利用螺钉末端顶住零件表面或顶入对应的凹坑中以固定两个零件的相对位置，并传递一定大小的力和转矩，常用于调整零件位置并加以固定

（2）螺纹连接件

螺纹连接件的类型很多，机械中常用的有螺栓、双头螺柱、螺钉、螺母和垫圈等，如图 5-40 所示。螺纹连接件大多已经标准化，可根据有关国家标准选用。

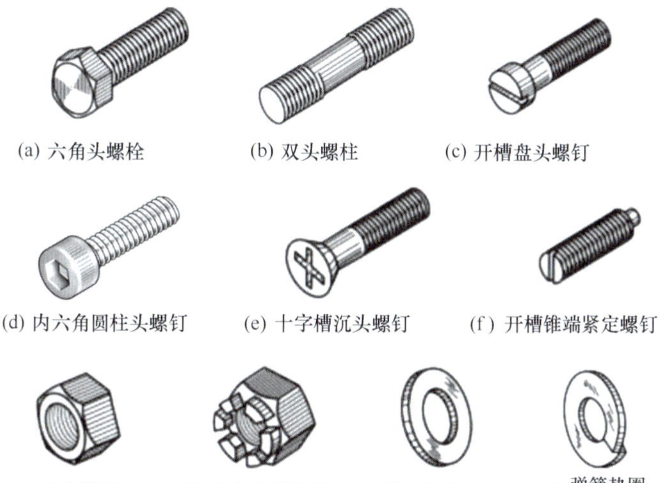

(a) 六角头螺栓　(b) 双头螺柱　(c) 开槽盘头螺钉

(d) 内六角圆柱头螺钉　(e) 十字槽沉头螺钉　(f) 开槽锥端紧定螺钉

(g) 六角螺母　(h) 六角开槽螺母　(i) 平垫圈　(j) 弹簧垫圈

图 5-40　常用的螺纹连接件

3.1.5　螺纹连接的预紧与防松

（1）螺纹连接的预紧

在工程中，大部分螺纹连接在装配过程中需要拧紧，使螺纹连接在承受载荷前预先受到力的作用，这个过程称为预紧，螺纹连接预先受到的力称为预紧力，预紧的目的在于保证螺纹连接件的正常工作，提高螺纹连接的可靠性、紧密性和防松能力。

预紧时需要控制预紧力的大小，因为预紧力过大容易造成螺纹失效，过小则达不到预紧的效果。在工程中，预紧力的大小一般根据载荷性质、连接刚度等具体工作条件确定；对于某些重要的螺纹连接，其预紧力的大小则需要通过测力矩扳手或定力矩扳手，如图 5-41 所示，进行严格控制。

（2）螺纹连接的防松

常用螺纹连接件的螺纹升角都比较小，一般能满足自锁条件，因此螺纹连接通常在静载荷和恒温条件下不会松动；但在冲击、振动或变化载荷的作用下，以及温度变化较大的

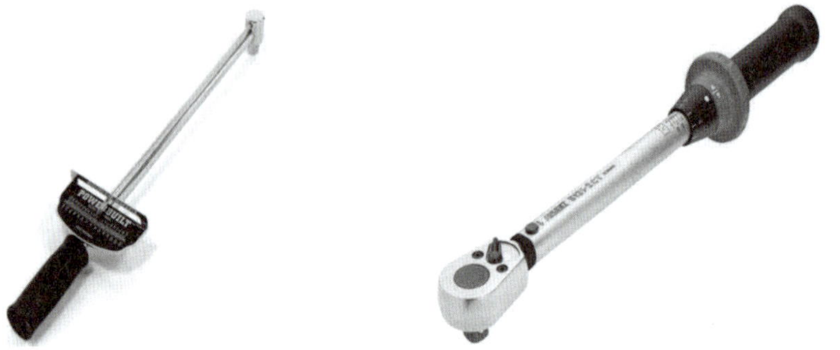

(a) 测力矩扳手　　(b) 定力矩扳手

图 5-41　测力矩扳手和定力矩扳手

场合中，螺纹连接的预紧力可能瞬间减小或消失，从而引起螺纹松脱并导致连接失效，甚至造成严重事故。因此，使用螺纹连接时必须采取必要的防松措施。

螺纹连接的防松方式有很多，根据工作原理的不同可分为摩擦防松、机械防松和永久防松三大类。

① 摩擦防松。摩擦防松常用的方法有采用弹簧垫圈防松、采用自锁螺母防松和采用对顶螺母防松等，如图 5-42 所示。

采用弹簧垫圈防松：弹簧垫圈被压平后，其反弹力能使螺纹间保持一定的压紧力和摩擦力，如图 5-42（a）所示。这种方法具有结构简单、使用方便的特点，但防松效果较差，一般用于不重要的连接。

采用自锁螺母防松：螺母一端嵌有尼龙圈或带有收口，当螺母拧紧后尼龙圈被螺栓箍紧，或利用已胀开收口的弹力压紧螺纹，如图 5-42（b）所示。这种方法具有结构简单、防松可靠的特点，可多次装拆而不降低防松性能。

采用对顶螺母防松：两个螺母对顶使用，使螺栓始终受到附加拉力和附加摩擦力的作用，如图 5-42（c）所示。这种方法具有结构简单、效果好的特点，适用于平稳、低速和重载的场合。

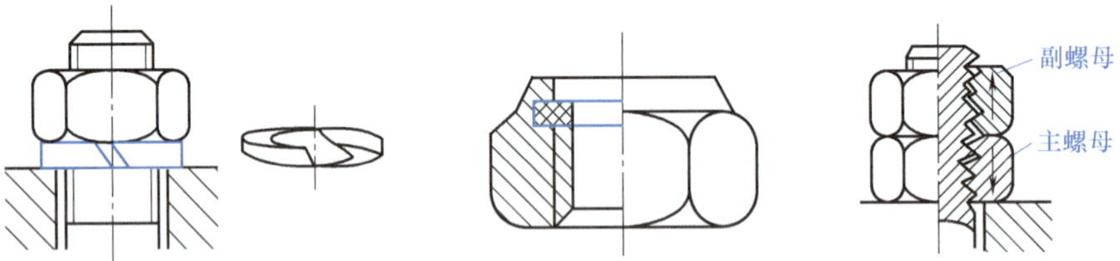

(a) 采用弹簧垫圈防松　　(b) 采用自锁螺母防松　　(c) 采用对顶螺母防松

图 5-42　摩擦防松常用的方法

② 机械防松。机械防松常用的方法有采用开槽螺母与开口销防松、采用止动垫片防松和采用串联钢丝防松等，如图 5-43 所示。

采用开槽螺母与开口销防松：开槽螺母拧紧后，开口销从开槽螺母的槽口与螺栓尾部的孔中穿过，具有很好的防松效果，如图 5-43（a）所示。这种方法适用于冲击和振动较大的高速机械。

采用止动垫片防松：先将止动垫片内翅嵌入螺栓的槽内，待螺母拧紧后，再将止动垫片的外翅翻入螺母的一个槽内，使螺母和螺栓无法相对转动，如图 5-43（b）所示。这种方法具有结构简单、使用方便、防松可靠的特点。

采用串联钢丝防松：螺栓紧固后，在螺栓头部小孔中串入钢丝，使螺母和螺栓无法相对转动，如图 5-43（c）所示。这种方法适用于螺栓组连接，防松可靠，但装拆不便，使用时要注意串孔方向为旋紧方向。

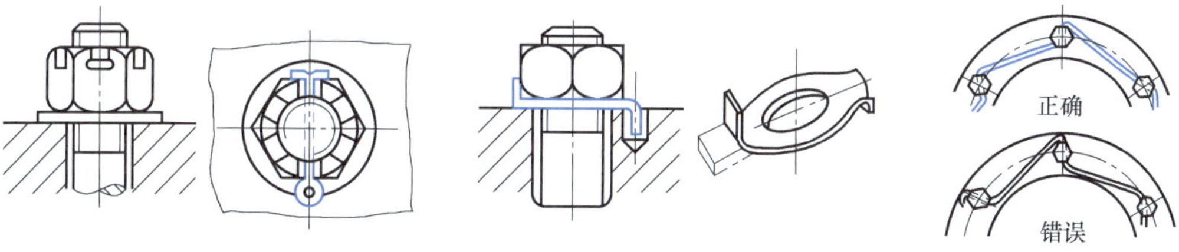

(a) 采用开槽螺母与开口销防松　　(b) 采用止动垫片防松　　(c) 采用串联钢丝防松

图 5-43　机械防松常用的方法

③ 永久防松。螺纹连接的永久防松用于装配连接后不再拆开的场合，其常用方法有冲点、点焊和胶接等，如图 5-44 所示。

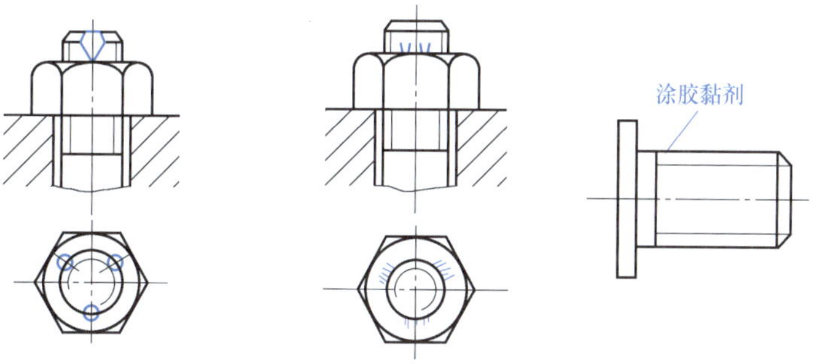

(a) 冲点　　(b) 点焊　　(c) 胶接

图 5-44　永久防松常用的方法

3.2 键连接

3.2.1 键连接的特点和类型

键连接主要应用在传动轴上，如图 5-45 所示，可以传递运动和转矩。键连接结构简

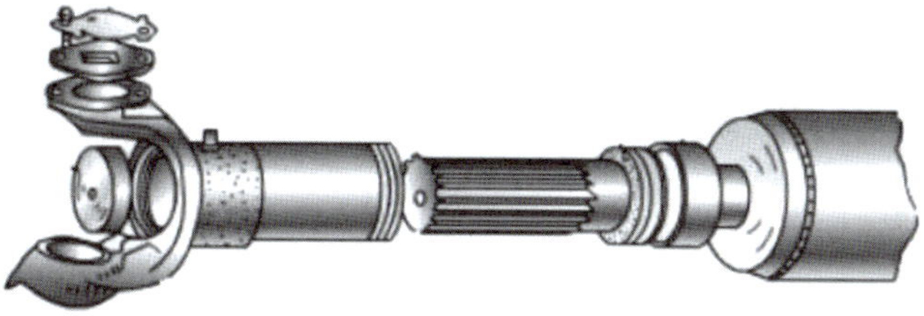

图 5-45　键连接

单、装拆方便、工作可靠，有的键连接还可实现轮毂的轴向固定或轴向滑动的导向。

键连接的主要类型有平键连接、花键连接、半圆键连接、楔键连接和切向键连接等。其中，平键连接根据应用范围的不同可分为普通平键连接、导向平键连接和滑键连接三种。

键连接的基本类型

3.2.2 键连接的应用

（1）普通平键连接

如图 5-46 所示为普通平键连接，键的上表面与键槽底面之间存在一定空隙，为非工作面；键的两个侧面为工作面，工作时依靠键与键槽的挤压传递转矩，因此连接对中性好。

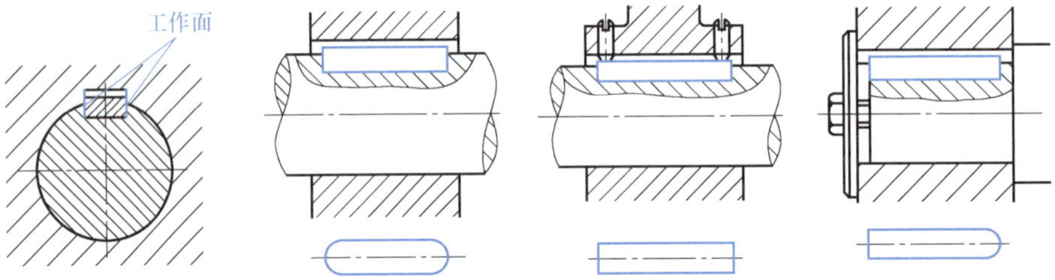

(a) 结构形式　(b) 圆头平键　(c) 平头平键　(d) 单圆头平键

图 5-46　普通平键连接

根据形状的不同，普通平键可分为圆头平键（A 型）、平头平键（B 型）和单圆头平键（C 型）三类。其中，圆头平键在键槽中固定良好，工程上最常用，但轴上键槽端部的应力集中较大；平头平键可避免圆头平键的缺点，但当其尺寸较大时通常需要螺钉固定；单圆头平键多用于轴端连接。

知识点拨

在选择普通平键时，首先要根据工作要求选择合适的类型，然后根据连接处的轴径 d 从国家标准中选取对应的键宽 b 和键高 h，再根据轮毂宽度在标准长度系列中选择合适的键长 L，注意 L 应比轮毂的宽度略小。

普通平键连接对中性好，结构简单、装拆方便，适用于高精度、高速，或承受变载、冲击的场合，应用非常广泛。如图 5-47 所示，可实现轴与轮（如带轮、链轮和齿轮等）的周向固定，但由于不能承受轴向力，因此普通平键连接不能实现轮毂的轴向固定。

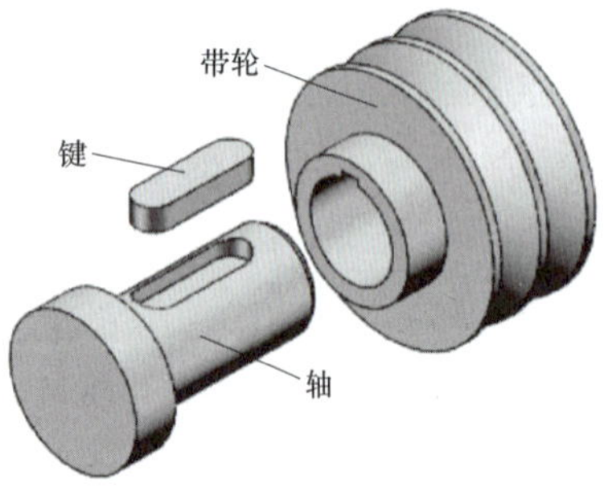

图 5-47　普通平键连接应用

（2）导向平键连接与滑键连接

对于需要沿轴向移动的轮毂（如变速箱中的滑移齿轮），可采用导向平键连接，如图 5-48 所示。采用导向平键连接时，为防止导向平键因尺寸较长而在键槽中松动，通常用螺钉将导向平键固定在轴的键槽中，工作时轮毂可沿导向平键作轴向移动。

当轮毂需要沿轴向的移动量较大时，由于所需导向平键尺寸太长，不易制造，因此宜选择滑键连接，如图 5-49 所示。采用滑键连接时，滑键固定在轮毂上，轮毂带动滑键在轴上的键槽中作轴向滑动。

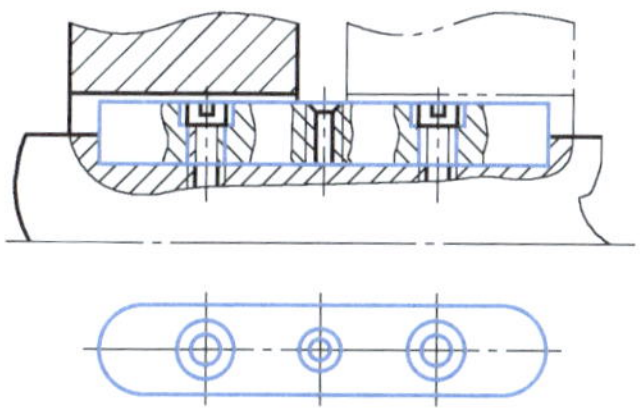

图 5-48　导向平键连接

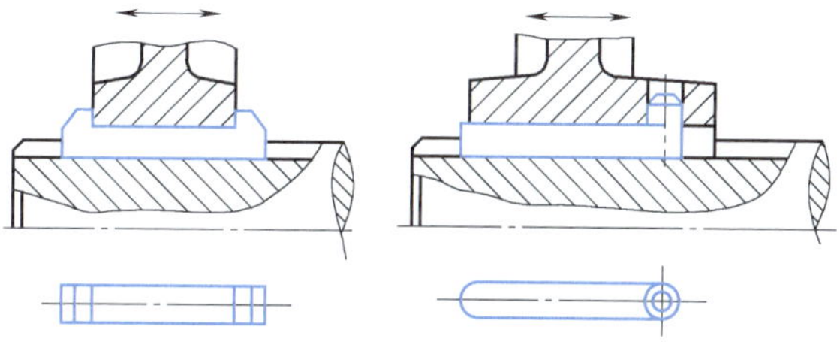

图 5-49　滑键连接

（3）花键连接

由轴和轮毂孔上的多个键齿组成的连接称为花键连接，如图 5-50 所示，它可看作多个平键连接的组合。花键连接的承载能力高，定心性和导向性好，对轴和轮毂的强度削弱较少，但需要专用设备才能加工，制造成本较高。

（4）半圆键连接

如图 5-51 所示为半圆键连接，其工作面为两个侧面。装配时，半圆键可在键槽内绕自身轴线转动，以适应轮毂的倾斜。但是，半圆键连接的弧形键槽对轴的强度削弱较大，因此多用于轴端及轻载场合。

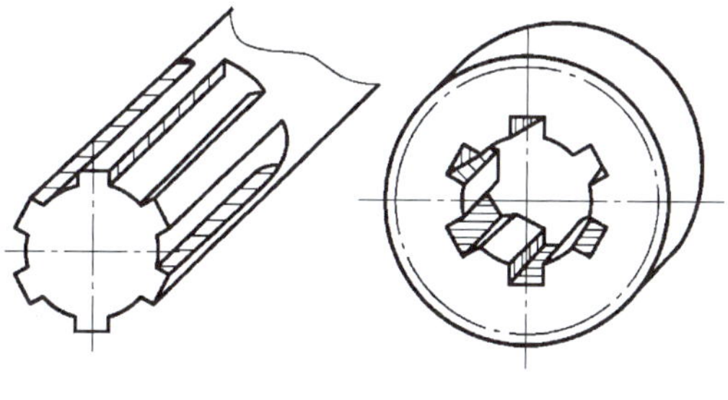

图 5-50　花键连接

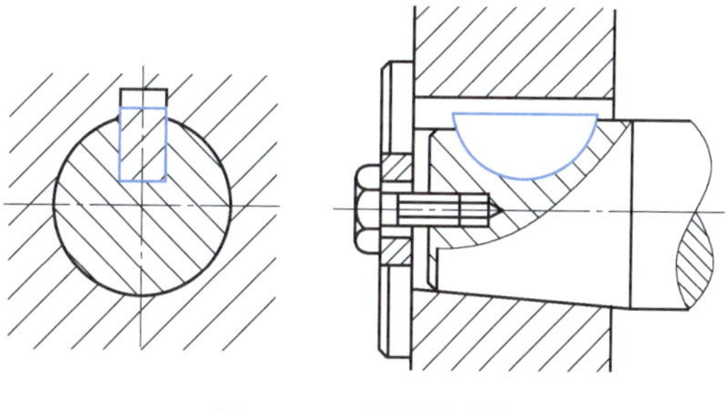

图 5-51　半圆键连接

（5）楔键连接

如图 5-52 所示为楔键连接，楔键的上下表面为工作面。由于楔键的上表面与键槽贴合面均有 1∶100 的斜度，楔键可楔紧在轮毂槽和轴槽之间，依靠楔键与轮毂和键槽工作面间的摩擦传递转矩，因此楔键可实现轴向固定，并承受单向轴向力。根据结构的不同，楔键连接可分为普通键连接和钩头楔键连接，如图 5-52（b）和图 5-52（c）所示。其中，钩头楔键用于不能从钩头另一端打出的场合，其钩头供键的拆卸用。钩头楔键安装在轴端时应注意加装保护罩。

由于楔键在装配时会产生偏心，降低了定心精度，因此楔键连接适用于低速、轻载及旋转精度要求不高的场合。

（6）切向键连接

如图 5-53（a）所示，切向键由一对斜度为 1∶100 的楔键沿斜面拼合而成，这对楔键共同楔紧在轮毂和轴之间，依靠工作面的挤压、轴与轮毂之间的摩擦来传递转矩，其工作面为拼合后相互平行的两个窄面。由于单个切向键只能传递单向转矩，因此传递双向转

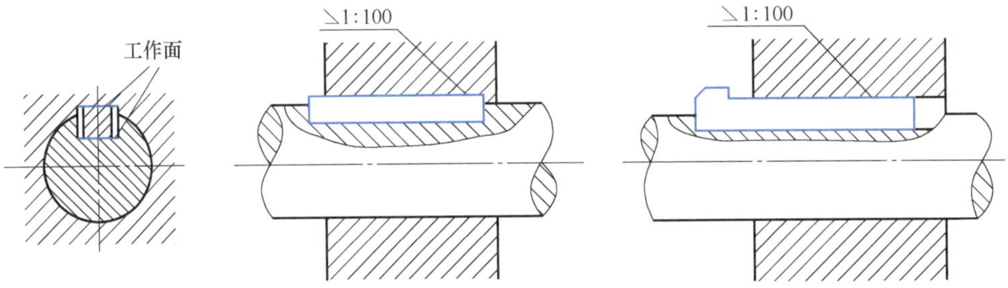

(a) 结构形式　　(b) 普通楔键连接　　(c) 钩头楔键连接

图 5-52　楔键连接

矩时，必须使用一对方向相反、在周向呈 120°布置的切向键，如图 5-53（b）所示。

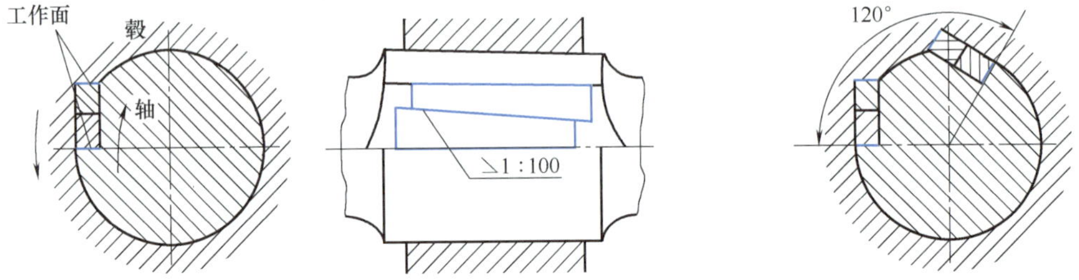

(a)　　(b)

图 5-53　切向键连接

切向键连接适用于载荷很大、对中精度要求不高的场合。由于切向键连接的键槽对轴的强度影响较大，因此切向键连接多用于直径大于 100mm 的轴上。

3.3　销连接

销连接

销连接在工程中的应用较为广泛：它可以用来确定零件间的相互位置，所用的销称为定位销，如图 5-54（a）所示；也可以用来传递运动或较小的转矩，所用的销称为连接销，如图 5-54（b）所示，还可用在过载保护装置中，所用的销称为安全销，如图 5-54（c）所示。

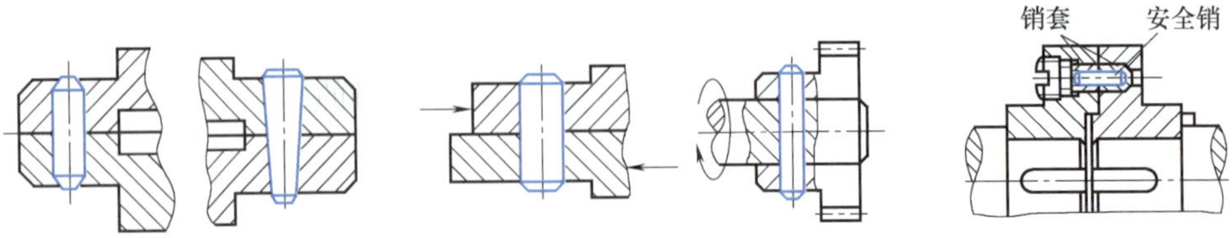

(a) 定位销　　(b) 连接销　　(c) 安全销

图 5-54　销连接

在销连接的各种应用中，定位销通常不能承受载荷或只能承受很小的载荷，其直径一般根据结构的需要确定，数目一般不少于两个；连接销可承受较小的载荷，常用于轻载或非动力传输结构中，尺寸可根据连接件的结构特点按经验或规范确定；安全销在机器动力过载时会被剪断，其尺寸应根据剪切强度条件计算。

销的形式很多，常用的销可分为圆柱销、圆锥销和开口销三大类，它们的尺寸参数均已标准化，在设计时可根据需要查阅有关标准或手册。

知识点拨

圆柱销利用较小的过盈量固定在销孔中，多次装拆会降低定位精度和可靠性；圆锥销的定位精度和可靠性较高，且多次装拆不会影响定位精度。因此，需要经常装拆的场合不宜采用圆柱销，而应选用圆锥销。

3.4　其他常见紧固连接

不可拆连接是指当连接拆开时，至少要破坏或损伤其中一个零件的连接。常见的不可拆连接有焊接、铆接、胶接等。过盈配合连接是介于可拆连接与不可拆连接之间的一种连接方法。

3.4.1　焊接

焊接是指利用局部加热（有时还要加压）的方法，使两个或两个以上的金属零件在连接处形成原子间结合的不可拆连接。焊接具有结构质量轻、施工方便、生产效率高和成本低等优点，因而在机械加工及设备制造等领域具有广泛的应用。

在汽车制造过程中，焊接是一种必要且重要的制造工艺，焊接车间也是汽车制造厂的传统四大车间（冲压车间、焊接车间、涂装车间和总装车间）之一。汽车焊接主要是白车身焊接，白车身是由车体骨架、发动机罩、行李舱盖、左右门外板焊接总成共同组成的。

汽车的车身是由上、下、左、右四块钢板焊接而成的，普通的焊接都是点焊，即通过一个一个的焊点把钢板连接到一起，如图 5-55 所示。激光焊接则是利用激光的高温，将两块钢板内的分子结构打乱，令分子重新排列，使得两块钢板中的分子融为一体。激光焊接设备的关键是大功率激光器。所以从物理学上讲，激光焊接是把两块钢板变成了一块钢板，因此相比普通焊接来说，它拥有更高的强度，如图 5-56 所示。

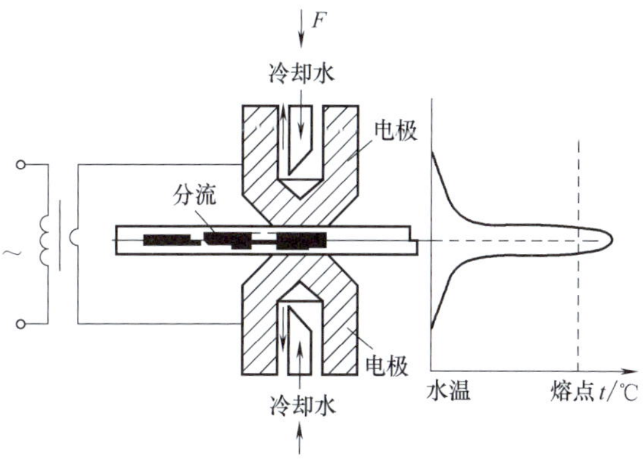

图 5-55　普通焊接

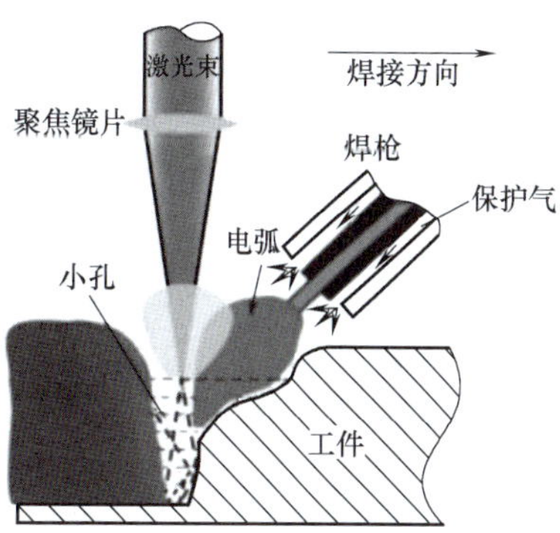

图 5-56　激光焊接

经过厂家对焊接参数进行优化以后，电阻点焊接头的强度虽然比不过激光焊，但还是比金属母材要高。整体焊接车体的最薄弱环节在于母材上的焊接热影响区，也就是说，金属母材（尤其是焊接热影响区）是最弱的环节。因此，一旦车身受到强烈的外力作用，绝大多数情况下都是金属母材发生破坏，而不是焊接接头。正是由于金属母材这块短板的存在，使得激光焊接的车身和电阻点焊的车身对外表现出来的强度几乎没有区别。

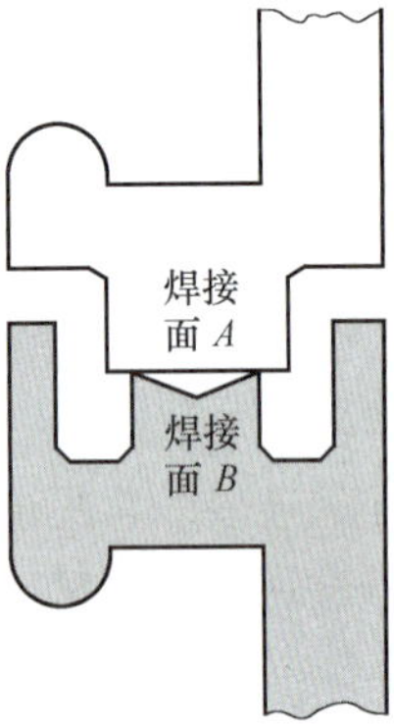

图 5-57　塑料摩擦焊原理

还有诸多的塑料件也需要通过焊接连接在一起，常见的焊接方法包括摩擦焊、超声波焊和热板焊等。塑料摩擦焊的原理如图 5-57 所示。这些焊接方法已经被成功地运用于汽车保险杠、仪表板和仪表盘、制动显示灯、方向指示器、汽车门板以及其他与发动机有关的零部件制造工业中。近年来，原先许多使用传统金属的零部件也开始用塑料代替，如进气管、仪表指针、油箱、过滤器等。

3.4.2　铆接

铆接是指利用铆钉把两个或两个以上的零件连接在一起的不可拆连接，其基本工艺过程为：先在被连接件上加工预制孔，在预制孔中放入具有钉杆和预制头的铆钉，再利用铆枪施压在另一端制出铆头。

铆钉连接具有工艺简单、耐冲击和牢固可靠等优点；但因其会增加构件质量，且被连接件上需要开孔，一定程度会削弱被连接件的强度，但由于其工艺过程简单，连接的过程容易实现自动化，适用的材料广，因此在航空、汽车、家电、建筑、五金等行业有着广泛的应用，如图 5-58 所示。

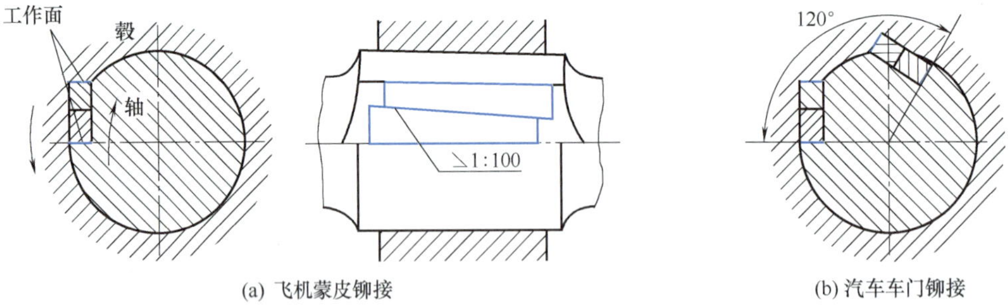

(a) 飞机蒙皮铆接　　(b) 汽车车门铆接

图 5-58　铆接的应用

知识点拨

飞机蒙皮是指包围在飞机骨架结构外、维持飞机外形的部件。它可以看作是飞机的“皮肤”，是飞机气动结构的重要部分，一般采用铝合金制造。虽然飞机制造技术经过了几十年的发展，但目前大部分飞机蒙皮的连接仍采用铆接。

3.4.3 胶接

胶接是指将胶黏剂直接涂在被连接件的表面上，胶黏剂固化后将被连接件黏合为一体的连接方式。胶接具有良好的密封、降噪和防腐性能，原多用于木材、橡胶、塑料等材料的连接。近几十年来，随着胶黏剂和胶接技术的发展，胶接已广泛应用于钢铁及其他金属材料的连接。

3.4.4 过盈配合连接

过盈配合连接是利用包容件（如轮毂）与被包容件（如轴）间存在过盈量而实现的连接，其承载能力主要取决于过盈量的大小，过盈量不大时，一般用压入法装配。为方便压入，孔口和轴端的倒角尺寸均有一定的要求。过盈量大时，可用温差法装配，即加热包容件或冷却被包容件以形成装配间隙。用温差法装配不会像压入法那样擦伤配合表面。一般情况下，拆开过盈连接要用很大的力，常会使零件配合表面或整个零件损坏，故属于不可拆连接。但如果装配过盈量不大，或者过盈量虽大而采取的装拆方法适当，则这种连接也是可拆的。近年来，拆卸利用高压油压入的配合表面的过盈连接时，配合表面不受损坏，可实现多次装拆，应用日渐广泛。

过盈连接配合面多为圆柱面，也有圆锥面，分别称为圆柱面过盈配合连接和圆锥面过盈配合连接。过盈配合连接的两零件在装配后，会在配合面间产生很大的径向压力，工作时依靠径向压力引起的摩擦力来传递载荷。过盈量越大，连接越牢固，传递的载荷就越大。

过盈配合连接结构简单，对中性好，连接强度高，对轴的削弱小，耐冲击性能好，对配合面的加工精度要求高。但装拆时会损伤配合面，并在配合边缘产生应力集中，且装拆较为困难。机车车轮的轮毂与轮轴连接、蜗轮的齿圈与轮心的连接、滚动轴承内圈与轴的连接均为过盈连接。

任务实施

（1）分析

请同学们按照“任务工单5.3”要求，通过观察减速器的结构及组成，分析减速器中所采用的连接方法，掌握螺纹连接、键连接和销连接的类型、特点和应用，然后填写任务工单。

（2）实施

每3~4人一组，组员合作对减速器中所采用的连接方法进行分析，做好记录。

① 观察并分析减速器上、下箱体的连接方法，查阅教材或其他资料确定连接件的类型及型号。

② 观察并分析减速器传动轴与齿轮、轴承的连接方法，查阅教材或其他资料确定连接件的类型及型号。

③ 观察并分析减速器与动力部分、执行部分的连接方法，查阅教材或其他资料确定连接件的类型及特点。

请指导老师按照学生的实际表现情况进行评价，并将评价结果填入任务工单中的考核评价表。学生结合自身表现和指导老师的评价，对本次任务进行总结。

课程思政

赵晶：精益求精的兵工“数控女刀客”

党的二十大代表、内蒙古第一机械集团公司数控车工赵晶，带领团队一次次攻克生产难题和技术窄口，在数控精密加工领域获得10多项国家专利，在平凡的岗位上做出不平凡的业绩。

2003年，赵晶从学校毕业后，来到内蒙古第一机械集团，成为一名数控车工。液压传操部件精密加工是我国重型装甲车辆加工制造的核心难题。赵晶大胆思考，小心验证，一有灵感，马上记录在笔记本上。几年的时间，她练就了薄壁加工和套类零部件高精度加工的绝活，产品加工精度也从最初的毫米级公差飞跃至微米级。

赵晶凭借着勤于思考、勇于创新、敢于实践的精神，练就了薄壁加工和轴套类零部件高精度加工的绝活。她独创的“一位双刀套类零件操作法”，可以在保证零件设计精度的同时，将产品合格率提高到100%。她能纯熟地运用镗孔刀、螺纹刀、切槽刀等十几种刀具，使零件加工精度从0.1毫米升至0.01毫米、0.002毫米，直至头发丝直径的1/30。凭借绝活，赵晶先后攻克了30余个型号、数百种零件的加工难题。她的《一种锻造用压力机通用框架》《一种多拐曲轴角向位检验工具》等项目获得国家专利授权。

任务4　分析轴系零部件的应用——联轴器、离合器

任务描述

汽车传动系统中变速器的输出轴和主减速器的输入轴的轴线不在同一条直线上，这两个轴之间用一个传动轴连接。传动轴和这两个轴之间是采用什么样的方式进行连接的？汽车在变速换挡时是用什么样的方式把动力切断的？请同学们思考并观察联轴器、离合器的结构及组成，分析联轴器、离合器中所采用的连接方法。

任务工单

任务工单5.4——分析轴系零部件联轴器、离合器的应用

【任务目的】

① 掌握联轴器、离合器的作用和类型。

② 了解联轴器、离合器的特点和应用。

【学生分组】

以 3~4 人为一组，选出组长并进行任务分工，将小组概况及分工填入表 5-23 中。

表 5-23 小组概况及分工

<table>
<tr><td>班 级</td><td></td><td>组 号</td><td></td><td>指导教师</td><td></td></tr>
<tr><td>小组成员</td><td>姓 名</td><td>学 号</td><td colspan="3">任务分工</td></tr>
<tr><td>组 长</td><td></td><td></td><td colspan="3"></td></tr>
<tr><td rowspan="3">组员</td><td></td><td></td><td colspan="3"></td></tr>
<tr><td></td><td></td><td colspan="3"></td></tr>
<tr><td></td><td></td><td colspan="3"></td></tr>
</table>

【工作准备】

（1）获取信息

联轴器和离合器都用来连接轴与轴，以传递运动和转矩。有时也可作为一种安全装置用来防止被连接件承受过大的载荷，起到过载保护的作用。用联轴器连接两轴时，只有在机器停止运转后才能使两轴分离，离合器在机器运转时可使两轴随时接合和分离，如图 5-59 所示。

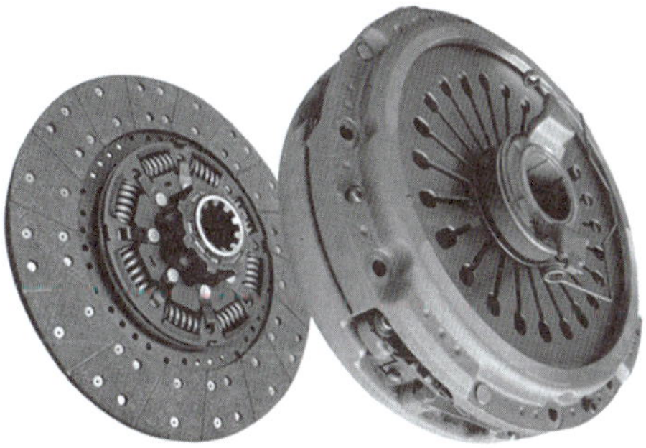

图 5-59 联轴器与离合器

联轴器和离合器都采用了不同的连接方法，它们分别具有不同的特点，适用于不同的工作场合。在任务实施前，请各组组长组织组员收集相关资料，回答下列问题。

引导问题 1：简要描述一下联轴器和离合器的连接原理。

引导问题 2：介绍一种常用的联轴器和离合器连接方式，并说明其优点。

引导问题 3：联轴器和离合器的连接方式对设备运行有何影响？

（2）制订计划

查阅机械手册或相关资料，了解联轴器和离合器的类型及应用，做好记录，并制订实施计划。

（3）进行决策

① 每位学生阐述自己的计划。

② 组员之间进行提问与答疑，制订本组的最佳实施计划。

③ 教师根据各组完成情况进行点评。

【工作实施】

按照本组制订的最佳工作计划进行实施。按实际实施过程，将实施内容、遇到的问题及解决办法等全部记录在表 5-24 中。

表 5-24　　工作实施过程记录表

序号	实施步骤	实施内容	遇到的问题及解决办法
1			
2			
3			

【考核评价】

各组组长展示任务完成情况，并完成如表 5-25 所示的考核评价表。

表 5-25　　考核评价表

评价项目	评价标准	满分/分	实际得分/分	老师评语
技能操作	能够根据结构准确判断联轴器、离合器的类型及连接方法	50		
	能够简述对应联轴器、离合器的特点及应用	30		
参与程度	认真参加活动，积极思考，主动与同学、指导老师进行交流，善于发现和解决问题	10		
合作意识	积极参与探讨，勇于接受任务，敢于承担责任	10		
总　分		100		
个人总结				

知识准备

4.1　联轴器的类型与应用

4.1.1　联轴器的功用

联轴器

在各种机械中，经常需要将不同机构的轴连接起来，其中最常用的机械装置是联轴器。联轴器主要用于连接两轴，并传递运动和动力，有时也可作为传动系统中的安全装置，起过载保护作用。由于制造及安装误差、承载后的变形以及温度变化的影响等，联轴器所连接的两轴会存在某种程度的相对位移，如图 5-60 所示，这就要求联轴器具有适应一定相对位移的性能。

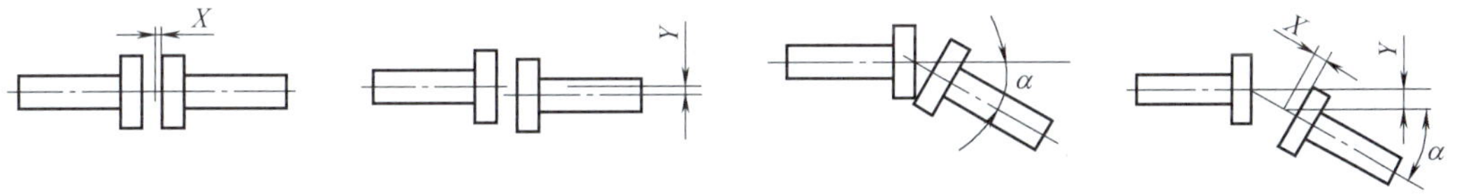

(a) 轴向位移　(b) 径向位移　(c) 角度位移　(d) 综合位移

图 5-60　轴间的相对位移

4.1.2 联轴器的类型

根据有无相对位移的补偿能力，联轴器可分为刚性联轴器（无补偿能力）和挠性联轴器（有补偿能力）两大类。

（1）刚性联轴器

刚性联轴器不能补偿两轴的相对位移，因而要求被连接两轴的轴线严格对中。常用的刚性联轴器有凸缘联轴器和套筒联轴器等。

① 凸缘联轴器。凸缘联轴器是应用最广泛的一种刚性联轴器，如图 5-61（a）所示，它采用螺栓连接两个带凸缘的半联轴器，半联轴器与轴之间采用键连接，从而实现两轴之间的刚性连接。

凸缘联轴器对两轴的对中精度要求较高，一般采用 GY 型和 GYS 型两种对中方式。

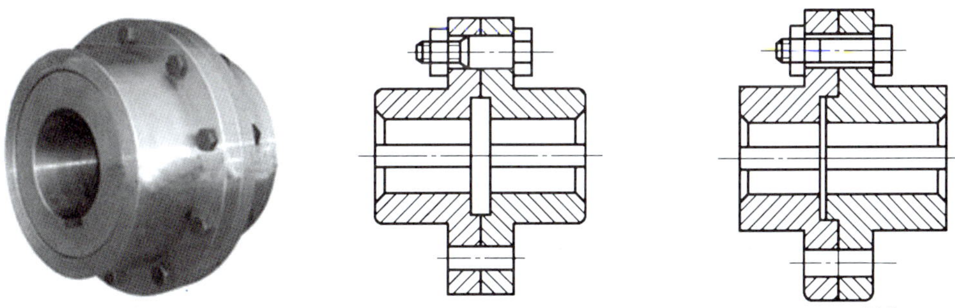

(a) 实物图　(b) GY型结构　(c) GYS型结构

图 5-61　凸缘联轴器

GY 型：用配合螺栓对中，如图 5-61（b）所示，两个凸缘半联轴器上的螺栓孔须铰制，工作时依靠螺栓的剪切和螺栓杆与孔壁间的挤压传递转矩。

GYS 型：用凸肩和凹槽进行对中，如图 5-61（c）所示，它采用普通螺栓连接，工作时依靠两个半联轴器间的摩擦力传递转矩。这种对中方式的对中精度高，但装拆时轴须进行轴向移动。

凸缘联轴器结构简单、连接可靠、刚性良好、安装和维护较为方便，工作时能传递较大的转矩，但由于对两轴的对中性要求较高，因此多用于转速不高、载荷变化平稳及对中精度良好的场合。

② 套筒联轴器。套筒联轴器与所连接的两轴端之间通常用键或销连接，如图 5-62 所示。其中，采用键连接时，轴可传递较大的转矩，但需要用紧定螺钉进行轴向固定；仅采用销连接时，轴只能传递较小的转矩。

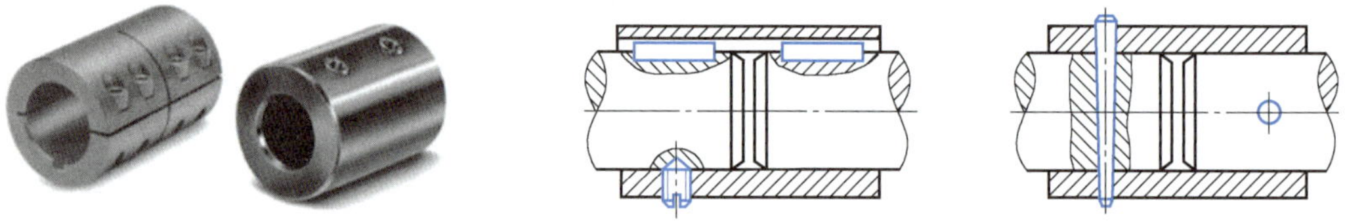

(a) 实物图　　(b) 结构图

图 5-62　套筒联轴器

套筒联轴器的结构简单而紧凑，容易制造，但装拆不方便，两轴的对中精度要求较高，适用于低速、轻载和安装精度较高的场合。

（2）挠性联轴器

根据是否含有弹性元件，挠性联轴器可分为无弹性元件的挠性联轴器和有弹性元件的挠性联轴器。

① 无弹性元件的挠性联轴器。无弹性元件的挠性联轴器通过两个半联轴器间的相对运动来补偿两轴的偏移，但因无弹性元件而不能缓冲减振。这种联轴器常用的类型有十字滑块联轴器、齿式联轴器和万向联轴器等。

十字滑块联轴器：如图 5-63 所示，十字滑块联轴器由两个端面开有径向凹槽的半联轴器和两端各有凸榫（两端榫头互相垂直）的十字滑块构成。工作时，十字滑块随两轴转动，滑块上的两榫可在两个半联轴器的凹槽中滑动，以补偿两轴间的径向偏移。

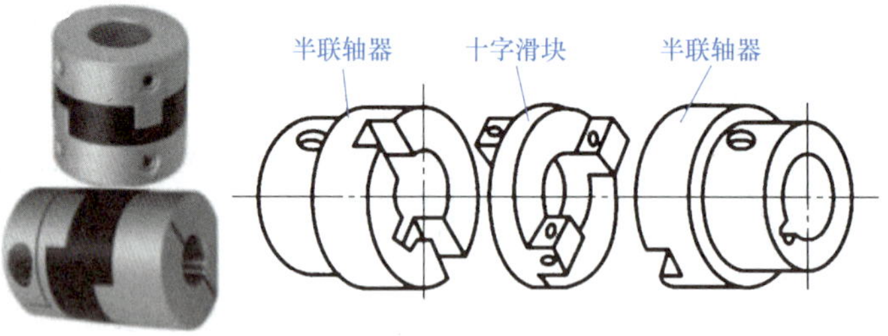

图 5-63　十字滑块联轴器

十字滑块联轴器具有结构简单、制造方便、可补偿两轴间综合偏移等优点，但十字滑块会产生偏心转动，因此适用于低速、无剧烈冲击、轴线偏移较大的场合。

齿式联轴器：如图 5-64 所示，齿式联轴器的半联轴器由带内齿的外壳和带外齿的内套筒组成，两个半联轴器通过外壳螺栓连接，两个内套筒分别通过键与主、从动轴连接，外壳的内齿轮与内套筒外齿轮的齿数相等且相互啮合，工作时靠齿的啮合传递转矩。

为了补偿两轴在传动时的综合偏移，通常把齿式联轴器外齿的齿顶制成椭圆面，并保持齿式联轴器外齿与内齿啮合后留有适当的顶隙和侧隙。齿式联轴器工作时，其内、外齿会因相对滑动而产生磨损，因此要保证轮齿部位具有可靠的润滑及密封。

齿式联轴器工作可靠、安装精度要求不高、承载能力强，但结构复杂、制造成本高，适用于需频繁启动、经常正反转的重型机械。

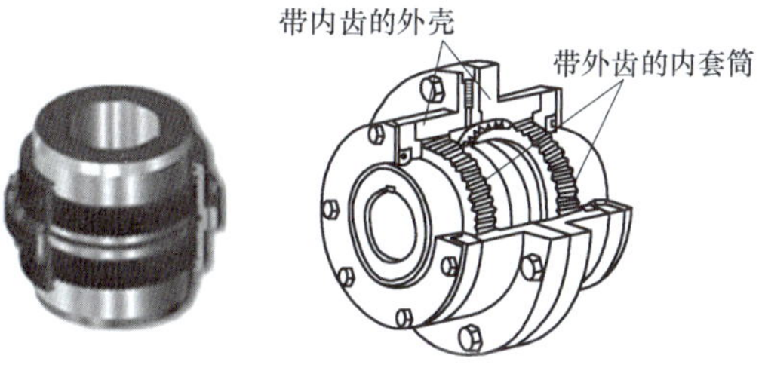

图 5-64 齿式联轴器

万向联轴器：如图 5-65（a）所示，万向联轴器由两个叉形套筒和一个十字轴组成，叉形套筒与两轴间一般采用销连接，且套筒可绕十字轴转动，从而允许两轴间产生较大的夹角（$\alpha=40°\sim45°$）。采用单十字万向联轴器工作时，当主动轴进行等角速度转动，从动轴会因夹角的存在而进行变角速度转动，从而在传动时引起附加载荷。为克服这一缺点，可将两个单十字万向联轴器串联起来，得到双十字万向联轴器，如图 5-65（b）所示，这样能够保证两轴同步转动。万向联轴器结构紧凑、维护方便，广泛应用于汽车、多头钻床等机器。

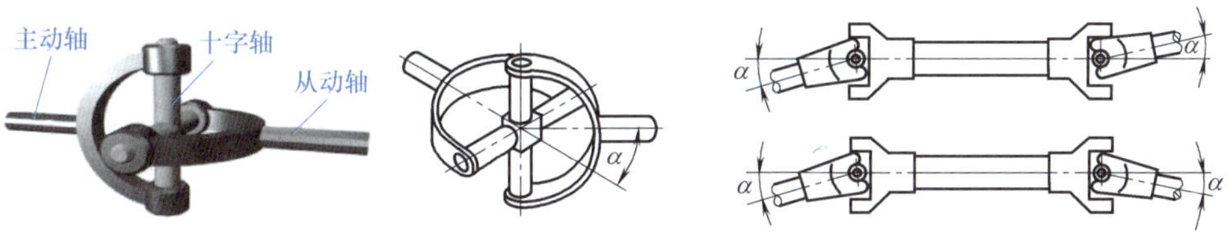

(a) 单十字万向联轴器　　(b) 双十字万向联轴器

图 5-65 万向联轴器

② 有弹性元件的挠性联轴器。有弹性元件的挠性联轴器因装有弹性元件，不仅可以补偿两轴间的偏移，而且具有缓冲减振的能力。这种联轴器常用的类型有弹性套柱销联轴器和弹性柱销联轴器等。

万向联轴器

弹性套柱销联轴器：如图 5-66 所示，弹性套柱销联轴器的结构与凸缘联轴器类似，只是用带弹性套的柱销代替了连接螺栓。弹性套的材料大多采用橡胶。

弹性套柱销联轴器具有结构简单、装拆方便、制造容易等特点，能补偿一定的轴线偏移，多用于传递中小转矩的轴，以及启动频繁或经常正反转的场合。弹性套柱销联轴器的尺寸参数已经标准化，具体可查阅国家标准《弹性套柱销联轴器》（GB/T 4323—2017）。

弹性柱销联轴器：如图 5-67 所示，弹性柱销联轴器中安装有若干尼龙材料制成的柱销，可实现两轴间运动和转矩的传递。为防止柱销从弹性柱销联轴器的凸缘孔中滑出，柱销两端须安装挡板。使用中，应注意在销柱与挡板间留出一定间隙。

弹性柱销联轴器不仅结构简单、制造容易、柱销更换方便，而且能传递较大的转矩，适用于启动频繁、需要正反转且转速较高的传动轴。弹性柱销联轴器的尺寸参数已经标准化，具体可查阅国家标准《弹性柱销联轴器》（GB/T 5014—2017）。

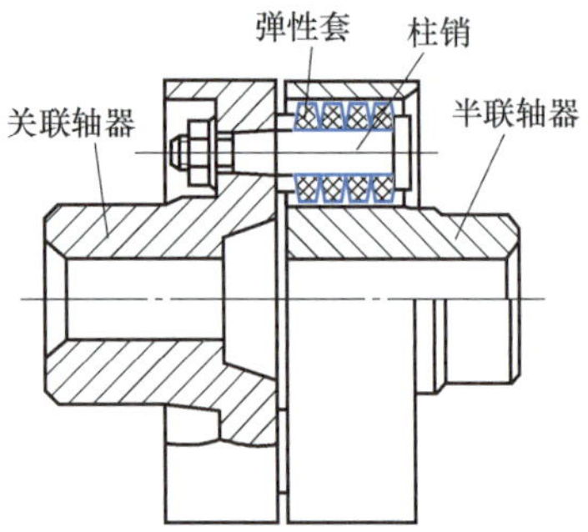

图 5-66 弹性套柱销联轴器

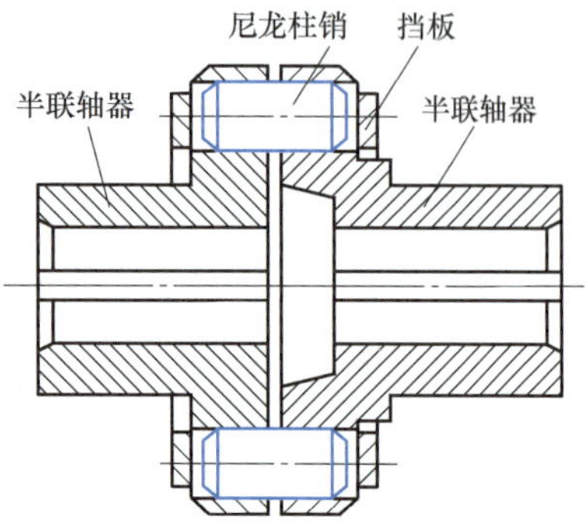

图 5-67 弹性柱销联轴器

4.2 离合器的类型与应用

4.2.1 离合器的功用

离合器是汽车传动系统中直接与发动机联系的部件，其作用是使其主动和从动部分可在驾驶员操作下彻底分离，随后再柔和接合。离合器可以根据需要在运转或停机时使两轴接合或分离，这是离合器与联轴器的根本区别。离合器的种类很多，部分已标准化，可从有关样本或机械设计手册中选择。

离合器工作原理

（1）常用离合器的种类

按离合器接合元件传动的工作原理不同，可分为嵌合式离合器和摩擦式离合器；按离合器的操纵方式不同，可分为机械式离合器、气压式离合器、液压式离合器和电磁式离合器。对离合器的主要要求如下：

① 接合迅速、平稳，分离迅速、彻底，工作准确、可靠。

② 接合元件耐磨和易散热，使用寿命长。

③ 结构简单，尺寸小，质量轻，从动部分惯量小。

④ 操作省力，调节、维修方便。

（2）离合器选型的一般原则

如果工作机械不需要经常离合，离合允许在停止转动或转速很低的状态下进行，可以选用刚性接合元件，其主动件与被动件强制啮合，传递力矩大，传动速比固定不变，不产生摩擦热，体积小，很容易布置在空间受限制的设备中，但低速接合时会产生振动和噪声，对于负载惯量很大的设备，使用此种离合器要求原动机的起动力矩大。若原动机不可调速而特性又很硬，在工作机负载力矩很大或负载惯量很大时，起动瞬间会给传动系统带来很大冲击。

设备要求在负载过大时离合器产生一些滑动来吸收峰值力矩，减少系统的冲击，对此可以选用半刚性连接元件，即摩擦元件。若工作机与原动机要经常离合，工作载荷一端转动惯量很大或起动速度要求很快，宜选用此种接合元件。它可以在高转速差条件下接合，接合过程中产生摩擦热，需要采取散热措施。通过对接合压力的控制和摩擦材料的选择等手段，做到接合过程尽可能平顺，使设备的传动系统承受较小的冲击和振动。

若长期打滑工况，可以选用以液体和电磁传递能量的离合器，它们始终可以保持在有转速差的条件下工作，如偶合器、变矩器，磁粉离合器等。这种连接能吸收冲击，预防过载，如果原动机输出特性很硬或负载惯性很大，都能很好地适应，做到良好地起动与平稳地运转。

根据离合器在设备上的安装位置与工作要求，选择接合元件的径向布置或是轴向布置。离合器元件有常接合式或常分离式，也要按应用目的来选取。离合器的制造精度、加工难易程度、材料价格高低等都关系到制造成本的大小。机械的工作性质还会提出对离合器反应速度的要求，即所谓响应性。电磁离合器响应最快，其次是气动，再次是液压。

4.2.2　离合器的类型

（1）牙嵌式离合器

牙嵌式离合器的结构如图5-68所示，它是由两个端面带牙的半离合器1和2组成的。主动半离合器1用平键与主动轴连接，从动半离合器2用导向键（或花键）与从动轴连接。主动半离合器上安装有对中环3，以保证两个半离合器对中。操纵时，通过操纵杆移动滑环4，可使两个半离合器的牙面嵌入（接合）或分开（分离）。

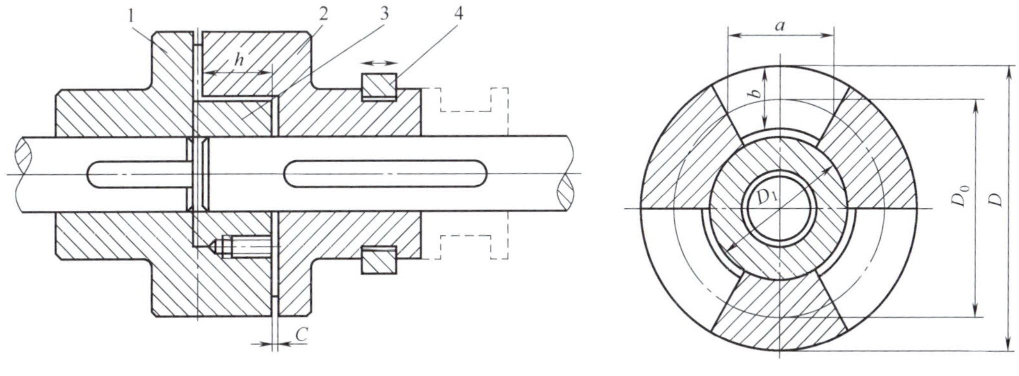

1、2—半离合器；3—对中环；4—滑环。

图5-68　牙嵌式离合器

牙嵌式离合器是靠端面上的凸牙相互传递转矩的。常用的牙形有三角形、矩形、梯形和锯齿形，如图5-69所示。三角形牙的牙数比较多，接合快，可双向传动，但是工作时轴向分力大，易分离，且牙的强度弱，故用于传递小转矩的低速离合器；矩形牙无轴向分

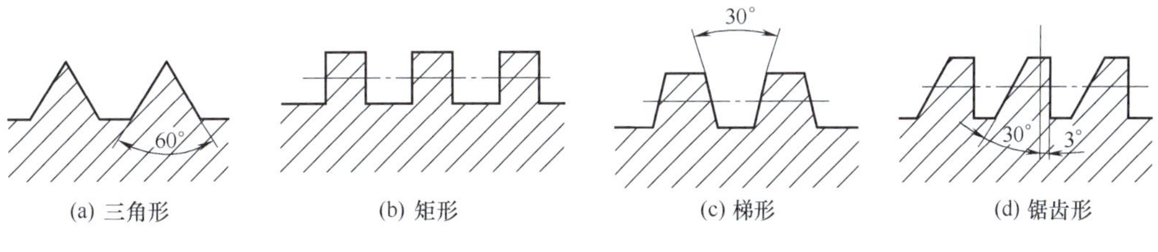

图5-69　牙嵌式离合器各种牙形

力，但不便于接合与分离，磨损后无法补偿，故使用较少；梯形牙的强度高，能传递较大的转矩，且能自动补偿牙的磨损与间隙，从而减少冲击，故应用较广；锯齿形牙强度高，只能传递单向转矩，用于特定的工作条件下。

牙嵌式离合器的牙数一般为3~60个，材料常用45钢、20Cr、40Cr或20CrMnTi。牙的工作表面应有较高的硬度，以提高其耐磨性。

牙嵌式离合器结构简单，尺寸小，离合可靠、准确，能传递较大的转矩，且可确保被连接两轴同步转动，故应用较广。缺点是在运转中接合有冲击和噪声，甚至牙齿可能会因受撞击而折断，因此必须在两轴转速差很小或停车时进行接合。

牙嵌式离合器主要适用于静止或低速离合的场合，如机床刚度机械、Y38差动机构等。

（2）摩擦式离合器

摩擦式离合器是靠摩擦片接触面间产生的摩擦力来传递转矩的。摩擦式离合器可在任何转速下实现两轴的接合或分离；接合过程平稳，冲击振动较小；有过载保护作用，但其尺寸较大，在接合或分离的过程中会产生滑动摩擦，故发热量大，磨损较大。

接合面通常使用高摩擦阻力材料，接合过程中把滑动降到最小，同时能平稳、逐渐地接合。接合面材料还必须能经受住滑动摩擦产生的热。离合器的结构尺寸设计，应使摩擦元件很好地散发这些热量。

摩擦式离合器根据摩擦表面的形状，可分为圆盘式摩擦离合器和圆锥式摩擦离合器。汽车中离合器大多是圆盘式摩擦离合器。圆盘式摩擦离合器根据圆盘的个数又可分为单盘摩擦离合器和多盘摩擦离合器。

摩擦式离合器工作原理

① 单盘摩擦离合器。单盘摩擦离合器主要由主动部分（飞轮、离合器盖等）、从动部分（单个摩擦片）、压紧机构（膜片弹簧）和操纵机构四部分组成，如图5-70所示。

单盘摩擦离合器的结构简单，散热性好，但所传递的转矩一般在2000N·m以下，所以一般在小型轿车和轻型、微型货车上使用，在发动机转矩不大于1000N·m的大型客车和重型货车上也有所推广。

② 多盘摩擦离合器。图5-71（a）所示为多片摩擦离合器的结构，由内、外两组摩擦片组成。在主动轴上用键和定位螺钉固定在外毂轮上，其内表面上沿轴向开有三个凹槽，槽内插入外摩擦片的凸轮。外摩擦片随外轮毂一起回转，其形状如图5-71（b）所示。在从动轴上固定着套筒，其上沿轴向开有三个纵向槽，槽内装有曲臂压杆，可绕销轴转动。内摩擦片装在套筒的凹槽里，因而可带动套筒回转，其形状如图5-71（c）所示。若将滑环沿导键推向左方，压杆便通过压板将所有的内、外摩擦片压紧在调节螺母上，此时离合器处于接合状态；若将滑环向右移动，则压杆逆时针方向摆动，压板松开，离合器分离。调节螺母旋在套筒上，用以调节摩

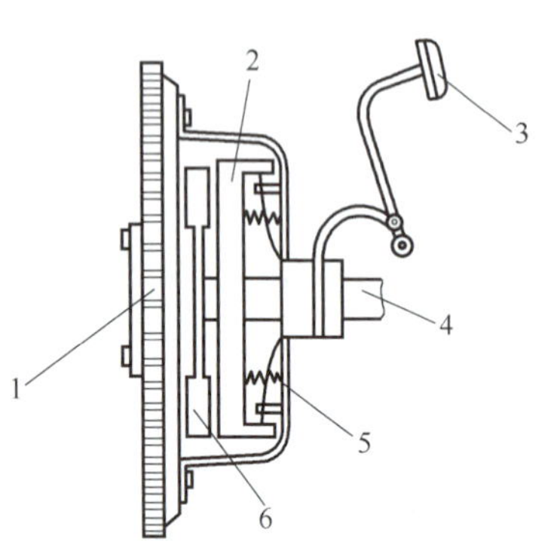

1—飞轮；2—压盘；3—离合器踏板；4—变速箱输入轴；5—膜片弹簧；6—摩擦片。

图5-70　单盘摩擦离合器

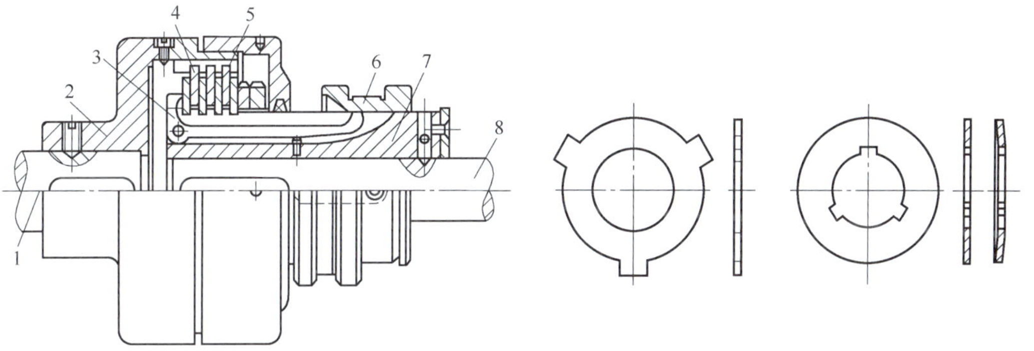

(a) 结构　(b) 外磨擦片　(c) 内磨擦片

1—主动轴；2—轴套；3—曲臂压杆；4—外摩擦片；5—内摩擦片；6—滑环；7—套筒；8—从动轴。

图 5-71　多盘摩擦离合器

擦片之间的压力。内摩擦片也可做成蝶形，当承压时，可被压平，并与外摩擦片贴紧；当分离时，可靠蝶形内摩擦片的弹力作用使摩擦片自行脱开。

多盘摩擦离合器与单盘摩擦离合器相比，由于摩擦面数增加，因而传递转矩的能力较大；在传递相同转矩的情况下，径向尺寸较小，踏板力较小，接合平顺、柔和。但是中间压盘通风散热不良，摩擦片之间起步负载不均，因而容易烧坏摩擦片，分离也不够彻底。这种结构一般用在传递转矩较大且径向尺寸受到限制的场合，主要应用于重型牵引车和自卸车上。

和牙嵌式离合器相比，摩擦离合器的优点是：两轴可在有较大转速差的情况下接合和分离；改变摩擦面间的压力，就能调节从动轴的起动加速时间；接合时的冲击振动很小；过载时将打滑，可保护其他零件不受损坏。缺点是：在接合和分离过程中，摩擦片面的相对滑动会造成发热和磨损，需及时更换。摩擦离合器适用于经常起动、制动或经常改变转速和转动方向的场合。

摩擦离合器可以做成干式，也可以做成湿式（后者一般是指浸泡在油中）。与湿式相比，干式离合器结构简单、价格便宜、维修量小、空转力矩小（为额定力矩的 0.05%），换向时颤振小、惯量小，起动时间短，通常在要求瞬时脱开的地方优先采用。靠摩擦提供过载保护的地方也常采用此种离合器。

如果具有供油条件，且要求低磨损、散热效果好，可以使用湿式离合器。它能使接合过程磨损低，使冲击载荷得到缓冲。湿式离合器与干式离合器相比也有它的局限性。湿式离合器浸没在油中，使得摩擦因数减小，同时由于油黏度的不同，形成摩擦因数的变化；因为油有保存热量的趋势，离合器又必须完全密封，这就会使离合器元件实际上冷却不足。为了加强冷却，必须采用循环冷却的供油系统等。

（3）超越离合器

超越离合器（又称“定向离合器”）是用来传递单向转矩的离合器。图 5-72 所示为超越离合器的结构原理。

当爪轮为主动轮并做顺时针回转时，滚柱将被摩擦力转动而滚向空隙的收缩部分，并楔紧在爪轮和套筒间，使套筒随爪轮一同回转，离合器即进入接合状态。当爪轮反向回转时，滚柱运转到空隙的宽敞部分，这时离合器处于分离状态。因而，定向离合器只能传递单方向的转矩，可在机械中用来防止逆转及完成单向传动。

超越离合器依靠摩擦力传递转矩，故工作平稳，可在高转速差下接合，但对制造精度要求较高，一般用于内燃机等装置中。

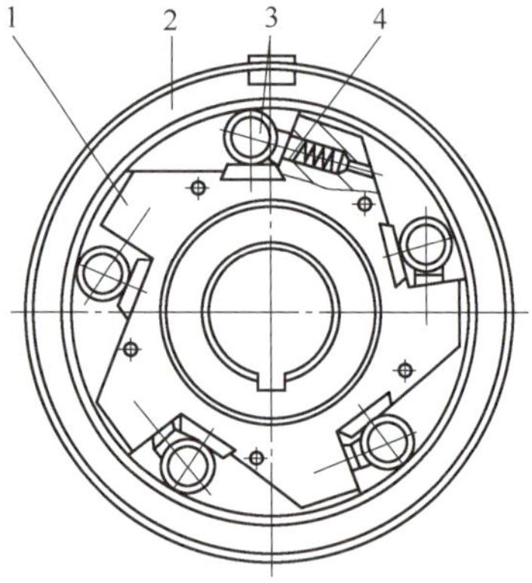

1—爪轮；2—套筒；3—滚柱；4—弹簧顶杆。

图 5-72 超越离合器

任务实施

（1）分析

请同学们按照“任务工单 5.4”要求，通过观察汽车传动系统中变速器的输出轴和主减速器的输入轴。传动轴和这两个轴之间是采用什么样的方式进行连接的？观察联轴器、离合器的结构及组成，分析其中所采用的连接方法，然后填写任务工单。

（2）实施

每 3~4 人一组，组员合作对联轴器和离合器中所采用的连接方法进行分析，做好记录。

① 观察并分析联轴器的结构及连接方法，查阅相关资料确定连接件的类型及型号。

② 观察并分析离合器的结构及连接方法，查阅相关资料确定连接件的类型及型号。

③ 观察并分析联轴器和离合器与动力部分、执行部分的连接方法，查阅教材或其他资料确定连接件的类型及特点。

请指导老师按照学生的实际表现情况进行评价，并将评价结果填入任务工单中的考核评价表。学生结合自身表现和指导老师的评价，对本次任务进行总结。

课程思政

奋斗者号的探索精神

北京时间 2020 年 11 月 10 日上午 8 时 12 分，中国的科学家与工程师用实际行动致敬人类探海先驱：全海深载人深潜器“奋斗者”号成功坐底地球第四极，海洋最深处——马里亚纳海沟挑战者深渊，坐底深度为 10909 米。

奋斗者号成功潜入海底 10909 米，对中国未来的海洋开发可谓意义重大，随着时间的推移，陆地上可开发的资源越来越少，而全球如今正处于人口增长大爆发的时代，陆上资源终究会有枯竭的那一天，而占据全球大部分面积的海洋，则拥有比陆地更为丰富的资源，石油，煤炭等资源应有尽有，为了人类未来的发展，开发海洋资源势在必行。

从“蛟龙”号、“深海勇士”号到今天的“奋斗者”号，“奋斗者”号的科研人员以严谨科学的态度和自立自强的勇气，践行“严谨求实、团结协作、拼搏奉献、勇攀高峰”的中国载人深潜精神，为科技创新树立了典范。

【思考与练习】

一、填空题

1. 多线螺纹的导程等于螺距与____________的乘积。

2. 细牙螺纹常用于薄壁零件或需要____________和承受振动冲击的场合。

3. 螺纹连接的防松方式有很多，根据工作原理的不同可分为摩擦防松、________和永久防松三大类。

4. 对于过盈配合连接，____________越大连接越牢固，传递的载荷就越大。

5. 滚动轴承的类型代号中，3 表示____________，6 表示____________。

二、选择题

1. 下列不属于平键连接主要类型的是（　　）。

A. 普通平键连接　　B. 导向平键连接　　C. 楔键连接　　D. 滑键连接

2. 下列属于可拆连接的是（　　）。

A. 焊接　　B. 铆接　　C. 销连接　　D. 胶接

3. 基本代号为 23214 的轴承，其公称内径为（　　）mm。

A. 140　　B. 14　　C. 28　　D. 70

4. 下列不属于挠性联轴器的是（　　）。

A. 十字滑块联轴器　　B. 套筒联轴器　　C. 齿式联轴器　　D. 万向联轴器

5. 下列不属于阶梯轴组成部分的是（　　）。

A. 轴颈　　B. 轴头　　C. 轴套　　D. 轴环

三、判断题

1. 单线螺纹既可以用于连接，也可以用于传动，而多线螺纹常用于传动。（　　）

2. 对螺纹连接进行预紧时，预紧力越大越好。（　　）

3. 螺纹连接件的螺纹升角都较小，一般都能满足自锁条件，因此使用螺纹连接时不需要采取防松措施。（　　）

4. 键连接可以实现轴与轮毂的周向固定，但不能实现轮毂的轴向固定。（　　）

5. 向心轴承只可承受径向载荷，而推力轴承只能承受轴向载荷。（　　）

四、简答题

1. 螺纹连接和销连接各有什么特点？它们有什么异同？

2. 简述球轴承和滚子轴承的区别。

3. 简述牙嵌式离合器与摩擦式离合器的区别。

参 考 文 献

[1] 王晓丽. 金属材料与热处理［M］. 北京：机械工业出版社，2020.

[2] 熊建武. 机械基础［M］. 北京：航空工业出版社，2021.

[3] 崔忠圻，覃耀春. 金属学与热处理［M］. 3版. 北京：机械工业出版社，2023.

[4] 李占君. 机械工程材料［M］. 北京：机械工业出版社，2023.

[5] 沈莲. 机械工程基础［M］. 北京：机械工业出版社，2018.

[6] 张文灼，赵宇辉. 机械工程材料与热处理［M］. 3版. 北京：机械工业出版社，2024.

[7] 张树仁. 机械工程基础［M］. 北京：机械工业出版社，2018.

[8] 哈尔滨工业大学理论力学教研室. 理论力学［M］. 9版. 北京：高等教育出版社，2023.

[9] 齐威，贺向东. 工程力学［M］. 北京：机械工业出版社，2023.

[10] 赵永刚，耿小芳. 工程力学［M］. 北京：机械工业出版社，2023.

[11] 单辉祖，谢传锋. 工程力学［M］. 北京：高等教育出版社，2021.

[12] 蔡路军，张国强. 工程力学［M］. 武汉：华中科技大学出版社，2102.

[13] 唐静静，范钦珊. 工程力学［M］. 北京：高等教育出版社，2023.

[14] 同济大学航空航天与力学学院基础力学教学研究部. 理论力学［M］. 上海：同济大学出版社，2018.

[15] 叶辉，吴开旭，陈卫红. 机械基础［M］. 北京：机械工业出版社，2023.

[16] 陈长生. 机械基础［M］. 3版. 北京：机械工业出版社，2023.

[17] 曾德江. 机械基础［M］. 北京：机械工业出版社，2024.

[18] 何秋梅. 机械基础［M］. 北京：机械工业出版社，2024.

[19] 陈德生. 机械工程基础［M］. 2版. 北京：机械工业出版社，2023.